U0252794

长江上游典型流域水沙变化特征及驱动机制

张会兰　王云琦　王玉杰　著

清華大學出版社
北　京

内容简介

本书重点介绍了长江上游典型水土流失区的水沙变化特征及其驱动机制，研究流域包括嘉陵江流域及其一级支流涪江流域、金沙江流域、岷江上游镇江关流域等，涉及的主要研究方法有实地调查、遥感解译、统计分析、模型模拟等，运用的数据包括水文站点的长期监测资料、气象站点资料和空间分析数据（数字高程地形、植被覆盖、土地利用类型、地质地貌、雷达降雨及卫星再分析数据等）等。

本书的研究数据、方法和结果可供从事林业、水土保持、生态、水利工程等专业的科技工作者、管理者以及相关专业的高等院校和大专院校师生参考。

图书在版编目(CIP)数据

长江上游典型流域水沙变化特征及驱动机制/张会兰，王云琦，王玉杰著. —北京：清华大学出版社，2023.3

ISBN 978-7-302-59684-4

Ⅰ. ①长… Ⅱ. ①张… ②王… ③王… Ⅲ. ①长江－上游－含沙水流－研究 Ⅳ. ①TV152

中国版本图书馆 CIP 数据核字(2021)第 263036 号

审图号：GS 京(2022)1145 号

责任编辑：张占奎
封面设计：陈国熙
责任校对：欧　洋
责任印制：杨　艳

出版发行：清华大学出版社
网　　址：http://www.tup.com.cn，http://www.wqbook.com
地　　址：北京清华大学学研大厦 A 座　　**邮　　编：**100084
社 总 机：010-83470000　　**邮　　购：**010-62786544
投稿与读者服务：010-62776969，c-service@tup.tsinghua.edu.cn
质量反馈：010-62772015，zhiliang@tup.tsinghua.edu.cn
印 装 者：北京博海升彩色印刷有限公司
经　　销：全国新华书店
开　　本：185mm×260mm　　**印　　张：**18.5　　**字　　数：**446 千字
版　　次：2023 年 3 月第 1 版　　**印　　次：**2023 年 3 月第1 次印刷
定　　价：168.00 元

产品编号：095634-01

《长江上游典型流域水沙变化特征及驱动机制》编委会

前言

FOREWORD

长江干流宜昌以上为上游，长 4 504 km，流域面积约 100 万 km^2，占全流域面积的 55%。长江上游对整个长江流域起着重要的生态屏障作用，保护和合理利用长江上游地区水土资源，防止水土流失，维护良好生态环境，是治理开发长江的一项重要内容，也是维护健康长江、加快流域经济可持续发展的有效途径。

自 20 世纪 80 年代三峡生态屏障区启动"退耕还林""长治"工程以来，植被覆盖率大幅增加。与此同时，三峡年均入库(寸滩＋武隆)输沙量由 1956—1990 年的 4.91 亿 t 减少到 1991—2018 年的 1.07 亿 t，减少幅度达 78.2%，三峡入库泥沙呈锐减趋势。大量研究证实，气候变化和人类活动是长江上游区域水沙过程的主要驱动因素。在全球气候变化大背景下，极端降水事件的强度及频率急剧加大，嘉陵江、金沙江等部分支流仍存在土壤侵蚀较为严重的区域。对长江上游重点产沙流域的水沙特性及驱动机制的深入认识，是构建长江流域生态屏障、保障三峡健康运行和长江经济带建设的关键。

在过去的十余年中，课题组积极主持或参与了国家自然科学基金(52279056；51309006)的研究工作、"十一五""十二五"国家科技支撑计划项目、"十三五"国家重大水利基金项目"三峡工程泥沙重大问题研究课题"(12610100000018J129-01)和"十三五""十四五"国家重点研发计划的研究工作，在长江三峡工程泥沙专家组、清华大学、长江水文局以及地方水土保持管理部门同志的支持和帮助下，对长江上游典型水土流失区的水沙变化特征及其驱动机制进行了深入分析，取得了一些新成果。

(1) 本书从降水、植被条件、土地利用结构、地质地貌、水土流失、河道采砂、综合治理措施等方面综合分析了长江上游的产输沙环境，其中长江上游重点产沙区集中在嘉陵江、金沙江和乌江的干旱河谷区、山地灾害频发区、坡耕地区和采砂挖沙区等。

(2) 嘉陵江流域降雨总体减少但趋向集中趋势，植被覆盖明显好转，气象和下垫面条件呈现明显的时空异质性，增加了归因分析的复杂性和难度。出口水文站径流和泥沙均呈下降趋势，表现出明显的阶段特性。本书基于弹性系数法、模型模拟、主成分和聚类分析等方法，明确了地表条件因子、流域形态因子、气象因子等几类因子对流域径流的影响，以及各因子贡献率在空间上的异质性分布。

(3) 本书系统分析了金沙江流域长期以来极端降雨指标和植被覆盖条件的时空变化特征，以及水沙序列的趋势性、转折性、集中度、水沙关系和环路曲线等的变化特征，采用差分法定量区分了气候和人为两类因素对水沙序列变化的影响，为阐明全球气候变暖背景下金沙江的流域管理和水沙资源规划提供了依据。

(4) 嘉陵江流域的一级支流涪江流域的耕地面积占比接近 60%，是嘉陵江乃至整个长江上游最主要的产沙区域。本书总结分析了该流域的降雨集中特性、植被覆盖条件的时空变化特征，综合采用 Budyko 弹性系数法、SWAT 模型模拟法、通径分析和主成分分析等方程，分析了该流域气象、水文、泥沙条件的时空异质特性，区分了气象因子和下垫面因子共享率的时空分布特征，为区域水沙资源管理和三峡入库水沙预测均提供了一定的科学依据。

(5) 岷江上游镇江关流域的工程措施极少，其水沙变化的驱动因素可认为是气象条件和植被覆盖条件。本书采用分布式水沙模型方法分析时间序列分辨率、空间数据分辨率和下垫面条件等因素对流域径流的影响，定量区分降雨、温度和土地利用/植被覆盖对流域产流产沙影响的贡献率，对流域土壤侵蚀计算的发展提供了依据，同时为探讨岷江上游地震后覆被突变对流域产流产沙特性及水流泥沙运动过程的影响奠定了基础。

(6) 本书将雷达降雨与遥感再分析数据集应用于分布式水文/水沙模型，用以解决地面降水观测的稀疏性和不均匀性给水文模型带来的挑战，为分析流域水沙过程机理、提高流域水沙预报精度提供了新途径，为今后的雷达信息开发及相关验证工作提供了新思路。

本书共包括 8 章。第 1 章为绪论，由张会兰主笔，王彬、夏绍钦、孟铖铖、夏绍钦参与撰写；第 2 章为长江上游产输沙综合环境，由孟铖铖主笔，庞建壮、罗泽宇参与撰写；第 3 章为研究方法，由庞建壮主笔，张会兰、孟铖铖、罗泽宇、杨伟青、夏绍钦参与撰写；第 4 章为嘉陵江流域水文变化特征及驱动机制，由孟铖铖主笔，庞建壮、杨军、付思佳、罗泽宇参与撰写；第 5 章为金沙江流域水沙变化特征及驱动机制，由马岚和杨军主笔，黄安琪、柳宏才、袁佳艺参与撰写；第 6 章为涪江流域水沙变化特征及驱动机制，由付思佳主笔，万龙、郝佳欣、杨军、杨伟青参与撰写；第 7 章为镇江关流域水沙变化特征及驱动机制，由张会兰主笔，庞建壮参与撰写；第 8 章为新型降水观测技术在分布式模型中的新进展，由张会兰和庞建壮共同主笔。全书由张会兰、王云琦、王玉杰负责审定统稿，马岚、王彬、庞建壮负责审定校核，庞建壮、杨军、付思佳和罗泽宇负责文字统稿。

在本书完成过程中，得到了清华大学王兴奎教授和李丹勋教授、重庆交通大学李文杰教授、美国爱荷华大学 Larry Weber 教授和 Marian Muste 教授、中国农业大学钟强副教授、北京交通大学陈启刚副教授等多位专家的指导与帮助。谨在本书出版之际，感谢所有对完成书稿给予支持与帮助的领导、同事、同仁。

由于作者水平有限，不妥之处在所难免，敬请读者批评指正。

作　者

2023 年 2 月于北京

目录

CONTENTS

第1章

绪　论

1.1　背景介绍

长江是我国的第一大河流，长江流域地理条件优越，自然资源丰富，开发潜力巨大，是我国社会经济最发达的地区之一，在我国国民经济和社会发展中具有重要的战略地位。但是，长期以来，由于自然和人为原因，长江上游流域内尚存在生态环境失调、水土流失严重等问题，严重阻碍着当地经济的发展，也影响着中下游广大平原地区的长治久安。保护和合理利用长江上游地区水土资源，防止水土流失，维护良好生态环境，是治理开发长江的一项重要内容，也是维护健康长江、加快流域经济可持续发展的有效途径。

长江干流宜昌以上为上游，长 4 504 km，流域面积约 100 万 km^2，占全流域面积的55%。宜宾以上干流大多属峡谷河段，长 3 464 km，落差约 5 100 m，约占干流总落差的95%，汇入的主要支流有北岸的雅砻江。宜宾至宜昌段长约 1 040 km，沿江丘陵与阶地互间，汇入的主要支流包括北岸的岷江、嘉陵江和南岸的乌江。奉节以下为雄伟的三峡河段，两岸悬崖峭壁，江面狭窄。上游主要产沙区为金沙江和嘉陵江，占宜昌站多年平均输沙量的80.72%。输沙量的年际变化与径流的年际变化类似，具有大水多沙、小水少沙特性。1954年全流域大洪水，宜昌站年输沙量 7.54 亿 t，为历年之最。自 20 世纪 80 年代三峡生态屏障区启动“退耕还林”工程以来，植被覆盖率大幅增加。与此同时，三峡年均入库（寸滩＋武隆）输沙量由 1956—1990 年的 4.91 亿 t 减少到 1991—2018 年的 1.07 亿 t，减少幅度达 78.2%，三峡入库泥沙呈锐减趋势。大量研究证实，气候变化和人类活动是长江上游区域水沙过程的主要驱动因素。气候因子的变化直接影响地表水文循环和地表输沙过程，导致了水沙资源空间分布的改变（Li et al.，2016）；人类活动通过直接或间接地取用、调配水资源或通过改变区域土地利用和地表覆被条件，影响流域内降雨分布、下渗和蒸发、侵蚀—搬运—沉积等产汇流和产输沙过程。

IPCC 第六次评估报告（AR6）表明，全球平均地表温度将在 21 世纪中叶持续上升，全球降水增加，其变化呈现显著空间差异，特别是中纬度大部分陆地极端降水事件的强度及频率极可能加大。新中国成立以来，我国开展了大规模的水土流失治理和生态环境建设工程，如

“退耕还林”工程、三北防护林工程、天然林资源保护工程等,改变了下垫面条件。截至2012年,我国已建成大中小型水库97 543座,总库容82 551 777万m^3,其中大型水库683座。众多大中型水利工程的建设,直接改变了水沙资源的分布。在气候变化和人类活动的综合影响下,长江上游水沙环境发生持续变化。建设长江流域生态屏障区是生态文明建设的迫切需要,特别是长江上游生态脆弱区的生态环境建设,对中下游的发展乃至全国生态安全至关重要。

在我国极端水文事件增加、人类活动日益加剧的背景下,长江上游流域的水资源消耗不断增大,水土流失治理、水利工程建设等活动日益频繁,长江上游金沙江、岷江、嘉陵江等流域的水沙条件发生了显著变化,使得长江上游水沙资源矛盾日渐严峻,生态环境恶化和资源短缺严重制约着我国经济、社会发展。在这一研究背景下,本书将针对长江上游重点产沙区的水沙条件变化特征及驱动因素,以及水沙要素对气象和非气象因素的响应等科学问题进行研究,以期为长江流域生态水文环境的健康发展、长江经济带生态文明建设提供科学支持。

1.2 水沙序列变化特征的定量描述

人类活动一方面改变下垫面水文特征,另一方面影响产水产沙的时空分配过程,进而影响下垫面性质;自然因素通过降水、气温、蒸发等因素,进而影响河川径流和产沙过程(陈真,2019)。从而可以确定,水沙关系变化是流域多种自然因素和人为因素综合作用的反映,水沙变化研究为河流水文循环和河道泥沙沉积提供了重要参考(李朝月等,2020),且一直是流域泥沙侵蚀动力学等领域的热点。为此,许多学者展开了诸多研究。以下研究从多角度出发,针对水沙序列基本特征、水沙关系及相关进展、水沙变化驱动因素等几个方面开展分析。

1.2.1 水沙序列的基本特征

径流是水循环的主要环节,是水量平衡的基本要素,径流量是陆地上最重要的水文要素之一。对河流来说,径流是塑造河床的动力,径流大小、持续时间等要素决定了水沙两相流的造床动力特征(张为,2006)。流域地表物质的剥蚀、搬运和输移是地形地貌发育的基本过程(付艳玲,2011)。对河流来说,泥沙是改变河床形态的物质基础,沙量的多少、颗粒的粗细影响着河床变形的方向,输沙量的大小和变化对河流系统的功能发挥具有重要意义。

流域的水沙动态变化特征可以从趋势性、阶段性、周期性等多方面展开研究。趋势性方面,张信宝等(2002)基于嘉陵江和金沙江的输沙量、径流量建立了双累积曲线,分析其径流泥沙的变化趋势以及变化原因;许全喜等(2008)针对嘉陵江流域的水沙变化特点及变化趋势进行分析,运用了典型调查与分析研究相结合的方法,并且首次对各影响因素对于研究流域输沙量减少的贡献率进行了定量分割,这对预测三峡水库入库输沙量的变化趋势具有重要意义;戴明龙等(2009)以嘉陵江流域为典型河流,运用双累积曲线法从水沙地区组成、含沙量、来沙系数、各流量级含沙量和水沙年内变化等方面研究了其水沙过程的变化,并从降雨量、水利工程、水土保持措施和河道采砂等方面分析了变化原因,在研究该流域水沙时间序列和水沙地区组成的变化方面有一定突破。阶段性方面，王小军等(2009)以皇甫川流域为例，采用双累积曲线法、滑动平均法、Mann-Kendall 趋势检验法，对流域水沙量进行了统计分析并对皇甫站的水沙变化趋势进行了研究以及阶段性划分，发现该流域径流和泥沙呈下降趋势，这表明水土保持是水沙衰减的主要影响因素；高鹏等(2010)根据嘉陵江流域的水沙数据资料，采用历时曲线法和双累积曲线法等分析方法进行研究，发现其输沙量明显减少，从而分析得出水沙变化趋势和发生显著变化的突变年，并且得出人类活动对减水减沙的贡献率，进一步探讨了嘉陵江流域水沙变化的驱动因素。周期性方面，吴创收等(2014)基于多年的径流量、输沙量数据，针对珠江入海水沙的变化开展趋势性和阶段性分析，并采用小波分析法开展周期性分析，得出径流量、输沙量的年代际周期和年际周期；郭文献等(2019)根据嘉陵江流域的径流泥沙数据资料，除运用 Mann-Kendall 趋势检验法、双累积曲线法对该流域水沙的趋势性和突变性变化进行了分析以外，还运用小波分析法得出水沙的周期性变化规律，得出水库拦沙等人类活动为流域年输沙量显著减少的主要原因，在该流域的水沙通量演变规律的研究方面有所进展。

集中度最初被用来描述不同强度降水过程的非均匀分配特征(周亮广，2015)，集中度越大，年内分配越集中。这种用于气象领域的年内分配指数后被引入到河流径流泥沙的年内分配规律分析中来，应用于不同的流域中(Zhang et al.，2003；刘新有，2015)。这样，集中度就反映了年内径流量、输沙量的非均匀分配特征，可用来分析径流、输沙年内变化规律；但一般基于月径流量、输沙量，很少基于日尺度来研究年内的径流量、输沙量集中分布情况。降水集中度曾被定义为 CI(concentration index)，可以用来表征日降水量对于总降水量的贡献程度(Martin-Vide，2004)。本书将集中度 CI 用于日尺度的年内径流量、输沙量的集中分布情况。

1.2.2 水沙关系及其研究进展

水沙关系是反映河流径流量和输沙量匹配关系的指标，不同水沙关系的河流有不同的泥沙沉积特征，而研究水沙关系对于揭示河流的泥沙时空变化规律和来源，分析河流的泥沙沉积特征和河道整治措施均有重要作用(赵玉等，2014)。

从长时期序列的角度看，流量(Q)与悬沙浓度(S)的幂指数关系用来反映流域产沙特征及河流输沙特性(Asselman，2000)，该水沙关系曲线的表示形式为：$S=aQ^b$(a 为系数，b 为幂指数)。Hu 等(2011)运用水沙关系曲线对长江流域的洪峰特征及其水沙关系的时空变化进行了详细分析，发现人类活动因素的增加(特别是三峡大坝)改变了长江流域的水沙过程，成为长江泥沙进入大海的主要因素；刘彦等(2016)则以三江源区为研究区，运用双累积曲线法、Mann-Kendall 趋势和突变检验以及评级曲线(即水沙关系曲线)等方法，分析该河流的水沙关系，也更好地揭示了水流挟沙能力在不同空间下的差异。

水沙环路曲线又称径流—悬移质泥沙环路，即在洪水场次事件下，流域的径流量、输沙量之间存在一定的峰值滞后现象。因此，该曲线是水沙关系的重要研究手段，也是一种有效探讨泥沙输移动态变化的方法(李永山等，2019)，用于解释泥沙输移过程在时空方面的联系和泥沙供给在时空方面的来源(Aich V，2014)。Fan 等(2012)以黄河上游的宁夏—内蒙古河段为研究区，运用 Pettitt 检验法将水沙时间序列进行阶段性划分，并运用水沙关系曲线探究了该河段水沙关系的时空变化，还分析了不同洪水事件中水沙关系的径流—悬移质泥沙环路特征(即水沙环路曲线);Yang 等(2018)基于美国密西西比州古德温溪流域的水沙数据以及土壤、降水、地形地貌等因素,分析了水沙环路曲线产生的原因以及类型,并得出每种类型的产生原因;黎铭等(2019)针对黄河皇甫川流域的水沙关系展开分析,以长时期的逐日径流量、输沙量数据为基础,采用双累积曲线法进行趋势分析和突变分析,并对洪水场次下的径流—悬移质泥沙环路进行探究分析,极大地丰富了水沙关系在机理分析和定量分析方面的应用。

1.3 流域水沙变化驱动机制

1.3.1 流域水沙变化驱动因素

近几十年来,流域内的人类活动日益增强、气候变化日益显著,人类活动和气候变化对全球水文循环产生了重要影响,使得众多河流的径流量、输沙量发生了急剧的时空变化,是水沙关系变化的主要驱动因素。从全球的角度看,Syvitski 等(2000)以全世界 57 条河流的水文站数据为基础,根据流域面积、径流量、输沙量等 15 个流域特性的物理量,研究并分析了影响各流域水沙变化的主要因子和关系,包括人类活动因素和气候因素。从全国的角度看,田清(2016)基于黄河、长江和珠江等三大流域降水量、径流量、输沙量的月数据,采用多种数学统计方法,分析了人类活动和气候变化对三大河流水沙变化的影响,发现人类活动因素(如退耕还林、水库建设、土地利用等)造成了三大河流输沙量的显著下降,气候变化主要对长江、珠江的径流量产生影响。从长江流域的角度看,师长兴(2008)采用 DEM、降雨、土地利用、土壤类型等影响侵蚀产沙的因子。从定量分析的角度出发,分析长江上游侵蚀输沙的尺度效应,加深了对于流域产沙一般规律的认识。从涪江流域的角度看,涪江流域作为嘉陵江右岸的最大支流,在水沙关系这一领域的研究较为有限,相关研究主要集中在水文径流、气候变化、人类活动(王渺林等,2006;蔡元刚,2007;王国庆,2012;王勇,2014)和土壤侵蚀(景可,2010)等方面。

量化人类活动因素和气候变化对水沙变化的影响程度主要依靠贡献率这一概念,而贡献率的分析方法有多种,总体而言有三类。(1)野外试验法:以成因分析法(姚文艺,2016)(又称水保法)为例,首先确定单项水保措施在不同单位面积上径流小区的减水减沙量,进行尺度转换后推广到流域面上,得到分项水保措施减水减沙量,逐项相加,并考虑流域产沙在河道运行中的冲淤变化和人类活动新增水土流失等因素,得到流域面上水利水保综合治理的减水减沙量,进而分析各项措施对水沙变化的贡献率,这一方法的计算结果接近真实,但数据收集周期长、耗费大量人力物力。因而,受研究区选取、数据监测、研究经费等限制,对比流域法通常用于研究小流域土壤—植被—大气相互作用机制,以及人为管理干预背景下的水沙响应过程。(2)统计分析方法:应用数学统计的方法评估流域水沙过程对气象要素、下垫面、流域属性等因素的响应,在全球普遍使用。常用的数学统计方法主要包括双累积曲线法、流量历时曲线法、多元回归模型及基于 Budyko 假设的弹性系数法。Gao et al.(2017)使用双累积曲线进行中国黄河中游归因分析,计算得到人为活动干预对 1991—2008 年径流变化贡献为 78.5%。Shen et al.(2017)使用基于 Budyko 假设的弹性系数法对中国 224 个流域的径流变化进行归因分析。(3)模型模拟法:基于物理过程的分布式、半分布式水沙模型在计算水文过程和量化驱动因素的贡献率方面具有较强的优势，并在此基础上体现了水文系统的时空异质性，已在世界许多地区得到广泛应用。Hayashi et al.（2015）利用HSPF模型研究了植被恢复对嘉陵江流域径流减少的影响。Marhaento et al.（2017）应用SWAT模型进行热带流域径流变化归因分析，并证实了土地利用及覆被条件对径流变化影响的主导作用。受研究区研究尺度、监测设备、数据来源等限制，对比流域法的开展受到一定限制，数学方法与水沙模型法在我国流域水沙过程研究中得到运用。

1.3.2 流域水沙模型研究

1.3.2.1 流域水沙模型的发展

自17世纪末建立了水文循环和流域水量平衡的基本概念后，流域对暴雨的响应（即产汇流问题）就成为水文学的一个主要研究课题。自19世纪末建立流域水文模型概念以来，先后出现了SSARR模型（1958）、Stanford模型（1959）、新安江模型，Sacramento模型、Tank模型、HEC-1模型、SCS模型及API连续演算水文模型等，这些模型根据流域的平均降雨过程和评价状态参数推求出口断面径流过程，被称为集总式模型。1969年，Freeze和Harlan发表了一篇名为《一个具有物理基础数值模拟的水文响应模型的蓝图》的文章，被认为是分布式水文模型的开端。直到20世纪80年代以后，计算机、地理信息系统和遥感等相关技术的提高才使得分布式水文模型有了长足发展。至今，水文模型共经历了5个发展阶段（袁作新，1988；Singh，2002；贾仰文，2005），见表1-1。

表1-1 水文模型的发展阶段

Table 1-1 Development stage of hydrological model

阶段划分	模型发展	关注的重点问题	相关的支撑技术
1950年以前	水文基本概念和理论的确立	水运动的基本规律	简易的观测技术
1950—1960年	水文要素过程的模型化	降雨径流关系	计算机、现代观测技术和概率统计学
1960—1980年	流域水文模型的开发	流域水文循环过程	数值计算、计算机和信息技术
1980—2000年	分布式水文模型的开发	水文响应时空变异性	遥感、数字高程和地理信息系统
2000年至今	与其他专业模型耦合应用的开发	水与岩石圈、生物圈和大气圈的耦合效应	大型计算、网络、虚拟仿真和数字流域

土壤侵蚀与水文循环过程、气象条件密切相关，多数用以模拟土壤侵蚀的模型与水文模型密切相关，这也是由其侵蚀特性所决定的。因此，土壤侵蚀模型是伴随水文模型的发展而发展的。土壤侵蚀的定量研究最早可以追溯到1877年德国土壤学家Ewald Wollny（Meyer L D，1984）的研究，此后一个多世纪以来，随着对土壤基本侵蚀规律认识的不断深入和发展，取得了丰硕的成果。按照其发展历程，可分为3个阶段，即经验统计模型阶段、具有侵蚀机理的概念模型阶段、与GIS和RS技术手段相结合的各类土壤侵蚀模型阶段。参考论文（金鑫，2007）及相关文献对这3个阶段模型的特点进行总结，见表1-2。

表 1-2 泥沙侵蚀模型的发展阶段

Table 1-2 Development stage of sediment erosion model

阶段划分	模型发展	关注问题	类型及方法	代表模型
1960 年以前	泥沙侵蚀概念确立	侵蚀量的确定	经验模型—侵蚀量与简单因子的关系	1917 年 Millier-1936Bennett；1940 年 A W Zingg-1941 年 D Smith；1947 年 Musgrave-1965 年 ULSE（郑粉莉，2004）
20 世纪 60—80 年代	产沙/输沙的物理机理研究	注重侵蚀过程	物理模型—用质量守恒和动量方程描述降雨侵蚀—坡面产沙—泥沙输移等物理过程	1967 年 Negev-1969 年 Meyer；1972 年 Foster 和 Meyer；20 世纪 80 年代后，美国的 WEEP/EPIC，欧洲的 EUROSEM，荷兰的 LISM，澳大利亚的 GUEST
1990 年至今	时空各异性及与其他专业模型耦合应用的开发	土壤与下垫面条件、生物体和气象的耦合效应	基于地理信息系统的水蚀预报模型—GIS/RS 技术，网络开发，虚拟仿真技术和数字流域	1996 年的 LISEM 模型；1998 年的 WEPP 模型和 PILLGRDW 模型；1999 年的 RUSLE 模型；2002 年的 SHESED 模型等

1.3.2.2 流域水沙模型中的技术支撑

（1）地理信息系统与遥感技术

在 Freeze 和 Harlan 于 1969 年提出分布式水文模型概念之后的十多年间，由于计算机能力、空间数据采集等限制，分布式水文模型一直处于休眠时期。直至 20 世纪 80 年代以后，随着计算机技术、地理信息技术（GIS）和遥感技术（RS）的发展，尤其是数字高程模型 DEM 在水文模拟中的应用，才给流域水文模拟的研究方法带来了创新，分布式水文模型得以长足发展。

RS 是一种宏观的信息采集与处理技术，作为一种重要的信息源，具有应用范围广、采集时间短、信息量大、成本低的优点，且栅格式的遥感数据与分布式流域水文模型的数据格式一致，可方便地进行交替使用。利用地球同步卫星以及最新的 MODIS，可获得大面积的地质、地貌、地形、植被、土壤等下垫面信息，利用遥感微波技术还可以估算云中水汽含量、蒸散发估算值及土壤含水量等信息，通过间接转化来获得一些传统水文方法不能直接观测的信息，为建立描述时空变异性、多参数、多变量的分布式水文模型提供技术支撑。目前，该技术已经在计算蒸散发、土壤湿度（杨胜天等，2003）、植被覆盖、土地利用、土壤类型等各个方面得到有效应用（周贵云等，2000）。

GIS 可实现对空间数据的收集、存储、操作、管理、更新、分析显示等一系列过程，为遥感数据的解译、分析、处理以及比较模型参数的时空变化提供了良好的技术环境和支持。例如，通过 GIS 可以从数字地形模型 DTM、数字高程模型 DEM 中提取地形、坡度等下垫面信息以及水系、河网、子流域等流域信息，并实现不同数据的可视化结合、数据转换，为分布式模型提供平台。GIS 与水文模型结合的主要形式有：GIS 中嵌入水文分析模块、水文模型软件中嵌入部分 GIS 工具以及相互耦合的嵌套形式（刘凤莲，2005）。

GIS和RS技术的飞速发展为分布式水文及泥沙模型的长足进步提供了技术保障和可靠前提，与GIS、RS技术的结合亦是目前分布式模型的发展趋势。例如，20世纪70年代基于日降雨水文模型（chemicals，runoff，and erosion from agriculture management system，CREAMS）发展起来的水蚀预测模型（water erosion project，WEPP）在1991年从坡面侵蚀模型扩展为流域的侵蚀模型，并且于2004年开发了基于ArcView界面的GEOWEEP（张玉斌，2004），充分利用了GIS技术。唐莉华（2002）建立了小流域产汇流及产输沙模型，与GIS技术结合，实现了计算结果的可视化。

（2）雷达测雨技术

确切的降水空间分布是分布式水文模型及泥沙模拟发挥优势的先决条件。虽然传统的雨量站测雨是目前应用最广也被认为是最为可靠的数据来源，但是当流域观测站点稀少或受山地气候控制时，很难体现出流域降雨空间分布的复杂多变性。降雨空间信息的不足性引起分布式水文泥沙模型模拟的不确定性，是阻碍其发展的重要因素。20世纪40年代末发展起来的雷达估测降雨具有提供复杂多变的降雨空间分布信息、流域或区域的面雨量以及实时跟踪暴雨中心走向和暴雨空间变化的能力，越来越多地得到学者的重视，并逐步在水文领域得到推广和广泛应用（Latif Kalin 2006；Zhang Xuesong et al，2010）。

但是，由于技术本身的复杂性和各种原因，雷达估测降雨存在一定程度上的误差，特别是大范围降雨时，尚不能满足水文应用的要求（杨扬等，2000）。因此，在采集雷达数据时需采取提高测量精度的措施，在使用数据时需对其进行修正。此外，增加信息亦可改善降雨分析结果，如可将由卫星资料提供的潜在可降雨云分布信息（Schultz，2000）与雷达及雨量站点的降雨资料相结合。

1.3.2.3　流域水沙模型的信息环境

纵观水文及泥沙模型的发展阶段可以看出，与早期的概念化或模型化的集总式模型相比较，分布式模型最大的优势是可利用日益丰富的空间信息源（见图1-1），并且可以充分考虑各种水文响应影响因素的空间分布。一般来说，流域分布式模型将研究区域划分为足够多的不嵌套水文计算单元（栅格、不规则三角网、水文相似单元、水文响应单元、子流域等），

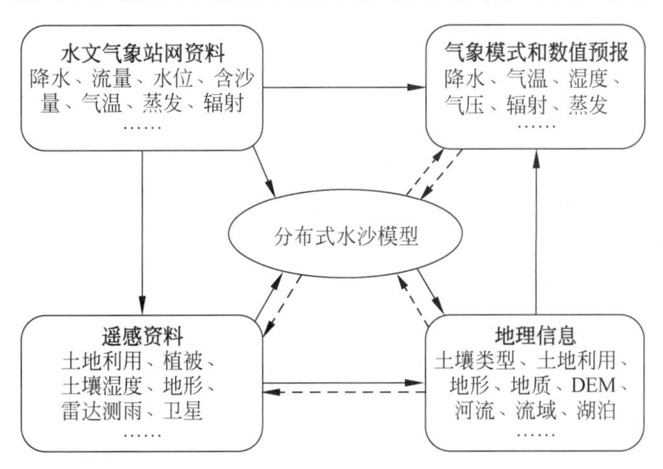

图1-1　流域水沙模型的信息环境（郝振纯，2010）
Fig. 1-1　Information environment of watershed sediment model

作为各种空间信息(数值天气预报、地理信息、遥感、雷达及全球气候模型(global climate model,GCM)等)的基本输入单元,可方便地考虑地形地貌、土地利用、土壤地质、水系分布等下垫面条件变化对水文及水资源的影响。分布式模型以其结构优势,可与气象气候及雷达降雨估测模型耦合,研究气候空间变化对水文循环的影响;同时,可采用点数据源,充分考虑降雨、蒸发、太阳辐射等因素在时间尺度上对流域水环境的影响(郝振纯,2010)。

水文计算单元的获取通过流域离散实现,一般通过DEM(digital elevation model)提供的栅格坡度、坡向及拓扑关系等地表形态信息来确定。基于DEM的流域离散方法主要有网格(grid)法、山坡(hill)法、子流域(sub-basin)法及其组合等(王中根等,2003)。网格法基于DEM进行网格的划分,但受计算机物理内存的限制,仅适用于一些高精度(10 m×10 m)小尺度或粗精度(1 km×1 km)大尺度的模型。MIKE SHE是这类模型中的典型代表。山坡法将分布式模型化为多个矩形坡面,作为最小计算单元,根据山坡水文学原理进行产流计算,而后基于等流时线的概念进行汇流演算。GBHM模型(Yang Dawen et al,2000)采用了山坡法。SWAT(Arnold et al,1997)模型和HEC-HMS模型采用自然子流域的方法进行流域离散,可方便快速实现河网提取和子流域划分。SWAT将水文响应单元作为自然子流域的最小计算单元,而HEC-HMS则将各水文影响因素在自然子流域中求取平均。此外,刘家宏等(2005)采用TOPAZ(topographic parameterization)工具划分DEM得到子流域,每个子流域包括一条河段及源(source)、左(left)和右(right)三个坡面,以此作为"元流域"(meta basin)进行产流模拟,本书所采用的分布式水沙模型BPCC即采用此种方法。这样,在根据DEM所划分的水文计算单元上建立水文模型,根据地理信息、遥感、雷达、植被、土壤、地质、水文、气象等各种空间信息,综合考虑并合理优化模型的物理参数,从而建立适宜的流域分布式模型。

1.3.2.4 流域水沙模型的应用现状

(1) 国外主要的分布式水沙模型

20世纪30年代的Horton经验方程、Green-Ampt物理方程以及50年代的USLE方程,是国外的水土保持模型的基础,为分布式土壤侵蚀预报模型的研究提供了基本的计算方法。

20世纪80年代,分布式水沙模型不断成熟并完善起来。1979年,Beven提出的TOPMODEL模型基于数字地形推求地形指数,可用以描述下垫面条件对流域水文的影响。由英国水文研究所、法国SOGREAH咨询公司和丹麦水力学研究所联合开发的SHE(system hydrologique european)模型,是一个典型的分布式水沙侵蚀模型,适用于模拟大中流域水流及泥沙运动的空间分布。与SHE模型同期出现的是由美国农业部农业研究局与明尼苏达污染物防治局联合开发的面向事件的分布式参数模型(agriculture non-point source,AGNPS)(Young R A,1989),其水文模块采用SCS径流曲线计算径流总量,侵蚀模块采用改进的土壤流失方程RUSLE计算流域土壤侵蚀量。20世纪90年代以来,随着"3S"技术在分布式水文模型中的逐渐应用,AGNPS被改进为能模拟连续降雨事件的AGNPS2001模型,标志着流域土壤侵蚀的研究由纯粹的数学问题转变为系统决策的工具。ANSWERS(area nonpoint source watershed environment response simulation)模型由Beasley和Huggins(Beasley D B,1980)提出,属分布式次暴雨土壤侵蚀物理成因模型,用于评估小流域土地利用和管理措施的变化对土壤侵蚀造成的影响及其空间变化。土壤侵蚀量采用USLE计算,流域离散采用网格法,但模型中并未考虑沟蚀作用和地下水引起的入流和出流等因素对侵蚀产沙模拟精度的影响。牛志明将 ANSWER 模型应用于三峡库区小流域侵蚀产沙、地表径流以及不同土地利用类型水沙分布状况的模拟中，模拟精度较高，但对于陡坡林地的模拟误差大，说明 ANSWER 尚不能有效适用于我国的复杂地形（牛志明，2001）。EUROSEM（european soil erosion model）模型是一种基于过程的次暴雨动力学模型，可用于坡面和沟道单元，区分雨滴溅蚀、沟间侵蚀和细沟侵蚀，区分坡面土壤侵蚀和不平衡输沙过程，并可提供水沙过程的细节描述。SWAT（soil and water assessment tool）模型由美国农业部农业研究中心于 1993 年开发，与 GIS 集成，可预测在大流域复杂多变的土壤类型、土地利用方式和管理措施的条件下，土地管理对水分、泥沙和化学物质的长期影响，适用于大众流域，在世界范围内应用广泛。国内学者杨桂莲（2003）等基于 SWAT 模型与数字滤波技术对河南洛河流域径流中的基流进行估算和比较；刘昌明（2003）等对黄河河源地区的流域进行了水文模拟，流域面积达到 42.8 万 km^2，为目前国内之最；李硕（2004）等在遥感和 GIS 的支持下，对 SWAT 模型的空间离散化和空间参数化进行了深入研究，并成功地将其应用到江西潋水河流域的径流和泥沙的模拟。在大尺度流域应用 SWAT 模型时应注意，SWAT 模型采用以日为单位的时间步长，可进行长时间序列计算，但不适合对单一洪水过程的详细计算。

值得一提的是，流域侵蚀产输沙模拟更多地注重机理研究，如土壤剥离及泥沙空间运移过程，计算公式具有较强的物理意义，且注重建模的合理性。VanderKwaak（1999，2001）的 InHM 就是一个强调动力学机理的水文模型，用 2D 网格模拟地表水，而用 3D 网格模拟土壤水和地下水。后经学者（Heppner，2006；Ran，2007）加入泥沙模块，可在 2D 网格上计算土壤侵蚀和不平衡输沙过程。Jain（2005）等建立了基于栅格单元的分布式降雨—径流—土壤侵蚀模型，将具有实际物理意义的雨滴溅蚀和水流侵蚀计算公式作为泥沙运动方程的源汇项。

（2）国内主要的分布式水沙模型

蔡强国和刘纪根（2003）、蔡强国和袁再健（2006）、张瑜英（2006）等曾先后对国内的分布式土壤侵蚀模型进行了总结和评述。汤立群（1996）建立了能反映黄土高原区垂直分带性规律的泥沙演进模型；符素华（2001）等建立了一个流域尺度的、以次暴雨为基础的与 GIS 相结合的分布式模型；祁伟（2004）等建立了基于场次暴雨的小流域侵蚀产沙分布式数学模型。这些模型以网格或流域要素为基础，能反映不同地貌特征、下垫面条件及水土保持措施下的径流和侵蚀产沙过程，显示了流域空间差异对径流产沙影响的优越性，但是不考虑土壤侵蚀和泥沙输移的具体过程，且对地域的针对性很强。

国内具有典型代表意义的分布式模型多应用于黄土高原丘陵沟壑的多沙粗沙区。许钦和任立良（2007）建立了岔巴沟流域的水沙耦合的分布式模型，该模型具有一定精度，但河道泥沙输移比假设为 1，未考虑到沟道泥沙冲淤过程。王光谦建立了流域泥沙动力学模型（王光谦，李铁健，2008），在模型的坡面单元中，在以超渗产流为主的降雨径流模型的基础上建立了基于过程的坡面土壤侵蚀模型；在沟坡区，建立了模拟土体滑坡和崩塌过程的重力侵蚀模型；在沟道区，用一维水沙动力模型完成水沙源区向中下游沟道演进的数学模拟。各子过程以数字流域为平台进行集成。该模型能够显示侵蚀—输运—沉积在流域内的分布情况，反映主要影响因素对流域泥沙过程的作用方式，分析水沙源区的来水来沙条件与干流河道间的水沙响应关系，是一个综合和全面的模型系统。BPCC（basic pollution calculated center)是清华大学河流研究所王兴奎(张超,2008)等联合开发的流域分布式水沙模型。BPCC模型基于DEM建模,采用TOPAZ工具划分子流域,以"坡面+沟道"作为模型基本的计算单元。坡面上,可求解降雨蒸散发、地表径流、穿透雨下渗、壤中流、潜水出流、雨滴溅蚀和细沟侵蚀等产流产沙过程;沟道中,以改进的扩散波方程和悬移质不平衡输沙方程计算水流和泥沙的动态演进。该模型曾应用于长江上游的香溪河流域(张超,2008)和嘉陵江支流李子溪流域的径流过程、泥沙侵蚀及污染物的输移扩散过程,模拟效果令人满意。

1.3.2.5 流域水沙模型研究中的关键问题

虽然分布式水沙模型取得了长足发展,且具有更为广阔的应用前景,但在目前水沙相耦合的分布式模型应用中,尚存在以下关键问题。

(1) 变化环境下的流域水文过程机理与规律

近年来,由于全球气候变化和人类活动加剧,陆地水循环、水资源状况及环境生态等发生了深刻改变,导致了日益恶劣的水危机、水灾害以及水环境等问题。

对于气候变化对水文影响的研究,主要集中在气候变化对水文水资源、需水量以及水文极端事件的影响等。在局部地区,尤其是受外界气候或季风影响较小的山地地区,与气候相关的因素主要包括降雨和温度。降雨是水文模型最主要的驱动力,影响洪水过程、峰值流量、洪水形态分布、径流的年际分布以及土壤剥离、搬移的动态响应过程;温度影响水分在地表的蒸发和植物的蒸腾作用,影响水量平衡,长期作用下还可引起地表覆被的动态变化。

下垫面变化主要体现在地表植被及地质地貌的改变上。下垫面条件主要影响降雨—径流过程、改变产汇流条件、控制土壤侵蚀搬运、影响洪水行洪能力以及污染物输移等方面。其中,植被、水土保持、水利工程及城市化的水文效应等课题已受到了较高的关注。以植被覆盖为例,研究表明,森林可涵养水源、保持水土、减少风沙灾害、调节河川径流,但砍伐森林到底使得径流增加还是减少,至今尚未定论(赵鸿雁,2001;张志强,2001;祝志勇,2001)。而对于产沙量,所得结论基本一致,即森林能大幅度减少产沙、防止土壤侵蚀,减少河流悬移质和推移质的含量。随着计算机和地理信息技术的进一步发展,分布式水文模型将逐步成为评测下垫面条件变化对水文效应影响的重要手段。

对于岷江上游镇江关以上流域,其地貌复杂,生态脆弱,有"沙窝子"这一典型生态恶化现象,受人为活动影响大,近年来水文、泥沙变化趋势较大。下垫面条件的改变和人类活动的影响是造成此种变化的主要因素,但是对二者影响的定量化分析,尚待进一步深入研究。

(2) 水文信息及水力侵蚀产沙过程的空间异质性

由于流域性质在不同的时间和空间尺度上普遍存在很大差异,相对集总式水文模型,分布式模型更能够反映空间异质性对流域水文过程的影响,并能够给出定量化结论,而不是流域状态的平均值,这也是与集总式水文模型的本质性区别。但同时,当用水文信息来描述物理现象的时候,往往采用"点尺度"或"点估计"的概念,而用以描述物理过程的水流运动方程也是"点尺度"的方程。由于水文信息、变量及参数在流域内的空间分布存在着巨大差异,因此在将"点尺度"的信息和概念应用到整个流域的时候,可能会导致信息的误用和物理意义的丢失。

水力侵蚀产沙过程亦存在同样的问题。流域产沙,是指某一流域范围内的侵蚀物质向其出口断面的有效输移过程。这里强调"有效输移",指的是移动到出口断面的侵蚀物质的数量,而不包括坡面上的雨滴溅蚀或土粒分散及沟道的沉积等。因此,侵蚀不一定伴随产沙。一般来说,某一断面的产沙量即泥沙含量与多种因素有关,包括上游流域坡面的泥沙来源(主要受植被和土壤质地等因素影响)、河道及河岸的可侵蚀程度、河道水流条件的改变、雨强等。由于产沙来源的多样性及输沙过程的多变性,多数泥沙模型采用如下假设:在空间尺度上泥沙来源并不因为地表植被土壤等条件改变而有所增减,在时间尺度上也不因为最近一次洪水侵蚀而有任何减少,这和实际情况明显不符。实际上,如果泥沙松散尤其是耕作期后,很小的雨量也可能携带坡面上的大量泥沙进入河道而产生较大的含沙量,而冲刷后的地表即使遭遇更强降雨泥沙侵蚀亦可能减小,河道含沙量随之减少。

因此,如何合理有效地解决流域水文及泥沙特性的空间异质性问题,成为目前分布式水文模型研究中的重要课题。

(3) 水沙过程模拟的不确定性和信息不足性

由于水沙过程模拟具有动态性、复杂性以及参数化的特点,对水沙过程模拟的不确定性普遍存在,加之缺少研究不确定性问题的较为成熟的系统方法,因此水沙过程的不确定性问题是当今研究水沙科学的热点问题(夏军,2006)。

根据水文模拟的研究理论和实践经验,其不确定性来源主要有3个(尹雄锐等,2006):第一,输入的不确定性。降雨是重要的气象数据,其不确定性对水文及泥沙的模拟具有至关重要的影响。很多学者针对流域尺度(Goodrich,1995)、降雨空间分布(Shah,1996;Lopes,1996;郝芳华,2003)、降雨强度(Bronstert,2003)等不确定性因素对流域模拟产流量和产沙量的影响进行了研究。第二,模型结构的不确定性。模型结构是水文预测的核心,与建模者的知识和经验紧密相关,如模型的假设、对数学物理公式的选择和水文机理的认识以及模型结构的复杂性等。第三,模型参数的不确定性。模型参数反映了流域的下垫面特性,具有一定的物理意义。"3S"技术为分布式模型提供了丰富的水文气象及下垫面信息,一定程度上减少了不确定性,但同时使得模型结构更加复杂,参数更多,在数据资料一定的条件下会产生较大的不确定性。同时,模型参数空间分布不均匀,在每个计算单元不具备实测资料的前提下,确定单元产汇流问题就转化为缺乏资料条件下推求模型参数的问题(芮孝芳,2002)。因此,在一定程度上,水文信息的不足性与模型参数的不确定性是相互联系的,水文信息的不明确或数据的缺乏,以及观测资源的限制等,成为分布式模型不确定性的重要来源。

1.4 本章小结

基于以上分析,本书的主要研究内容包括以下几个方面。首先,采用踏勘、遥感解译等手段综合分析长江上游的产输沙环境,包括气象条件、植被特征、土地利用结构、地质地貌特征、水土流失概况和综合治理措施等方面。其次,基于系统的序列分析、模型模拟、水沙关系分析、归因分析等方法,分别以长江上游嘉陵江、金沙江和岷江流域内的重点产沙区为研究对象,探讨长江上游典型产沙区水沙要素时空变化特征、气象条件和下垫面条件的时空变化特征、水沙变化对两类驱动要素的响应。其中,重点针对嘉陵江流域、涪江流域和岷江上游镇江关以上流域建立了分布式水文及泥沙模型,改进模型计算方法,优化模型参数,通过水沙过程的模拟来对比评价模型精度;并针对下垫面条件及不同降雨条件对流域模型进行分析和评价,对流域水文及泥沙侵蚀研究提供分析依据。最后,注重流域水文模型中的关键技术和方法的改进,将第二代雷达测雨和遥感降雨数据集应用于分布式模型中,探讨不同驱动因素对水沙过程的影响机制,为今后水沙模型的发展提供一定的技术支持。

第2章

长江上游产输沙综合环境

2.1 研究背景

近些年来，我国在生态环境保护方面的关注和投入逐渐增加，各地不仅在政策上向生态文明建设倾斜，还在经济发展上为其让步，投入大量的人力物力维护生态平衡，遏制环境恶化。特别是“三北防护林”“长江上游水土保持林工程”“黄土高原治理工程”等生态工程的大量实施，使得中国陆地的植被覆盖程度明显增加，而且不仅是面积大量增长，质量也大幅提升。我国为世界的生态文明贡献了最大的助力；截至2018年，我国森林覆盖率由新中国成立初期的8.6%提高到21.66%，森林面积达到2.08亿hm^2，人工林保存面积达6 933万hm^2，居世界首位。天然林的面积和质量也处在增长状态，各地退耕还林还草的面积还在增加，各级自然保护区的数量和面积也在增加。我国把生态文明建设放在首位，践行着“绿水青山就是金山银山”的理念，统筹山水林田湖草系统治理，坚定走绿色发展的道路。而植被作为森林生态系统的重要组成部分，维持着森林生态系统的平衡和物种多样性，同时它也对该地的气候、地理条件有一定的指示意义(阳含熙，1963)。气候的变化会通过植被的生长情况反映出来，为本书研究当地某一阶段气象条件的改变提供了参考依据。

人类活动对长江流域径流量和输沙量影响较大。长江上游流域的面积为100万km^2，产输沙条件复杂，时空差异明显，与三峡入库水沙的变化直接相关。20世纪90年代，随着“长治”和“天保”等退耕还林工程实施以来，径流量小幅度增加，输沙量剧烈下降。特别是2003—2015年，因三峡工程和各类水土保持措施的实施，植被覆盖大面积提升，使长江上游产输沙环境发生显著变化，入库泥沙减少达70%，长江整个流域入海泥沙减少67.4%(杨维鸽等，2019)。

因此，本节拟以2000—2015年的MODIS遥感数据为依据，分析长江上游植被措施在时间和空间尺度的变化规律，并探明长江上游重点产沙区的地质地貌特点、水土流失情况，并对其来水来沙进行分析，为系统把握长江上游水沙变化的关键因素提供依据，以帮助当地的水土保持生态环境治理。

2.2 长江上游降水变化特点

长江上游流域是指长江源头至湖北宜昌这一江段，经纬度为 90°32'24"～111°27'E，24°27'36"～35°45'N，横跨中国第一、二阶梯，长 4 504 km，是整个长江流域的生态屏障（吴志杰等，2017）。长江上游流域面积约为 100 万 km^2，主要水系有金沙江、岷江、沱江、嘉陵江、乌江等。为便于分析，将上游流域分为 6 个区域，分别为金沙江石鼓以上、金沙江石鼓以下、岷沱江、嘉陵江、乌江和宜宾至宜昌，分布图如图 2-1 所示。

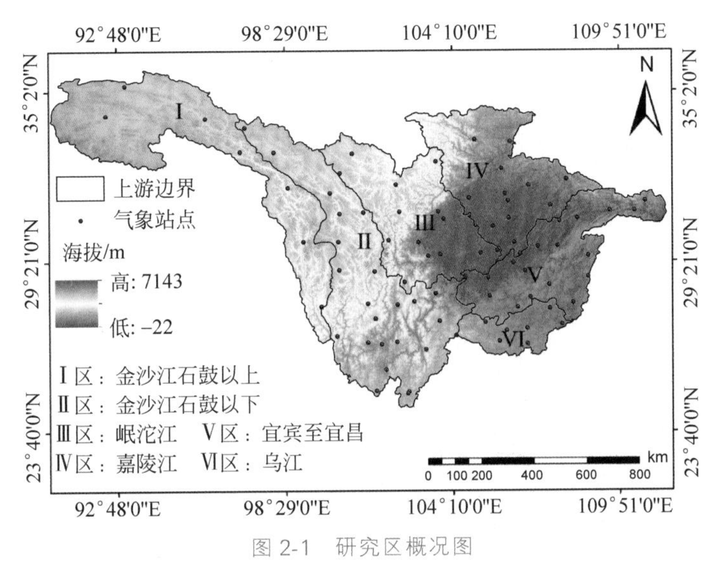

图 2-1 研究区概况图

Fig. 2-1 Overview of the study area

长江上游流域处于中纬度，大部分地区属副热带季风区，热量资源丰富。受纬度地带性及地形影响，年平均气温呈东高西低、南高北低的分布趋势。江源地区为高原寒带、亚寒带气候，是全流域气温最低的地区。上游其他区域以亚热带为基带，包括从湿润、半湿润到干旱、半干旱的多样性气候，形成四川盆地、云贵高原和金沙江谷地等封闭式的高温、低温中心区，局部河谷区域呈干热河谷气候。

整个流域径流主要由降雨形成，但由于地域辽阔、地形复杂，季风气候十分典型，多年降水量和暴雨时空分布很不均匀，从江源到宜昌的年平均降水量呈逐渐增加的趋势。江源地区年降水量小于 400 mm，属干旱带，流域其他地区大部分的年降水量为 800～900 mm，属半湿润带。

年均气温在 8～10 ℃，年降水量约为 900 mm（吴志杰等，2017）。流域内降水在时间上的分布也极为不均，冬季（12 月—次年 1 月）降水量为全年最少，春季开始增加，夏季降水量最大，且径流的补给主要来自降水。该地区既受东南季风和西南季风影响，又受青藏高原影响，是气候变化的脆弱地区（朱林富等，2017）。

2.2.1 长江上游降水年际变化

现将 2000—2015 年生长季（5—10 月）的累计降水量作为每一年的年平均降水量，如图 2-2 所示。可以看出，16 年来的年均降水量变化不大且比较稳定，维持在 800～900 mm，但 2006 年和 2011 年的降水量明显下降，低于其他年份。通过查找当地该区域的气象资料发现，在此期间发生了 2006 年川渝地区百年不遇的大旱、2010 年西南地区特大干旱、2011 年 4—6 月长江中下游大旱、2012 年云南大旱(吴志勇等，2018)。造成旱情的直接原因是温度升高，同时降水量减少，水源和植物的蒸散发量增加，但水分得不到及时有效的补充。

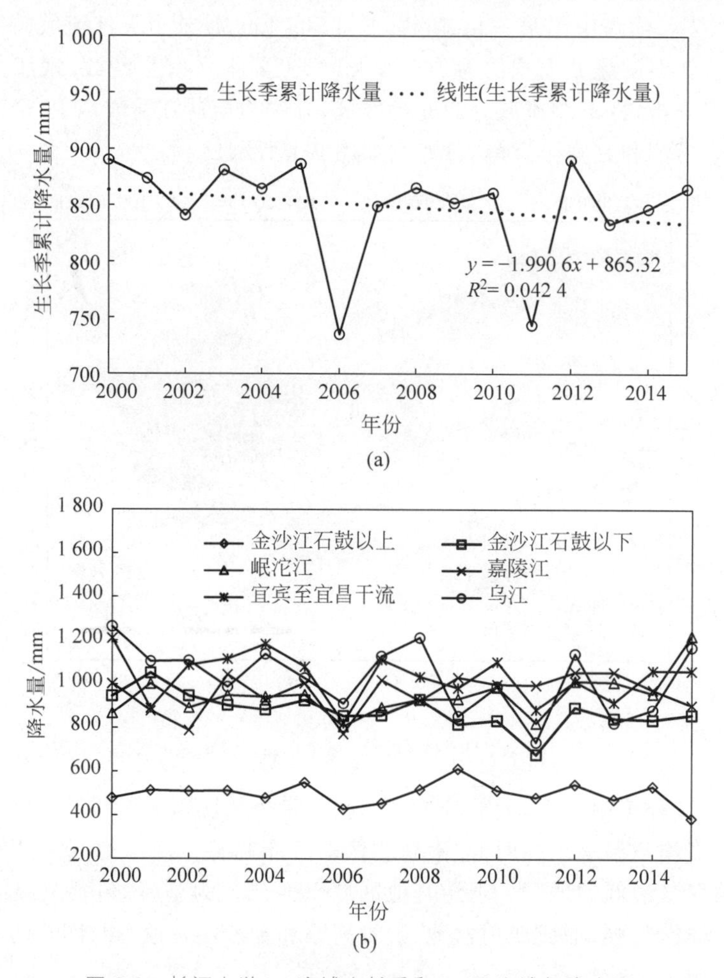

图 2-2 长江上游(a)流域生长季和(b)子流域年降水量

Fig. 2-2 (a) Annual precipitation in the growing season of the upper reaches of the Yangtze River and (b) sub-basin in the growing season

2.2.2 长江上游降水月际变化

如图 2-3(a)所示，从 2000—2015 年生长季的每月平均降水量来看，进入春夏两季后，降水量明显升高。7 月是流域内降水最丰富的阶段，月均降水量达到了 195.88 mm，占整个生长季的 22.96%。其次是 8 月，达到了 175.66 mm，占 20.59%。进入秋季后降水量又有明显的下降，9、10 月分别下降到了 132.14 mm、70 mm，低于 5、6 月的降水量，且 10 月的累计降水量仅占整个生长季的 8.21%，符合秋季天干物燥、降水偏少的自然现象。

通过图 2-3(b)可以看出，金沙江石鼓以上流域的月均降水量在 7 月最高，达到 132.77 mm，在 10 月最低，为 23.22 mm。该区域地处高原，进入秋季后降水量下降明显，且因气温较低无法达到降水条件，因此降水量维持在低水准。金沙江石鼓以下流域 6、8 月的降水量最高，分别达到 187.47 mm、189.63 mm，7 月降水量有较大幅度下降。结合当地地形和气候原因分析，可能是该地处于中国第一阶梯和第二阶梯交界处，进入夏季后青藏高原有一股热流往下游逼近，造成该地降水条件变差，降水量下降。岷沱江、嘉陵江流域降水量最高的的月份均为 7 月，最低的月份均为 10 月，而宜宾至宜昌干流和乌江流域降水量最高的月份为 6 月，最低的月份与其他流域相同。整个生长季降水量的最高值出现在 6 月的乌江流域，达到了 238.10 mm。结合当地的气象资料和地理环境因素可知，乌江流域空气潮湿、干湿季分明，进入夏季热源充足，有良好的降水条件，所以 6 月的降水量最高。

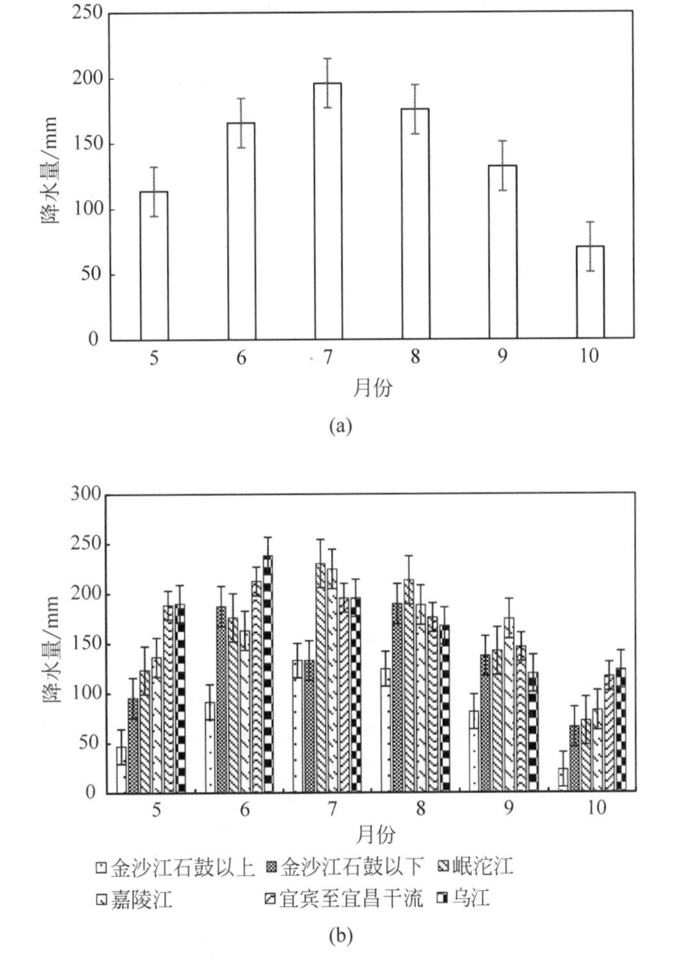

图 2-3 长江上游流域(a)和子流域(b)生长季月降水量

Fig. 2-3 (a) Monthly precipitation in the growing season of the upper reaches of the Yangtze River basin (a) and sub-basin(b)

2.2.3 长江上游降水空间分布

长江上游流域的降水空间分布极为不均，自西向东呈增长趋势，如图 2-4 所示。降水量最少的地区为青藏高原青海省境内金沙江石鼓以上流域的江源区通天河段，降水量不足

500 mm；其次为雅砻江—雅江县以上、部分金沙江—直门达流域和部分大渡河流域，降水量为 500～700 mm；降水量最丰富的区域是宜宾至宜昌干流及其周边地区，最高的地方达到了 1 100 mm 以上。

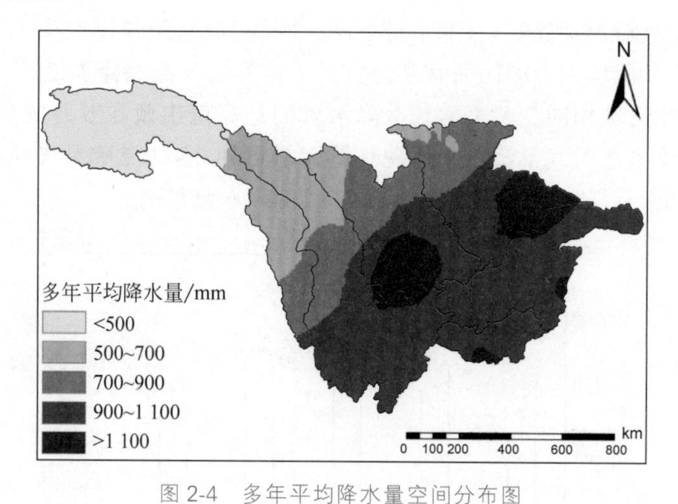

图 2-4 多年平均降水量空间分布图

Fig. 2-4 Spatial distribution of years of average precipitation

基于 ArcGIS 平台，通过最小二乘法计算，可以得到降水量的系数 b_1 的空间分布图，如图 2-5 所示，系数 b_1 由东北向西南逐渐增加。在全球变暖的气候条件下，全球范围内干旱等极端天气的强度和频率呈上升趋势(甘南藏族自治州地方史志办公室，2000—2015；周雅琴等，2017)。1958—2012 年中国西南地区的气象资料显示，干旱发生区主要分布于云南高原北部、川西高原和川西南山地(IPCC，2019)。对应于图 2-5，降水量在上述地区均呈下降趋势，且最严重的地区是岷沱江流域和嘉陵江流域北部。岷沱江流域的平均系数 b_1 为－9.41，嘉陵江流域为－5.78，其余流域的系数 b_1 均为正值，乌江流域的最高，达到了 13.43。

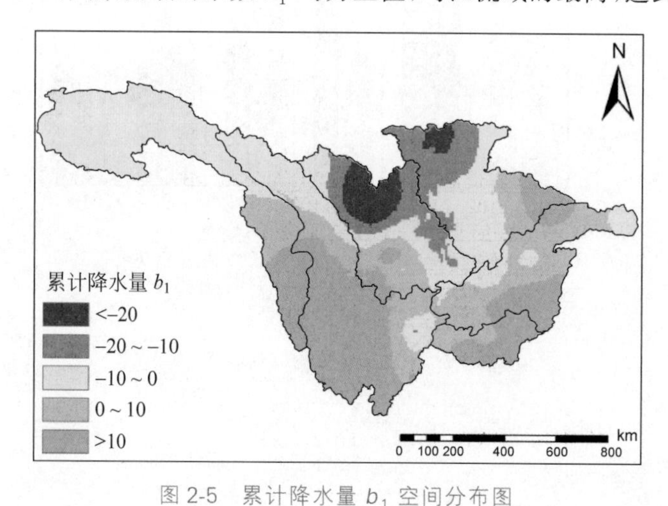

图 2-5 累计降水量 b_1 空间分布图

Fig. 2-5 Accumulated precipitation b_1 spatial distribution map

对比图 2-4 和图 2-5 可知，在降水量大于 900 mm 的区域，除嘉陵江西部和岷沱江东部以外，大部分地区的系数 b_1 为正值，降水量小于 900 mm 区域的系数 b_1 基本为负值。由此可以推断，未来长江上游流域的降水量分布将更不均衡，极端气候出现的概率将会增加。

总体来说，整个长江上游流域的降水量呈上升趋势。

2.3 长江上游植被变化特点

标准归一化植被指数（NDVI）是反映植被状况的重要指标，与植被覆盖度及叶面积指数密切相关，能较为精确地反映植被的密度及光合作用。长江上游区域植被覆盖的变化直接影响着三峡库区来水、来沙的变化。基于ArcGIS平台，利用年NDVI像元值，采用一元线性回归，可以模拟出该像元在研究年限间的变化趋势，并计算出其变化的幅度。回归直线斜率（slope）表示变化趋势的大小；slope>0，表示在研究期内呈上升趋势，反之则表示NDVI呈下降趋势。slope的计算公式如下所示：

$$\text{slope}=\frac{n\times\sum_{i=1}^{n}i\times \text{NDVI}_i-\left(\sum_{i=1}^{n}i\right)\times\left(\sum_{i=1}^{n}\text{NDVI}_i\right)}{n\times\sum_{i=1}^{n}i^2-\left(\sum_{i=1}^{n}i\right)^2} \tag{2-1}$$

式中，i为1～n年的年序号；NDVI_i表示第i年的NDVI值。

变化幅度公式如下所示：

$$\text{range}=\text{slope}\times(n-1) \tag{2-2}$$

为了检验变化趋势的显著性，本节选用F检验法对变化趋势进行检验。根据变化趋势$P<0.05$、$P<0.01$两个显著性水平，将变化趋势分成5类，包括极显著降低（slope<0，$\alpha\leqslant 0.01$）、显著降低（slope<0，$0.01\leqslant\alpha\leqslant 0.05$）、显著增加（slope >0，$0.01\leqslant\alpha\leqslant 0.05$）、极显著增加（slope>0，$\alpha\leqslant 0.01$）及无显著变化（$\alpha>0.05$）。

2.3.1 NDVI年际变化特征

在ArcGIS中基于像元计算出的2000—2015年年均NDVI值如图2-6所示。2011年和2013年的植被覆盖指数最高，达到了0.69，比2000年的0.62增加了11%。通过一元线性回归分析可知，16年间整个流域的NDVI值呈上升趋势，植被覆盖面积总体来说是在增加的。这说明，通过自然恢复和人为修复，长江上游流域的生态有所改善，遏制住了环境恶化的趋势，特别是嘉陵江、乌江、渠江和雅砻江河口以下长江干流流域的植被覆盖程度改善面积远大于恶化面积。6个子流域中，NDVI最高的是宜宾至宜昌流域，最低的是金沙江石鼓以上。总体来说，整个长江上游流域的植被都处在恢复的阶段。

通过图2-6(a)可以看出，2012、2014、2015年的NDVI值出现下降趋势。与图2-6(b)进行对比可以发现，2012年全流域除金沙江石鼓以上区域外，NDVI均出现大幅度的下降，特别是乌江流域下降幅度最大。到2013年，全流域除金沙江石鼓以上区域外，NDVI又出现大幅度回升，基本与2011年持平。2014年、2015年，除金沙江石鼓以上地区外，NDVI均呈下降趋势，岷沱江、金沙江石鼓以下区域的NDVI值甚至低于2000年。但是在这16年里，金沙江石鼓以上地区的NDVI值除偶有波动外几乎不变。该地地处高原、人迹罕至，人为扰动因素小，NDVI不会下降；但也因植被生长困难，NDVI上升幅度小。

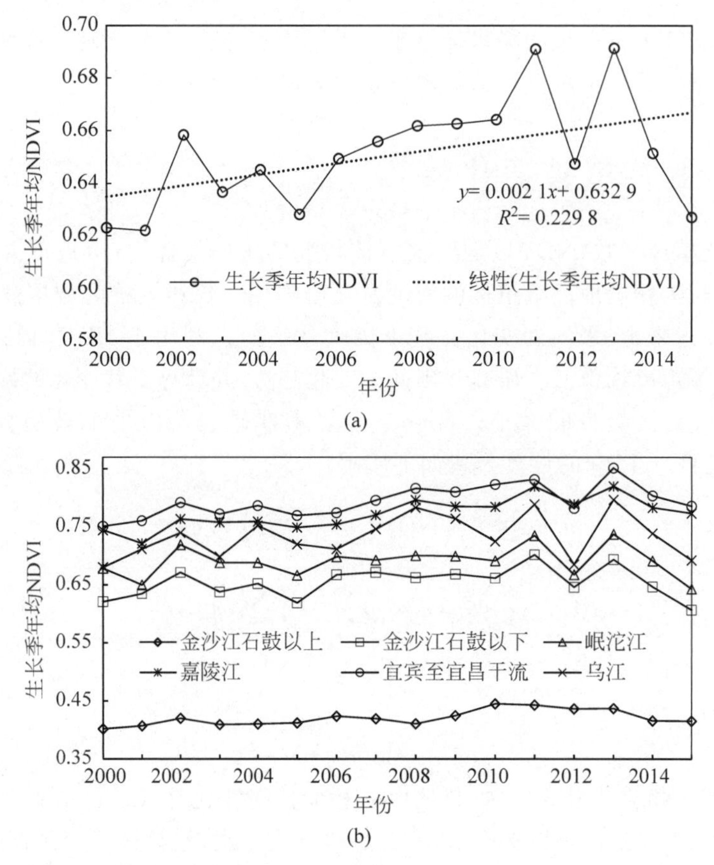

图 2-6 长江上游(a)流域和(b)子流域生长季年均 NDVI 值变化趋势

Fig. 2-6 Annual NDVI change in the growing season of the upper reaches of the Yangtze River (a) basin and (b) sub-basin

2.3.2 NDVI 月际变化特征

基于 ArcGIS 计算出 2000—2015 年生长季 5—10 月的月均 NDVI，如图 2-7(a)所示。可以看出，整个流域的 NDVI 值在 5—8 月呈上升趋势，8—10 月呈下降趋势，在 7、8 月 NDVI 值最高，分别为 0.72、0.71。可以看出，该区域的植被在春夏两季进入生长季，流域内的植被覆盖程度变高，季节的变化对植被的生长影响很大。进入秋季后，9、10 月的 NDVI 指数高于 5、6 月。这是因为，长江流域上游大部分属于亚热带季风气候，植被类型大多为常绿阔叶林，所以在进入秋季后，植被不会有大面积明显的覆盖程度降低，植被覆盖程度还是维持在一个很高的水平，因此 9、10 月的 NDVI 值偏高。

通过图 2-7(b)可以看出，在 6 个子流域中的 NDVI，岷沱江流域在 8—10 月下降幅度最大，9、10 月的 NDVI 低于同时期金沙江石鼓以下流域。宜宾至宜昌、嘉陵江流域的变化幅度最小。金沙江石鼓以上流域除 7、8 月 NDVI 值达到 0.5 以上外，其余月份均维持在一个较低水平。金沙江石鼓以下流域 NDVI 变化幅度较小，维持在 0.54～0.71，处于中高等水平。嘉陵江、宜宾至宜昌流域的 NDVI 一直处在较高水平，在 0.71～0.85 变化。乌江流域在 6、7 月进入夏季，阳光雨水充足，适宜植物快速生长发育，所以 NDVI 的变化幅度最大，增长了 11%。

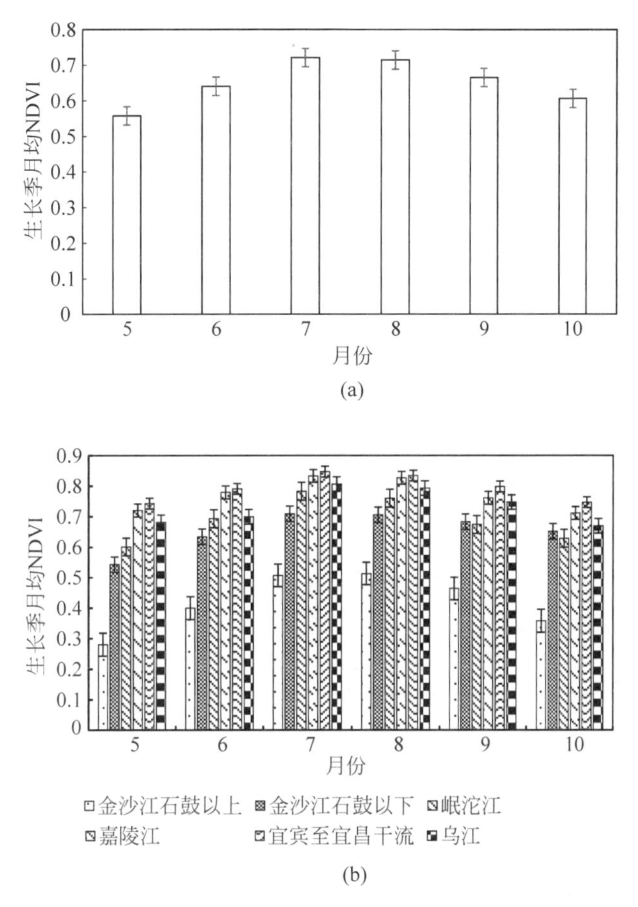

图 2-7 长江上游(a)流域和(b)子流域生长季月均 NDVI 值变化趋势

Fig. 2-7 Monthly NDVI change in the growing season of the upper reaches of the Yangtze River (a) basin and (b) sub-basin

2.3.3 NDVI 空间分布特征

在 ArcGIS 中对 2000—2015 年的年均 NDVI 图进行植被覆盖分类,其中参考的是韩继冲等(2019)的分类标准,见表 2-1。为了算出每一类面积以及占总流域面积的百分比并加以分析,表 2-2 和表 2-3 进一步给出了 2000 年、2013 年(最大年)和 2015 年这三年的各类植被所占的面积、百分比及变化情况。可以看出,长江流域上游植被覆盖度非常高,有 84%的区域 NDVI 值在 0.6 以上,为优等覆盖。同时从表中数据可以得出,该区域内的植被覆盖等级在不断优化,中等覆盖、差等覆盖、劣等覆盖区域的植被数量在增加,所以较差程度的植被覆盖面积在下降。流域内大部分区域的低等覆盖在向高等覆盖转移,优等覆盖的面积在增加。

如图 2-8 所示,从多年空间平均 NDVI 分布图可以看出,低等覆盖的区域多集中在通天河区域,零星分散在雅砻江沿岸。如图 2-9 所示,通过对 2000 年、2013 年、2015 年三年的分类空间图进行对比可以发现,上述区域低等覆盖的面积呈增长趋势。根据其所处青藏高原江源区的地理、气候环境分析,由于该地区海拔高、气温低、降水少,长时间被冰雪覆盖,因此

表 2-1 植被覆盖分类标准

Table 2-1 Classification of vegetation coverage

级别	NDVI 值	土地利用类型	覆盖等级
一级	>0.6	密灌木地、密林地、灌木林地等	优等覆盖
二级	0.3～0.6	优良耕地、潜在退化土地、高盖度草地、林地等	良等覆盖
三级	0.15～0.3	中低产草地、固定沙地、滩水地等	中等覆盖
四级	0.05～0.15	荒漠草地、稀林地、零星植被等	差等覆盖
五级	<0.05	荒漠、戈壁、水域和居民区等	劣等覆盖

表 2-2 2000 年、2013 年各类植被覆盖的面积及所占比例

Table 2-2 Areas and proportion of various types of vegetation cover in 2000 and 2013

级别	2000 年		2013 年		变化量	
	面积/km^2	占比/%	面积/km^2	占比/%	面积/km^2	占比/%
一级	841 444.76	84.14	863 417.36	86.34	21 972.60	2.20
二级	99 932.85	10.00	88 449.21	8.84	−11 483.64	−1.16
三级	41 037.93	4.10	36 485.92	3.65	−4 552.01	−0.45
四级	15 857.48	1.59	10 186.87	1.02	−5 670.61	−0.57
五级	1 726.97	0.17	1 460.64	0.15	−266.33	−0.02

表 2-3 2000 年、2015 年各类植被覆盖的面积及所占比例

Table 2-3 Areas and proportion of various types of vegetation cover in 2000 and 2015

级别	2000 年		2013 年		变化量	
	面积/km^2	占比/%	面积/km^2	占比/%	面积/km^2	占比/%
一级	841 444.76	84.14	847 023.74	84.70	5 578.98	0.56
二级	99 932.85	10.00	103 744.33	10.37	3 811.48	0.38
三级	41 037.93	4.10	37 083.79	3.71	−3 954.14	−0.40
四级	15 857.48	1.59	10 821.24	1.08	−5 036.24	−0.50
五级	1 726.97	0.17	1 326.89	0.13	−400.08	−0.04

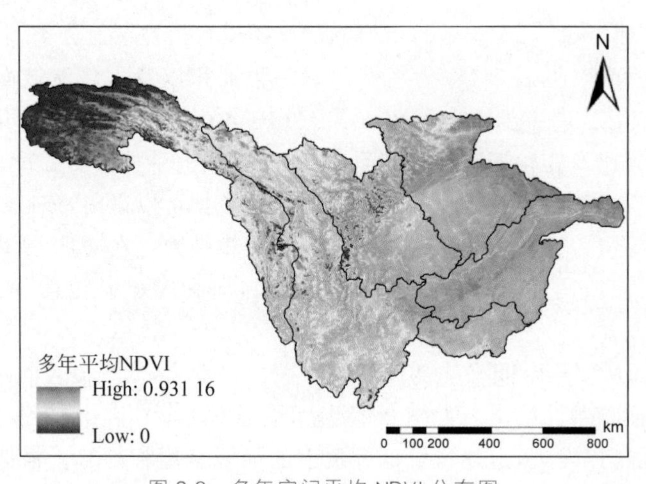

图 2-8 多年空间平均 NDVI 分布图

Fig. 2-8 Multi-year spatial average NDVI distribution

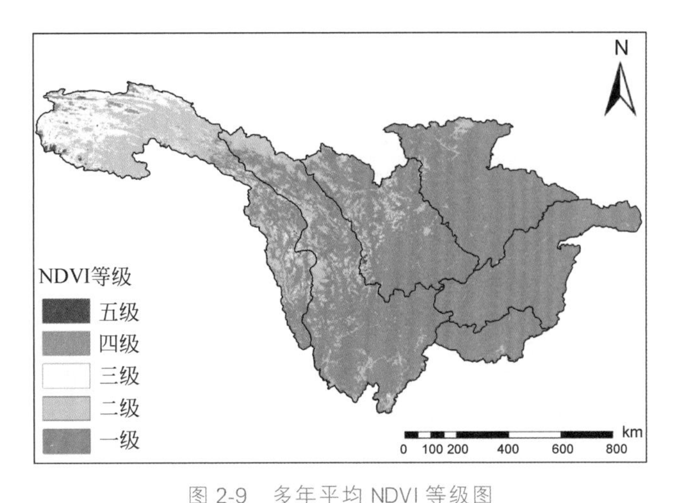

图 2-9 多年平均 NDVI 等级图
Fig. 2-9 Multi-year average NDVI rating chart

该地区的植被为高原草甸类型。特别是可可西里山脉、巴颜喀拉山脉、唐古拉山脉区域多为雪山或裸露的岩石，生态环境异常脆弱，无法达到像乌江、嘉陵江流域附近的高覆盖度。该地区稳定性、抗逆性差，环境遭到破坏后极难恢复，甚至会快速恶化。近几年来，该区域水土流失严重，植被覆盖程度下降，形成恶性循环。

2.3.4 NDVI 空间分布特征的变化趋势

基于 ArcGIS 平台对年平均 NDVI 用最小二乘法进行分析，得到系数 b_1 的空间分布图，如图 2-10。b_1 值为负的地区集中在岷沱江流域，金沙江—石鼓、乌江流域也有分布。上述区域植被覆盖退化，同时水土流失加剧。特别是大渡河、青衣江和岷江干流两个区域，轻微侵蚀的面积减少，但是中度、强度、极强度和剧烈侵蚀的面积在增加。通过分析发现，长江上游流域 2000—2015 年的年均降水量变化较小，而地形、坡度、土壤基本是不变因素，所以可以推测原因在于该地区的人类活动，如经济发展、人口增加促进人类活动面积的增加，同

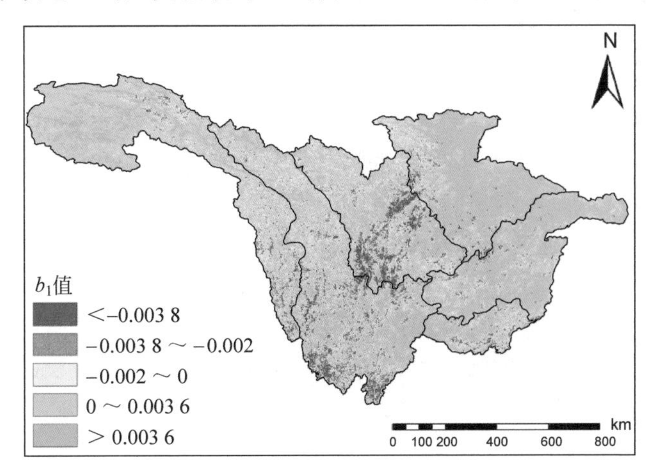

图 2-10 年际变化 b_1 空间分布图
Fig. 2-10 Interannual variation b_1 spatial distribution map

时工程建设频繁，加剧该区域水土流失，植被覆盖程度降低。

在嘉陵江、宜宾至宜昌干流区域 b_1 的值均为正，其中嘉陵江的 b_1 值最高，植被覆盖增加最明显，可见通过建设自然生态保护区和人工林的种植，植被质量能得到明显的改善。

2.4 重点产沙流域的土地利用结构及变化特征

土地利用变化主要存在三种过程，分别是时间变化过程、空间变化过程和质量变化过程。土地利用变化主要体现在土地利用类型变化、土地利用类型数量变化、土地利用空间变化、土地利用程度变化及土地利用变化的区域差异等方面。在获取可靠的土地利用数据的基础上，可分别使用土地利用面积变化幅度、单一土地利用类型动态变化度及土地利用转移矩阵分析长江上游重点采沙区的土地利用结构及变化特征。

土地利用动态度可定量描述区域土地利用变化的速度，对比较土地利用变化的区域差异和预测未来土地利用变化趋势都具有积极的作用。单一土地利用类型动态度表达的是某研究区一定时间范围内某种土地利用类型的数量变化情况，其表达式为

$$U_{\mathrm{K}}=\frac{U_{\mathrm{b}}-U_{\mathrm{a}}}{U_{\mathrm{a}}}\times\frac{1}{T}\times 100\% \tag{2-3}$$

其中，U_{K} 为研究时段内某一土地利用类型动态度；U_{a}，U_{b} 分别为研究期初及研究期末某一种土地利用类型的面积；T 为研究时段长。当 T 的时段单位设定为年时，U_{K} 的值为该研究区单一土地利用类型的年变化率。

采用综合土地利用动态度可以描述研究区一定时间范围内各种土地利用类型的综合变化情况，其计算公式为

$$U_T=\frac{\sum_{i=1}^{n}\Delta U_{ij}}{\sum_{i=1}^{n}U_i}\times 100\% \tag{2-4}$$

其中，U_T 为研究时段内研究区的综合土地利用动态度；ΔU_{ij} 为研究时段内 i 类土地利用类型转为非 i 类（j 类，$j=1,2,\cdots,n-1$）土地利用类型的面积；U_i 为研究初期 i 类土地利用类型的面积；n 为土地利用类型的个数。

采用 ArcGIS 对土地利用数据图进行统计和叠加分析，并利用土地利用转移矩阵刻画区域土地利用变化的结构特征和土地利用类型的变化方向。转移矩阵的数学形式为

$$\boldsymbol{S}=[S_{ij}] \tag{2-5}$$

其中，$\boldsymbol{S}$ 为变化面积；n 为土地利用类型个数；$i,j\,(i,j=1,2,\cdots,n)$为研究期初与研究期末的土地利用类型。

涪江流域 2000 年和 2015 年的两期土地利用数据（见图 2-11）表明，耕地、林地和草地是流域的主要土地利用类型，三者的总和在两个时期分别占流域总面积的 97.86%、96.65%（见表 2-4）。耕地占流域面积的比例最大，面积比例分别为 58.61% 和 57.60%。从 2000 年到 2015 年，耕地面积有所下降——由 2000 年的 21 006.44 km^2 减少至 20 644.65 km^2，减幅为 1.72%。林地面积次之，分别占流域面积的 27.07% 和 27.17%，面积达 9 701.7 km^2 和 9 737.38 km^2。林地面积随时间的推移有所增加，2015 年的林地面积增加了 35.68 km^2，

增幅为0.37%。草地面积占流域面积的比例较小，2000年和2015年分别为12.18%和11.88%。水域、建设用地以及未利用土地在2000年和2015年所占比例较小，分别为2000年的1.18%、0.89%、0.06%和2015年的1.25%、1.92%和0.18%。但与2000年前相比，2015年建设用地以及未利用土地面积显著升高，分别从2000年的319.61 km^2 和20.24 km^2 增加到688.82 km^2 和64.28 km^2——建设用地面积增加了369.21 km^2，增幅为115.52%；未利用土地面积增加了44.04 km^2，增幅为217.59%。水域面积从424.06 km^2 增加到了448.63 km^2，增幅为5.79%。

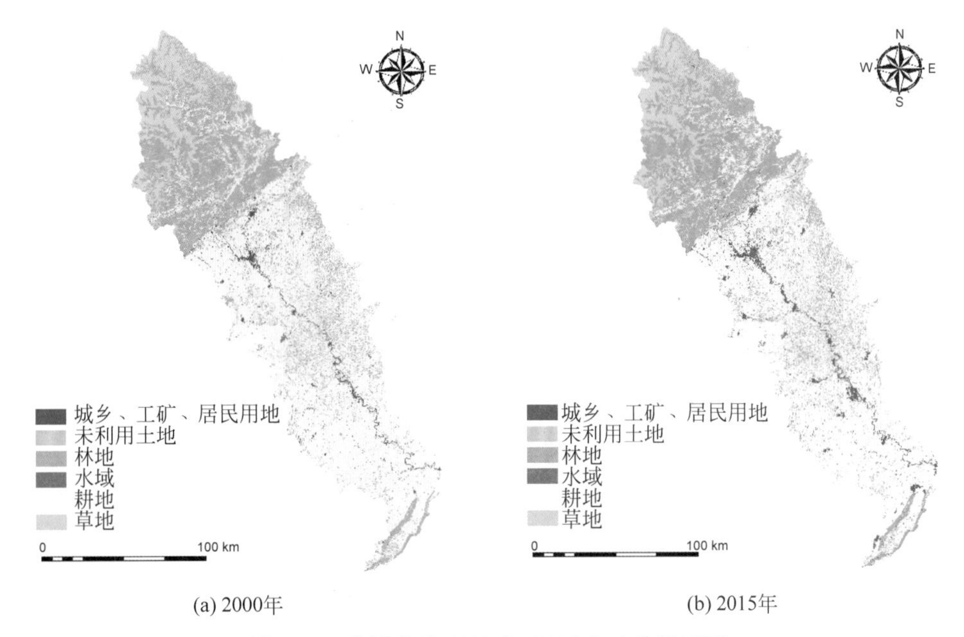

图2-11 涪江流域2000年、2015年土地利用图

Fig. 2-11 Land use of Fujiang Basin in 2000 and 2015

表2-4 涪江流域2000—2015年土地利用面积变化

Table 2-4 Land use area change in Fujiang Basin from 2000 to 2015

土地利用类型	2000年		2015年	
	面积/km^2	比例/%	面积/km^2	比例/%
耕地	21 006.44	58.61	20 644.65	57.6
林地	9 701.7	27.07	9 737.38	27.17
草地	4 366.57	12.18	4 258.72	11.88
水域	424.06	1.18	448.63	1.25
城乡、工矿、居民用地	319.61	0.89	688.82	1.92
未利用土地	20.24	0.06	64.28	0.18

涪江流域土地利用变化的转移矩阵表明(见表2-5)，2000—2015年，95.34%的耕地(20 025.47 km^2)未发生变化，其余大部分变为建设用地、林地和草地。耕地的转入面积为6.00 km^2、转出面积为2.73 km^2。其中，1.98%(415.08 km^2)的耕地转变为林地，1.73%(362.9 km^2)的耕地转变为建设用地，0.76%(159.71 km^2)的耕地转变为草地。92.79%

(9 001.87 km^2)的林地未发生变化,1.63%和4.98%的林地分别转变为草地和耕地,同时,有415.08 km^{2}的耕地、314.46 km^{2}的草地和1.76 km^{2}的水域转变为林地,转入面积为733.7 km^2,转出面积为699.17 km^2。90.14%(3 935.67 km^2)的草地未发生变化,1.7%(5.66 km^2)的草地转变为耕地,7.2%(314.46 km^2)的草地转变为林地,159.71 km^{2}的耕地和157.77 km^{2}的林地转变为草地。94.57%(401.02 km^2)的水域未发生变化,其中转入47.61 km^2,转出23.04 km^2。93.85%(299.94 km^2)的建设用地未发生变化,1.73%(362.9 km^2)和0.18%(17.84 km^2)的耕地和林地分别转变为建设用地。93.81%(18.96 km^2)的未利用土地未发生变化,35 km^2、5.54 km^{2}和4.62 km^{2}的林地、耕地和草地分别转变为建设用地。综上,2000—2015年,土地利用类型均有所变化,其中变幅最大的为未利用土地和城乡、工矿、居民用地。

表2-5 涪江流域2000—2015年土地利用变化转移矩阵

Table 2-5 Land use change transfer matrix of Fujiang Basin from 2000 to 2015 km^2

土地利用类型	草地	城乡、工矿、居民用地	耕地	林地	水域	未利用土地	总面积
草地	3 935.67	4.07	103.15	314.46	4.10	4.62	4 366.07
城乡、工矿、居民用地	0.66	299.94	15.49	1.73	1.77	0.00	319.59
耕地	159.71	362.90	20 025.47	415.08	35.80	5.54	21 004.50
林地	157.77	17.84	482.73	9 001.87	5.83	35.00	9 701.04
水域	1.06	4.02	16.06	1.76	401.02	0.14	424.06
未利用土地	0.22	0.00	0.25	0.67	0.11	18.96	20.21
总面积	4 255.09	688.77	20 643.15	9 735.57	448.63	64.26	35 835.47

2.5 重点产沙区的地质地貌特点

针对长江上游重点产沙区的沱江、岷江、白龙江、涪江流域展开的实地调查工作发现,沱江、涪江流域植被条件较好,河道主要存在人类采砂挖沙导致的边坡稳定性下降、松散碎屑物增加以及河道淤积等问题,地震及大规模山地灾害加剧了水土流失。白龙江流域主要存在由气候、地形等因素形成的干旱河谷带生态脆弱、植被条件差、山地灾害频发以及点暴雨导致的水土流失等问题。

沱江,又称中江,位于四川盆地西部的成都平原上(104°~105°30'E,29°~31°30'N),发源于四川盆地北部的九顶山(仇开莉,2014)。沱江流域属亚热带湿润气候,降水丰富但分配不均,集中于夏季。研究区的森林植被以阔叶林为主,东部及北部柏木较多,南部有各种竹林,中部为多种亚热带作物及果木。由于存在复杂的地形条件、地质灾害以及土地利用类型不合理等问题,使得流域内生态环境脆弱。早期的城镇化建设和人们为了眼前利益破坏生态环境的现象,使得流域内森林面积减少,生态环境退化。近年来,"天保工程"的实施以及人民群众环保意识和法制意识的增强,使得植被覆盖度有所提升(杜艳秀等,2015)。沱江流域位于四川省中部,包括成都、德阳、资阳、内江、自贡、泸州等6个市级行政区所辖的29个县级行政单位,总面积2.78万km^2,呈西北—东南走向。流域内地貌类型复杂多样,西北部以龙泉山为界,以西为川西平原区,以东为盆地丘陵区,东南部为中低山浅丘地貌。

白龙江属长江的二级支流，嘉陵江的一级支流，河流全长 535 km，流域面积 32 810 km^2，多年的平均径流量约 40 亿 m^3，发源于甘肃省碌曲县与四川省若尔盖县交界的郎木寺乡，向东流经碌曲、若尔盖、迭部、舟曲、宕昌、武都、文县、青川及广元等 9 个县(市)，于昭化县旧城北部汇入嘉陵江。白龙江流域位于青藏高原和四川盆地交接处，处于高山峡谷区，地势呈现出西北高于东南的特点，流域内山峦连绵，高低叠起，山沟纵横交错，河谷下切严重，山体坡度多大于 35°，有悬崖绝壁之貌。河道蜿蜒曲折，河谷川峡相间，河流流速快，大部分支流分布在右岸，流域水系分布不对称，白龙江主河道平均比降约 4.8‰。白龙江流域的植被类型主要有针阔混交林、灌丛、草原和高山草甸。河谷低地主要分布针叶林、草原和灌丛，高海拔山地以针叶林和高山草甸为主。流域上下游植被较好，中游植被较差。白龙江流域土壤垂直地带性分布由低海拔向高海拔依次分布潮土—棕褐土—棕色森林土—高山草甸土。白龙江流域上游段受高山阻挡，西南及东南的暖湿气流不易长驱直入，加之海拔高程高，水汽供应不充分，所以降雨量相对较小；中游段地势变化大，北侧为岷山所挡，南侧有西倾山和摩天岭，冷暖气流不易侵入，不利于气流辐合上升，于降雨不利，使得长历时降雨少见，多阵性降雨，是白龙江流域的少雨区；下游段位于四川盆地边缘，地势整体向南倾斜，有利于西南气流辐合抬升，因此暴雨频繁，雨量较大，为白龙江流域的主要产洪区(张晓晓，2014)。白龙江两岸的河谷及浅山地带多形成以气候干暖少雨、植被稀疏残败、地形破碎、土地石漠化及岩漠化为主要特征的干旱河谷景观，泛称"干旱河谷"(郭星等，2014)。

涪江系嘉陵江的一级支流，发源于阿坝州松潘县境内岷山雪宝顶北坡，自西北流向东南，过平武县城，于江油武都镇进入丘陵区，经绵阳、三台、射洪，至遂宁市三新乡出川，向东南流经重庆市潼南区境，至合川区汇入嘉陵江。涪江干流全长 697 km，流域面积 35 982 km^2，武都以上为上游，属山区性河流，河段长约 238 km，天然落差 3 340 m；武都至遂宁为中游，长 308 km，天然落差 325 m；遂宁以下为下游，大部分位于重庆市境内。流域内的上游区域地质构造复杂，地层以变质岩为主，次为古生代碳酸盐岩及碎屑岩，断裂发育，后龙门山及北川一带地壳稳定性较差，地震基本烈度达Ⅷ度以上。中下游为丘陵平坝区，地质构造简单，各种红色碎屑岩广布，以砂岩、泥岩为主，组成互层状；岩层产状平缓，断裂不发育，地壳稳定，地震基本烈度为Ⅴ或Ⅵ度。工业主要集中在中下游的河谷平坝区。流域内气候差异较大，上游山区由于地形复杂，高差悬殊，气候垂直变化明显，中下游丘陵区气候温和湿润，多年平均气温约 16～18 ℃。流域内降水在时空分布上很不均匀，上游盆缘北川、安县一带地处龙门山暴雨区。流域内总人口约 1 238 万人，耕地面积约 996 万亩，主产水稻、小麦、红苕、玉米、棉花、油菜等，粮食总产量 594 万 t。

2.6　重点产沙区的水土流失概况

造成该地区水土流失的原因很多，总体可以归结为自然因素和人为因素。

1. 自然因素

(1) 干旱河谷生态脆弱

受地质变迁、气候变化、焚风效应及人为因素的影响，所形成的干旱河谷生态脆弱区是调查区中严重的水土流失区。其中，白龙江流域受干旱河谷带影响最为明显。白龙江流域的干旱河谷主要分布于甘肃省东南部的甘南州、陇南市，分布海拔为 700～2 200 m，面积达

271 214 hm^2(郭星等,2014)(见图 2-12)。干旱河谷气候极度干燥,降水少而不均,地面植被稀少,冲刷严重,降水难以浸入;且大部分地区土壤为千枚岩发育成的褐土,土壤含水量低。由于受焚风作用,土壤水分蒸发强烈,因此成为该地区的重点水土流失区。

图 2-12　白龙江流域干旱河谷
Fig. 2-12　Arid-valley in Bailongjiang Basin

(2) 山地灾害频发

涪江上游地区褶皱、断层发育,地震活动频繁,岩石破碎,裂隙特多。涪江流域受“5·12”地震影响严重,由地震导致的崩塌、滑坡、泥石流灾害是该地区地震后水土资源损失的主要形式。甘肃境内白龙江流域地质构造复杂、地形切割强烈、山高谷深、沟壑纵横,岩体破碎、软弱且沿途广泛分布,地质环境脆弱,加之暴雨频繁、河流冲刷强烈、人类活动强度大,滑坡、崩塌、泥石流极为发育(黎志恒等,2015)。山地灾害频发严重破坏资源环境,危害生态安全,造成大量水土流失(见图 2-13～图 2-15)。

图 2-13　白龙江上游省道沿途小型崩塌滑坡频发
Fig. 2-13　Collapses and landslides occur frequently along the provincial road in the upper reaches of Bailongjiang

图 2-14　白龙江上游边坡土层薄,植被多灌草,江水浑浊
Fig. 2-14　Thin slope soil, vegetation more shrubs and grass, river turbidity

图 2-15　甘肃舟曲特大泥石流沟道治理
Fig. 2-15　Gully treatment of zhouqu debris flow in Gansu Province

(3) 近期暴雨事件

暴雨事件导致河流流量增加,冲垮堤岸,加剧两岸土壤侵蚀,诱发山地灾害,增加松散碎

屑物，这是沱江、涪江及岷江流域边坡水土流失的重要因素。相较而言，白龙江流域通常暴雨量不大，且基本无连续暴雨，而且多呈一次雨峰，所以暴雨事件与地质条件的结合是该地区水土资源损失的主要诱因。特别是中、下游地区为高山深谷地貌，受各时期地质构造运动影响，裙皱、断层发育，岩性混杂，风化剥蚀强烈。各期构造运动互相干扰复合的结果，形成以软弱岩石为主的地质构造。遇有暴雨，极易形成各种规模的泥石流。如果有较好的植被覆盖，这个地区的暴雨将不会成为泥石流发育的主导因子，森林植被对阻止泥石流、减少水土流失将起到巨大作用(宋宗水，1988)。白龙江地区暴雨虽然不多而且强度不大，不足以频频诱发泥石流灾害，但据了解，甘南藏族自治州境内一度发生局部特大暴雨，严重破坏了脆弱的坡面土层及植被，加剧了该地区坡面的水土流失(见图 2-16)。

2. 人为因素

(1) 坡耕地水土流失

耕地是造成区域水土流失的重要因素，尤其是坡耕地。坡耕地是山区人口数量增多与耕地资源缺乏这对矛盾发展的产物。坡耕地水土流失造成河流、水库淤积，肥料更是导致河流生态环境恶化的严重诱因之一。本次调研沿途所见农作物多为玉米、高粱、水稻等，经济林可见龙眼、李子、苹果等(见图 2-17)。本次调研所经道路及河道沿线的耕地多分布于河道堤岸的平地、山地中的平地等，未见大规模坡耕地。

图 2-16 涪江流域河流冲垮路段
Fig. 2-16 The river break down the road in Fujiang Basin

图 2-17 湔江堤岸上种植水稻，玉米等作物
Fig. 2-17 Rice, corn and other crops are planted on the bank of Jianjiang River

梯田、水平条、挡墙、铅丝笼、喷浆是调查区常见的水保措施和边坡防护措施(见图 2-18)，其中梯田、水平条多为重点位置重点防治，未进行大规模统一规划。水平条虽然是坡改梯的主要手段，但是受土壤地质对植被的限制，水平条纵面大面积裸露导致冲沟发育，也是水土流失的重要位置(见图 2-19)。

(2) 采砂挖沙等人类活动

调查沿线可见多处砂石场，砂石开采是人为活动导致水土流失的重要活动(见图 2-20，图 2-21)。砂石场的水土流失危害主要体现在：①破坏地表植被，产生大面积裸地及裸露坡面；②弃土弃渣随意堆放，暴雨易诱发灾害，且弃渣倾入河道，影响河流行洪及生态安全；③河道采砂，扰动河床，容易引起河床下切，造成堤岸坍塌；④设备机械化作业，污染水环境，影响水质及水生态(冀会珍，2014)。

图 2-18 沱江流域猫猫寺附近梯级挡墙
Fig. 2-18 Cascade retaining wall near Maomao temple in Tuojiang River Basin

图 2-19 甘肃陇南水平条工程纵面大面积裸露
Fig. 2-19 The longitudinal plane of Gansu Longnan horizontal strip project is exposed in a large area

图 2-20 沱江流域采砂活动
Fig. 2-20 Sand mining activities in Tuojiang River Basin

图 2-21 涪江流域采砂活动
Fig. 2-21 Sand mining activities in Fujiang River Basin

2.7 重点产沙区的来水来沙分析

2.7.1 上游来水来沙的总体特征

三峡水库上游的水沙主要来源于金沙江、岷江、嘉陵江、乌江及三峡区间，横江、沱江、赤水河及綦江的水沙量占入库水沙量的比重很小，对入库水沙的变化影响不大。受降水、人类活动等过程变化不同步的影响，长江上游干、支流的水沙变化并不同步，不同年代各河流水沙占入库的比例有较大的变化。

金沙江径流近年来无明显变化，径流量与输沙量的年际变化过程峰谷基本对应，输沙量自 2000 年以后明显偏小。屏山站 1991—2000 年平均径流量为 1 483 亿 m^3，与多年平均值相比多 3.1%；输沙量约 2.95 亿 t，较多年平均输沙量多 23.8%。2001—2010 年平均径流量 1 465 亿 m^3，与多年平均值相比多 1.8%；输沙量约 1.64 亿 t，较多年平均输沙量少 31.2%。

岷江流域强产沙区的面积不到总面积的 10%，产沙量却达到岷江总沙量的 49%。岷江水沙量基本以 20 世纪 60 年代为最大，70 年代则有所减少，80 年代又有所增加；1990 年以来水沙量则大幅度减少，仅为 60 年代和 80 年代的 60%左右；2000 年以后，高场站水沙量减少明显，径流量和输沙量分别为781亿 m^3 和3000万t。

从沱江1990年前后的对比情况来看，登瀛岩水文站以上地区来水量比例有所增大，占李家湾站的比例由77%增至82%；但登瀛岩水文站年均输沙量由1990年前的893万t减少至1991—2000年的258万t，占李家湾站输沙量的比例也由78%减少至69%。

嘉陵江流域控制站—北碚站的水沙变化过程基本对应，即水大沙多，水小沙少，输沙量随径流量增减而相应变化，输沙量的年际变幅远大于径流量。自20世纪90年代以来，水量略有减少，而沙量减少幅度远大于径流量减少幅度。90年代水量为552亿 m^3，沙量锐减至4 110万t。2001—2010年，北碚水量为595亿 m^3，沙量为2 630万t，水沙量分别相当于60年代的78.9%和14.7%。

乌江下游控制站武隆站的径流量无明显趋势性变化，输沙量在1980年前呈增加趋势，1980年以后则减少趋势明显。20世纪90年代较70年代径流量多3.4%，沙量减少44.6%。2001—2010年武隆水沙量分别为443亿 m^3 和810万t，与20世纪70年代相比，分别减少15%和80%。

2.7.2 典型站点的来水来沙分析

长江上游各站点实测的径流量和输沙量年际变化很大，两者的长系列资料总体趋势明显不同。1956—2012年，朱沱站和寸滩站径流量都略有减少，但输沙量都显著减小，减小幅度均大于50%。2001—2012年，上述两个站点的年径流量相比多年平均值都减小约3%，输沙量较多年平均值分别减少了36.3%和47.7%。就入库支流而言，1956—2012年，嘉陵江整体径流量呈减小趋势，减小幅度约为10%，同时输沙量显著减少，2001—2012年段减少了74.8%。乌江径流量在2001年前呈增加趋势，2001年后减少幅度为10.2%，但输沙量从1991年起呈明显减小趋势，2001—2012年段减少了67.8%。各站点的输沙量Mann-Kendall趋势检验表明，2001年左右输沙量显著减小。

各站点的小波分析结果表明，寸滩站、北碚站和武隆站在径流量和输沙量时间序列上存在着18、23、22a和21、23、21a的变化第一主周期；各站点径流量与输沙量的主要时间尺度在研究时域表现为交替振荡，径流量丰枯变化基本一致；径流变化在时间域中存在多层次的时间尺度结构和局部变化特征，但输沙量的主周期时间尺度在1990年后表现不稳定。

寸滩站和朱沱站的累计年推移质输移系数变化表明，1981年、2001年、2007年是寸滩站推移质输移变化的分界点，1991年、2007年是长江朱沱站推移质输移变化的分界点。寸滩站和朱沱站的推移质断面推移质输沙率、输沙带宽度均随时间段的先后逐渐减小，这与陆续投产的梯级水库对推移质的拦截作用有关。而且寸滩站、朱沱站各时段的断面输沙率与流量均呈现良好的高次方乘幂关系，可用于短期的推移质输移量估算。

2007年以前，寸滩站和朱沱站的推移质的中值粒径、最大粒径均随时间段先后逐渐减小，原因是水库兴建后水流变缓、功率降低，进而导致搬运的推移质粒径减小；然而2008—2012年，推移质的中值粒径、最大粒径较前期又略有增大，这可能与前期河床形成的粗化层的“二次粗化”导致相应推移质粒径整体增大有关。

2.7.3 典型流域产流产沙的变化特点解析

覆被变化和气候波动是影响径流的主要因素，可采用具有物理意义的流域分布式水文模型模拟的方法分析两者对流域水文过程的影响。选取的镇江关流域位于岷江源头，是岷江重要的生态保障区，土地利用主要是草地灌木和森林，20 世纪八九十年代覆被变化较为显著，气温和降雨亦表现出较为明显的变化趋势，对下游紫坪铺水库的入库径流和泥沙过程具有重要的影响。该流域覆被的模拟分析对实际的植被管理工作具有一定的指导意义，同时为探讨岷江上游地震后覆被的突变等地貌不稳定现象对流域的产流产沙特性的研究奠定了良好的基础。

首先对所采用的流域分布式水文模型 BPCC 的计算精度进行了验证，在满足计算精度要求的基础上模拟计算 1996 年不同覆被条件下的径流过程，并对相关参数进行敏感性分析，证明这些参数是影响径流过程的主要参数。为了消除各种参数变化带来的误差，在论证实际覆被和气候因素改变的影响时，应当固定这些敏感参数，以此为基础进行下一步计算。

为了定量比较气候波动(降雨、气温)和覆被变化对径流影响作用的大小，本书提出了"贡献率"和"单位贡献率"的概念，分别表述影响因子在一定时间内和一定变幅下对径流深的改变。计算结果表明，降雨、气温和覆被的综合作用使得径流深减小 11.5%；三种因素单独作用的"贡献率"分别为 39.3%、45.4%和 15.9%，即 24 年来气温升高对径流改变的贡献率最大；三种因素的"单位贡献率"分别为 9.4%、2.4%和 12.2%，即在单位变幅下地表覆被的影响作用最大。工况组合计算结果显示，气候波动(降雨和气温)和人为因素(覆被变化)对径流深的贡献率分别为 84.5%和 15.9%，比值为 5∶1，人为因素占到近 1/6。

对于输沙量的变化，岷江上游流域在 1980—2003 年 24 年来降雨、气温和覆被变化的综合影响使产沙量减少了 62.8%。降雨、温度和下垫面三种因素单独改变时对产沙量变化的"贡献率"分别为 44.9%、44.2%和 25.6%，降水的贡献率较气温稍大，覆被的贡献率最小，说明 24 年来降雨减少对产沙量改变的作用最大，这与径流变化的趋势略有不同。三种因素单独改变时对径流深变化的"单位贡献率"分别为 10.7%、2.3%和 19.7%，与对径流的影响相比，覆被对产沙的影响更为显著。如果将降雨和温度看作是气候波动，覆被条件看作是人为因素，则气候波动和人为因素对径流量的贡献率分别为 80.2%和 25.6%，人为因素占到总体变化的近 1/3。

2.8 水土流失的综合治理措施

水土保持措施极大地改变了流域泥沙的侵蚀、输移和堆积过程，因而改变了流域的泥沙收支关系(许炯心，2004)。其中，对流域水土保持、减水减沙效益十分明显的措施就是林业生态工程建设措施。通过造林、种草和封山育林、育草的方法，流域植被覆盖率显著增加。因此，通过调查重点产沙区内的森林覆盖率和植树造林面积，可了解该地区的水土保持情况。

长江上游重点产沙区主要分布在四川、重庆和甘肃三个省市，因此下面以嘉陵江流域为例，调查其流经区域的水土保持情况。

近几年，四川省深入推进长江上游生态屏障建设，推进重点生态工程建设、国家农业综合开发水土保持工程建设、中央预算内和省级财政水土保持项目，启功革命老区国家水土保持重点工程建设，开展生态文明建设试点示范、坡耕地水土流失综合治理工程建设，开展清洁型小流域试点建设和水土保持科技园区、国家和省级水土保持生态文明县、生态文明示范工程创建工作，建立生态公益林补偿制度和草原生态保护补助奖励机制，实施了国家水土保持重点工程，实施川西藏区生态保护与建设工程，城乡环境综合治理扎实推进，城乡环境质量明显改观，人居环境状况较大改善，水土保持工作不断完善。

2011—2018年，四川省森林覆盖率依次为：34.82%、35.1%、35.3%、35.5%、36.02%、36.88%、38.03%和38.83%，呈增长趋势，见图2-22。其中，2011年巩固退耕还林成果1 336.4万亩，退牧还草5 820万亩，治理沙化土地12.5万亩，治理水土流失面积11 000 km^2。2012年，退牧还草围栏建设1 200万亩，治理沙化土地6.5万亩，治理水土流失2 000 km^2。规范推进城乡建设用地增减挂钩试点和农村土地整治，深入实施“金土地工程”。表2-6给出了2013—2016年四川省造林面积情况。

2013年治理水土流失1 109 km^2，治理沙化土地18万亩；2014年治理沙化土地12万亩、石漠化土地528平方公里。2016年完成水土流失综合治理面积4 700 km^2，国家水土保持重点工程共涉及四川省21个市(州)84个县(市、区)，完成综合治理水土流失面积969 km^2，治理坡耕地水土流失面积2 860 hm^2。治理区水土流失面积减少70%，土壤侵蚀量减少77%，林草覆盖率增加20%。长江上游生态屏障基本建成，森林覆盖率从34.82%提高到36.88%。2017年推进大规模绿化全川行动，新创国家森林城市3个，启动森林草原湿地生态屏障重点县建设，天然林资源得到有效保护。2018年绿化全川行动持续推进，治理沙化、旱区土地23 333.33 hm^2，新增治理水土流失面积4 900 km^2。大熊猫国家公园正式挂牌，各类自然保护区整改管理得到加强，新增4个国家生态文明建设示范县。

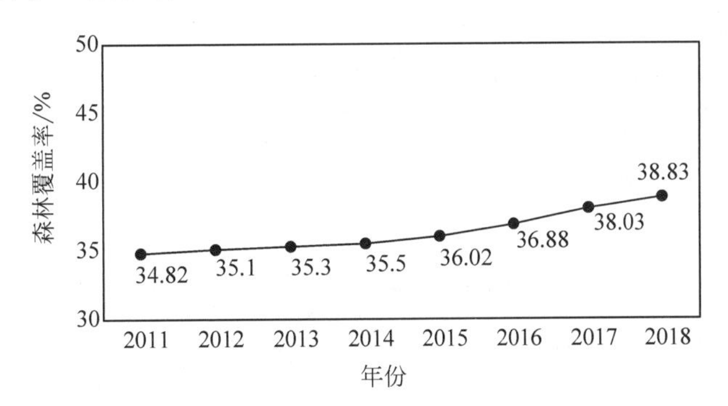

图2-22 四川省2011—2018年森林覆盖率

Fig.2-22 Forest coverage rate in Sichuan Province from 2011 to 2018

表2-6 四川省2013—2016年造林面积情况

Table 2-6 Afforestation area in Sichuan Province from 2013 to 2016 hm^2

年份	造林总面积	造林方式	
		人工造林	无林地、疏林地和新封山育林
2013	126 191	67 992	58 199
2014	98 226	67 812	30 414
2015	408 942	264 567	59 496
2016	568 532	425 550	31 519

2013—2016年，重庆市水土保持情况较好，实施了国家水土保持重点防治工程，按“注重特色、规模治理、效益优先”的建设思路，将水土流失治理与市级现代农业园区和生态清洁

型小流域建社相结合，水土保持综合治理成效明显。发改委、国土、林业、农委等部门实施了石漠化、土地整治、人工造林及其他造林、农业综合开发等水土流失治理项目；启动实施了生态清洁型小流域，有序推进水土保持预防治理工作；出台了《重庆市生产建设项目水土保持设施验收技术评估工作管理办法(试行)》；印发《规范生产建设项目水土保持监督管理工作方案》，全面清理违规审批行为；开展汛前生产建设项目水土流失排查，消除水土流失安全隐患；深化市、区、县水行政主管部门联动检查工作机制，建立"双随机"抽查工作制度，制定生产建设项目水土保持方案实施情况跟踪检查清单，配合长江委对重庆市境内的水利部批准生产建设项目进行监督检查。

2010—2018 年，重庆市森林覆盖率依次为：37.0%、41.5%、42.1%、42.1%、43.1%、45.0%、45.4%、45.4%和 48.3%，森林覆盖率呈增长趋势，见图 2-23。表 2-7 列举了重庆市 2013—2016 年造林面积。其中，2013 年，重庆市水土保持重点工程共计治理水土流失面积 479 km^2，石漠化治理项目实施 202.26 km^2，土地整治项目实施 202.75 km^2。2014 年全市自然保护区 52 个，其中国家级自然保护区 6 个。全年新建国家级森林公园 1 个，市级森林公园 2 个。水土保持重点工程共计治理水土流失面积 85 km^2，其他部门共治理水土流失面积 1 135 km^2(图 2-24～图 2-26)。2015 年全市自然保护区 53 个，其中国家级自然保护区 6 个，水土保持重点工程共计治理水土流失面积 389 km^2，涪陵、彭水、黔江、石柱、万盛、秀山 6 个区县对国家水土保持重点建设工程进行重点效益监测工作，监测面积共计 125.5 km^2。2016 年治理水土流失面积 1 655 km^2。全市自然保护区 53 个，其中国家级自然保护区 6 个。水土保持重点工程共计治理水土流失面积 520.73 km^2。2017 年治理水土流失面积 1 651.6 km^2。全市自然保护区 53 个，其中国家级自然保护区 6 个。2018 年治理水土流失面积 1 866.6 km^2。全市自然保护区 58 个，其中国家级自然保护区 7 个。

图 2-23 重庆市 2010—2018 年森林覆盖率

Fig. 2-23 Forest coverage rate in Chongqing from 2010 to 2018

表 2-7 重庆市 2013—2016 年造林面积情况

Table 2-7 Afforestation area in Chongqing hm^2

年份	造林总面积	造林方式	
		人工造林	无林地、疏林地和新封山育林
2013	227 883	152 832	75 051
2014	191 001	138 820	52 181
2015	246 695	150 853	88 921
2016	226 333	100 600	62 400

图 2-24 万州区孙家镇孙亭河项目区坡耕地治理试点工程
Fig. 2-24 Pilot project of slope farmland control in sunting River project area, Sunjia Town, Wanzhou District

图 2-25 万州区板桥河项目区坡耕地水土流失综合治理工程
Fig. 2-25 Comprehensive control project of water and soil loss of slope farmland in Banqiao River project area, Wanzhou District

图 2-26 铜梁区二坪小流域水土流失综合治理——澳洲茶树
Fig. 2-26 Comprehensive control of soil and water loss in Erping watershed of Tongliang District — Australian tea tree

近几年，重庆市全年对 1 115 个生产建设项目进行监督检查 1 638 次，查处水土保持违法案件 57 件，审批生产建设项目水土保持方案 685 项，完成水保设施竣工验收 245 个，征收水土保持补偿费 9 972.81 万元。重庆市先后完成全国水土保持监测网络和信息系统建设一、二期工程建设，成立重庆市水土保持生态环境监测总站以及渝北、万州、永川和涪陵 4 个监测分站。截至 2016 年年底，共建成 13 个区(县)水土保持监测点 15 个，其中 1 个综合观测站、12 个坡面径流观测场、2 个重力侵蚀监测点，共包括 2 个小流域控制站、7 个自然坡面径流小区、59 个标准坡面径流小区、1 个人工模拟降雨小区和 2 个重力侵蚀监测点。2016 年，重庆市利用现有监测网络指导区(县)监测站点开展水土流失动态观测，强化监测点考核。按相关技术标准和规范、汇总整编全市水土保持监测数据。开展全市水土保持监测技术培训，落实监测站点运行管理市级补助经费。

2013—2016 年，甘肃省坚持实施国家水土保持重点建设工程、全坡耕地水土流失综合治理项目、国农业综合开发水土保持项目、中央预算内投资水土保持工程和甘肃省梯田建设项目，水土流失情况得以改善。其中，2013 年治理水土流失面积 2 159 km^2；2014 年治理水土流失面积 2 017 km^2，新修梯田 10.54 万 km^2；2015 年完成水土流失综合治理面积 2 057 km^2，水土流失治理曾一度达到 27.38%，组织 47 个重点县区开展标准化梯田建设，完成建设任务 56 900 hm^2；2016 年治理水土流失面积 2 011 km^2、新修梯田 64 670 hm^2，超额完成 2016 年年初确定的治理水土流失面积 2 000 km^2、新修梯田 53 330 hm^2 的目标任务；2017 年完成人工造林和封山育林 461.5 万亩；2018 完成造林面积 468.8 万亩，超额完成任务30%。

2016年,甘肃省政府印发《甘肃省水土保持规划(2016—2030年)》,划定省级水土流失重点预防区和重点治理区,发布《2015年甘肃省水土保持公报》。配合省人大开展《甘肃省水土保持条例》立法后评估工作,正式出台《甘肃省水土保持补偿费收费标准》。落实水土保持方案审批和设施验收管理制度,以大型弃渣场、高陡边坡水土流失防治措施为重点,加大对生产建设项目监督执法检查力度,强化水土保持补偿费征收。全年省级共审批生产建设项目水土保持方案71个,生产建设项目水土保持设施验收项目80个,监督检查生产建设项目129个,全省征收水土保持补偿费1.83亿元。在《全国水土保持规划国家级水土流失重点预防区和重点治理区复核划分成果》基础上,完成省级水土流失重点预防区和重点治理区的划分,并由甘肃省政府公告执行。编制完成《甘肃省"十三五"水土保持生态建设规划》,配合水利部编制完成《水利部农业综合开发东北黑土区侵蚀沟综合治理和黄土高原塬面保护实施规划(2017—2020年)》,甘肃省有9个县纳入规划范围,计划2017年实施。多形式开展新修订的《中华人民共和国水土保持法》颁布实施5周年纪念活动,推进定西、平凉、庆阳3个试点市水土保持国策宣传教育进党校活动。表2-8列出甘肃省2013—2016年造林面积。

表2-8 甘肃省2013—2016年造林面积情况

Table 2-8 Afforestation area in Gansu Province from 2013 to 2016 hm^2

年份	造林总面积	造林方式	
		人工造林	无林地和疏林地新封山育林
2013	174 470	108 377	66 093
2014	214 025	152 502	61 523
2015	319 364	254 308	62 283
2016	325 580	260 144	57 438

2.9 本章小结

(1) 长江上游产输沙综合环境发生显著变化,基于MODIS遥感数据和气象数据,采用趋势分析法对长江上游流域地区的气象条件和植被覆盖情况的时空变化特征进行分析,通过相关分析法探明NDVI的主要影响因素。

首先,从时间尺度上看,整个长江上游流域16年间植被覆盖逐渐向好的趋势发展,NDVI值总体呈上升趋势,84.7%为优等覆盖,空间上西低东高。从空间上来看,NDVI指数由西至东呈增长的趋势。植被生长情况在16年里总体呈现较为良好的趋势,特别是嘉陵江、宜宾至宜昌干流这两个子流域,基本上全为增长。流域东西部气候差异较大,降水量和气温从西到东逐渐升高,日照时数情况相反。

其次,通过相关分析发现,影响植被生长的主要因素有降水量、气温、日照时数和地形,其中地形影响最明显;以海拔4 000 m为阈值,4 000 m以上随高程增加NDVI值急速下降。流域大部分地区的NDVI与降水量呈负相关,与气温和日照时数呈正相关。在通天河流域,日照时数与NDVI值呈负相关。在岷沱江流域,三个气象因子与NDVI均呈负相关。

另外，植被指数的变化与当年的气候与所采取的生态保护工程的进展有关。在成都市所处的岷沱江流域，因该地区人口急速增长，人类活动范围变大，近年来所进行的基础设施施工建设项目增多，造成水土流失严重，土壤涵养功能下降，植被覆盖也大面积且剧烈下降。

(2) 长江上游来水来沙过程发生新变化。采取现场查勘、实测资料统计等手段，研究长江上游重点产沙区近年来水沙变化新特点，预估来水来沙过程的发展趋势。

三峡水库上游水沙主要来源于金沙江、岷江、嘉陵江、乌江及三峡区间，横江、沱江、赤水河及綦江水沙量占入库水沙量的比重很小，对入库水沙的变化影响不大。受降水、人类活动等过程变化不同步的影响，长江上游干、支流水沙变化并不同步，不同年代各河流水沙占入库的比例有较大的变化。

其中，金沙江径流近年来无明显变化，径流量与输沙量年际变化过程峰谷基本对应，输沙量自2000年以后明显偏小。岷江水沙量基本以20世纪60年代为最大，70年代则有所减少，80年代又有所增加，1990年以来水沙量则大幅度减少。沱江从1990年前后对比情况来看，登瀛岩水文站以上地区来水量比例有所增大，但登瀛岩水文站年均输沙量显著减少。嘉陵江流域自20世纪90年代以来水量略有减少，而沙量减少幅度远大于径流量减少幅度。乌江下游控制站武隆站的径流量无明显趋势性变化，输沙量在1980年前呈增加趋势，1980年以后则减少趋势明显。

(3) 由于长江上游重点产沙区主要分布在四川、重庆和甘肃三个省市，因此对这三个省市的水土流失综合治理措施进行了调查。各省市森林覆盖率和植树造林面积呈现逐渐上升的变化趋势，水土流失面积显著减小，水土保持综合治理成效明显。各省市出台相关政策和条例，实施了国家水土保持重点工程，使得生态环境质量明显改观，人居环境状况较大改善，水土保持工作不断完善。

第3章

研究方法

3.1 时空变化特征分析方法

气象水文要素作为时间序列,具有随机性、趋势性、季节性、周期性的特征。在气象水文序列分析过程中,需要使用统计量描述时间序列中心趋势、分布形态等基本特征。对于时间序列呈现趋势变化或发生转折等特征,可通过累积距平曲线直观地获得时间序列的变化趋势及转折点;当通过图像难以获得直观结论时,可借助 Mann-Kendall 法、Pettitt 检验等非参数检验法进行序列趋势及突变特征分析。具体研究方法如下。

3.1.1 统计特征分析

3.1.1.1 标准差

标准差(standard deviation,STD)表示数据集的离散程度,单位为 mm。STD 取值范围为 0~∞,最优值为 0。STD 的计算方法如下:

$$\mathrm{STD}=\sqrt{\frac{1}{n}\sum_{i=1}^{n}(S_i-\bar{S})^2} \tag{3-1}$$

3.1.1.2 变异系数

变异系数 C_{v} 衡量观测值的变异程度,用以描述年际或年内变化程度,较方差或标准差可消除平均值及量纲在进行序列离散程度比较时的影响。

$$C_{\mathrm{v}}=\frac{\mathrm{STD}}{\bar{x}} \tag{3-2}$$

其中,$\bar{x}$ 为数据集的均值。C_{v} 值越大,表明年内气象水文要素分配越不均匀,各月差距越悬殊,或者表明研究期内各年份要素观测值的变异程度越高。

3.1.2 趋势及突变分析

3.1.2.1 累积距平

距平是时间序列中某一数值与序列平均值的差,累积距平是进行序列趋势分析的常用方法，可根据累积距平曲线直观地获得序列的变化趋势。当累积距平曲线呈上升趋势时，表示序列距平值增加，序列呈增加趋势；当累积距平曲线呈下降趋势时，表示序列距平值减小，序列呈下降趋势。对于时间序列 x，某一时刻 t 的累积距平可表示为

$$\hat{x}_i = \sum_{i=1}^{t}(x_i - \bar{x}) \quad (t = 1, 2, \cdots, n) \tag{3-3}$$

3.1.2.2　Mann-Kendall 非参数趋势检验

Mann-Kendall 非参数趋势检验（以下简称为 M-K 检验）对序列分布无要求且不易受到少数异常值的干扰，广泛应用于水文时间序列的趋势分析（Kendall，1975；Mann，1945）。对于序列 x 构建秩序列 S：

$$S = \sum_{i=1}^{n-1}\sum_{j=i+1}^{n} \operatorname{sgn}(x_i - x_j), \quad k = 2, 3, \cdots, n \tag{3-4}$$

$$\operatorname{sgn}(x_i - x_j) = \begin{cases} +1, & x_i > x_j \\ 0, & x_i = x_j \quad j = 1, 2, \cdots, i \\ -1, & x_i < x_j \end{cases} \tag{3-5}$$

统计量 Z_c 可由式(3-6)计算得出：

$$Z = \begin{cases} (S-1)/\sqrt{\operatorname{Var}(S)}, & S > 0 \\ 0, & S = 0 \\ (S+1)/\sqrt{\operatorname{Var}(S)}, & S < 0 \end{cases} \tag{3-6}$$

$$\operatorname{Var}(S) = \frac{1}{18}\left[n(n-1)(2n+5) - \sum_{p=1}^{g} t_p(t_p - 1)(2t_p + 5)\right] \tag{3-7}$$

其中，n 为时间序列长度；g 为按相同元素分组的组数；t_p 为各分组的元素个数。

当 $|Z| > Z_{1-\alpha/2}$ 时，认为时间序列在置信水平 α 上存在趋势。当 $|Z|$ 大于 2.58、1.96、1.65 时，序列在 0.01、0.05、0.1 水平上显著。

3.1.2.3　Sen's slope 趋势分析

Sen's slope 趋势分析常作为 Mann-Kendall 非参数趋势分析的补充，与 Mann-Kendall 趋势检验共同使用，并用趋势度 β 表示趋势变化（Sen，1968；Theil，1992）。

$$\beta = \operatorname{median}\left[\frac{(x_j - x_i)}{j - i}\right], \quad \forall j < i, 1 \leqslant j \leqslant i \leqslant n \tag{3-8}$$

当 $\beta > 0$ 时，时间序列呈上升趋势；当 $\beta < 0$ 时，时间序列呈下降趋势。

3.1.2.4　线性回归趋势分析

采用最小二乘法（ordinary least squares，OLS）对径流或泥沙序列进行线性拟合，分析其变化趋势和流量变化率。子流域逐年产流量（R_i）与第 i 年年序（YEAR）的拟合直线方程为

$$R = \theta_{\text{slope}} \times \text{YEAR} + b \tag{3-9}$$

其中，θ_{slope} 为 R 变化的斜率；b 为线性回归的截距；R_i 为子流域产流量时间序列；YEAR 为时间序列中的第 i 年，$i = 1, 2, \cdots, n$，其中 n 为时间序列长度。

θ_{slope} 和 b 的计算公式如下：

$$\theta_{\text{slope}}=\frac{n\sum_{i=1}^{n}(iR_i)-\sum_{i=1}^{n}i\sum_{i=1}^{n}R_i}{n\sum_{i=1}^{n}i^2-(\sum_{i=1}^{n}i)^2} \tag{3-10}$$

$$b=\bar{R}-\theta_{\text{slope}}\times\overline{\text{YEAR}} \tag{3-11}$$

若 $\theta_{\text{slope}}>0$，说明在研究时段内该子流域呈增加趋势；若 $\theta_{\text{slope}}<0$，则在研究时段内该子流域呈减少趋势。

3.1.2.5 Pettitt 突变检验

Pettitt 方法使用秩序列检验序列的突变点(Pettitt，1979)构建秩序列 U_t：

$$U_{t,n}=U_{t-1},n+\sum_{j=1}^{n}\text{sgn}(x_i-x_j),\quad t=2,3,\cdots,n \tag{3-12}$$

当 t_0 时刻满足

$$k_{t_0}=\max|U_{t,n}|,\quad t=2,3,\cdots,n \tag{3-13}$$

则 t_0 时刻为序列突变点。

$$P=2\text{e}^{[-6k_{t_0}^2(n^3+n^2)]} \tag{3-14}$$

若式(3-9)满足 $P\leqslant 0.05$ 成立，则该突变点在统计学意义上显著。

3.1.2.6 双累积曲线法

双累积曲线法(DMC)是一种用于调查水文气象时间序列的一致性和长期趋势的方法，基本原理是两个变量按同一时间长度逐步累加，一个变量为横坐标，另一个变量作为纵坐标，以此来描述二者的趋势性变化。若两变量间比例不变，则在相同时间内呈直线关系，若斜率变化则表明两个变量的原始关系发生改变，即气候或者下垫面因素对产水产沙量的影响导致其产生新的关系。本节采用累积年径流量序列和年输沙量序列绘制双累积曲线。

3.1.3 周期性分析

小波分析即采用一簇小波函数系来逼近某函数，其中小波函数的选择是小波分析的关键，小波函数即为能够迅速衰减到零的一类震荡性函数，即 $\psi(t)\in L^2(R)$ 且满足：

$$\int_{-\infty}^{+\infty}\psi(t)\,\text{d}t=0 \tag{3-15}$$

其中，$\psi(t)$ 为基小波函数，可通过尺度伸缩和时间轴上的平移构成一簇函数系：

$$\psi_{a,b}(t)=|a|^{-1/2}\psi\left(\frac{t-b}{a}\right),\quad a,b\in\mathbf{R},a\neq 0 \tag{3-16}$$

其中，$\psi_{a,b}(t)$ 为子小波；a 为尺度因子，反映小波的周期长度；b 为平移因子，反应时间上的平移。

若 $\psi_{a,b}(t)$ 是由式(3-16)给出的子小波，则对于给定的能量有限信号 $f(t)\in L^2(R)$，其连续小波变换(continue wavelet transform，CWT)为

$$W_{\text{f}}(a,b)=|a|^{-1/2}\int_R f(t)\bar{\psi}\left(\frac{t-b}{a}\right)\text{d}t \tag{3-17}$$

式中，$W_{\text{f}}(a,b)$ 为小波变换系数；$f(t)$ 为一个信号或平方可积函数；a 为伸缩尺度；b 为平

移参数；$\bar{\psi}\left(\frac{x-b}{a}\right)$ 为 $\bar{\psi}\left(\frac{t-b}{a}\right)$ 的复共轭函数。气象数据序列大多是离散的，设函数为 $f(k\Delta t)$，($k=1,2,\cdots,N$；Δt 为取样间隔)，则离散小波变换形式为

$$W_f(a,b)=|a|^{-1/2}\Delta t\sum_{k=1}^{N}f(k\Delta t)\bar{\psi}\left(\frac{k\Delta t-b}{a}\right) \tag{3-18}$$

通过增加或减小伸缩尺度 a 可得到信号的低频或高频信息，然后分析信号的概貌或细节，即可实现对信号不同时间尺度的空间局部特征的分析。

将小波系数的平方值在 b 域上积分，就可得到小波方差，即

$$\mathrm{Var}(a)=\int_{-\infty}^{+\infty}|W_f(a,b)|^2\mathrm{d}b \tag{3-19}$$

小波方差能反映信号波动的能量随尺度 a 的分布，小波方差图可用来确定信号中不同种尺度扰动的相对强度和存在的主要时间尺度，即主周期。

3.1.4　集中度分析

降水集中度是研究降水时空集中分布特征的一个重要指标，Martin-Vide(2004)提出降水集中度指数来计算不同日降水分级的相关影响，尤其是对于暴雨事件的影响。降水集中度指数是基于一年中累积降水量百分比和累积降水天数百分比之间的指数关系进行计算的。基于 Martin-Vide 的研究，降水集中度指数的计算步骤一般是首先将一年中的降水量按照 1 mm 的间隔进行等级划分，如 0～0.9 mm 为一级，1～1.9 mm 为一级，并以此类推。接着计算出每个降水分级的降水天数以及降水量。然后将上一步骤的降水天数以及降水量进行累加，得到累积降水天数以及累积降水量，并除以其累加总和，得到累积降水量百分比(y，%)和累积降水天数百分比(x，%)。

由降水集中度的定义可知，累积降水量百分比(y，%)及累积降水天数百分比(x，%)的分布呈指数分布，即符合以下的洛伦兹曲线分布：

$$y=ax\mathrm{e}^{bx} \tag{3-20}$$

其中，参数 a 和 b 的值可以通过最小二乘法计算得到。

$$\ln a=\frac{\sum_{i=1}^{n}x_i^2\sum_{i=1}^{n}\ln y_i+\sum_{i=1}^{n}x_i\sum_{i=1}^{n}(x_i\ln x_i)-\sum_{i=1}^{n}x_i^2\sum_{i=1}^{n}\ln x_i-\sum_{i=1}^{n}x_i\sum_{i=1}^{n}(x_i\ln y_i)}{n\sum_{i=1}^{n}x_i^2-\left(\sum_{i=1}^{n}x_i\right)^2} \tag{3-21}$$

$$b=\frac{n\sum_{i=1}^{n}x_i\ln y_i+\sum_{i=1}^{n}x_i\sum_{i=1}^{n}\ln x_i-n\sum_{i=1}^{n}(x_i\ln x_i)-\sum_{i=1}^{n}x_i\sum_{i=1}^{n}\ln y_i}{n\sum_{i=1}^{n}x_i^2-\left(\sum_{i=1}^{n}x_i\right)^2} \tag{3-22}$$

其中，n 为样本容量 x_i 和 y_i 为任意一组 x、y 的值。采用最小二乘法率定得到 a 和 b 之后，则该曲线下所包围的面积 S 可由下列积分得到：

$$S=\int_0^{100}[x-ax\mathrm{e}^{bx}]\mathrm{d}x \tag{3-23}$$

最后，按照下式可以计算出降水集中度的值：

$$\mathrm{CI}=2S/1\,000 \tag{3-24}$$

3.1.5 滞后性分析

使用相关系数法分析植被 NDVI 变化和水沙变化之间相关性。如果对应数据在错位后相关系数增大,则可以证明两种变化之间存在时滞性。

3.2 分布式水沙模型

3.2.1 HEC-HMS 模型

HEC(hydrologic engineering center)模型由美国陆军工程团水文工程中心开发研制,结合地理信息系统及图形使用界面,除具备水文分析、资料储存及管理的能力外,还大大简化了模型建立与资料输入等工作,加强了后处理分析与管理的便捷性。

图 3-1 为 HEC-HMS 描述自然界中降雨—径流过程的结构示意图。HEC-HMS 以子流域为计算单元,并将模型的边界条件和初始条件在每个子流域内平均,进而进行蒸散发、

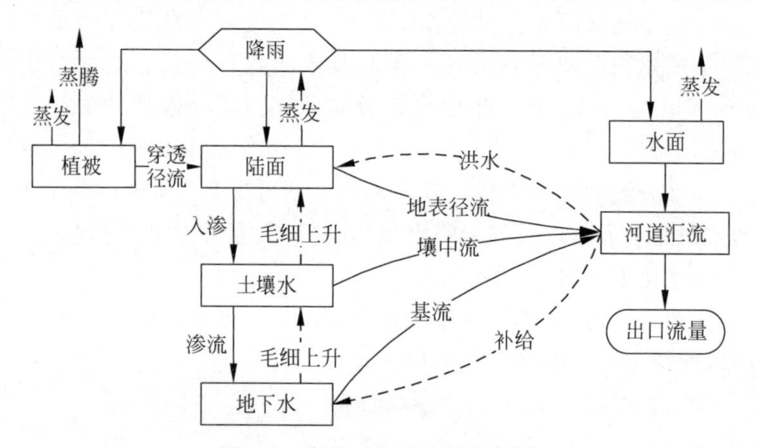

图 3-1 降雨—径流过程框架图

Fig. 3-1 Framework of rainfall-runoff process

下渗、地表径流、壤中流、基流等水文过程的计算。在某些情况下,如场次降雨及暴雨,美国陆军工程团认为并不需要将所有的水文要素及过程纳入计算,而只需将一些水文过程简化或做集块式处理,重点需要关注的是峰值流量、总洪量及洪水汇集流域的水文过程线。经过简化后的模型框架见图 3-2。

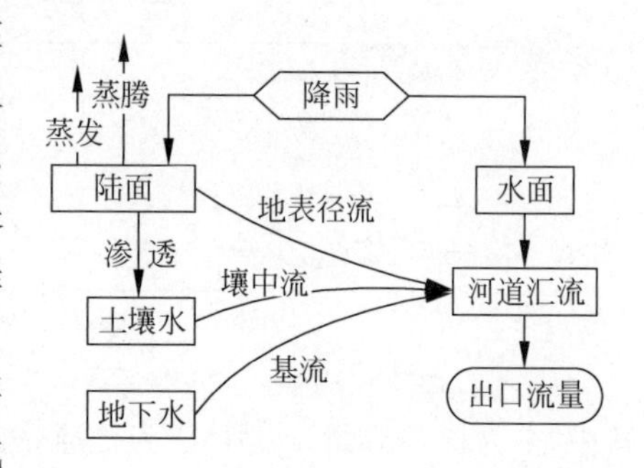

图 3-2 简化后的降雨—径流过程框架图

Fig. 3-2 Framework of rainfall-runoff process after simplify

基于简化的降雨—径流过程,整个模型系统主要由流域模块、气象模块和控制模块 3 部分组成。流域模块用于构建流域水文系统的各个水文单元,包括子流域产流、坡面汇流、地下径流、河道汇流和水文参数率定等内容。气象模块主要用于输入和管理流域降

雨、蒸腾作用、融雪等气象资料，可描述各测量站分布，分析各测量站的权重，及计算流域平均降雨量、温度及太阳辐射等气象因子。控制模块主要用于设定模型的起始、结束时间以及模拟流域降雨径流过程等。

3.2.1.1 流域模块

本模块的主要目的在于构建流域水文系统的各种水文单元，共包括集水区(subbasin)、支流(reach)、汇流点(junction)、分流点(diversion)、水库(reservoir)、源(source)及汇(sink)等7个水文要素，可针对各个水文单元选择模拟方法，输入各水文单元所需的水文参数及资料等。

产汇流过程在模型的流域模块中进行，且被划分为降雨初损、直接径流、基流和河道汇流等4个模块。径流的形成过程采用概化模式，即水面和陆面。水面即不透水面域上的降水形成直接地表径流，陆面即透水面域上的降水经植被截留、地表填洼、地面及植物的蒸发、蒸腾以及下渗的损失后形成地表径流；径流的过程可分为直接径流、基流和河道汇流三部分，分别描述地面积水沿地表汇入河道、壤中流补给河道，后河道水流经洪水演进扩散至流域出口的过程。该模块的4个部分均提供了不同的计算方法，所需资料和参数亦不同。

(1) 降雨损失

根据不同的输入资料和流域的特性，流域模式中给出了7种方法估算降雨损失：盈亏常数法、格林-艾姆普特(Green-Ampt)法、SCS曲线法、初损稳损法、土壤湿度法、栅格SCS曲线法、栅格土壤湿度法，本书采用SCS曲线法。

SCS曲线法将集水区域内土地分为可渗透(pervious surface)与不可渗透(directly-connected impervious surface)表面。不可渗透表面可将所有降雨量转为径流量，以所占集水区域面积百分比表示的可渗透表面则发生降雨损失。美国水土保持局推导的SCS方法为推算直接径流的经验方法，其推导过程为

$$\frac{D}{S}=\frac{P_e}{P-I_a}\begin{cases}P\approx\infty\rightarrow\dfrac{D}{S}=\dfrac{P_e}{P}\approx 1\\ P\approx 0\rightarrow\dfrac{D}{S}=\dfrac{P_e}{P}\approx 0\end{cases}\tag{3-25}$$

其中，D为土壤实际滞留量，S为考虑初期降雨时的最大潜在滞留量，P_e为实际超渗降雨量，P为总降雨量，I_a为初始损失，美国水土保持局由集水区试验得出经验关系公式：$I_a=0.2S$，当同一场降雨时，$D=(P-I_a)-P_e$。于是，可得到降雨量—超渗雨量关系式：

$$\begin{aligned}P_e&=\frac{(P-0.2S)^2}{P+0.8S}\quad (P>0.2S)\\ P_e&=0\quad\quad\quad\quad\quad (P\leqslant 0.2S)\end{aligned}\tag{3-26}$$

其中，S与CN有如下的关系：

$$S=\frac{25\,400-254CN}{CN}\quad(\mathrm{mm})\tag{3-27}$$

关键系数CN需根据计算流域的土地利用、土壤类型、前期土壤湿度及植被覆盖条件等参数来确定。根据降雨时间前的水分条件，可对土壤进行细分类调整：

第Ⅰ类，干燥土壤，但尚可耕作；第Ⅱ类，历年遭遇最大洪水前的平均状况；第Ⅲ类，几近饱和状态，如暴雨前的持续小雨状态。第Ⅰ、Ⅲ类与第Ⅱ类土壤的经验转换关系为

$$\begin{cases} CN(\text{Ⅰ}) = \dfrac{4.2CN(\text{Ⅱ})}{10 - 0.058CN(\text{Ⅱ})} \\ CN(\text{Ⅲ}) = \dfrac{23CN(\text{Ⅱ})}{10 + 0.13CN(\text{Ⅱ})} \end{cases} \tag{3-28}$$

(2) 直接径流

对于直接径流的计算，HEC-HMS 模型中给出单位线法和运动波法两种，本书选取单位线法。一般地，单位线形状完全由该流域水文条件及下垫面因子决定，受有效降雨延时限制，不同延时可使单位线形状完全不同。而同一集水区的无因次单位线，无论延时大小，均具有相同形状。其纵坐标为 t 时刻流量与峰值流量的比值 Q_t/Q_p，其中 $Q_p=CA/T_p$，横坐标为历时 t 与洪峰到达峰值时刻 T_p 的比值，其中 $T_p=\Delta t/2+t_{\log}$。式中，A 为流域面积，C 为单位转换因子，$t_{\log}$ 为延时时间，Δt 为计算步长($\Delta t<0.29t_{\log}$)。

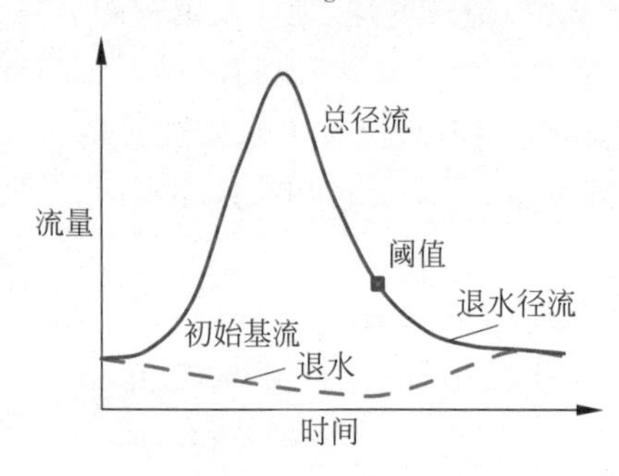

图 3-3　基流量模拟示意图
Fig. 3-3　Schematic diagram of base flow simulation

(3) 基流

水流通过土壤层非饱和渗透进入地下水层，通过空隙、岩石裂隙等沿坡度低的方向运动形成地下水。地下水进入河道，成为基流，是干旱期河道径流的主要来源。本书在应用中选取退水曲线法计算基流，该方法需要对 3 个参数进行率定：初始流量 Q_o、退水常数 k 和退水时间 t，公式为 $Q_t=Q_o k^t$。基流过程线如图 3-3。

在阈值流量处，地下径流为初始的地下径流退水。在这一点之后，地下径流并非直接计算，而是由退水流量减去直接径流。当直接径流最终为零时，总径流量即地下径流量。当阈值流量发生时，径流过程仅由退水模型来模拟。

(4) 河道汇流

由于马斯京根法的输入参数少且易率定，模拟效果较好，在国内外水文模拟中应用广泛，故本文选用该法进行河道汇流演算。此外，模型中亦提供了运动波法、标准 Muskingum & Cunge 法、8 点 Muskingum & Cunge 等。

3.2.1.2 气象模块

本模块的主要目的是进行降雨及蒸发资料的分析计算，从而得到输入径流模拟所需的数据。根据流域特性的差异与输入数据的不同，HEC-HMS 提供了雨量过程线法(specified hyetograph)、雨量站权重法(weight gage)、反距离雨量站权重法(inverse-distance)、栅格降雨法(gridded precipitation)、洪水频率法(frequency storm)、SCS 洪水法(SCS storm)、标准设计洪水法(standard project storm)等 7 种不同的计算降水的方法，以及月平均法和 priestley-Taylor 等 2 种蒸发量算法。根据不同水文条件，本书选用距离反比法和雨量站权重法，作为不同流域的降雨空间插值方法。

3.2.1.3 控制运行模块

本模块主要用以设定模型的计算时段及计算步长。时间步长的选择范围从 1 min 到 1 d(24 h)，可满足次降雨过程对时间精度的不同要求。

3.2.1.4 技术支持

HEC-GeoHMS 是 HEC-HMS 在 ArcView 中的扩展模块，在 GIS 平台下可批量化处理计算流域的面积、比降、河道长度、断面形状等空间信息，并流程化与 HEC-HMS 模型的数据衔接，为模型计算提供流域模块的空间数据，实现参数精确输入，提高建模效率，对于空间跨度较大或空间异质性分布较高的流域，同人工开发相比，具有极为明显的优势。从数据存储结构来看，HEC 系列采用 DSS(data storage system)数据库统一识别、传输及存储数据。图 3-4 描述了 GIS、Hec-GeoHMS 和 HEC-HMS 三者之间的关系。

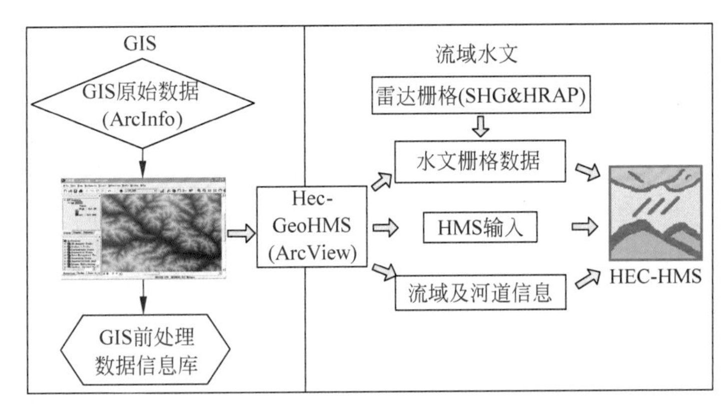

图 3-4 GIS、HEC-GeoHMS 及 HEC-HMS 的动态关系
Fig. 3-4 Dynamic relationship of GIS, HEC-GeoHMS and HEC-HMS

3.2.2 SWAT 模型

流域水文模型以流域为研究对象，根据流域产汇流物理机制，建立基于物理过程的数学方程，对流域降水—径流过程进行数学模拟。这一概念于 20 世纪 50 年代提出，随着入渗理论、土壤水运动理论、产汇流理论的发展，流域水文模型经历了由基于数学关系的系统模型(黑箱模型)，发展至基于简单物理概念及经验公式的概念性模型，再到依据水流连续性方程和动量方程的物理模型的发展(金鑫等，2006)。水文模型可分为集总式和分布式水文模型。集总式模型对流域进行均匀处理，将流域作为整体进行建模；分布式模型则认为流域水文过程、水力学特征为非均匀分布，通过将流域划分为子流域及水文响应单元，基于严格的物理基础、参数计算进行水文模拟，充分考虑了流域水文过程的复杂性和气象及下垫面因素的空间异质性(金鑫等，2006)。

SWAT(soil and water assessment tool)模型是由美国农业部(USDA)农业研究中心开发的半分布式流域水文模型，具有连续模拟、系统完善、界面友好、功能丰富、适用性强等优点(Arnold et al., 1998)。该模型基于 SWRRB(Wyseure, 1991)模型原理，融合了 CREAMS(Knisel, 1980)、GLEAMS(Leonard, 1987)、ROTO(Arnold et al., 1995)等模型的优点(Gassman et al., 2007)，主要包括气候、水文、土壤属性、植被生长、营养物质、杀虫剂、土地管理等模块，SWAT 模型自 20 世纪 90 年代开发以来不断发展，在流域水文数值模拟、污染物负荷模拟、气候变化影响、洪水短期预报等研究领域取得了广泛的应用。Arnold et al. (1996)将 SWAT 模型应用于美国伊利诺伊州中部的 3 个流域，验证了在进行土地利用管理、覆被变化、取用地表地下水的背景下，模型具有年尺度、月尺度模拟流域地表径流、地下水、潜在蒸散发等水文要素的适用性。随着日益增强的人类建设，SWAT 模型在人类活动对流域水文过程的影响评价中得到了广泛的应用。Marhaento et al.(2017)在印度尼西亚爪哇的 Samin 流域应用 SWAT 模型，定量评价了流域土地利用变化对流域径流量的影响，并认为土地利用对径流的影响程度与流域森林和人类建设用地的面积有关。SWAT 模型在引入我国后，得到了广泛的应用。朱楠等(2016)以黄土高原沟壑区的典型小流域罗玉沟流域为研究区，利用 SWAT 模型进行了土地利用结构的情景假设，明确了土地利用结构对流域水沙过程的影响。秦耀民等(2009)采用 SWAT 模型在黑河流域进行土地利用与非点源污染关系的研究，定量分析土地利用/覆被变化对黑河流域非点源污染的影响。程艳等(2016)不仅验证了 SWAT 模型在嘉陵江流域中游的适用性，而且采用参数移植方法进行了 SWAT 模型在嘉陵江流域无资料地区的径流模拟。

SWAT 模型水文建模主要包括 2 个阶段：第 1 阶段为水文循环的陆地阶段，控制子流域内水流、泥沙、杀虫剂、营养物质等向河道的输入(见图 3-5)，主要包括对气候、水文、土地覆盖/植被生长、侵蚀、营养物、杀虫剂、管理措施等模块的输入和管理；第 2 阶段为水文循环的汇流阶段，主要指流域内水流、泥沙、杀虫剂、营养物质等向出水口的输移过程，包括洪水演算、泥沙演算、营养物演算、杀虫剂演算及水库演算。

SWAT 模型水文循环基于水量平衡方程进行：

$$\mathrm{SW}_t = \mathrm{SW}_0 + \sum_{i=1}^{t}(P - Q_{\mathrm{surf}} - \mathrm{ET} - W_{\mathrm{seep}} - Q_{\mathrm{lat}} - Q_{\mathrm{gw}}), \tag{3-29}$$

其中，SW_t 为土壤最终含水量(mm)；SW_0 为第 i 天土壤初始含水量(mm)；t 为时间(d)；P 为第 i 天降水量(mm)；Q_{surf} 为第 i 天地表径流量(mm)；ET 为第 i 天蒸散发量(mm)；W_{seep} 为第 i 天从土壤剖面进入包气带的水量(mm)；Q_{lat} 为第 i 天壤中流的流量(mm)；Q_{gw} 为第 i 天基流的流量(mm)。

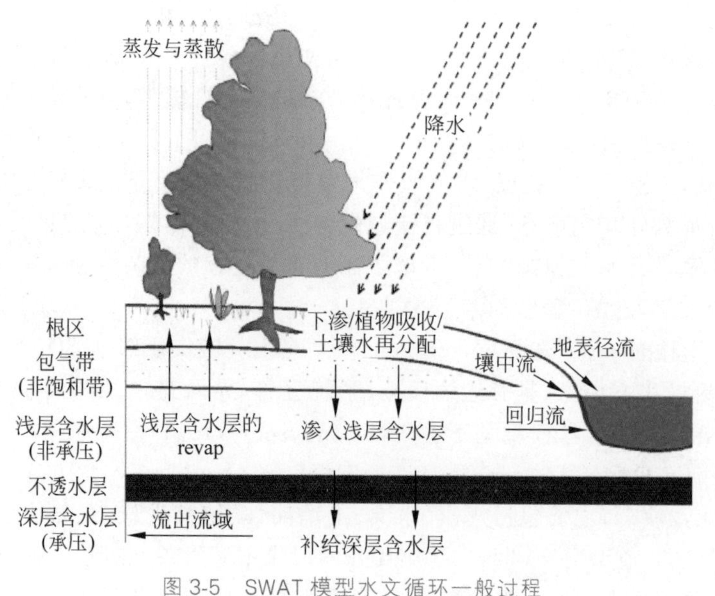

图 3-5 SWAT 模型水文循环一般过程

Fig.3-5 Common procedure of hydrological process in SWAT

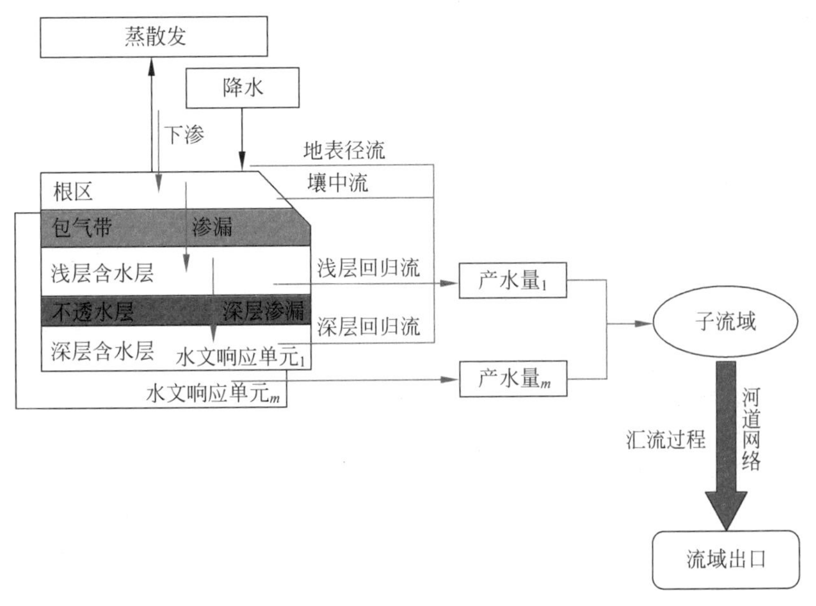

图 3-5 （续）

地表径流、壤中流和基流相加就是产水量（water yield，WYLD）。SWAT 使用 SCS-CN 方法（the soil conservation services-curve number method）来模拟地表径流。地表径流的数学表达式为

$$\frac{F}{S}=\frac{Q_{\mathrm{surf}}}{P-I_{\mathrm{a}}} \tag{3-30}$$

其中，I_{a} 为初始损失（mm），即地表径流前的降水损失；F 为最终损失，即地表径流产生后的降水损失；S 为当时盆地内可能存在的最大滞留量（mm），为 F 的上限。

来自子流域的 WYLD 在连通的河道网络中形成，然后通过河道汇流过程进入下游河段，重复水平衡过程，最终在流域出口汇合，具体过程如图 3-5 所示。

3.2.3 分布式水沙模型 BPCC

分布式水文及泥沙侵蚀模型 BPCC 从流域 DEM 数据开始，以地理信息系统提供的气象数据和下垫面数据（植被、土壤）等作为输入条件，采用 TOPAZ 模型划分 DEM 得到子流域。每个子流域对应唯一河段，且被划分为左、右、源三个坡面。当子流域划分足够细密时，三个坡面能够逼近自然坡面的划分方式。由于同一坡面各单元的下垫面条件（土壤类型、植被和土地利用方式等）不一定相同，需根据土地利用方式、土壤类型和植被类型的各种组合将坡面归类为单一的植被、土壤、土地利用方式，这样的坡面单元构成了模型基本计算单元。坡面单元和每个河段作为“元流域”进行产流计算。其中，坡面单元是水文响应过程的核心，由植被截留、地表填洼、地表径流、壤中流和地下水（张超，2008）等模块构成，分别用以求解降雨蒸散发、下渗、地表径流、壤中流、潜水出流等水文过程，并在此基础上考虑雨滴溅蚀与细沟侵蚀作用，作为坡面泥沙侵蚀模块进行坡面产沙计算。然后以坡面的产流和产沙过程作为输入，在连接这些子流域的沟道内进行汇流和泥沙输移计算，最后得到流域出口的各质量源输出过程。这样，流域产汇流过程概化为“坡面—沟道”系统，可以反映流域降雨及下垫

面条件的空间变化。采用具有一定物理机理的数学方程来描述产流和汇流过程，使模型既得到了简化又提高了精度，同时保持了分布式模型的优点。计算水流条件的水文模块与坡面产沙—沟道输沙模块相耦合，可以同时计算流域出口流量过程和含沙量过程。模型中各子模型的结构关系见图 3-6(张超，2008)。

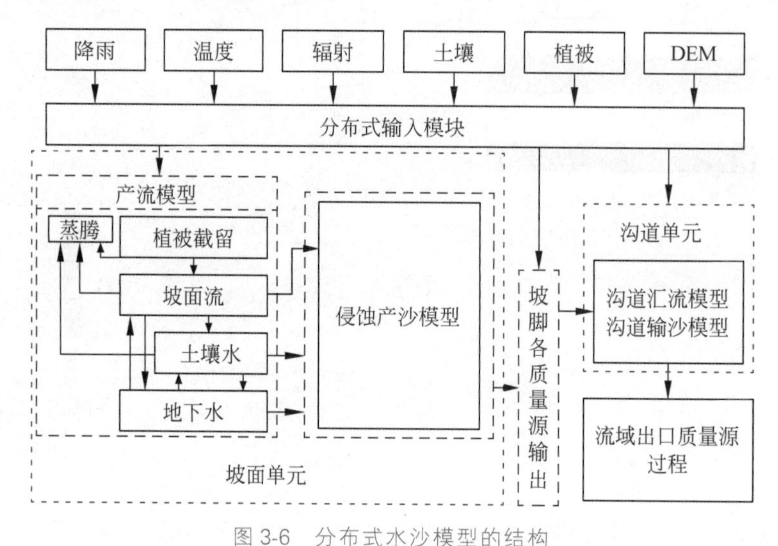

图 3-6 分布式水沙模型的结构
Fig. 3-6 Structure of distributed water-sediment model

3.2.3.1 坡面水文过程描述

坡面单元模型是流域水文响应过程的最小单元，需要完成产流、产沙计算，是模型的核心部分。坡面单元模型主要由植被截留模块、地表水模块、壤中流模块和土壤侵蚀模块等构成，水文过程涉及散发、入渗、地表径流、壤中流和潜水出流等，水力过程涉及坡面的侵蚀产沙和沟道的泥沙输移。本节主要对坡面径流模型、坡面产输沙模型、沟道汇流模型及沟道泥沙侵蚀模型进行详细论述。

(1) 植被冠层截留模型

植被冠层是影响降水传输的第一个作用层，降水通过林冠层后形成冠层截留和穿透雨，改变降雨特性，削减降雨动能，对土壤水分收支、地表径流、河川径流调节有重大影响。目前的冠层截留模型，如 Horton 模型、Rutter 模型和 Gash 解析模型，多为机理性模型，参数较多，应用受限。在分布式水沙模型 BPCC 中，穿透雨量由降雨总量和植被冠层的截留容量共同影响，因此仅考虑了水量平衡而未考虑降雨在叶面上的运动，节约了计算空间。截留容量代表覆被冠层对降水的最大截留能力，受季节、植被种类和叶面积指数等因素的影响，确定方法主要有浸水-叶面积法、基于野外实验数据的回归法和基于微波衰减技术的遥感法等(徐丽宏，2010)。

本模型采用 Sellers(1996)提出的下列计算公式：

$$I_v(t)=K_c d_c \mathrm{LAI}(t) \tag{3-31}$$

其中，I_v 和 K_c 分别为冠层截留容量(m)和系数(0.10～0.20)；d_c 反映植被覆盖度的空间分布；$\mathrm{LAI}(t)$为 t 时刻覆被的叶面积指数(m)，由归一化植被指数 NDVI 值估算。

当最大截留容量被大气降雨饱和时，多余的降雨成为穿透雨量到达地面，因此实际截留量与降雨量和冠层潜在截留能力有关：

$$I_{cd}(t)=I_{v}(t)-I_{c}(t) \tag{3-32}$$

其中，$I_{cd}(t)$和$I_{c}(t)$分别为t时刻冠层的潜在截留能力(m)和实际截留雨量(m)。则冠层在Δt时段内的实际截留雨量依据下式得出：

$$I_{actual}(t)=\begin{cases}P(t)\Delta t, & P(t)\Delta t\leqslant I_{cd}(t)\\ I_{cd}(t), & P(t)\Delta t>I_{cd}(t)\end{cases} \tag{3-33}$$

其中，$P(t)$为实际的降雨强度($m\cdot s^{-1}$)。

(2) 蒸散发模型

冠层截留的水分、开敞的水面、裸露土壤中的孔隙水或土壤水经植物根系至叶面气孔处的水分等，可转化为水蒸气返回大气中，发生蒸散发。对蒸散发过程的正确理解及蒸散发量的准确估算，是认识气候变化条件下水循环特征的关键问题之一。

潜在蒸发和实际蒸发是计算蒸散发模型的两个关键问题，经验公式法、水汽扩散法、能量平衡法和综合法等是计算潜在蒸发的主要方法，本书选用世界上应用最广的Penman公式法。对于实际蒸散发的计算，包括传统的水量平衡法、波温比和涡度相关法、依据潜在蒸散发量进行换算的经验公式法和基于蒸发互补原理的一系列方法。本书中，实际蒸散发由以下3部分组成。

植被冠层截留水分蒸发率$E_{canopy}(t)$(m/s)的计算式如下：

$$E_{canopy}(t)=\begin{cases}K_{v}K_{c}ET_{0}, & S_{c}(t)\geqslant K_{v}K_{c}ET_{0}\\ S_{c}(t)/\Delta t, & S_{c}(t)<K_{v}K_{c}ET_{0}\end{cases} \tag{3-34}$$

其中，K_{v}和K_{c}分别为植被覆盖率和作物系数；ET_{0}代表潜在蒸发率(m/s)。

裸土蒸发分为裸露地表和地下土壤水蒸发两部分，计算公式分别为

$$E_{surf}(t)=\begin{cases}(1-K_{v})ET_{0}, & S_{s}(t)\geqslant E_{p}(1-K_{v})\Delta t\\ S_{s}(t)/\Delta t, & S_{s}(t)<E_{p}(1-K_{v})\Delta t\end{cases} \tag{3-35}$$

$$E_{s}(t)=[(1-K_{v})ET_{0}-E_{surf}(t)]f(\theta) \tag{3-36}$$

其中，$E_{surf}(t)$和$E_{s}(t)$分别为t时刻裸露地表和地下土壤水在土壤表面的实际蒸发率(m/s)；$S_{s}(t)$为t时刻地表积水深(m)；$f(\theta)$为土壤含水量θ的函数，在0和1之间做线形取值。

植物蒸腾率，植物蒸腾作用的水分来自植被根系所在的土壤层，估算公式为

$$E_{t}(t,j)=K_{v}K_{c}ET_{0}f(\theta_{j})\frac{LAI(t)}{LAI_{M}} \tag{3-37}$$

其中，$E_{t}(t,j)$为t时刻第j层土壤中的水分经植物根系至叶表面的实际蒸腾率(m/s)；$f(\theta_{j})$为第j层土壤含水量θ_{j}的函数；LAI_{M}为最大叶面积指数。

(3) 饱和-非饱和土壤水运动模型

经植被截留后的穿透雨到达地表后，在毛管力和重力的共同作用下，渗入地表并在土壤孔隙中运移。土壤水分通过土壤空隙的吸收、保持和传递作用，经降雨、蒸发、渗漏等，发生重新分布。当土壤达到饱和时，一部分水通过侧向排水作用形成壤中流，另一部分则受重力作用控制形成地下径流。本书将饱和带和非饱和带(潜水层)的水分运动统一考虑，同时考虑蒸发、蒸腾、入渗和水的再分配，确定潜水面位置和压力水头。

采用王力(2005)提出的一维 Richards 方程：

$$C(\psi)\frac{\partial \psi}{\partial t}=\frac{\partial}{\partial z}\left[K(\psi)\frac{\partial \psi}{\partial z}\right]-\frac{\partial K(\psi)}{\partial z}+S \tag{3-38}$$

其中，规定坐标原点位于地表，以向下为正。ψ 在饱和区时，为压力水头(m)，非饱和区时为基质势水头(负压)；$K(\psi)$为渗透系数($m \cdot s^{-1}$)；$C(\psi)$为容水度；S 为流入流出源项。确定 Richards 方程的各变量关系及求解时，请参照张超的文献(2008)。

对于上下边界条件，作如下处理。

对于上边界条件，当地表 ψ 已知时，认为 $\psi=\psi_b, z=0, t>0$。例如，含水率保持不变(如稳定入渗状态)时，或地表有积水且积水深度已知(如土壤入渗能力小于供水强度)时，或地表处于风干状态时。

当地表 ψ 随供水强度变化时，认为

$$K(\psi)\frac{\partial \psi}{\partial z}-K(\psi)=R(t), \quad z=0, t>0 \tag{3-39}$$

例如，地表无积水且处于入渗状态，但供水强度 $R(t)$小于土壤入渗能力时。

当地表处于蒸发状态时，认为蒸发强度随地表基质势水头变化：

$$K(\psi)\frac{\partial \psi}{\partial z}-K(\psi)=E(t), \quad z=0, t>0 \tag{3-40}$$

对于下边界条件，视为不透水边界，即$\frac{\partial \psi}{\partial z}=1, z=0, t>0$。由各层土壤的 ψ 可计算侧向排水 q_s($m^2 \cdot s^{-1}$)。根据达西定律，$q_s=\bar{K}\cdot n\cdot H\cdot \sin\varphi$，其中 $\bar{K}$ 为平均饱和导水率($m \cdot s^{-1}$)，H 为饱和区深度，n 为有效孔隙度，为饱和含水量 θ_s 与残余含水量 θ_r 之差。

(4) 坡面径流模型

当降雨持续时间较长或降雨强度较大，即降雨使土壤达到饱和或降雨强度超过土壤的实际入渗能力时，地表渗透不会发生，多余的降雨会首先填充地表洼地，而后形成沿坡面流动的坡面流。一般来说，坡面流是形成流域洪峰的主要部分。同圣维南方程相比，运动波模型是一种更好的数学描述方式，是目前坡面流模拟中最常用的方法。在运动波波数 $K>10$ 时，运动波模型可很好地描述坡面流运动，后陈力(2001)证实自然界坡面流的运动波波数一般远大于 10，因此采用一维运动波方程组：

$$\begin{cases}\dfrac{\partial h}{\partial t}+\dfrac{\partial q}{\partial x}=P\cos\theta-i\\ q=K_s h^{\alpha}\end{cases} \tag{3-41}$$

其中，x 方向平行坡面向下；水深 h 和时间 t 的单位分别为 m 和 s；降雨强度 P 和入渗率 i 的单位为 $m \cdot s^{-1}$；单宽流量 q 为 $m^2 \cdot s^{-1}$；$K_s=S_0^{0.5}/n_s$。$S_0=\sin\varphi$ 代表坡度，φ 代表倾角，n_s 为曼宁糙率系数；$\alpha=5/3$。运动波方程采用 Preissmann 四点偏心格式离散，离散后的方程由牛顿迭代法求解。

初始条件及边界条件如下，其中 L 为坡长(m)：

$$\begin{cases}q(0,t)=0, & t>0\\ q(x,0)=0, & 0\leqslant x\leqslant L\end{cases} \tag{3-42}$$

(5) 沟道汇流过程描述

经坡面单元产生的坡面流、壤中流和地下水在坡脚出流，后汇入沟道，经过沟道的逐级输移，在流域出口形成质量源的输出过程，即流域的径流过程。沟道汇流的演算可分为集总式和分布式两类，前者仅考虑某个断面水流的时间函数，而后者则可取到沿沟道的若干断面，描述水文要素在空间的分布。汇流演算模型可分为水文学模型和水力学模型两类，前者一般只是时间的函数，而后者考虑了空间因素。

水流在自然沟道中输移和汇聚，往往会因地形、地势等边界条件的改变而发生流态的变化，缓流、临界流及急流交替甚至同时出现，在地形跨度较大的流域，甚至伴随间断流的发生，因此需采用考虑空间因素的分布式水力学模型。考虑到沟道的复杂性、河道断面信息的不足以及计算本身的稳定性要求，在汇流计算时采用了改进的扩散波方法(王光谦等，2008)。扩散波方程为

$$\frac{\partial Q}{\partial t}+C\frac{\partial Q}{\partial x}=D\frac{\partial^2 Q}{\partial x^2} \tag{3-43}$$

其中，波速系数 $C=\frac{1}{B}\frac{\partial Q}{\partial h}+\frac{D}{B}\frac{\mathrm{d}B}{\mathrm{d}h}\frac{\partial h}{\partial x}$；扩散系数 $D=Q/2BS_{\mathrm{f}}$。

Muskingum-Cunge 演算公式形式为

$$Q_{j+1}^{n+1}=C_1Q_j^n+C_2Q_j^{n+1}+C_3Q_{j+1}^n \tag{3-44}$$

式中，C_1，C_2，C_3 为马斯京根法流量系数，取值分别为

$$C_1=\frac{0.5\Delta t+K\varepsilon}{0.5\Delta t+K(1-\varepsilon)},\quad C_2=\frac{0.5\Delta t-K\varepsilon}{0.5\Delta t+K(1-\varepsilon)},\quad C_3=\frac{K(1-\varepsilon)-0.5\Delta t}{K(1-\varepsilon)+0.5\Delta t}$$

马斯京根法的槽蓄系数 K 和流量比重因子 ε 分别为

$$\begin{cases}K=\Delta x/C\\ \varepsilon=\dfrac{1}{2}\left(1-\dfrac{Q}{BS_{\mathrm{f}}C\Delta x}\right)\end{cases} \tag{3-45}$$

当 $\varepsilon\leqslant 0.5$ 时，达到稳定条件。柯朗数 $C_{\mathrm{r}}=C\Delta t/\Delta x$ 越接近 1，收敛性越好。

C 为波速，可由下式求解：

$$C=\left(\frac{5}{3}-\frac{2}{3}\frac{h}{B}\frac{\partial B}{\partial Z}\right)U \tag{3-46}$$

该式适用于任何断面的河槽，断面平均流速 U 由曼宁公式推求。

3.2.3.2 坡面产输沙模型

土壤侵蚀是流域地貌形态演变的主要过程之一，是造成土壤退化、生态环境破坏、河道萎缩等诸多自然灾害的根源之一。土壤侵蚀是一个极其复杂的能量耗散过程。具有一定动能的雨滴撞击土壤颗粒，破坏土壤结构，降雨形成的地表径流在势能作用下携带泥沙沿坡面流向坡下或沟道，形成汇流过程。沟道中，水流由势能转化为动能，引起土壤冲刷，水流条件改变则发生河床淤积。水流以推移或悬移的方式将泥沙一起向下游输送，形成流域产沙。

土壤侵蚀和泥沙输移过程与水力条件和水流过程密不可分。因此，模型的泥沙侵蚀模块应与水流输移模块相一致，即在坡面产流和沟道汇流的基础上，计算坡面的产沙和沟道的输沙过程，最终得到流域出口的含沙量过程。

坡面水力侵蚀产沙过程包括雨滴击溅侵蚀、坡面流的冲刷和输移两大子过程。雨滴击

溅主要起破坏土壤结构作用,为坡面流输移提供物质来源。坡面流侵蚀包括冲刷、输移和沉积三个子过程,而侵蚀方式可分为片流侵蚀和细沟侵蚀。坡面流的水力特性是决定其侵蚀产沙过程的最主要因素,此外还受降雨、地形(坡度、坡长等)、土壤特性、植被和人类活动等因素的制约。

(1) 雨滴溅蚀

降雨是引起流域土壤侵蚀的主要能量来源之一,其对坡面侵蚀产沙的影响主要为:第一,决定坡面径流量,影响坡面侵蚀方式的演变及产沙过程;第二,打击土壤表面,分离土壤颗粒,为坡面流提供泥沙来源;第三,加强坡面流紊动动能,提高径流输移能力。一般来说,雨强是影响径流量和击溅量的主要因素,但是溅蚀量及溅蚀率的增加受土壤特性(强度、结皮、矿物成分)、前期含水量和坡度的影响,在实际应用中,本模型认为溅蚀量主要取决于雨滴的动能。Wischmeier 等(1978)提出的雨滴动能公式为

$$e = 11.9 + 8.7\lg I \tag{3-47}$$

其中,e 为雨滴动能($\mathrm{J \cdot m^{-2} \cdot mm^{-1}}$),$I$ 为降雨强度($\mathrm{mm \cdot h^{-1}}$)。雨滴总动能为

$$K_E = eI \tag{3-48}$$

坡面细沟流水深,会对雨滴溅蚀起到屏蔽作用,为了考虑水深对雨滴的缓冲作用,引入了屏蔽系数 F_w(Park,1982):

$$F_\mathrm{w} = \begin{cases} 1, & h \leqslant h_0 \\ \mathrm{e}^{1-h/D_\mathrm{m}}, & h > h_0 \end{cases} \tag{3-49}$$

其中,h 为坡面水流深度(m);D_m 为雨滴的平均直径(m)。Park(1982)提出的取值为 $D_\mathrm{m} = 0.001\,24 \cdot I^{0.182}$,本书采用平均中值粒径。

雨滴的溅蚀率公式为

$$D_i = F_\mathrm{w} k K_E \mathrm{e}^{-zh} / 1\,000 \tag{3-50}$$

其中,D_i 为溅蚀率($\mathrm{kg \cdot m^{-1} \cdot s^{-1}}$),$k$ 为土壤分离指数($\mathrm{g \cdot J^{-1}}$),数据可参见 Morgan et al.,1992)。根据经验,z 的可取值为 2.0。

(2) 坡面侵蚀

坡面侵蚀主要包括片流侵蚀和细沟侵蚀。片流侵蚀是指沿坡面运动的薄层水流对坡面土壤的分散和输移过程,主要发生在坡面上部无细沟区和下部细沟间区,是沟间地泥沙输运的主要动力。坡面水流本身只能输送颗粒较小的悬移质,经雨滴击溅后,推移质方能被坡面流输运。细沟侵蚀是指汇集成股流后的坡面流对土壤的冲刷和搬运过程。细沟中的水流集中,流速及水深增大,侵蚀特性发生本质变化,侵蚀量明显增加。但是,细沟形成的过程和临界状态具有很强的随机性,细沟流态亦不稳定,一般很难形成较为成熟的理论,目前仅有依据观测和实验数据等得到的经验公式。

自然界中,降雨影响片蚀量,而片蚀可直接传送到细沟边壁而引起细沟侵蚀量,加之试验资料的缺乏,在实际应用中很难将片流侵蚀和细沟侵蚀划分出明显的界限。因此,模型中采用"侵蚀-沉积"理论(Smith,1995),水流侵蚀能力是水流所耗费能量的函数,而与之携带的泥沙数量无关。水流耗费能量主要来自于水流与坡面之间的剪切作用以及水流紊动的动能。

Morgan(1998)提出的坡面流侵蚀公式为

$$D_{\mathrm{f}}=\beta\omega_{\mathrm{s}}(TC-C_{\mathrm{s}}) \tag{3-51}$$

其中，D_{f} 为坡面水流的单位坡长侵蚀率（$\mathrm{kg\cdot m^{-1}\cdot s^{-1}}$），$\beta$ 为水流侵蚀效率系数，ω_{s} 为泥沙颗粒沉降速度（$\mathrm{m\cdot s^{-1}}$），TC 为水流挟沙能力（$\mathrm{kg\cdot m^{-3}}$），C_{s} 为水流泥沙浓度（$\mathrm{kg\cdot m^{-3}}$）。

侵蚀效率系数 β 可依据式(3-52)计算：

$$\beta=\begin{cases}0.335, & J\leqslant 1\ \mathrm{kPa}\\ 0.79\mathrm{e}^{-0.85J}, & J>1\ \mathrm{kPa}\end{cases} \tag{3-52}$$

泥沙颗粒沉降速度公式为(王兴奎，2002)

$$\omega_{\mathrm{s}}=-9\frac{v}{D}+\sqrt{\left(9\frac{v}{D}\right)^2+\frac{\gamma_{\mathrm{s}}-\gamma}{\gamma}gD} \tag{3-53}$$

其中，v 为运动黏性系数（$\mathrm{m^2/s}$），取 $v=1.0^{-6}$；D 为泥沙颗粒直径（m）；γ_{s} 为泥沙颗粒容重（$\mathrm{N\cdot m^{-3}}$）；γ 为水的容重（$\mathrm{N/m^3}$）。

水流挟沙能力 TC 是计算坡面侵蚀量的关键因子，很多学者对此进行了大量研究，并提出了自己的公式，如 Yalin 公式、Meyer-Peter 公式和 Yang 公式等。Govers(1992)利用他在 1990 年的大量实验数据对多家公式进行验证后认为，Low(1989)公式由陡坡实验数据推得，可用于表述坡面流的输沙能力：

$$T_{\mathrm{cs}}=\frac{6.42}{\left(\frac{\gamma_{\mathrm{s}}-\gamma}{\gamma}\right)^{0.5}}(\Theta-\Theta_{\mathrm{c}})\gamma_{\mathrm{s}}DVS_0^{0.6} \tag{3-54}$$

其中，T_{cs} 为坡面流挟沙能力（$\mathrm{kg\cdot m^{-1}\cdot s^{-1}}$）；$\Theta$ 为 Shields 数；Θ_{c} 为临界 Shields 数；V 为坡面流平均流速（$\mathrm{m\cdot s^{-1}}$）；S_0 为坡度。Shields 数可由下式求得：

$$\Theta=\frac{\tau}{(\gamma_{\mathrm{s}}-\gamma)D} \tag{3-55}$$

τ 为剪切应力（$\mathrm{kg\cdot m^{-2}}$）。

Guy(1987)将雨滴的打击作用对挟沙能力的贡献 T_{cr}（$\mathrm{kg\cdot m^{-1}\cdot s^{-1}}$）表示为

$$T_{\mathrm{cr}}=4.909\times10^6 I^{2.014}S^{0.865} \tag{3-56}$$

其中，I 为雨强（$\mathrm{m\cdot s^{-1}}$）。模型中，泥沙的输移能力视为两者之和，即 $TC=T_{\mathrm{cs}}+T_{\mathrm{cr}}$。

忽略泥沙的扩散作用，根据质量守恒原理，得到坡面侵蚀产沙的一维连续方程：

$$\frac{\partial(hC_{\mathrm{s}})}{\partial t}+\frac{\partial(qC_{\mathrm{s}})}{\partial x}=\frac{1}{B}(D_i+D_{\mathrm{f}}) \tag{3-57}$$

其中，B 为坡面宽度（m）。采用 Preissmann 四点偏心差分格式离散：

$$A_1\cdot C_{\mathrm{s}j+1}^{n+1}+A_2C_{\mathrm{s}j}^{n+1}=\frac{2\Delta t}{B}(D_i^n+D_{\mathrm{f}}^n)+A_4C_{\mathrm{s}j}^n+A_3C_{\mathrm{s}j+1}^n \tag{3-58}$$

系数 A_1、A_2、A_3、A_4 分别为

$$\begin{aligned}&A_1=(h+M\theta q)_{j+1}^{n+1} && A_2=(h-M\theta q)_j^{n+1}\\ &A_3=[h-M(1-\theta)q]_{j+1}^n && A_4=[h+M(1-\theta)q]_j^n\end{aligned} \tag{3-59}$$

$M=2\Delta t/\Delta x$，h^{n+1} 和 q^{n+1} 在求解坡面水流动力波方程时可得。

初始边界条件和上边界条件为

$$\begin{cases} C_s(0,t)=0 \\ C_s(x,0)=0 \end{cases} \tag{3-60}$$

3.2.3.3 沟道产输沙模型

泥沙在沟道的输移过程中受到水流冲刷，发生浅沟、切沟侵蚀，随水流条件改变，亦可在河道中淤积。天然情况下，水流和泥沙在自然输移过程中呈现出强烈的非恒定、非均匀的特性，河道的槽蓄和河床的冲淤变化，使得洪峰和沙峰在传播过程中表现出衰减和恢复等动态特性。本书采用非恒定悬移质不平衡输沙方程(李义天，1998)，用以客观描述自然河道中水流、泥沙的动态演进过程：

$$\frac{\partial(AC_s)}{\partial t}+\frac{\partial(QC_s)}{\partial x}+\alpha\omega B(C_s-C_{*s})=qC_{sl} \tag{3-61}$$

其中，α 为恢复饱和系数，冲刷时 $\alpha=1$，淤积时 $\alpha=0.25$；C_{*s} 为悬移质挟沙力($kg\cdot m^{-3}$)；C_{sl} 为旁侧入流泥沙浓度($kg\cdot m^{-3}$)；其余符号意义同前。C_{*s} 是由张瑞瑾等(1989)根据悬移质的制紊作用从能量平衡原理出发而得出的水流携沙能力公式：

$$C_{*s}=K\left(\frac{U^3}{gR\omega}\right)^m \tag{3-62}$$

其中，U 是断面平均流速($m\cdot s^{-1}$)；K 为水流挟沙能力系数；m 为水流挟沙能力指数。郭庆超(2006)根据实测资料，利用回归分析，得出长江河道的水流挟沙力系数 $K=0.017$，指数 $m=0.92$。

水流挟沙能力是指在一定的水流和一定的河床物质组成条件下，水流所能挟带的临界含沙量。当水流含沙量小于临界值时，河流处于次饱和状态，河床将发生冲刷；反之，当高于这个临界值时，水流处于超饱和状态，转而向河床补给泥沙，造成河床淤积。河床变形方程(李义天，1998)可用以描述河床的冲淤变化：

$$\gamma_s'\frac{\partial A_d}{\partial t}=\alpha\omega B(C_s-C_{*s}) \tag{3-63}$$

其中，γ_s'为淤积物的干容重($kg\cdot m^{-3}$)；A_d 为冲淤面积(m^2)。

式(3-61)采用迎风格式离散：

$$C_{sj}^{n+1}=\begin{cases} \dfrac{\Delta t\alpha B_j^{n+1}\omega C_{*sj}^{n+1}+A_j^nC_{sj}^n+\Delta tQ_{j-1}^{n+1}C_{sj-1}^{n+1}/\Delta x_{j-1}+qC_{sl}}{A_j^{n+1}+\Delta t\alpha B_j^{n+1}\omega+\Delta tQ_j^{n+1}/\Delta x_j}, & Q\geqslant 0 \\ \dfrac{\Delta t\alpha B_j^{n+1}\omega C_{*sj}^{n+1}+A_j^nC_{sj}^n+\Delta tQ_{j+1}^{n+1}C_{sj+1}^{n+1}/\Delta x_j+qC_{sl}}{A_j^{n+1}+\Delta t\alpha B_j^{n+1}\omega-\Delta tQ_j^{n+1}/\Delta x_j}, & Q<0 \end{cases} \tag{3-64}$$

当 $Q\geqslant 0$ 时，利用上边界条件计算各断面的含沙量；当 $Q<0$ 时，利用下边界条件计算各断面的含沙量。

河床变形方程(3-65)可写成差分形式：

$$\Delta A_j=\frac{\Delta t\alpha\omega B_j^{n+1}}{\gamma_s'}(C_{sj}^{n+1}-C_{*sj}^{n+1}) \tag{3-65}$$

冲淤变化面积在断面上的分配选取面积比权重法：

$$\Delta Z_{si}=(h_i/A)\Delta A_j \tag{3-66}$$

其中，h_i 是 i 断面的平均水深。

沟道的汊点处，涉及上游的泥沙向下游传递的问题，采用沙量守恒方程：

$$Q_{k}C_{ks}=\sum_{i=1}^{N}Q_{i}C_{is} \tag{3-67}$$

其中，N 为汊点上游的沟道总数，C_{is} 是汊点上游的泥沙浓度，C_{ks} 是汊点下游的泥沙浓度。

3.2.3.4　模型参数说明

分布式水沙模型BPCC所涉及的参数众多，但多出现在用以描述水文、水力及泥沙动力过程的数学物理方程中，因而具有明确的物理意义。根据物理过程描述，可分为地形参数、植被参数、土壤水分参数以及土壤侵蚀参数等四大类。在参数的选取过程中，本模型尽量参照国内外已有的数据库参数和已发表的研究成果；同时，对于无法直接获取的参数，则根据经验和模型率定予以确定。

3.2.4　模型参数率定与验证

3.2.4.1　模型的适用性评价

在完成模型建模及模拟的过程后，需要构建一定的标准对模型率定期及验证期的模拟效果进行评价，以判断模型模拟值与实测值的接近程度，确定模型的适用性。参考前人的研究方法及成果，本书选取相关系数(CC)、纳什效率系数(NSE)及百分比偏差(PBIAS)等作为模型适用性的评价标准(Moriasi et al.,2007)。

(1) 相关系数(The correlation coefficient,CC)是两个变量(如模拟和观测)之间关于强度和方向的线性统计关系的数值度量(范围从－1到1)。CC的绝对值越接近1，模拟与观测的相关性越高。CC的计算公式为

$$\mathrm{CC}=\frac{\sum_{i=1}^{T}(O_{i}-\bar{O})(S_{i}-\bar{S})}{\sqrt{\sum_{i=1}^{T}(O_{i}-\bar{O})^{2}\sum_{i=1}^{T}(S_{i}-\bar{S})^{2}}} \tag{3-68}$$

其中，T 为数据序列长年度；O_{i} 为实测数据序列值；$\bar{O}$ 为实测数据序列平均值；S_{i} 为模拟数据序列值；$\bar{S}$ 为模拟数据序列平均值。

(2) 纳什效率系数(Nash-Sutcliffe efficiency coefficient,NSE)表示模型模拟值与实测值的拟合精度，NSE越接近1，说明模型模拟值与实测值越吻合，模型质量及可信度越高。

$$\mathrm{NSE}=1-\frac{\sum_{i=1}^{T}(O_{i}-S_{i})^{2}}{\sum_{i=1}^{T}(O_{i}-\bar{O})^{2}} \tag{3-69}$$

(3) 百分比偏差(PBIAS,%)表示了模型模拟值与实测值的相对误差。当PBIAS＝0时，表示模型的模拟值与实测值一致；当PBIAS>0时，表示模型的模拟值偏大；当PBIAS<0时，表示模型模拟值偏小。

$$\mathrm{PBIAS}=\frac{\sum_{i=1}^{T}(O_{i}-S_{i})\times 100}{\sum_{i=1}^{T}O_{i}} \tag{3-70}$$

(4) RSR

RSR(root mean square error (RMSE)-observations standard deviation ratio)是模拟与观测数据集标准化后的误差指标统计量。RSR 取值范围为 0～∞，最优取值为 0。计算公式为

$$RSR=\frac{RMSE}{STD}=\frac{\sqrt{\sum_{i=1}^{n}(S_i-Q_i)^2}}{\sqrt{\sum_{i=1}^{n}(S_i-\bar{S})^2}} \tag{3-71}$$

(5) POD

POD(probability of detection)是反映模拟值正确检测到降雨频率的次数与降雨事件总数的比值。POD 的取值范围为 0～1，最优值为 1。用数学形式表示为

$$POD=\frac{t_H}{t_H+t_M} \tag{3-72}$$

其中，t 为符合条件的数据对个数；H 表示观测和模拟都探测到降雨事件；M 表示观测检测到降雨事件，而模拟则没有。

(6) FAR

FAR(false-alarm rate)表示使用模拟检测到降水，但观测没有检测到降水的频率。FAR 的取值范围为 0～1，最优值为 0。FAR 值的数学表达式为

$$FAR=\frac{t_F}{t_H+t_F} \tag{3-73}$$

其中，F 表示模拟检测到降雨事件，而实测没有检测到。

本书所采用的模型适用性指标的评价标准如表 3-1 所示。

表 3-1 气象站基本情况表

Table 3-1 Introduction of meteorological stations

等级	RSR	NSE	PBIAS/%
极好	0.00<RSR≤0.50	0.75<NSE≤1.00	PBIAS≤±10
较好	0.50<RSR≤0.60	0.65<NSE≤0.75	±10<PBIAS≤±15
可信	0.60<RSR≤0.70	0.50<NSE≤0.65	±15<PBIAS≤±25
不可信	RSR>0.70	NSE<0.50	PBIAS>±25

3.2.4.2 模型参数敏感性分析

SWAT-CUP 程序可基于 ArcSWAT 模拟结果进行参数敏感性分析、不确定性分析及参数自动校准、验证。采用 SWAT 模型配套软件 SWAT-CUP 程序进行参数敏感性分析及后续率定及验证工作。为提高模型率定效率，可通过 SWAT-CUP 程序给出的敏感性分析结果选取对模拟结果影响较大的参数，从而减少工作量。SWAT-CUP 程序可进行"One-at-a-time"和"Global Sensitivity"。"One-at-a-time"为保持其他参数不变的情况下某一参数的敏感性。"Global Sensitivity"敏感性分析主要根据拉丁超立方进行参数与目标函数的回归计算：

$$g = \alpha + \sum_{i=1}^{m} \beta_i b_i \tag{3-74}$$

其中，g 为目标函数值；α 为待定常数；β_i 为第 i 个参数的待定系数；b_i 为第 i 个参数。

由于在实际率定过程中，参数数值存在相互影响，因此本书主要参考“Global Sensitivity”敏感性分析结果进行参数选取。程序采用 t 检验确定参数的相对显著性，由 *t-value*、*p-value* 表征参数敏感性：*t-value* 越大，参数越敏感；*p-value* 越接近 0，参数敏感性结果越显著。

3.3 水沙关系分析

3.3.1 水沙关系曲线

水沙关系曲线定义为流量 Q 与悬沙质量浓度 S 间的幂指数关系，表达形式为

$$S = aQ^b \tag{3-75}$$

或者

$$\lg S = \lg a + b\lg Q \tag{3-76}$$

其中，a 为系数；b 为幂指数。a 表示径流产沙特性，受外界影响较大，其主要驱动因素包括大坝和水库建设、水土保持措施、退耕还林（草）、流域扰动、农业生产、河道采砂等；b 表示河流的输沙特性，与河床形态（河道形状、坡度和单位河流功率）或该河流剖面的土壤可蚀性和侵蚀性有关，受水流速度、流量、沙级配比等内部因素影响较大。a 和 b 的值表示该条件下物源供应情况以及相应的悬沙浓度增长速率的变化情况。

3.3.2 水沙环路曲线

水沙环路即径流—悬移质泥沙环路（C-Q 环路），是一种由于流域水沙关系存在一定峰值滞后现象而导致的径流量和含沙量在散点图中呈现出不同环路的现象，是一种研究水沙关系的重要手段。C-Q 径流悬移质环路曲线先绘制某一年份的日径流量和日含沙量尺度下的点线图，然后观察丰水期出现径流量和含沙量峰值的短的时间序列，如 1954 年 6 月 1—8 日，最后以径流量为 x 轴，含沙量为 y 轴绘制环路曲线并观察其类型。一个年份内，一种类型的环路曲线可能会多次出现，而另一种类型的环路曲线则不会出现，因此需要绘制并观察 1954—2016 年整个时间序列下的径流—悬移质环路曲线图，并统计五种类型的 C-Q 环路曲线的数量。表 3-2 表示不同种类水沙环路的特征。

表 3-2 水沙环路曲线特征

Table 3-2 Curve Characteristics of Water-sediment Loop

名称	顺时针	逆时针	正“8”字形	逆“8”字形	线形
曲线特征	含沙量早于径流量达到峰值	径流量早于含沙量达到峰值	高径流为逆时针、低径流为顺时针	高径流为顺时针、低径流为逆时针	径流量和含沙量的变化比例相同

3.4 归因分析方法

3.4.1 数据标准化方法

由于各影响因子具有不同的量纲和数量级，各因子间的水平相差很大，因此，为了保证结果的可靠性，需要对影响因子数据进行标准化处理。本书采用的是标准差标准化处理，其方法如下：

$$y_i = \frac{x_i - \bar{x}}{S} \tag{3-77}$$

其中，$\bar{x}$ 和 S 分别为影响因子的均值和标准差。新序列 $y_1, y_2, \cdots, y_n$ 的均值为 0，方差为 1，且无量纲。

3.4.2 影响因子筛选方法

3.4.2.1 偏相关分析方法

偏相关分析用来量化不同变量之间关系紧密程度的大小，偏相关分析方法如下：

$$r_{xy,z} = \frac{r_{xy} - r_{xz} \times r_{yz}}{\sqrt{(1 - r_{xz}^2)(1 - r_{yz}^2)}} \tag{3-78}$$

其中，$r_{xy,z}$ 为去除变量 z 的影响后，变量 x 和变量 y 的偏相关系数；r_{xy}、r_{xz}、r_{yz} 分别表示变量 x 和 y、变量 x 和 z、变量 y 和 z 的相关系数；$r_{xy,z}$ 的取值范围是 $-1 \leqslant r_{xy,z} \leqslant 1$，$|r_{xy,z}|$ 越大，相关性越高。

为检验变量相关系数的可信度，需要对结果进行显著性检验，即在显著性水平 α 下，检验变量相关性的显著性程度。本书中，对偏相关系数采取 t 检验法，计算公式如下：

$$t_{\mathrm{p}} = \frac{r_{xy,z}}{\sqrt{1 - r_{xz}^2}} \sqrt{n - m - 1} \tag{3-79}$$

其中，n 为样本数，m 为自变量个数。

3.4.2.2 基于 AIC 准则的逐步回归分析

逐步回归的基本思想是将变量逐个引入模型，每引入一个解释变量后都要进行 F 检验，并对已经选入的解释变量逐个进行 t 检验。当原来引入的解释变量由于后面解释变量的引入变得不再显著时，则将其删除，以确保每次引入新的变量之前，回归方程中只包含显著性变量。这是一个反复的过程，直到既没有显著的解释变量选入回归方程，也没有不显著的解释变量从回归方程中剔除为止，以保证最后所得到的解释变量集是最优的。

AIC 即赤池值，是衡量模型拟合优良性和模型复杂性的一种标准。在建立多元线性回归模型时，变量过多且有不显著的变量时，可以使用 AIC 准则结合逐步回归进行变量筛选。数学表达式如下：

$$\mathrm{AIC} = 2p + n(\log(\mathrm{SSE}/n)) \tag{3-80}$$

其中，p 是进入模型当中的自变量个数；n 为样本量；SSE 是残差平方和。在 n 固定的情况下，p 越小，AIC 越小；同时 SSE 越小，AIC 也越小。而 p 越小代表着模型越简洁，SSE 越小代表着模型越精准，即拟合度越好。综上所述，AIC 越小，模型就越简洁和精准。

3.4.2.3　冗余分析

冗余分析(RDA)是约束性排序的一种，是一种基于排序技术的线性分析方法，能从统计学角度评价一个或一组变量与另一组多变量数据之间的关系。冗余分析能够有效地对多解释变量进行统计检验，独立保持各个解释变量(如各个极端降水指标)对响应变量(如各个大气环流因子指数)的方差贡献率，并可通过排序图直观地展现解释变量之间、解释变量与响应变量之间以及响应变量之间的关系。RDA 分析将基于 CANOCO5.0 软件进行计算。

3.4.3　基于随机森林的降水集中度变化归因分析方法

随机森林是由 Breiman 于 2001 年提出的一种基于统计学习理论的组合分类智能算法，它利用 Bootstrap 重抽样方法从原始数据中抽取多个样本，然后对每个 Bootstrap 样本进行分类树构建，对所有分类树的预测进行组合并通过投票方式得出最终结果。随机森林是一种自然的非线性建模工具，是树型分类器的组合，它的精度很高且不容易出现过拟合的现象，能很好地容忍异常值以及噪声，是目前数据挖掘、数据信息学等方面的最热门的前沿研究领域之一。随机森林生成步骤如图 3-7 所示。

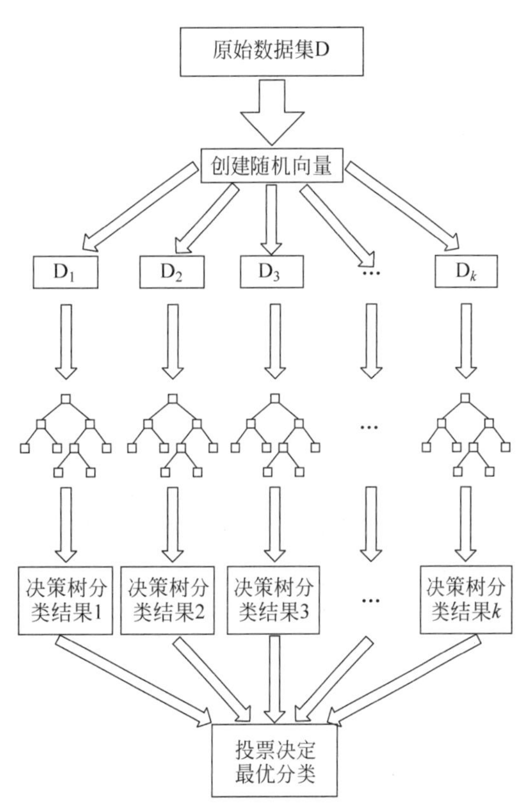

图 3-7　随机森林生成步骤图

Fig.3-7　The steps of establish Random Forest

首先用 Bootstrap 采样法从总训练样本集 D 中抽取 k 个子训练样本集 $D_1, D_2, D_3 \cdots D_k$，而子集 D_k 的样本大小与总训练样本集 D 相同，并建立 k 棵分类树。其次在每一棵分类树的每个节点上随机地从 n 个指标中选取 m 个指标，并采用最优分割指标进行分割。重复前一步骤的过程，建立 k 棵分类树。最后，再将 k 棵分类树形成随机森林。

影响降水集中度的因子繁多且复杂，如何筛选出影响目标变量的几个主要变量并计算其重要性大小是一个难点。本书采用随机森林中变量平均基尼减少值所占所有变量基尼减少值总和的百分比来衡量影响因子的重要性，其计算公式如下：

$$P_k = \frac{\sum_{i=1}^{n}\sum_{j=1}^{t} D_{Gkij}}{\sum_{k=1}^{m}\sum_{i=1}^{n}\sum_{j=1}^{t} D_{Gkij}} \times 100\% \tag{3-81}$$

其中，m、n、t 分别为总变量个数、分类树棵数和单棵树的节点数；D_{Gkij} 为第 k 个变量在第 i

棵树的第 j 个节点的基尼减少值；P_k 表示第 k 个变量在所有变量中的重要程度。P_k 值越大，表示第 k 个变量越重要。本书通过 R 语言环境中调用 Random Forest 函数包实现随机森林算法，并依次计算不同变量的重要性。

3.4.4 基于 Budyko 假设的径流变化归因分析方法

本书基于 Budyko 假设计算径流对气象、非气象要素的敏感性，即影响因素单位变化引起的径流变化量；通过确定径流长时间序列基准期、影响期，计算不同时期径流变化量，定量分析气象、非气象因素对径流变化的贡献率。

3.4.4.1 Budyko 框架概述

通过对比常用于水文分析的数学统计方法可以发现，基于 Budyko 假设的水文分析具有一定的数学物理理论依据。其基于流域水热平衡原理，利用有限的数据，通过简便的计算方法和多样的方程形式进行水文分析，在全球范围内具有广泛的适用性。

1904 年，德国水文学家 Schreiber(1904)在研究的基础上指出流域径流量随降水量的增加而增加，其数值逐渐趋于降水但无法达到降水量，其关系可表达为

$$\frac{R}{P}=\exp\left(-\frac{a_{\mathrm{sch}}}{P}\right) \tag{3-82}$$

其中，R 为流域长期平均径流量；P 为流域长期平均降水量；a_{sch} 为调节系数(mm/a)。

1911 年，俄国学者 Ol'Dekop 指出 a_{sch} 可用流域长期平均潜在蒸散发量(或饱和水汽压差经验公式)替代，并提出公式：

$$\frac{E_a}{P}=\frac{E_0}{P}\tanh\left(\frac{P}{E_0}\right) \tag{3-83}$$

其中，E_a 为流域长期平均实际蒸散发量；E_0 为流域长期平均潜在蒸散发量；tanh 为双曲正切函数。

在 Schreiber 曲线、Ol'dekop 曲线给出的边界条件基础上，苏联著名气候学家 Budyko 提出 Budyko 假设，认为陆面长期平均蒸散发量(E_0)由水分供给(降水量)与蒸发能力(潜在蒸散发量或净辐射量)之间的平衡决定(Budyko，1974)。即，在年或多年尺度上，陆面蒸散发满足如下边界条件：

在极端干旱条件下，$E_0/P\to 0$，$E_a/E_0\to 1$，降水全部转化为蒸散发量；在极端湿润条件下，$E_0/P\to\infty$，$E_a/P\to 1$(见图 3-8)。由此可得满足边界条件的方程一般形式：

$$\frac{E_a}{P}=f\left(\frac{E_0}{P}\right)=f(\varphi) \tag{3-84}$$

其中，$\varphi=E_0/P$，为干旱指数。

Budyko 通过对 Schreiber 曲线、Ol'dekop 曲线进行几何平均，得到 Budyko 曲线(见图 3-8)：

$$\frac{E_a}{P}=\sqrt{\frac{E_0}{P}\tanh\left(\frac{P}{E_0}\right)\left[1-\exp\left(-\frac{E_0}{P}\right)\right]} \tag{3-85}$$

Budyko 水热耦合方程最初仅考虑流域陆面蒸发的边界条件，并未考虑流域属性(地形、地貌、土壤、植被、土地利用等)因素对蒸发的影响。

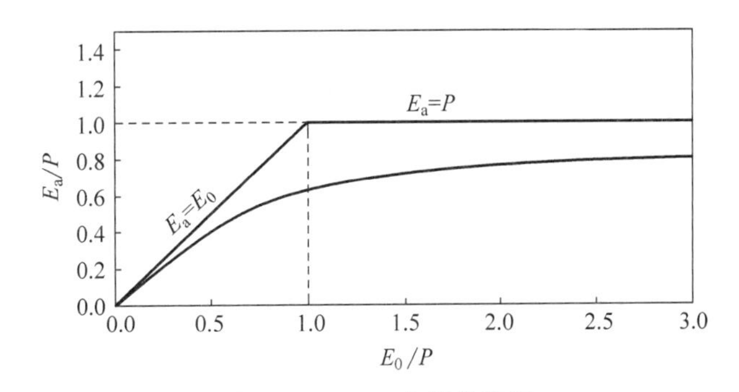

图 3-8 Budyko 曲线示意图

Fig. 3-8 Sketch map of Budyko framework

近几十年来，许多学者通过将参数引入 Budyko 经验公式进行理论推导和实证研究，以反映下垫面因素对蒸发的影响。Bagrov(1953)、Mezentsev(1955)、刘振兴(1956)通过引入表征下垫面特征的参数，给出基于水热平衡的陆面蒸发量计算基本假定形式，但仍缺少一定物理基础与数学推导。1981 年，中国著名气象学家傅抱璞(1981)通过量纲分析和数学推导，提出一组具有物理意义的 Budyko 假设解释表达式：

$$\frac{E_a}{P}=1+\frac{E_0}{P}-\left[1+\left(\frac{E_0}{P}\right)^{\bar{\omega}}\right]^{1/\bar{\omega}} \tag{3-86}$$

$$\frac{E_a}{E_0}=1+\frac{P}{E_0}-\left[1+\left(\frac{E_0}{P}\right)^{\bar{\omega}}\right]^{1/\bar{\omega}} \tag{3-87}$$

其中，$\bar{\omega}$ 为积分常数，其范围为(1，∞)。

在此研究基础上，孙福宝(2007)以我国非湿润区的 108 个流域为研究区，进一步通过逐步回归分析，提出估算该参数的半经验公式，并证实其与傅抱璞公式对估算流域多年平均及逐年实际蒸散发量的准确性。

在 Mezentsev(1955)研究的基础上，Choudhury(1999)、Yang et al. (2008)注意到流域尺度、流域空间异质性对蒸散发量估算的影响。针对这一问题，Choudhury 和 Yang et al. 对 Mezentsev 所提出的通用解释式进行改进，获得 Mezentsev-Choudhury-Yang 水热耦合方程，并得到了广泛的应用：

$$E_a=\frac{P\times E_0}{(P^n+E_0^n)^{1/n}} \tag{3-88}$$

其中，参数 n 代表流域属性，与流域地形、地貌、植被覆盖、土地利用等影响水文过程、水量平衡的特征有关。

另一被广泛使用的 Budyko 假设解析式由 Zhang et al. (2001)提出，这一解析式考虑了植被对蒸散发的影响，以植被水分利用系数(w)反映植被吸收土壤水分进行蒸散的差异：

$$\frac{E_a}{P}=\frac{1+w\dfrac{E_0}{P}}{1+w\dfrac{E_0}{P}+\left(\dfrac{E_0}{P}\right)^{-1}} \tag{3-89}$$

包含反映下垫面要素参数的 Budyko 解释式具有如下统一表达形式：

$$\frac{E_a}{P}=f\left(\frac{E_0}{P},D\right) \tag{3-90}$$

其中，D 为表达流域属性特征的参数，代表了不同形式的 Budyko 曲线。

随着经验公式的逐步发展，Budyko 假设成为具有一定气象水文物理基础的经验公式。Budyko 假设作为生态水文系统模拟计算简单而实用的方法，在实际蒸散发模拟、径流模拟以及水文变化敏感性分析、归因分析方面都得到广泛的应用。张丹等(2016)采用 Budyko 曲线及傅抱璞公式对中国不同气候区的典型流域进行实际蒸散发模拟，并对不同气候、植被类型下实际蒸散发对降水量、潜在蒸散发、下垫面特征的敏感性进行分析。Yang et al. (2014a)使用 Mezentsev-Choudhury-Yang 方程，对中国 210 个流域进行气候弹性系数及气候贡献率的计算，并进一步分析流域属性参数在中国的空间分布特征，以及其与流域平均坡度、植被覆盖度的相关关系。Zhou et al. (2015)将傅抱璞公式在全球范围内进行应用，以探究土地覆被和气候特征对产流量的影响。结果表明，土地覆被和气候特征与流域森林覆盖率、流域平均坡度、流域面积有显著的相关性，水文过程在非湿润区或低储水量区域对土地利用变化响应更加明显。

3.4.4.2 径流敏感性分析

对于给定的闭合流域，其多年水量平衡公式可表达为

$$P=E_a+R+\Delta S \tag{3-91}$$

其中，P、E_a、R 分别为流域多年平均降水量(mm)、实际蒸散发量(mm)、径流深(mm)；ΔS 为流域储水变化量。由于 ΔS 在多年尺度上可忽略不计，因此流域多年尺度水量平衡公式可表达为

$$R=P-E_a \tag{3-92}$$

本书使用嘉陵江流域(JRW)、嘉陵江干流区域(MRW)、子流域(SLB、TJB、LY、TZK、XHB、WS、LDX、BB)等共 10 个研究区域的降水量 P(mm)、潜在蒸散发量 E_0(mm)、径流深 R(mm)进行基于 Budyko 假设的实际蒸散发量计算、径流敏感性及归因分析。

本书将包含流域属性参数 n 的 Mezentsev-Choudhury-Yang 公式(式(3-93)与流域多年尺度水量平衡方程(式(3-92)相结合，获得式(3-94)，并以此反推参数 n，进一步进行径流对地形、土壤、植被等非气象因素的敏感性分析及径流变化归因分析。

$$R=P-\frac{P\times E_0}{(P^n+E_0^n)^{1/n}} \tag{3-93}$$

该公式假定式中的 P 和 E_0 为相互独立，并均独立于参数 n，由此可得式(3-91)的全微分形式：

$$\mathrm{d}R=\frac{\partial R}{\partial P}\mathrm{d}P+\frac{\partial R}{\partial E_0}\mathrm{d}E_0+\frac{\partial R}{\partial n}\mathrm{d}n \tag{3-94}$$

Schaake 于 1990 年首次提出了利用弹性系数法进行径流对气候变化敏感性分析的概念，弹性系数 ε 表示影响因素(P、E_0、n)每变化 1%，将导致 ε%的径流变化。根据弹性系数的定义，可得径流的降水弹性系数(ε_P)、径流潜在蒸散发弹性系数(ε_{E_0})、径流下垫面弹性系数(ε_n)：

$$\varepsilon_P=\frac{\mathrm{d}R/R}{\mathrm{d}P/P},\quad \varepsilon_{E_0}=\frac{\mathrm{d}R/R}{\mathrm{d}E_0/E_0},\quad \varepsilon_n=\frac{\mathrm{d}R/R}{\mathrm{d}n/n} \tag{3-95}$$

结合式(3-94)、式(3-95),可得:

$$\frac{dR}{R}=\varepsilon_P\frac{dP}{P}+\varepsilon_{E_0}\frac{dE_0}{E_0}+\varepsilon_n\frac{dn}{n} \tag{3-96}$$

3.4.4.3 径流变化归因分析

基于Buydko方程,以泰勒展开式为基础的弹性系数法(或全微分法)进行径流变化归因分析的方法在全球范围内得到广泛使用。但研究表明,应用泰勒一阶展开式进行归因分析存在一定误差(Yang et al.,2014)。为了解决这一常用方法中的潜在误差,以及“正向”计算和“逆向”计算存在的差异,Zhou et al.(2016)提出了利用Budyko假设中的互补关系来确定气象、非气象要素水文效应的“互补法”。根据这一方法,流域径流变化可以用下列方程表示:

$$dR=\frac{\partial R}{\partial P}dP+\frac{\partial R}{\partial E_0}dE_0+P\,d\left(\frac{\partial R}{\partial P}\right)+E_0\,d\left(\frac{\partial R}{\partial E_0}\right) \tag{3-97}$$

$$\Delta R=\left[\left(\frac{\partial R}{\partial P}\right)_1\Delta P+\left(\frac{\partial R}{\partial E_0}\right)_1\Delta E_0+P_2\Delta\left(\frac{\partial R}{\partial P}\right)+E_{0,2}\Delta\left(\frac{\partial R}{\partial E_0}\right)\right] \tag{3-98}$$

其中,角标“1”和“2”分别表示基准期和影响期。

各因素引起的径流变化量如下:

$$\Delta R_P=\left(\frac{\partial R}{\partial P}\right)_1\Delta P \tag{3-99}$$

$$\Delta R_{E_0}=\left(\frac{\partial R}{\partial E_0}\right)_1\Delta E_0 \tag{3-100}$$

$$\Delta R_C=P_2\Delta\left(\frac{\partial R}{\partial P}\right)+E_{0,2}\Delta\left(\frac{\partial R}{\partial E_0}\right) \tag{3-101}$$

其中,ΔR_P、ΔR_{E_0} 和 ΔR_C 为由 P、E_0 和非气象要素(流域属性特征)引起的径流变化量。

各因素引起径流变化的相对贡献率如下:

$$\eta_P=\Delta R_P/\Delta R\times 100\% \tag{3-102}$$

$$\eta_{E_0}=\Delta R_{E_0}/\Delta R\times 100\% \tag{3-103}$$

$$\eta_C=\Delta R_C/\Delta R\times 100\% \tag{3-104}$$

$$\eta_{CLIMATE}=(\Delta R_C+\Delta R_{E_0})/\Delta R\times 100\% \tag{3-105}$$

其中,$\eta_{CLIMATE}$ 和 η_C 分别为气象要素(P、E_0)和非气象要素(流域属性特征)的贡献率。

3.4.5 基于主成分分析的水沙变化归因分析方法

流域径流时空特征及驱动因素分析的研究方法如图3-9所示。首先,根据相关文献进行流域径流影响因素初选,在指标初选的基础上采用偏相关分析确定与产流量相关性显著的影响因素。当指标较多时,可采用主成分分析进行指标降维,获得具有一定含义的主成分。然后,以所选影响因素为指标体系,对414个子流域进行聚类分析,将属性相似的子流域划分为一类。最后,通过对不同聚类类型子流域产流量与所获得的的主成分进行多元回归分析,利用标准化回归系数及其显著性,探明不同聚类类型的主要驱动因素。

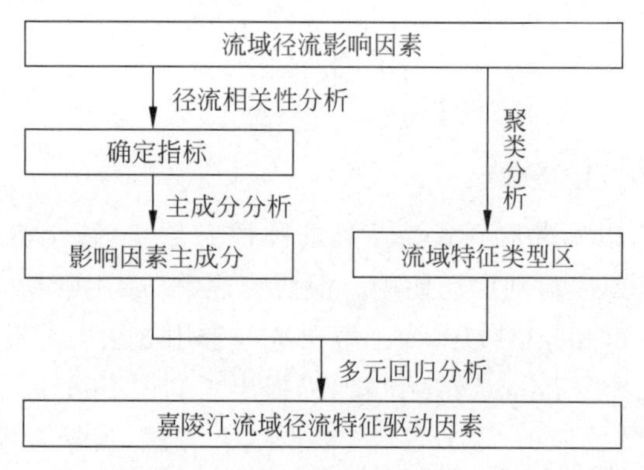

图 3-9 产流输沙空间特征驱动力研究方法

Fig. 3-9 Research route of spatial characteristics driving force of runoff and sediment yield

3.4.6 基于差分法的径流变化贡献率分析方法

本书用差分法对流域内的气候变化和人类活动进行量化分析，差分法认为人类活动因素（如水土保持工程、水利枢纽等）和自然因素（如降水等）是导致水沙量变化的根本原因。为了消除降水的影响，令

$$D=\frac{W}{P} \tag{3-106}$$

其中，D 为径流率（$m^3 \cdot mm^{-1}$）；W 为径流量（万 m^3）；P 为降水量（mm）。

令基准期平均径流量为 W_1、平均降水量为 P_1、径流率为 D_1，各变化期的平均径流量为 W_2、平均降水量为 P_2、径流率为 D_2。对径流取全微分，并以差分的形式表示：

$$\begin{aligned}\Delta W=W_1-W_2&=\frac{(P_1+P_2)}{2}(D_1-D_2)+\frac{(D_1+D_2)}{2}(P_1-P_2)\\&=\bar{P}_1\Delta D+\bar{D}\Delta P\end{aligned} \tag{3-107}$$

若降水量 P 不变，则基准期与各变化期的径流量差值 $\Delta W=\bar{P}\Delta D$ 为人类活动影响；若径流率 D 不变，则 $\Delta W=\bar{D}\Delta P$ 为降水影响。

同理，可令

$$E=\frac{W_s}{P} \tag{3-108}$$

其中，E 为侵蚀率或产沙系数（$t \cdot mm^{-1}$）；W_s 为输沙量（万 t）；P 为降水量（mm）。

令基准期平均输沙量为 W_{s1}、平均降水量为 P_1、侵蚀率为 E_1，各变化期的平均输沙量为 W_{s2}、平均降水量为 P_2、侵蚀率为 E_2。对输沙量 $W_s=EP$ 取全微分，并以差分的形式表示：

$$\begin{aligned}\Delta W_s=W_{s1}-W_{s2}&=\frac{(P_1+P_2)}{2}(E_1-E_2)+\frac{(E_1+E_2)}{2}(P_1-P_2)\\&=\bar{P}\Delta E+\bar{E}\Delta P\end{aligned} \tag{3-109}$$

若降水量 P 不变，则 $\Delta W_s=\bar{P}\Delta E$ 为人类活动影响，若侵蚀率 E 不变，则 $\Delta W_s=\bar{E}\Delta P$ 为降水影响。

第 4 章

嘉陵江流域水文变化特征及驱动机制

4.1 研究背景

嘉陵江流域是长江上游重要的水源地和产沙区，同时也是距离三峡库区最近的长江一级支流。作为长江上游地区重要的支流和生态走廊，嘉陵江流域在地理区位上串起"一带一路"和长江经济带两大国家战略，该区域的生态水文环境会对长江中下游地区的社会、经济产生重要影响。河川径流是水资源存在的重要形式之一，是生态平衡、水文循环的重要成分。在全球气候变化的背景下，流域气温和降雨先后在20世纪后半叶发生突变，呈现由冷湿到暖干的变化。同一时期，该流域完成了由大量砍伐森林、开垦陡坡、过度放牧到开展水土保持重点工程、天然林保护工程、退耕还林工程等转变，流域生态环境显著改善，土地利用、地表覆被及景观格局等发生巨大变化（王鸽等，2012）。日益突出的全球气候变化问题和持续加剧的人类活动干扰对生态系统和水文循环过程造成显著影响，嘉陵江流域目前仍面临着洪涝地质灾害频发、水污染严重、水土流失等生态环境问题，水利工程兴建、森林面积减少、城市化进程加快、污染物大量排放都成为生态环境恶化的诱因（燕文明等，2006）。

针对嘉陵江存在的环境问题及流域特点，本章将系统开展流域内水文和气象要素的时空变化规律研究，并分别从时间和空间尺度揭示其主要的驱动要素。针对流域水文研究中的热点问题开展研究，可望对具有较强空间异质性的流域气象、水文和生态环境特征变化及其驱动因素进行较为系统且深入的分析，在流域气象、水文、水资源管理及水土保持科学领域具有重要的理论意义，为三峡生态屏障区水资源评估提供科学依据，对流域生态建设亦具有重要的应用价值。

嘉陵江流域的降水季节分配极为不均匀，且在空间上呈现自西北高海拔山地地区向东南低海拔城市地区水量逐渐增多的空间格局（Meng et al.，2019）。随着全球气候变暖和人类活动的剧烈影响，近年来流域内极端降水事件频发，枯水季干旱和洪水季洪涝灾害显著增多，水环境和山地灾害等重大自然灾害事件日益严重（Renne et al.，2019），威胁着流域内水利工程的设计实施与安全运行（Zeng et al.，2015），区域内的供水、灌溉、发电等都会受到不同程度的影响(许炯心等,2006)。有研究表明,近年来的极端水文事件很大程度上取决于降水在时空上的不均匀分布(Zhang et al.,2014)。对降水集中度时空变异及驱动因素的研究可以比较全面地揭示气候变化背景下降水的演变特征以及驱动机制,为不同流域的水资源综合利用、防洪抗旱以及灾害管理提供科学的参考依据。基于此,本章将以嘉陵江流域为研究区,借助可以定量反映降水总量在各个时间段的集中程度的降水集中度指数,探究流域内近60年来降水集中程度的时空变异特征以及大尺度气候因子对于降水集中度的影响程度,以期丰富降水非均匀性的科学认识,为嘉陵江流域水资源的综合利用和灾害预警等提供理论依据。

植被是陆地生态系统的重要组成部分,对于维护及改善生态环境、保持生态系统的稳定性具有重要意义。植被与气象因子的关系十分复杂。一方面,植被的生长与降水、气温等气象因子密切相关,气象因子的变化会对植被产生影响。气象因子被认为是影响植被变化最主要的因素,所以植被变化也可以侧面反映气象因子的变化情况。另一方面,植被覆盖也可以影响气象因子。例如,植被能够通过蒸散、反射等活动影响植被与大气之间的物质及能量交换而影响局地小气候,从而对生态环境产生影响。嘉陵江作为长江上游地区重要的支流和生态走廊,流域水土流失现象十分严重,因此有必要研究流域内的植被覆盖状况及其时空变化特征,并明晰气候变暖大背景下植被对关键气象因子的响应规律,为控制流域水土流失现象提供基础。基于此,本章将基于遥感解译的域NDVI数据,采用均值法、最大合成法以及趋势分析法研究流域植被覆盖的时间变化趋势及其空间布局;并在分析流域降水和气温的时空变化特征的基础上,采用相关分析和偏相关分析法,研究嘉陵江流域的植被变化与气候因子的互馈响应关系及时滞分析,以期为流域生态恢复和水土流失治理提供理论依据。

嘉陵江流域地理位置特殊,地处我国第一阶梯与第二阶梯地形变化带,流域内部地形、地貌、土壤、地质等条件均具有较强的空间异质性。地形地貌特征控制着地表径流的路径和累积水量的空间分布,影响流域土壤含水量、产汇流机制。同时流域降水在季节分配极为不均匀,又受气候变化影响,蒸发量增大(Malisawa et al.,2012),区域水循环速度加快,极端气象事件频发。另外,流域作为长江经济带的重要组成部分,人类活动影响强烈。人类活动通过直接或间接的取用、调配水资源、建设水保水利工程措施或通过改变区域土地利用和地表覆被条件,影响流域内降雨分布、下渗和蒸发等产汇流过程(Liu et al.,2014)。流域水文要素作为时间序列,具有随机性、趋势性、周期性等时变特征,同时受不同时空尺度的多种驱动因素的影响,水文过程及水资源分布具有较强的时空差异。另一方面,上述影响因素之间又会相互影响,形成非线性的复杂系统(Meng et al.,2019),大幅增加水资源管理难度。因此,厘清各因素对流域水文过程的驱动机制,对掌握流域水文要素的时空特征,综合利用流域水资源和预警灾害具有重要意义。基于此,本章将以嘉陵江流域为研究区,在采用水文统计法分析流域内气象及水文要素的时空变化特征的基础上,应用Budyko假设的弹性系数法和互补法对径流序列进行敏感性和时间变化归因分析;进一步通过构建SWAT水文模型,分析产流空间变化特征的主要驱动因素,以期为嘉陵江流域水文水资源管理提供科学依据。

4.2 研究区概况

4.2.1 地理位置

嘉陵江流域位于四川盆地东北部及秦岭以南地区，地跨 102°33′～109°E，北纬 29°40′～34°30′N，面积 159 812 km²，其中干流面积 39 200 km²。嘉陵江流域地理位置如图 4-1 所示，嘉陵江包含白龙江、涪江、渠江、嘉陵江干流四大水系，包含东西两大源头、左右两大支流，通常认为东源为嘉陵江正源。干流发源自陕西省凤县东北秦岭南麓，干流流经陕西省、甘肃省、四川省、重庆市，于重庆市朝天门汇入长江，干流全长 1 119 km，是长江北岸重要的一级支流，同时也是距离三峡库区最近的长江上游一级支流。

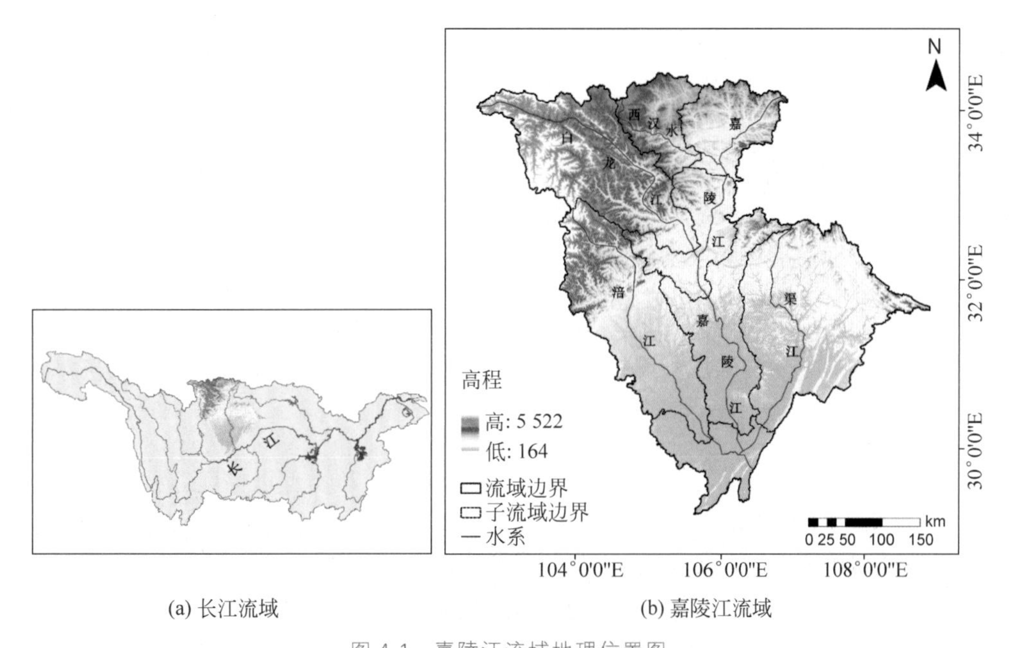

图 4-1 嘉陵江流域地理位置图

Fig. 4-1 Location of Jialing River Basin

4.2.2 地形地貌

嘉陵江流域平均坡度为 2.05‰，最大高差大于 5 000 m，呈现西部区北部、东北部地势高，东南部地势平坦的特征，表现出明显的梯度变化，流域主要包括西北部的高原山地区、北部的中低山区、中部的盆地丘陵区以及东南部的低山浅丘区。流域上游西缘与青藏高原相连，南部分布龙门山断裂带，使上游区域呈现高海拔、高比降的特征，河谷深邃、水流湍急、耕地稀少。从上游高原山地区过渡至中下游四川盆地，中下游边缘分布中低丘陵山区，中部地势平缓，多分布耕地农田，是流域主要的农耕区。

4.2.3 气象水文

嘉陵江流域以东西两源头汇流点四川省广元市昭化区为上游、中游分界点，东西两岸支流汇流点重庆市合川区为中游、下游分界点，干流于重庆市朝天门汇入长江干流。嘉陵江以东源为正源，干流全长为 1 119 km，仅次于汉江、雅砻江，为长江流域排名第三的一级支流。嘉陵江流域水系呈现东西基本对称的扇形向心河网，主要包括自南向北的嘉陵江干流、自西北向东南的涪江水系、自东北向西南的渠江水系，三者汇于合川附近。流域内水系众多，其中汇流面积高于 500 km^2 的支流共 17 条。根据嘉陵江流域控制站北碚站、干流区域控制站武胜站、涪江流域控制站小河坝站和渠江流域控制站罗渡溪站的水文数据统计结果，嘉陵江、干流、涪江、渠江多年平均径流量(1954—2015 年)分别为 65 167.10×10^6 m^3、25 010.88×10^6 m^3、13 957.36×10^6 m^3 和 21 601.24×10^6 m^3，干流区域、涪江流域和渠江流域产流量分别占流域总径流量的 38.37%、21.42%和 33.15%。

嘉陵江流域大部分地区属亚热带湿润季风气候，由热带海洋气团和极地大陆气团交替控制，受东南季风、西南季风以及流域地形地貌空间异质性的影响，四季分明，夏季高温多雨、冬季温和湿润，流域内呈现明显地带性差异。流域多年平均最高气温、最低气温分别为 19.4 ℃、4.3 ℃，其中上游地区多年平均气温为 11～16 ℃，中下游多年平均气温为 16～18 ℃。流域多年平均降水量为 912.80 mm，降水量在空间上由西北至东南逐渐增加，气候逐渐湿润，其中上游地区多年平均降水量低于 1 000 mm，中下游地区多年平均降水量高于 1 000 mm。受季风性气候的影响，流域降水量年内分布不均，多集中在夏季 6—9 月，降水量约占全年的 65%。流域多年平均潜在蒸散发量为 892.53 mm，月潜在蒸散发量最大值出现在 7 月，多年平均值为 130 mm。潜在蒸散发量由上游至下游呈现逐渐减少的特征，综合流域降水空间分布特征，嘉陵江流域上游至下游干旱指数逐渐减小，气候更为湿润。

4.2.4 土壤植被

嘉陵江流域主要包括黄土区、紫色土区及土石山区，土壤类型以棕壤、黄棕壤、紫色土为主，其中棕壤主要分布于流域上游白龙江流域海拔介于 2 000～2 700 m 的高山区域，紫色土主要分布于流域中下游四川盆地海拔低于 800 m 的低山丘陵地区。

嘉陵江流域植被资源丰富，受地形地貌特征的影响，植被分布呈现垂直带谱南北坡向差异，具有盆周多、盆中少、山区多、丘陵少的特点，涪江流域及干流区域以栽培植被及针叶林为主，而栽培植被及阔叶林则多分布于渠江流域。在自然条件限制及人类活动的影响下，流域上游多分布林地、灌木、草地等土地利用类型；中下游则土地利用多样化，林草面积较上游减少，旱地、水田、建设用地等多有分布。

4.2.5 社会经济

嘉陵江流域地跨甘肃省、陕西省、四川省、重庆市的 76 个县(市、区)，各省市经济发展、城镇化水平存在明显差异。重庆市作为中国西部唯一的直辖市，是我国的中心城市，是长江上游最大的经济中心、交通枢纽，是西部大开发的战略支点。2017 年重庆市生产总值(GDP)约为 1.94 万亿元，常住人口 3 075.17 万人，人均地区生产总值为 6.34 万元/人。四川省山川秀美、地域辽阔、资源丰富，是我国重要的粮食产地。2017 年四川省生产总值为 3.70 万亿元，人均地区生产总值为 4.47 万元/人。甘肃省地处黄河上游、地域辽阔，是我国的五大牧区之一。2017 年甘肃省生产总值为 7 459.90 亿元，人均地区生产总值为 2.85 万元/人。陕西省地处中国内陆腹地，位于黄河中游及长江上游，是中华民族的发祥地之一，兼备南北资源。2017年陕西省生产总值为2.19万亿元，人均地区生产总值为5.73万元/人。甘肃省、陕西省在嘉陵江流域内分布的区域地处青藏高原东北部与黄土高原西部的过渡带，多为高原山地区，受自然条件的限制，该地区工业、农业发展受限，城镇化程度低、人口稀疏。

2007年的统计结果表明该流域总人口数约为4 787万，其中农业人口数量约占总人口数量的83.5%，约为3 998万。受历史沿革、自然环境、政策制度的影响，该地区人口分布极度不均匀。上游地区的陕西省、甘肃省人口稀疏，中下游的四川省及重庆市人口密集，其中重庆地区人口密度最高，可达600～650人/km^2。

以中国科学院资源环境科学数据中心提供的2015年全国1 km土地利用数据，该地区耕地、林地、草地、建设用地、未利用地、水域面积分别为70 417 km^2、48 765 km^2、35 160 km^2、1 604 km^2、522 km^2、1 346 km^2，分别占流域面积的44.62%、30.90%、22.28%、1.02%、0.33%、0.85%。受该地区地形地貌要素的影响，该地区上游地区以高原山地为主，中下游地区则主要为较平坦的川中盆地、低山丘陵。因此，以小麦、水稻、玉米等农作物为主的耕地主要分布在流域中下游地区。分布极不均匀的大面积耕地与低百分比的建设用地，体现了该地区人口的不均匀分布，即上游地区地广人稀、中下游地区人口稠密。由于上游土地贫瘠、开发不易，中下游地区人口密度大导致的土地资源短缺，使得该地区耕地从丘陵山间槽状沟谷至丘陵丘顶均有分布。数据表明，该地区坡耕地占流域耕地总面积的54.57%，其中大于25°的坡耕地占坡耕地总面积的18.00%。

4.3　综合产汇流环境分析

4.3.1　气象条件

4.3.1.1　数据资料

本章收集整理由中国气象数据网提供的嘉陵江流域内部及周边20个气象站点1960—2015年逐日降水量(mm)、平均温度(℃)、相对湿度(%)、日照时数(h)、风速($m \cdot s^{-1}$)等5项数据，气象站基本情况见表4-1，其中包括武都、略阳、广元、巴中、万源、绵阳、阆中、南部、高坪、达县、遂宁、合川等12个内部气象站，岷县、若尔盖、松潘、都江堰、宁强、镇巴、大足、沙坪坝等8个外部气象站。

表4-1　气象站基本情况表

Table 4-1　Introduction of meteorological stations

站名	站号	经度	纬度	高程/m	序列长度
若尔盖	56079	102.97	33.58	3 441.40	1959—2015年
岷县	56093	104.02	34.43	2 315.00	1954—2015年
武都	56096	104.92	33.40	1 079.10	1954—2015年
松潘	56182	103.60	32.67	2 850.70	1955—2015年
都江堰	56188	103.67	31.00	698.50	1955—2015年
绵阳	56196	104.73	31.45	522.70	1954—2015年
略阳	57106	106.15	33.32	794.20	1954—2015年
广元	57206	105.85	32.43	513.80	1954—2015年

续表

站名	站号	经度	纬度	高程/m	序列长度
宁强	57211	106.25	32.83	836.10	1957—2015 年
万源	57237	108.03	32.07	674.00	1954—2015 年
镇巴	57238	107.90	32.53	693.90	1959—2015 年
阆中	57306	105.97	31.58	382.60	1958—2015 年
巴中	57313	106.77	31.87	417.70	1954—2015 年
南部	57314	106.07	31.35	405.70	1959—2015 年
达县	57328	107.50	31.20	344.90	1954—2015 年
遂宁	57405	105.55	30.50	355.00	1954—2015 年
高坪	57411	106.10	30.78	309.70	1954—2015 年
大足	57502	105.70	29.70	394.70	1958—2015 年
合川	57512	106.28	29.97	230.60	1959—2015 年
沙坪坝	57516	106.47	29.58	259.10	1954—2015 年

潜在蒸散发表征了在特定气象环境中，充分供水条件下，某一固定下垫面可达到的最大蒸发蒸腾量，是区域能量平衡的重要部分，是水量和能量平衡研究的重要对象。根据FAO56 Penman-Monteith方法计算逐日潜在蒸散发量(ET_0，mm·d^{-1})，进一步获得逐年潜在蒸散发量(mm·a^{-1})，并以此作为本书气象要素指标。FAO56 Penman-Monteith公式表达如下(Allen et al.,1998)：

$$E_0=\frac{0.408\Delta(R_n-G)+\gamma\dfrac{900}{T+273}u_2(e_s-e_a)}{\Delta+\gamma(1+0.34u_2)} \tag{4-1}$$

其中，E_0 为潜在蒸散发(mm·d^{-1})；R_n 为地表净辐射(MJ/m^2·d)；G 为土壤热通量(MJ/m^2·d)；T 为日平均气温(℃)；u_2 为2米高处风速(m·s^{-1})；e_s 为饱和水气压(kPa)；e_a 为实际水气压(kPa)；Δ 为饱和水气压曲线斜率(kPa·$℃^{-1}$)；γ 为干湿表常数(kPa·$℃^{-1}$)。其中，土壤热通量 G 在日值潜在蒸散发取值为0。地表净辐射计算中，回归参数 a_s 及回归系数 b_s 分别取推荐值 $a_s=0.25$，$b_s=0.5$。

利用ArcGIS 10.3克里金插值法进行空间插值，获得地面水平分辨率为1 km×1 km的栅格数据，通过求栅格统计面的平均值实现气象站点数据到研究区尺度的面数据的转换，由此获得嘉陵江流域年降水量(mm)、年潜在蒸散发量(mm)及各季节降水量(mm)、潜在蒸散发量(mm)。根据子流域边界图4-2，可获得各子流域对应的年降水量(mm)及年潜在蒸散发量(mm)。

对于流域降水集中度的影响因子，本章主要采用了全球气候变化指标中的9个主要因子，分别为ENSO指标(MEI、SOI，数据来源：NOAA网站①)、太阳黑子指数(SS，数据来源：NOAA网站)、东亚夏季风指数(EASMI)、南亚夏季风指数(SASMI)、南海夏季季风(SCSSMI)(这三者数据来源均为北师大全球变化与地球系统科学研究院)、北极波涛动指数(AOI)、印度夏季风指数(ISMI)、西北太平洋夏季风指数(WNPMI)(这三者数据来源为

① 美国国家海洋环境委员会和大气管理局(National Oceanic and Atmospheric Administration，NOAA)。

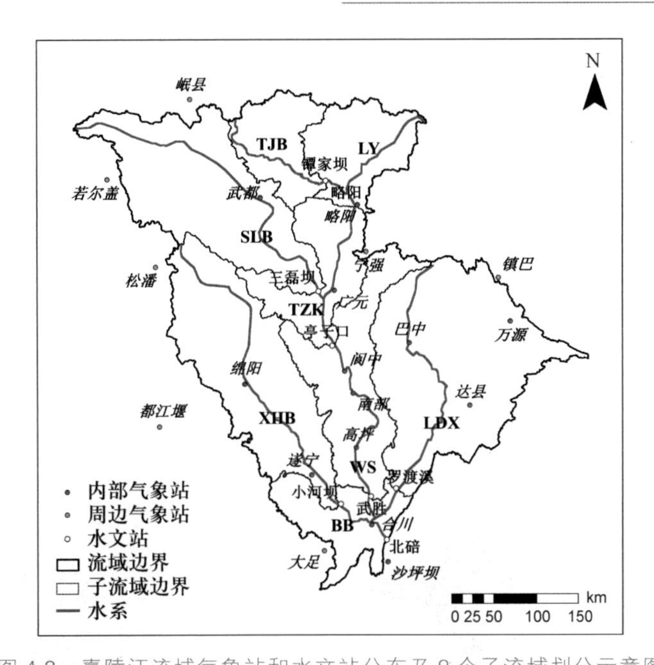

图 4-2　嘉陵江流域气象站和水文站分布及 8 个子流域划分示意图

Fig. 4-2　Distribution of meteorological and hydrological stations mentioned in this study

夏威夷大学网站)。

4.3.1.2　嘉陵江流域气象变化特征

2000—2015 年嘉陵江流域年均降水量情况如图 4-3(a)所示。其中,2010 年降水量最大,为 1 079.1 mm;2003 年降水量最小,为 756.87 mm;多年平均年降水量为 933.38 mm。从图 4-3(a)中可以看出,近 16 年来降水量呈现波动增长趋势,波动范围较大,年均增长率为 1.763 8 mm · a^{-1}。

2000—2015 年嘉陵江年均温如图 4-3(b)所示。其中,2006 年和 2013 年年均温最高,最高气温为 15.6 ℃;2012 年年均温最低,最低气温为 14.55 ℃;多年平均温度为 14.98 ℃。从图 4-3(b)中可以看出,近 16 年来年均温呈现波动上升趋势,年均增长率为 0.018 ℃ · a^{-1}。

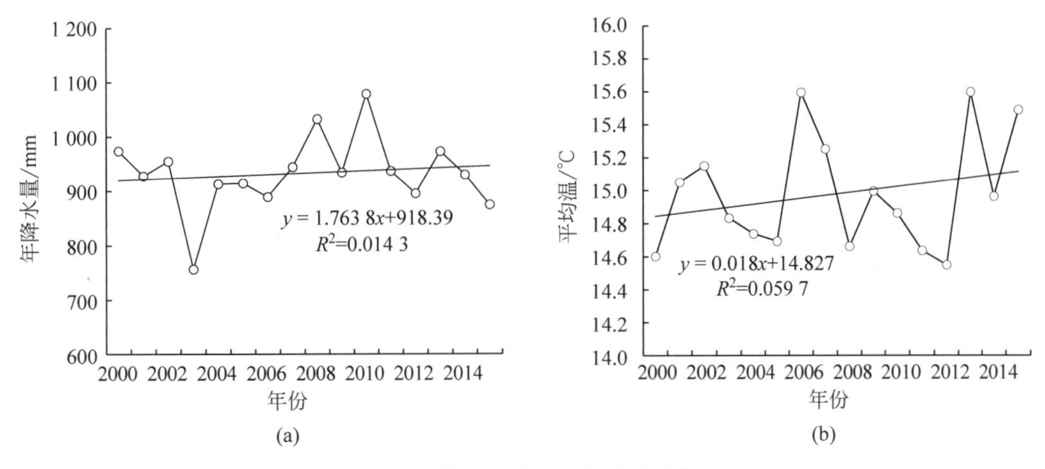

图 4-3　嘉陵江流域气象因子时间变化

Fig. 4-3　Temporal variation of meteorological factors in Jialing River Basin

将气象数据进行空间差值计算，得到嘉陵江流域2000—2015年的气象数据资料，随后对2000—2015年的降水量和气温求平均值，得到年均降水量和年均温的空间分布图(见图4-4)。由嘉陵江流域年均降水量的空间分布图(见图4-4(a))可知，嘉陵江流域南部及东部地区的降水量较为充沛，嘉陵江北部地区的降水量较少，降水量呈现由东南向西北递减的变化规律。由年均温的空间分布图(见图4-4(b))可知，嘉陵江流域的温度分布呈现纬度地带性规律，从南向北温度逐渐降低。在嘉陵江流域的西北部地区存在一个温度骤降的区域，主要在于该区域海拔较高，导致气温较低。

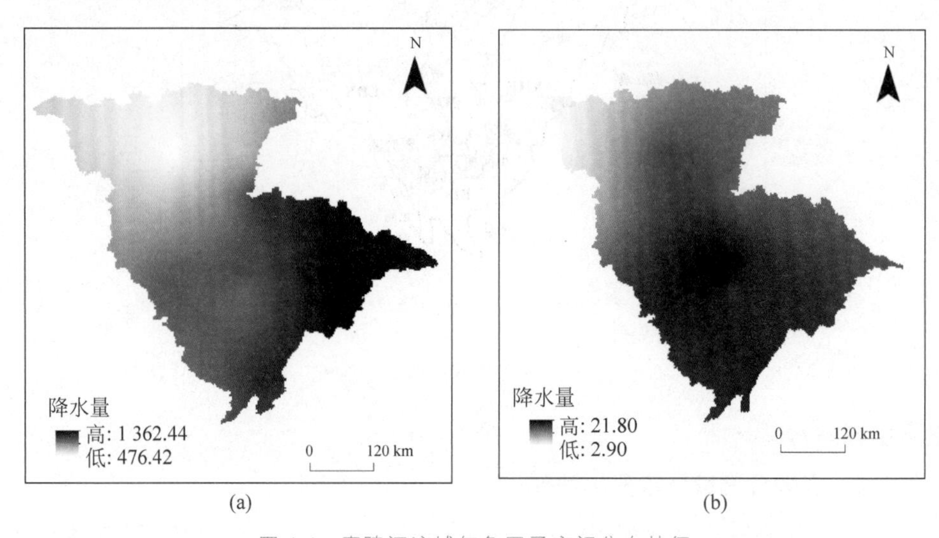

图4-4 嘉陵江流域气象因子空间分布特征

Fig. 4-4 Spatial distribution of annual meteorological factors in Jialing River Basin

嘉陵江流域近16年来的月均降水量如图4-5(a)所示。7月降水量最大，为169.2 mm，12月降水量最小，为7.8 mm。其中，该研究区5—9月的月均降水量均在100 mm以上，植被生长季降水较丰富。嘉陵江流域近16年来的月均气温如图4-5(b)所示。7月月均温最高，为26.5 ℃，1月月均温最低，为4.86 ℃。

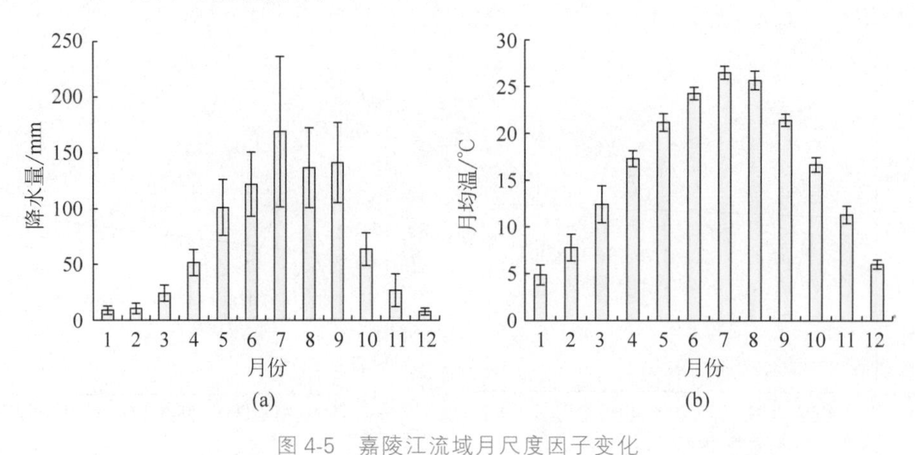

图4-5 嘉陵江流域月尺度因子变化

Fig. 4-5 Changes of monthly meteorological factors in Jialing River Basin

4.3.1.3　洛伦兹曲线验证

为了检验洛伦兹曲线能否代表实际降水集中度的分布，本书以高坪站 1954 年为例，采用该指数曲线拟合的实测降水天数百分比和降水量百分比分布图，如图 4-6 所示。可以看出，累积降水天数百分比与累积降水量百分比之间的幂函数关系显著（$p<0.01$），决定系数 R^2 高达 0.99，拟合情况很好。

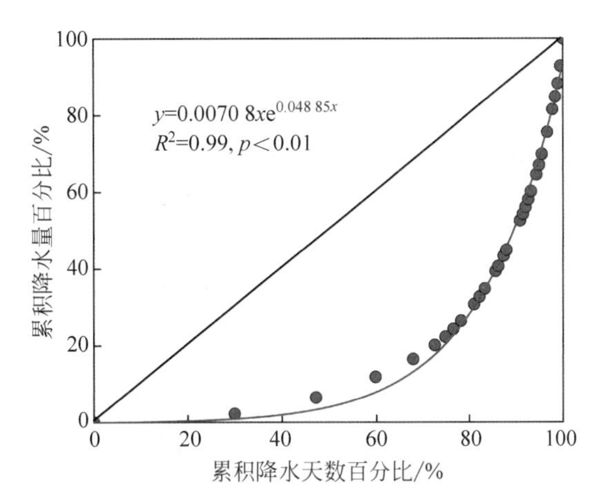

图 4-6　洛伦兹曲线拟合累积降水量量百分比和累积降水天数百分比分布

Fig.4-6　Distribution of Lorenz curve by simulating the relation of percentage of days of precipitation and percentage precipitation

同时，计算出每个站点 1954—2018 年（若部分站点的时间序列较短，则按照实测序列长度计算）的洛伦兹曲线，拟合实测降水天数百分比和降水量百分比的决定系数 R^2，结果如表 4-2 所示。

表 4-2　嘉陵江流域 1954—2018 年洛伦兹曲线拟合实测降水天数百分比和降水量百分比决定系数表（$p<0.01$）

Table 4-2　Table of determination coefficient between percentage of precipitation days and percentage of precipitation amounts measured by Lorenz curve fitting in 1954—2018 of Jialing River Basin（$p<0.01$）

站点	最大值	最小值	平均值	站点	最大值	最小值	平均值
若尔盖	0.999 96	0.992 56	0.997 998	镇巴	0.999 67	0.975 51	0.995 444
岷县	0.999 86	0.992 43	0.998 401	阆中	0.999 94	0.979 44	0.994 279
武都	0.999 84	0.987 59	0.997 292	巴中	0.999 88	0.978 65	0.994 317
松潘	0.999 91	0.995 12	0.998 991	南部	0.999 78	0.964 99	0.993 779
都江堰	0.998 66	0.966 11	0.990 061	遂宁	0.998 47	0.968 87	0.992 701
绵阳	0.999 813	0.978 3	0.991 457	高坪	0.999 52	0.976 62	0.994 091
略阳	0.999 93	0.981 31	0.996 303	大足	0.999 38	0.979 26	0.994 358
广元	0.999 57	0.980 52	0.995 437	合川	0.999 06	0.984 91	0.995 231
宁强	0.999 72	0.990 46	0.996 617	沙坪坝	0.999 52	0.979 03	0.994 915
万源	0.999 92	0.985 22	0.996 58				

表 4-2 中结果表明，指数函数曲线可以很好地拟合出观测的降水集中度，并且累积降水

天数百分比与累积降水量百分比之间的幂函数关系均显著($p<0.01$)。从图4-6可以看出,降水集中度指数为洛伦兹曲线和象限平分线所围的面积 S 和等值线所围的下三角面积之间的比值,降水集中度值为0表示降水完全均匀分布,值为1表示所有降水将集中于一个时间点上。因此,集中度指数越小,则代表的日降水数据集中程度越小,日降水在时段内分布越均匀。

4.3.1.4 年平均降水集中度(ACI)和长期降水集中度(LCI)的空间分布特征

根据降水集中度(CI)的公式,计算嘉陵江流域19个气象站点的年平均降水集中度(ACI)和长期降水集中度(LCI),并根据ACI和LCI的值(计算结果如表4-3所示),通过ArcGIS10.2软件采用反距离权重插值法(inverse distance weighted interpolation,IDW),可以得到嘉陵江流域1954—2018年(若部分站点的时间序列较短则按照实测序列长度计算)ACI和LCI的空间分布。如图4-7所示,嘉陵江流域的ACI在空间上由北自南、从上游到下游逐渐增大,这与LCI的变化趋势基本上一致,整个嘉陵江流域的ACI和LCI值均大于0.5。其中,ACI和LCI的最大值均出现在绵阳站(0.763,0.801),ACI和LCI的最小值均出现在松潘站(0.582,0.59)。这表明,嘉陵江流域西北地区降水相对比较分散,分配比较

表4-3 嘉陵江流域1960—2015年各站点检测及统计结果

Table 4-3 The results of the trend test during 1960—2015 in the Jialing River basin

站点	ACI	LCI	Z统计量	Sen's slope	M-K趋势
若尔盖	0.629 183	0.647 25	−1.031 9	−0.000 344 46	↓ *
岷县	0.612 83	0.631 99	2.579 7	0.001 030 7	↑ **
武都	0.632 447	0.657 52	−1.731 5	−0.000 547 07	↓ *
松潘	0.581 652	0.590 26	1.766 9	0.000 473 09	↑ *
都江堰	0.741 633	0.785 14	0.190 82	6.42E-05	↑ ns
绵阳	0.763 129	0.801 12	0.982 39	0.000 333 44	↑ ns
略阳	0.677 418	0.711 89	0.289 77	0.000 117 02	↑ ns
广元	0.727 511	0.764 1	0.713 82	0.000 251	↑ ns
宁强	0.698 292	0.725	2.593 8	0.000 673 8	↑ ***
万源	0.727 589	0.762 66	3.145 1	0.001 153 8	↑ ***
镇巴	0.721 512	0.750 94	1.858 8	0.000 682 29	↑ *
阆中	0.730 724	0.768	1.448 8	0.000 469 61	↑ ns
巴中	0.738 075	0.771 42	0.996 52	0.000 378 93	↑ ns
南部	0.724 937	0.759 41	−0.063 61	−2.33E-05	↓ ns
遂宁	0.722 79	0.762 92	1.675	0.000 520 05	↑ *
高坪	0.717 91	0.754 24	2.629 1	0.000 863 44	↑ ***
大足	0.711 818	0.748 33	2.296 9	0.000 741 38	↑ **
合川	0.697 028	0.733 04	1.392 3	0.000 467 59	↑ ns
沙坪坝	0.694 883	0.728 01	−0.685 55	−0.000 214 33	↓ ns

注:↑(↓)表示上升(下降)趋势;***表示显著性 $p<0.01$;**表示显著性 $p<0.05$;*表示显著性 $p<0.1$;ns表示趋势不显著,各站点降水集中度序列长度均为1960—2015年。

均匀，降水极值发生的情况比较少；而东南地区降水比较集中，降水极值发生的情况比较多。可以看出，嘉陵江流域的 ACI 与 LCI 均在地势较低的区域呈现较大的值，在地势较高的区域呈现较小的值。

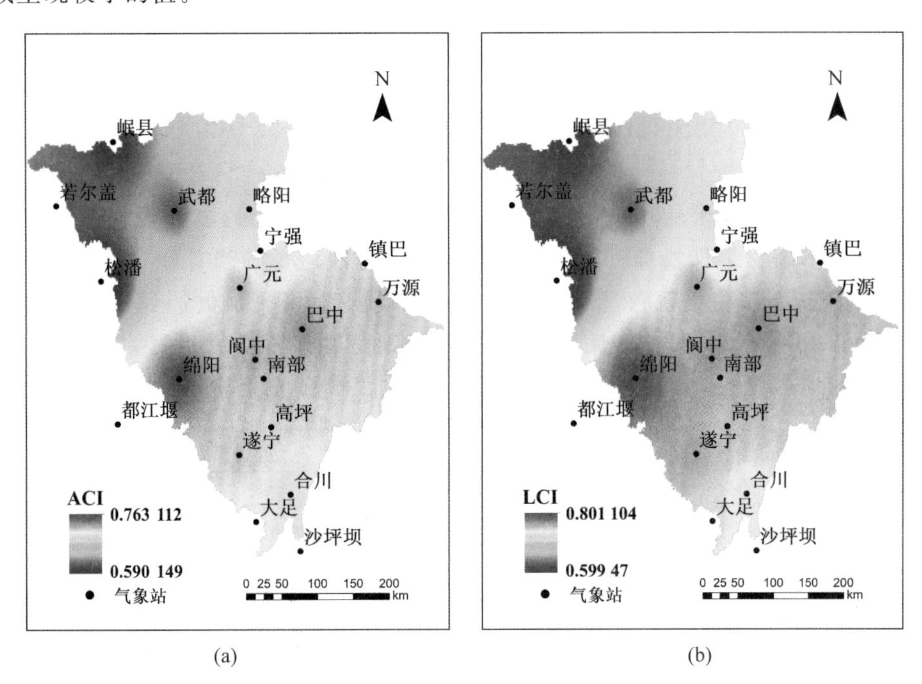

图 4-7　嘉陵江流域 1954—2018 年年平均降水集中度(ACI)和长期降水集中度(LCI)空间分布图
Fig. 4-7　Spatial distribution of the ACI and LCI in the Jialing River basin based on the data for 1954—2018

4.3.1.5　降水集中度时间变化趋势

采用 Mann-Kendall 趋势检验参数 Z 值以及 Sen's slope 值，对嘉陵江流域 19 个站点(各站点降水集中度时间序列均选取 1960—2015 年)降水集中度指数(CI)的变化趋势以及显著性进行分析。由表 4-3 可以看出，嘉陵江流域内的 19 个站点中，15 个站点 Z 值以及 Sen's slope 值大于 0，4 个站点的 Z 值以及 Sen's slope 值小于 0。这表明，15 个站点的降水集中度呈上升趋势，4 个站点的降水集中度呈下降趋势。然而，并不是所有的变化趋势都是显著的。当 $|Z|<1.64$ 时，则表明降水集中度的值并没有显著的变化。在降水集中度呈现上升的站点中，宁强、万源、高坪呈现显著上升趋势并通过 99%的显著性检验，大足呈现显著上升趋势并通过 95%的显著性检验，岷县、松潘、镇巴、遂宁呈现显著上升趋势并通过 90%的显著性检验，其余均为不显著上升趋势。总体来说，嘉陵江流域降水集中度呈现较为明显的上升趋势，这有可能导致嘉陵江洪涝干旱灾害事件逐渐增多，极端气候灾害现象频发。

嘉陵江流域的降水集中度范围为 0.53～0.83，这可能是由于嘉陵江流域位于亚热带湿润季风气候区，受季风影响较大，加之地形地貌复杂，所以导致了流域内降水集中度范围比较大。而处于同纬度地区并同样为亚热带季风气候的汉江流域(黄生志等，2019)，降水集中度范围则为 0.53～0.59，变化范围较嘉陵江小。这可能是因为汉江流域地形起伏相比嘉陵江流域较小，地势相对比较平缓，所以汉江流域降水集中度变化幅度较小。渭河流域(Huang et al.，2016)与嘉陵江流域同位于北半球中纬度地区，但降水集中度范围为 0.40～0.68。渭河流域属于温带大陆季风气候，其降水集中度总体小于嘉陵江流域的事实说明，不同气候带对于降水集中度也可能有一定影响。而同属亚热带季风气候区的珠海流域(Zhang et al.,2009),降水集中度范围却为0.75~0.81。珠江流域临近海域,降水往往是台风等强对流天气系统形成的,时空分布极为不均匀,这也可能导致了珠江流域整体降水集中度大于嘉陵江流域,体现出局部气候因子对于降水集中度的影响。综上得出,降水集中度受到地形和气候要素等自然地理因素的共同影响,表现出较大的空间差异性。

4.3.1.6 降水集中度的驱动因素分析

(1) 地形因素

为了研究地形与降水集中度的关系,选用19个气象站点的高程数据与ACI和LCI进行相关性分析与显著性检验。图4-8所示为嘉陵江流域ACI和LCI与高程的散点图,可以看出ACI与高程相关系数达到−0.816,LCI与高程相关系数达到−0.836,并都通过显著性检验($p<0.01$)。这表明降水集中度与高程具有显著负相关关系,降水集中度在地势较低的地方更大,也就意味着降水在较低的区域更为集中,降水极值发生的情况可能更多。

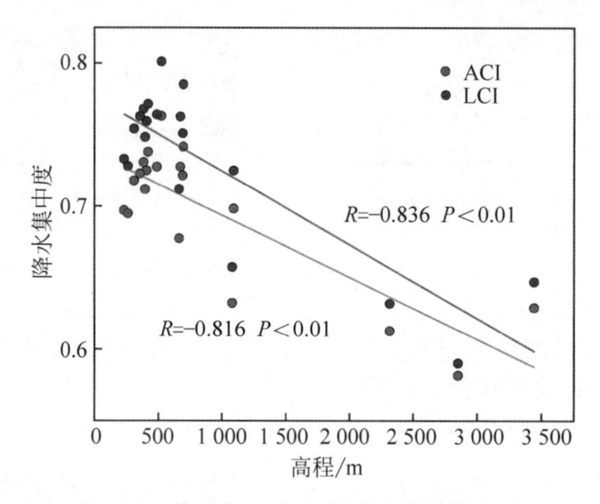

图4-8 降水集中度与高程的相关性分析

Fig.4-8 Correlation analyses between precipitation concentration and elevation

嘉陵江流域上下游的绝对海拔相差大,西北地区比东南地区高程超过5 000 m,地形地貌差异明显,对降水量和降水集中度的空间分布特征起到重要作用。受高原地形的阻滞、扰流和侧边界摩擦作用影响了水汽的传输,加上下游地区地势平坦,因而被削弱的季风就可能会限制雨带从南向北移动,而使降水系统滞留于下游地区,导致雨量增多,从而可能进一步导致降水集中度的空间分布呈现类似的空间变异性。Zheng et al.(2017)的研究发现降水集中度与高程具有负相关关系,相关系数达到0.92。袁瑞强等(2018)的研究也同时表明在海拔较低的区域降水集中度比较高,更加容易发生极端降水情况。Long et al.(2013)利用广义极值分布的参数研究极端降水与高程的关系,发现其位置参数、尺度参数与高程均呈负相关关系。

由于嘉陵江流域干旱指数从上游到下游呈现明显的下降趋势(Meng et al.,2019),最大降水量和年内连续3 d最大降水量均呈现上游地区减少、下游地区增加的趋势(曾小凡等,2014),所以这些均可能增大下游发生极端降水事件的概率,从而可能造成嘉陵江流域降水集中度出现从西北到东南、从上游到下游呈现递增的现象。

（2）气候因素

将9个气候指标因子进行标准化处理，以消除量纲以及量级的影响。对各站点的降水集中度与各个标准化因子的时间序列做随机森林重要性分析，用以计算各个影响因子的重要性，从而分析嘉陵江流域降水集中度的主要影响因素。计算并统计出各站点重要性前三的影响因子，结果如表4-4所示。可以发现，除岷县站外，各个站点重要性最大的影响因子均为太阳黑子指数（SS），第二和第三位均为ENSO指数（MEI，SOI），剩下的为各个季风指数。各个站点的重要性分布如图4-9所示，不同影响因子在各个站点的重要性影响基本一致。这表明，嘉陵江流域内降水集中度最大的影响因子为太阳黑子指数，而厄尔尼诺的影响也较大。嘉陵江位于四川盆地东北部及秦岭以南地区，深居内陆，高大的秦岭山脉可能削弱了季风环流因子的影响，所以这可能导致了流域内降水集中度受EASMI、SASMI、SCSMI等季风指数的影响较小。

表4-4　嘉陵江流域各标准化因子重要性分析结果

Table 4-4　The results of analysis of the importance of each standardized index in the Jialing River Basin

站点	最大影响因子	重要性/%	第二大影响因子	重要性/%	第三大影响因子	重要性/%
若尔盖	SS	18.65	MEI	18.56	SOI	12.26
岷县	MEI	18.30	SS	18.13	SOI	11.94
武都	SS	19.55	MEI	16.68	SOI	11.80
松潘	SS	19.53	MEI	17.14	SOI	10.64
都江堰	SS	19.41	MEI	16.15	SOI	12.01
绵阳	SS	20.25	MEI	16.46	SOI	10.08
略阳	SS	18.27	MEI	15.85	SOI	12.90
广元	SS	18.62	MEI	17.95	SOI	12.06
宁强	SS	19.51	MEI	17.13	SOI	11.76
万源	SS	19.08	MEI	18.65	SOI	12.07
镇巴	SS	18.34	MEI	16.84	SOI	11.36
阆中	SS	18.41	MEI	17.26	SOI	11.21
巴中	SS	17.24	MEI	16.67	SOI	12.78
南部	SS	19.52	MEI	17.85	SOI	11.17
遂宁	SS	17.93	MEI	17.46	SOI	12.07
高坪	SS	18.05	MEI	16.13	SOI	11.95
大足	SS	19.67	MEI	16.62	SOI	10.70
合川	SS	17.88	MEI	17.00	SOI	11.46
沙坪坝	SS	19.23	MEI	17.14	SOI	11.49

Rahman et al.（2019）也同样采用了随机森林算法计算SS、EASMI、SASMI等6种气候因子对于孟加拉国（14.8万km^2）降水集中度的影响以及重要性，结果也同样表明SS是驱动降水集中度最为主要的因子。黄生志等（2019）利用交叉小波变换探究汉江流域SS与气候异常因子对降水集中度变化的影响，结果表明SS和ENSO指数对降水集中度有较为

强烈的影响，确实在一定程度上使得降水集中度序列的一致性遭到破坏，使其产生较大的不均匀性。Zheng et al.(2017)对各站点的降水集中度与各影响因子的时间序列做随机森林重要性分析，发现影响珠江流域降水集中度最大的影响因子为 EASMI(17.4%～36.8%)。其中，珠江东南部等临海位置的第二大影响因素为 SCSMI 或 ENSO 指数，而临近云贵高原的西北部地区的第二大影响因素均为 SS。这表明，可能是由于珠江流域东南部临近南海，受季风指数的影响较大，而远离海洋的地区，降水集中度也会受到 SS 的较大影响。

太阳黑子活动可以通过太阳辐射的强弱影响气候、气温、天气等，水体蒸发所形成的暖湿气流也会影响大气中的水分含量，从而改变区域降水特征以及水文过程(Fu et al.,2012)。太阳黑子活动驱动的 ENSO 是连接太阳能量和水文过程的介质，可以改变大气环流模式，通过降水系统移动以及水汽输送作用对区域降水、蒸发等水文过程产生影响，最终可能改变降水集中度的时空分布格局。

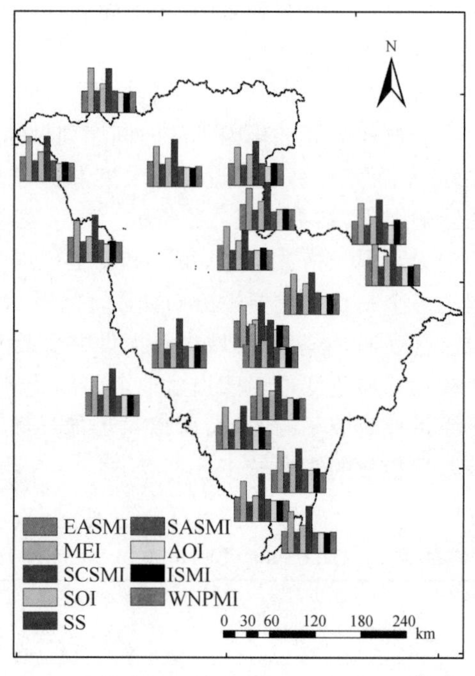

图 4-9 嘉陵江流域各标准因子的重要性分布图

Fig. 4-9 The spatial distribution of the standardized indexes' importance degree in the Jialing River basin

4.3.2 植被条件

4.3.2.1 数据资料

本章选用 2000—2015 年共 16 年的空间分辨率为 500 m 的 MODND1M 中国月合成产品，数据来源于中国科学院计算机网络信息中心国际科学数据镜像网站。其中 2000 年缺失 12 月数据，2015 年缺失 10 月数据，但由于该研究区内植被生长最好季节为 6—8 月，故可以忽略缺失数据对结果的影响。

本章基于 ArcGIS 平台，对 NDVI 数据进行预处理。在 ArcGIS 中重新定义 NDVI 数据的投影，根据嘉陵江流域的边界，剪裁得到该研究区的月 NDVI 数据。采用均值法，得到嘉陵江流域月平均 NDVI 和年平均 NDVI 数据；采用最大合成法，得到年最大 NDVI 数据。

通过公式(3-9)可以得到近 16 年来嘉陵江流域 NDVI 的变化率，为了更好地研究其植被变化特征，本书利用 ArcGIS 的标准差重分类将研究区 NDVI 变化率的变化划分为 8 个等级：重度退化、严重退化、中度退化、轻微退化、基本不变、轻微改善、中度改善、明显改善。

4.3.2.2 嘉陵江流域植被覆盖变化时间特征

图 4-10 给出 2000—2015 年嘉陵江流域 1—12 月的月均 NDVI 变化情况。在该研究区内，2 月取得 NDVI 最小值，为 0.45。随着月份推移，春季及夏季的 NDVI 逐渐增大，在 7 月与 8 月达到 NDVI 最大值 0.83，这 2 个月份也是该研究区内气温和降水最高的月份。随

后，秋季及冬季的 NDVI 逐渐减小。由此可以看出，NDVI 年内变化规律基本与降水量、气温的变化规律一致。嘉陵江流域的植被生长季为 4—9 月，由图 4-10 可知生长季内植被覆盖度普遍较高。

采用均值法获取 2000—2015 年嘉陵江流域的年均 NDVI 变化特征。由图 4-11 可知，2000—2015 年嘉陵江流域年均 NDVI 取值范围为 0.47～0.70。2000 年取得 NDVI 最小值，2014 年取得 NDVI 最大值，多年平均值为 0.56。该研究时段内的年均 NDVI 呈现波动上升趋势，年均增速为 0.005 5/a。即自 2000 年嘉陵江流域实施退耕还林还草工程后，NDVI 呈上升趋势，植被得到恢复。

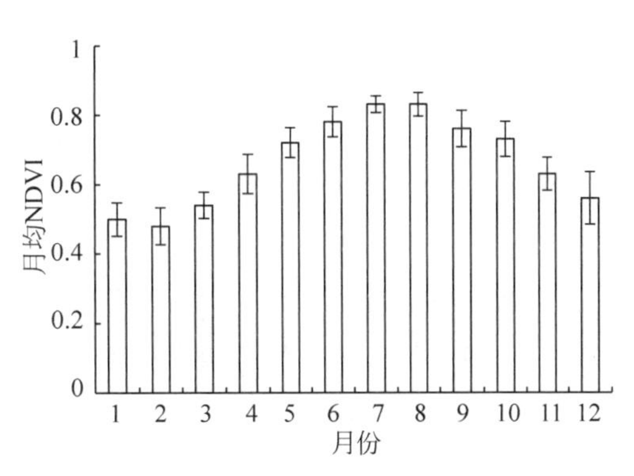

图 4-10　嘉陵江流域月均 NDVI 变化趋势

Fig. 4-10　Monthly NDVI changes of Jialing River Basin

根据月 NDVI 数据，采用最大合成法得到嘉陵江流域的年最大 NDVI 数据，并以此代表该流域年最佳的植被覆盖情况，图 4-11 为近 16 年来嘉陵江流域年最大 NDVI 变化特征。由图 4-11 可知，近 16 年来，嘉陵江流域年最大 NDVI 的多年范围为 0.832～0.914，多年平均值为 0.87。由于 NDVI 最大值一般出现在夏季(6—8 月)，故可知该研究区的夏季植被覆盖度较高且呈上升趋势。对比嘉陵江流域的年均 NDVI 与年最大 NDVI，可以看出二者均呈增长趋势，年均 NDVI 的增长速度为 0.005 5/a，年最大 NDVI 数据的增长速度为 0.004 6/a，因此，年均 NDVI 的增长趋势更明显，即嘉陵江流域的非生长季植被条件较生长季改善更为显著。

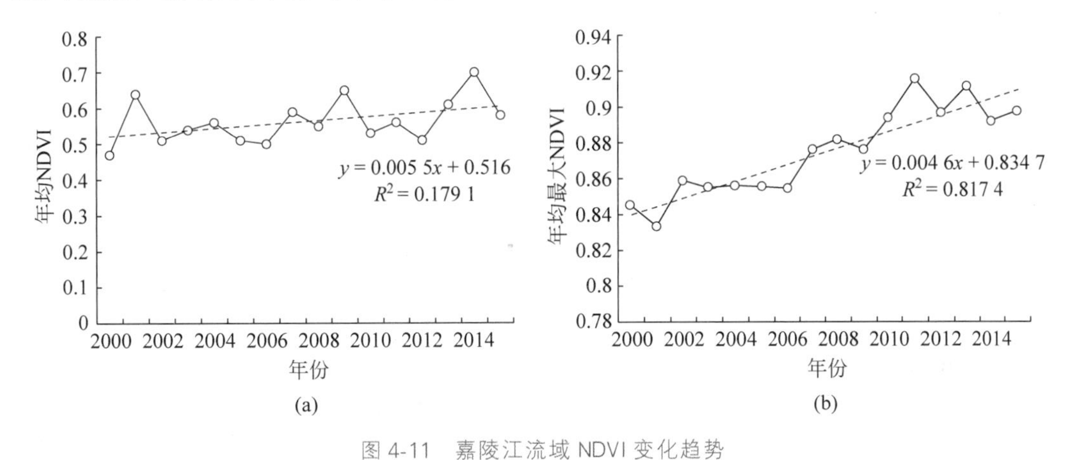

图 4-11　嘉陵江流域 NDVI 变化趋势

Fig. 4-11　Annual changes of (a) average and (b) maximum NDVI in Jialing River Basin

图 4-12 为 2000—2015 年嘉陵江流域各季节 NDVI 平均状况的变化特征。由图可知，嘉陵江流域 NDVI 的变化趋势为夏季(6—8 月)＞秋季(9—11 月)＞春季(3—5 月)＞冬季(12 月—次年 2 月)。2000—2015 年各个季节的 NDVI 均表现为上升趋势。研究期内，夏季平均 NDVI 的变化波动范围最大，但上升趋势最为缓慢，年均增速为 0.004 1/a；冬季 NDVI 上升趋势最明显，年均增速为 0.007 9/a；春季与秋季 NDVI 的增长趋势较缓，年均增速分

别为 0.005 6/a 和 0.004 2/a，增长速度较慢。

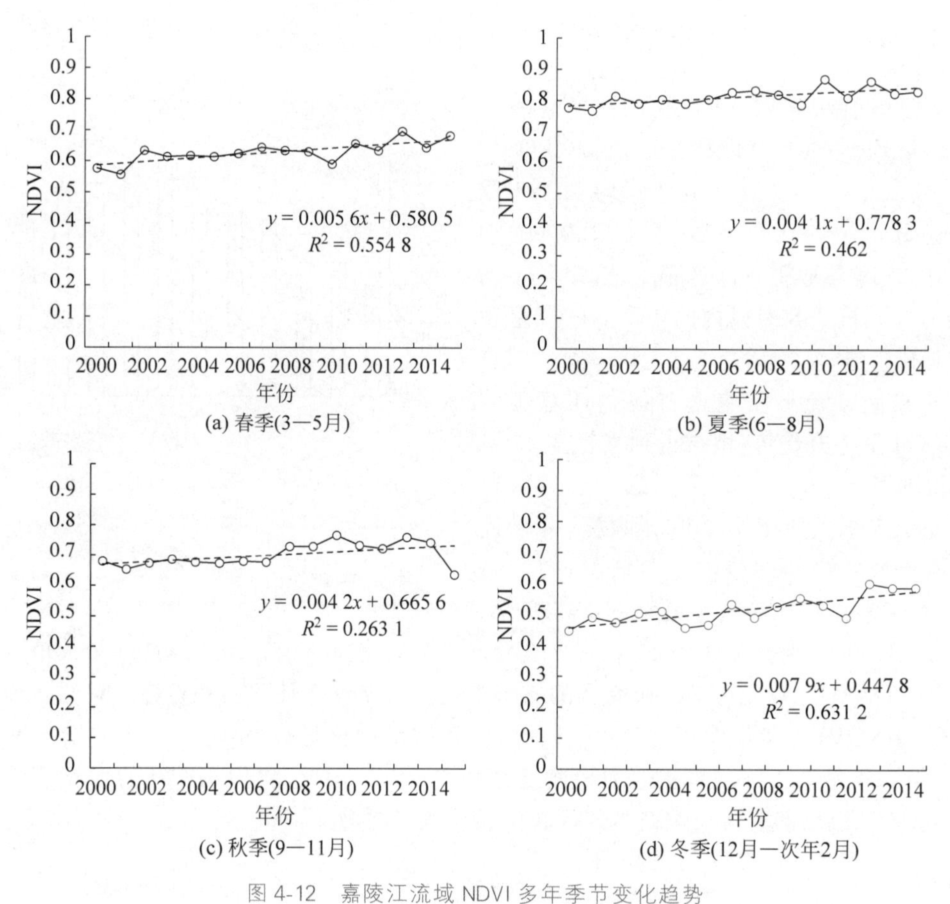

图 4-12 嘉陵江流域 NDVI 多年季节变化趋势

Fig. 4-12 Interannual variation of seasonal vegetation NDVI in Jialing River Basin

4.3.2.3 嘉陵江流域植被覆盖变化的空间特征

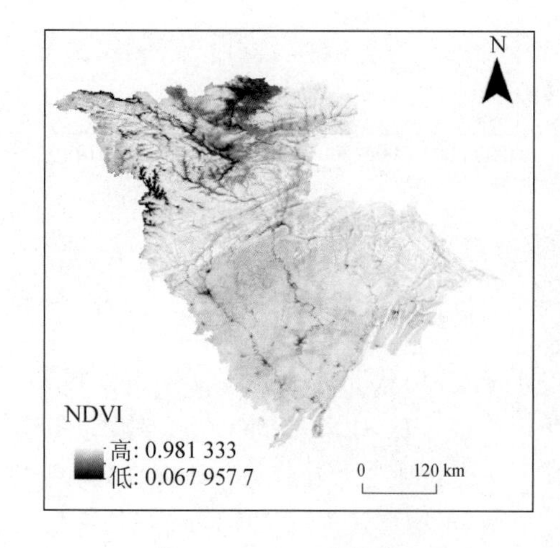

图 4-13 NDVI 空间分布

Fig. 4-13 The spatial distribution of annual NDVI

采用最大合成法获取嘉陵江流域 2000—2015 年的年最大 NDVI 数据及多年平均年最大 NDVI 空间变化(见图 4-13)，以探究嘉陵江流域植被覆盖条件变化的空间特征。嘉陵江流域年最大 NDVI 的空间分布具有区域差异性，嘉陵江流域东部地区植被覆盖程度最高，南部地区的 NDVI 也普遍较高，嘉陵江北部地区呈斑块状分布着植被稀疏地区。嘉陵江流域上游高原山地区的植被覆盖条件与山脊线两侧呈现较大差异，中下游地区地势平坦，植被条件空间差异较小，可能与地形、地质、土壤等空间异质性导致的水热条件差异有关。

根据式(3-9)对流域内每个像元进行趋势分

析，得到 NDVI 变化率，如图 4-14 所示。在 ArcGIS 中对其进行重分类，将研究区的 NDVI 变化率划分为 8 个等级，表示不同的植被生长情况，然后计算出各个等级区域所占的面积比例（见表 4-5）及其空间分布图（见图 4-15），以便研究嘉陵江流域不同区域的植被生长情况及其退化、生长趋势。

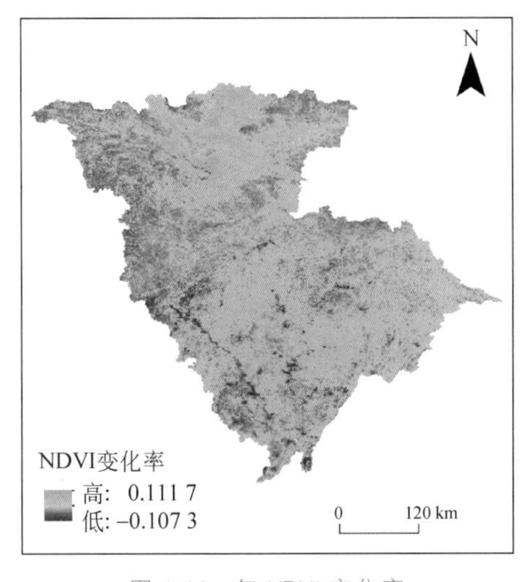

图 4-14 年 NDVI 变化率
Fig.4-14 The change rate of annual NDVI

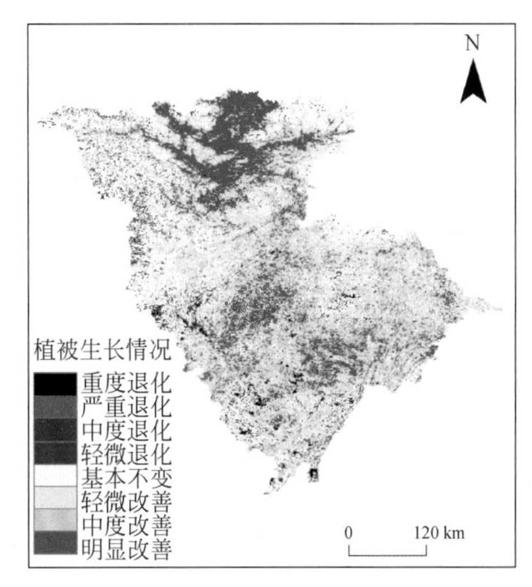

图 4-15 植被生长情况
Fig.4-15 The growth of vegetation

表 4-5 嘉陵江流域年最大 NDVI 变化趋势

Table 4-5 Annual maximum NDVI change trend in Jialing River Basin

NDVI 变化趋势	变化程度	所占比例/%
−0.107 32～−0.020 589	重度退化	0.39
−0.020 589～−0.014 6	严重退化	0.23
−0.014 6～−0.006 69	中度退化	0.90
−0.006 69～−0.001 2	轻微退化	2.35
−0.001 2～0.009 2	基本不变	23.18
0.009 2～0.017 1	轻微改善	32.46
0.017～0.025 1	中度改善	23.76
0.025 1～0.111 654	明显改善	16.73

从表 4-5 及图 4-15 中可以看出，近 16 年来嘉陵江流域的植被覆盖整体处于改善阶段，发生植被退化的土地面积所占比例较少。其中，重度退化及严重退化区域所占比例为 0.62%，主要在嘉陵江流域南部地区零星分布；中度退化区域和轻微退化区域面积相对较小，分别占比为 0.90%和 2.35%，主要分布在嘉陵江流域的西部边界地区。植被覆盖程度基本不变的区域面积占比为 23.18%，轻微改善的区域面积占比为 32.46%，中度及明显改善区域面积占比为 40.49%，其中嘉陵江北部地区及中南部区域存在着大量植被改善的区域。综上，嘉陵江流域的植被基本处于改善状态，植被呈增长趋势。

4.3.3 NDVI对气象因子的响应

4.3.3.1 NDVI对气温、降水的空间响应特征

根据式(3-78)计算嘉陵江流域年最大NDVI与降水量及温度的偏相关系数，得到NDVI与降水量及温度的偏相关系数的空间分布图(见图4-16及图4-17)。

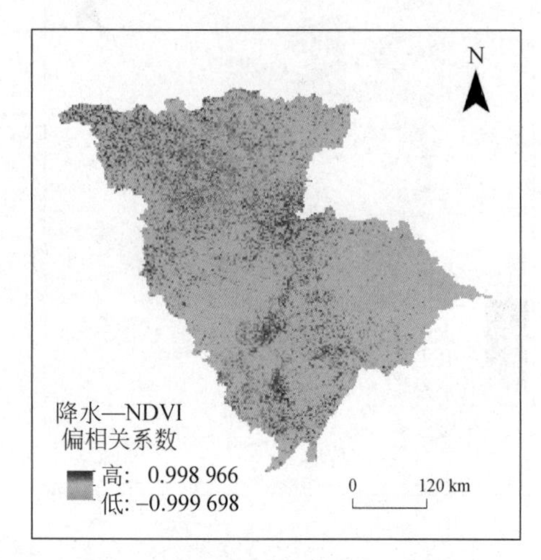

图4-16 降水—NDVI偏相关系数

Fig.4-16 Partial correlation coefficient of precipitation and NDVI

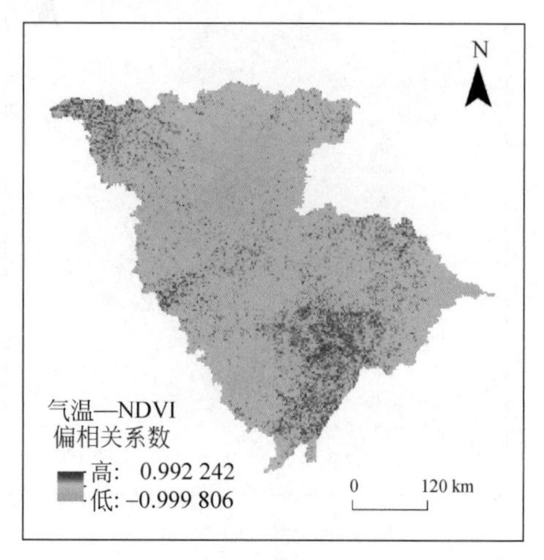

图4-17 气温—NDVI偏相关系数

Fig.4-17 Partial correlation coefficient of temperature and NDVI

从图4-16中可以看出，嘉陵江流域北部及中南部某些区域的降水量与NDVI偏相关系数为正，即植被生长与降水量呈正相关关系，降水能够促进植被生长；在嘉陵江流域中部存在着一定面积的使偏相关系数为负数的区域，即该区域内的降水量与植被生长呈负相关关系。从图4-17中可以看出，嘉陵江流域南部的气温与NDVI的偏相关系数为正，即植被生长与温度是正相关关系；而嘉陵江流域北部的大部分区域偏相关系数均为负值，即植被生长与温度呈负相关关系。

在对降水量—NDVI偏相关系数的空间分布图进行统计分析后发现，研究区内降水量与NDVI呈正相关关系的区域所占比例为61.5%，呈负相关关系的区域所占比例为38.5%，并且有1.5%通过$p<0.01$的检验，5.2%通过$p<0.05$的检验。因此，在嘉陵江流域，降水对植被整体起促进作用。分析气温—NDVI偏相关系数的空间分布图可知，研究区域内气温与NDVI呈正相关关系的区域所占比例为50.1%，呈负相关关系的区域所占比例为49.9%，并且有0.51%通过了$p<0.01$的检验，3.3%通过$p<0.05$的检验。从整个嘉陵江流域范围来看，气温对植被的促进作用十分微弱。在对嘉陵江流域进行空间统计分析后，发现同一像元内降水量与NDVI的偏相关系数大于气温与NDVI的偏相关系数的区域所占比例为58.7%；即在空间分布上，相较于气温，降水对植被的影响更大，年最大NDVI对降水的响应程度大于对气温的响应程度。

4.3.3.2 NDVI对气候因子的时滞效应

为分析植被对降水及气温的年内响应特征，对嘉陵江流域2000—2015年共191个月的

NDVI与前0～5个月的降水量及气温进行相关分析，得到月均NDVI与前0～5个月降水及气温的偏相关系数，结果如表4-6及表4-7。

表4-6 月NDVI与降水量的偏相关系数

Table 4-6 Partial correlation coefficient between monthly NDVI and precipitation

偏相关系数	同月	前1个月	前2个月	前3个月	前4个月	前5个月
1月	−0.37	−0.25	0.22	0.28	0.21	0.16
2月	0.25	−0.34	0.05	0.01	−0.55	0.23
3月	0.14	−0.34	−0.20	−0.49	−0.13	0.20
4月	0.59	0.29	0.33	−0.05	−0.13	0.19
5月	0.52	−0.09	0.14	0.01	0.06	−0.21
6月	0.42	0.95	0.20	0.04	0.20	−0.52
7月	−0.31	0.67	0.08	0.28	0.19	0.10
8月	−0.02	0.06	0.30	0.41	−0.04	0.02
9月	−0.12	−0.36	−0.06	−0.28	0.35	−0.08
10月	−0.17	0.37	0.17	−0.04	0.32	−0.29
11月	−0.06	−0.38	0.10	0.33	0.36	−0.02
12月	−0.28	−0.14	−0.18	0.23	0.14	0.08

如表4-6所示，嘉陵江11月至次年1月的NDVI与前0～1个月的降水量呈不显著负相关关系，随着月份推前，NDVI与降水呈不显著正相关关系。2—5月的NDVI与同月的降水量呈正相关关系，随着月份推前，正相关关系显著性减小，并出现负相关月份。6—7月的NDVI与降水量的相关关系在前1个月最为显著，并随着月份推前，偏相关系数逐渐减小。8月的NDVI与前1～3个月的降水呈正相关关系，在其余月份为负相关关系。9月的NDVI与前4个月的降水呈正相关关系，在其他月份表现为不显著负相关关系。可见，嘉陵江流域2—5月的NDVI与同月的降水存在正相关关系。6月至次年1月的NDVI对降水存在很强的滞后性，与当月的降水呈负相关关系，与前1～4个月的降水呈正相关关系。本书以植被生长季(4—9月)为重点研究区段，因此嘉陵江流域生长季植被对降水变化的响应滞后0～1个月。

表4-7 月NDVI与气温的偏相关系数

Table 4-7 Partial correlation coefficient between monthly NDVI and temperature

偏相关系数	同月	前1个月	前2个月	前3个月	前4个月	前5个月
1月	0.24	0.39	0.01	−0.10	0.19	0.20
2月	0.58	−0.27	0.24	0.34	0.01	−0.06
3月	0.61	0.18	0.24	0.31	0.01	0.36
4月	0.90	0.17	0.11	−0.24	0.26	0.28
5月	0.28	−0.09	0.14	0.01	0.05	−0.21
6月	0.61	0.56	0.50	0.04	0.18	−0.67
7月	−0.35	0.07	0.27	0.55	0.26	−0.23
8月	0.30	−0.34	−0.05	−0.15	0.33	0.02
9月	0.12	−0.31	−0.33	−0.18	0.00	−0.10
10月	0.39	0.21	0.24	0.06	−0.03	−0.41
11月	0.04	0.38	0.18	0.46	0.07	0.07
12月	0.10	0.22	0.33	0.14	0.23	0.04

如表4-7所示，嘉陵江流域7月的NDVI与当月的气温呈负相关关系，与前1～4个月气温呈正相关关系。除7月外，其他月份的NDVI与当月的气温皆呈正相关关系，其中11—12月以及3月的NDVI与前0～5个月的气温皆呈正相关关系。由此可见，除7月外，该研究区内的NDVI与气温变化不存在滞后性；NDVI与气温变化的最大响应月为当月，7月的NDVI对温度的作用滞后1个月，即7月温度升高会使NDVI减小。

4.4 流域水文要素的时空分布特征

4.4.1 水文要素时间序列的统计特征及空间分布

以嘉陵江流域控制水文站北碚站、嘉陵江流域干流控制水文站武胜站、涪江流域控制水文站小河坝站、渠江流域控制水文站罗渡溪站1954—2015年的流量(m^3/s)数据为数据源，计算嘉陵江流域、嘉陵江干流区域、涪江流域及渠江流域的径流深R(mm)。采用嘉陵江流域内部及周边20个气象站的逐日气象数据，通过彭曼公式计算及克里金插值获得的各区域面平均降水量P(mm)及潜在蒸散发量E_0(mm)，然后进行统计特征的分析。

嘉陵江流域多年平均降水量、潜在蒸散发量、径流深分别为912.80 mm、892.53 mm、415.78 mm，多年平均干旱指数为0.97<1，属湿润地区。涪江、渠江流域干旱指数均小于1，属湿润带；干流地区干旱指数为1.18>1，属半湿润带。其中，渠江流域干旱指数为0.77，最为湿润(见表4-8)。各研究区域的气象水文要素呈现不同的年际变化程度，通过对逐年气象水文要素数据进行变异系数C_v的计算，结果表明该地区的潜在蒸散发量序列近60年最为平稳，离散程度低。降水量与径流深的年际变异系数在各研究区域均大于蒸发能力年际变异系数，且径流变异系数大于降水量变异系数，说明径流深逐年序列较降水量序列更为离散。其中，渠江流域降水量及径流深变异系数最大，气象水文要素变异程度最高。

表4-8 嘉陵江流域及干支流气象水文要素年内及年际变异系数

Table 4-8 Coefficient of variation (C_v) in Jialing River Basin

变异系数	要素	嘉陵江流域	干流区域	涪江流域	渠江流域
多年平均值	P	912.80	766.79	957.09	1 159.14
	E_0	892.53	901.63	869.07	894.44
	R	415.78	313.76	482.94	567.50
	干旱指数	0.97	1.18	0.91	0.77
年际变异系数C_v	P	0.11	0.13	0.13	0.16
	E_0	0.04	0.04	0.04	0.05
	R	0.24	0.31	0.23	0.32
年内变异系数C_v'	P	0.78	0.82	0.84	0.73
	E_0	0.48	0.47	0.46	0.50
	R	0.79	0.72	0.84	0.84

嘉陵江流域的多年平均月蒸发能力年内特征、多年平均月降水及流量年内分配情况如图4-18所示。流域蒸发能力年内分配呈现单峰，年内变异系数为0.46～0.50。1—4月蒸发能力逐渐增加，5—8月蒸发能力持续保持较高水平，年中最大月潜在蒸散发量出现在

7 月,约为 130 mm,8 月后蒸发能力逐渐下降。各研究区域蒸发能力年内分配的情况相似,潜在蒸散发量较相近。

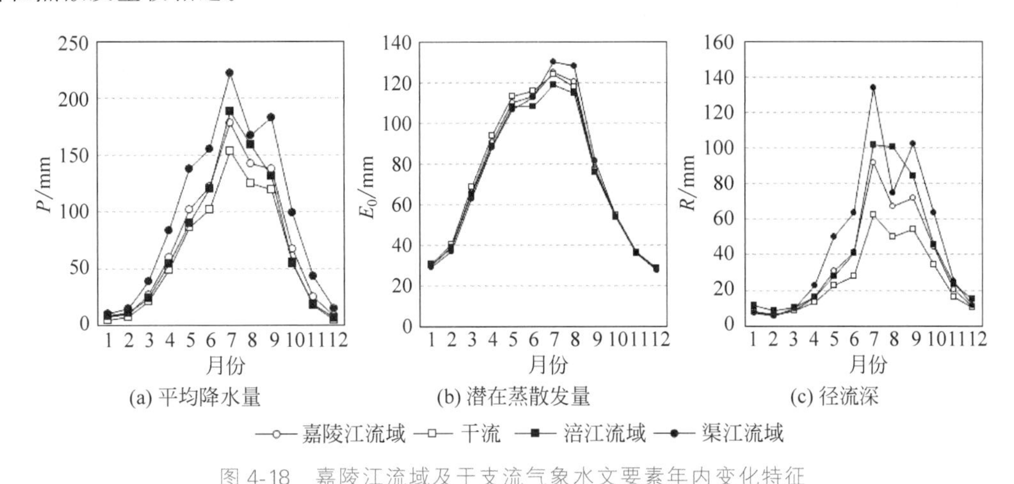

图 4-18　嘉陵江流域及干支流气象水文要素年内变化特征

Fig.4-18　Distribution of monthly meteor hydrological properties in Jialing River Basin

受亚热带季风气候影响,嘉陵江流域降水集中在汛期,5—10 月降水量约占全年降水总量的 82%～86%,年内变异系数为 0.73～0.84。嘉陵江整体、干流区域、涪江流域降水年内分配呈现单峰,渠江流域汛期降水量呈现双峰,可能是由于该地区 8 月副热带高压控制更为明显,使得天气较为炎热晴朗,8 月的多年平均降水量较 7、9 月偏少。

各研究区 11 月至次年 4 月为枯水期,11、12 月汛期结束,降水量减少,径流深逐渐下降;次年 1—4 月降水量较低,径流基本维持在基流量,径流深较低且变化较为平稳;5—10 月汛期月产流量大,径流深较大,约占全年总产流量的 80%～85%。涪江流域的径流深年内变化为单峰形态,嘉陵江流域、干流区域及渠江流域的径流深均呈现双峰,即在 7、9 月出现两次峰值,而 8 月河川径流量相对较低。年内变异系数为 0.72～0.84,与降水量年内变异系数相近,降水过程与径流过程在月尺度上基本同步。二者的年内变异系数均高于潜在蒸散发量年内变异系数,说明降水量与径流深年内分配更为不均匀,季风气候特征明显。

利用气象站、水文站的逐年降水量、径流深实测数据,以及根据彭曼公式(公式 4-1)计算所得的潜在蒸散发量,对嘉陵江流域 8 个典型研究区的气象水文要素统计特征进行分析,从而获得其空间分布特征。各子流域的气象水文要素统计特征计算结果如图 4-19 所示。

图 4-19(a)～(c)为各子流域的 P、E_0、R 平均值,结果表明嘉陵江内部各子流域的气象水文特征存在较大差异。其中,位于嘉陵江上游区域的子流域 TJB、LY、SLB 在多年平均水平上呈现出低降水量、高蒸发能力、低产流量的特征。随着两大源头支流白龙江、西汉水汇入嘉陵江干流,干流地区的子流域 TZK、WS 及下游子流域 BB 较干流上游降水量增加、蒸发能力降低、径流深增加。根据流域水量平衡原理,WS 径流深小于 TZK 径流深可能与该地区除气象要素外的影响因素有关,如人类灌溉用水、生活用水等人类活动对水资源量的影响。对比嘉陵江左岸右岸两大支流流域 XHB(涪江流域)和 LDX(渠江流域)可以看出,XHB 的降水量、蒸发能力及径流深均小于 LDX。

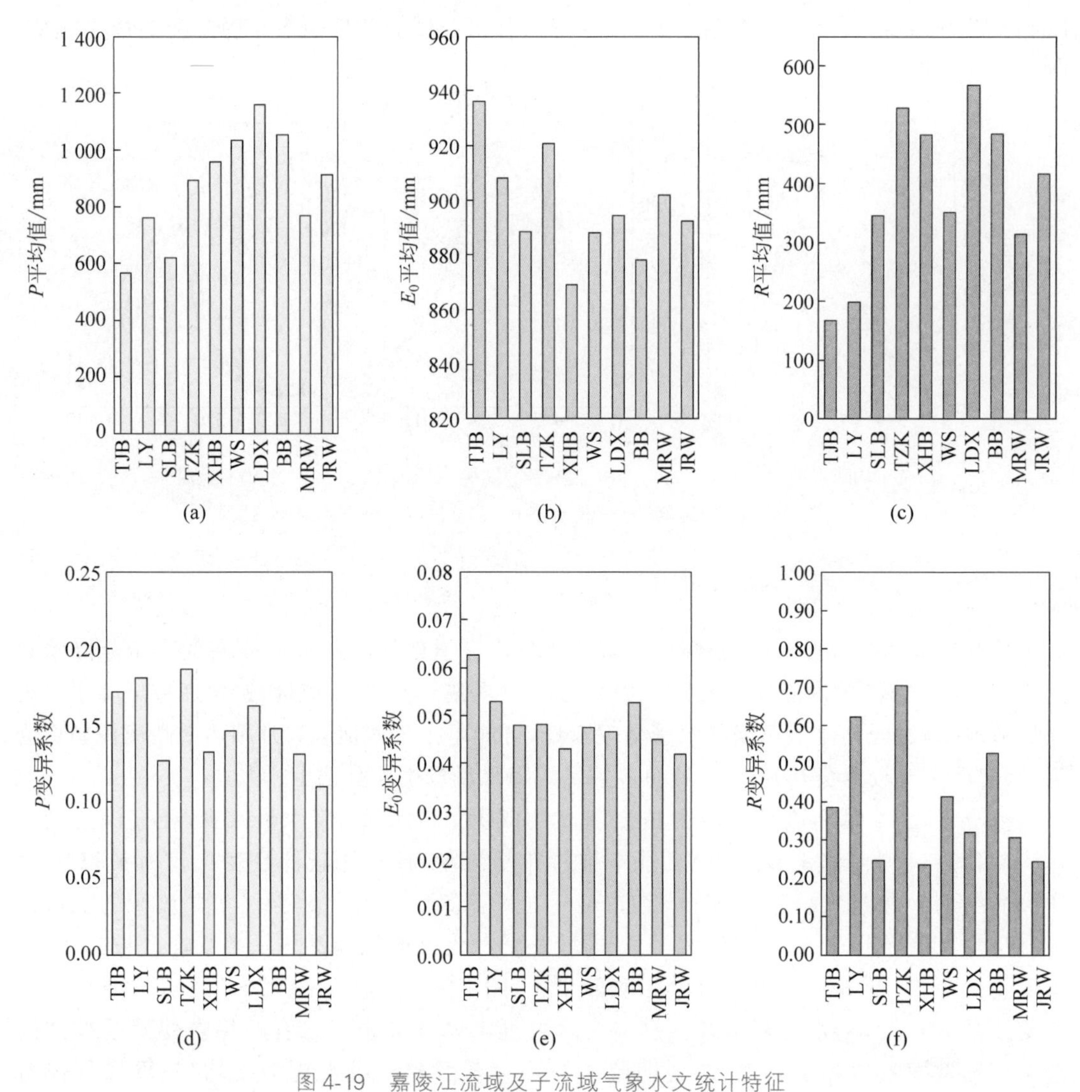

图 4-19 嘉陵江流域及子流域气象水文统计特征

Fig. 4-19 Statistical characteristics of meteor hydrological properties in Jialing River Basin

各子流域的气象水文要素逐年序列值存在不同的变异特征如图 4-19(d)~(e)所示。E_0 变异系数均较小,为 0.042~0.053。除 LDX 外,其他子流域的 R 变异系数与 P 变异系数保持一致,即高降水变异系数引起高径流变异系数。总体变异系数呈现水文特征变异性大于气象要素,同时各区域之间的水文特征差异较气象要素更为明显。LY、TZK 子区域的径流深变异系数较高,分别为 0.623、0.704; SLB、XHB 子区域的径流深变异系数较低,分别为 0.248、0.235。

4.4.2 水文要素的变化趋势分析

对嘉陵江流域(JRW)、嘉陵江干流区域(MRW)、两大支流流域(涪江流域 XHB、渠江流域 LDX)的气象水文要素进行累积距平分析,如图 4-20 所示。结果表明,各研究区的 P、E_0、R 累积距平曲线变化趋势基本一致。E_0 在各研究区呈现明显的阶段性变化,即 1954—

1979年区域蒸发能力增加，1980—1993年的蒸发能力持续下降。1993年后，嘉陵江流域的E_0整体缓慢上升，其中干流区域与流域总体保持一致，E_0缓慢增加。渠江流域E_0无明显趋势，保持波动变化；涪江流域E_0变化点较其余两个子流域滞后，1993—2003年仍呈现下降趋势，于2003年后缓慢增加。嘉陵江流域的P、R均呈现波动性变化，1954—1981年P波动上升，并于1982—1990年保持较高水平，1990—1999年持续下降，2000年后再次缓慢上升。R与P的变化趋势一致并存在一定滞后，1954—1986年R波动上升，1986—1994年R持续较高，1994年后单调下降，并于2003年前后下降速率降低，序列基本平稳，存在缓慢上升。与嘉陵江流域的整体阶段性变化特征相同，其子流域的R与P变化趋势基本一致，相较于降水存在滞后现象。

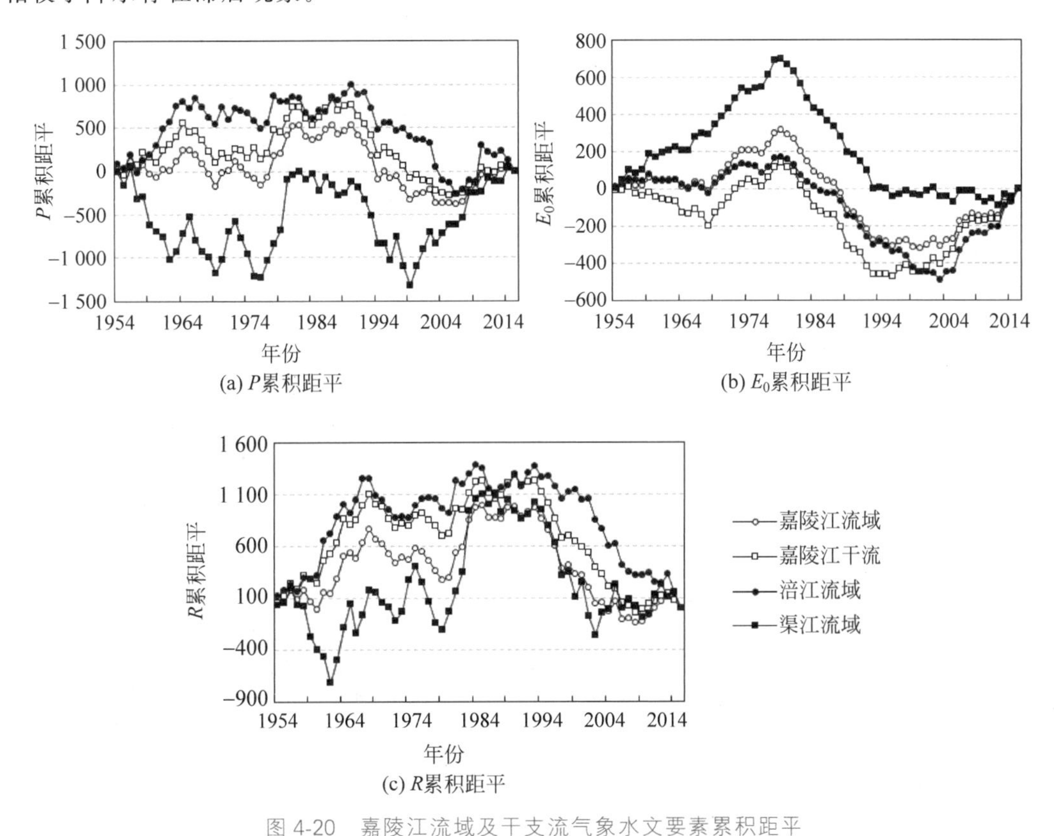

图4-20　嘉陵江流域及干支流气象水文要素累积距平

Fig.4-20　The cumulative departure of meteor hydrological properties in Jialing River Basin

图4-21直观地展示了嘉陵江流域及其主要子流域P、E_0、R的年数据序列及年际变化趋势。结合Mann-Kendall非参数趋势检验参数Z值及Sen斜率β，可对时间序列变化趋势及其显著性进行分析(见表4-9)。结果表明嘉陵江流域的P、E_0、R分别呈现不显著下降($p \geq 0.1$)、不显著上升($p \geq 0.1$)及显著下降($p < 0.01$)，Sen斜率分别为−1.72 mm/10a、0.66 mm/10a和−18.68 mm/10a。仅从变化趋势上来看，嘉陵江流域干流区域、涪江流域与嘉陵江整体保持一致，而渠江流域的P与E_0均与嘉陵江流域整体相反，可能与渠江流域所处位置、海拔高度、地形特征以及土地利用等条件均与嘉陵江整体存在较大差异有关。

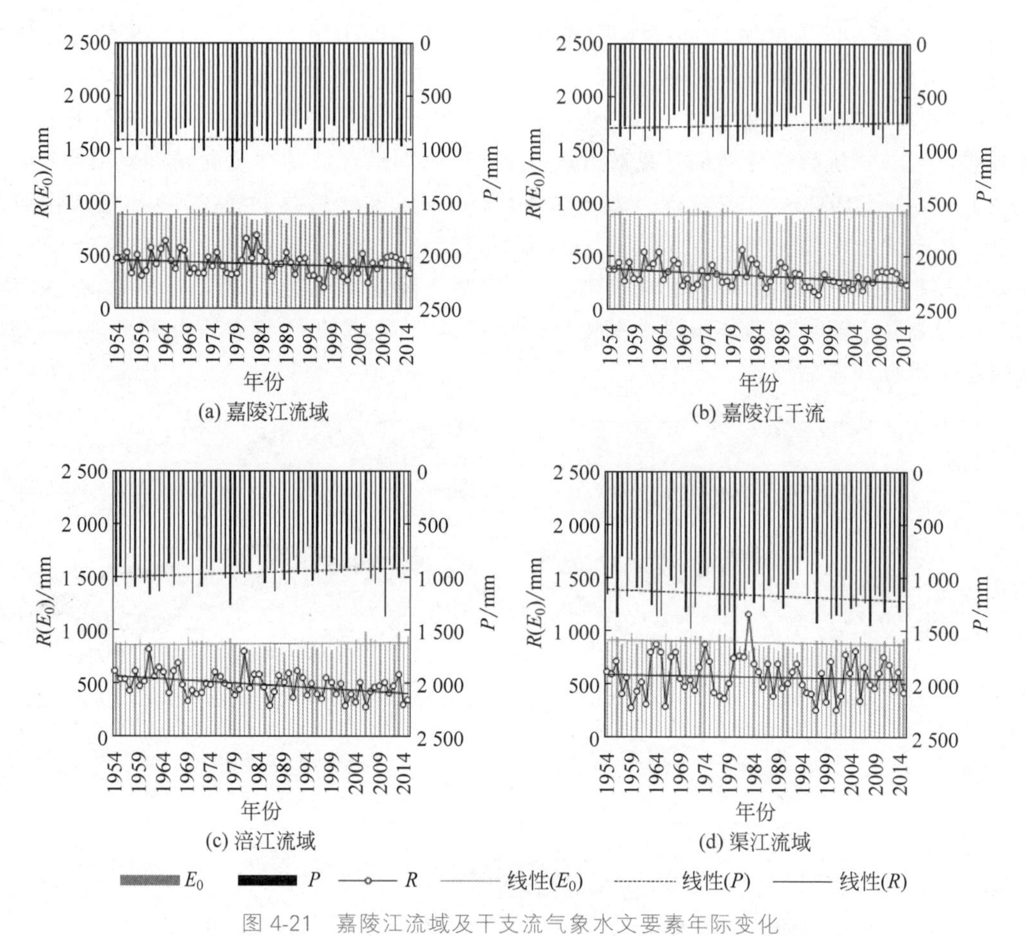

图 4-21 嘉陵江流域及干支流气象水文要素年际变化

Fig. 4-21 Annual meteor hydrological elements in Jialing River Basin

表 4-9 P、R、E_0 的 Mann-Kendall 趋势检验及 Sen 趋势度计算结果

Table 4-9 Mann-Kendall test and Sen's slope estimator analysis results for P, R, E_0

子流域	径流序列长度	Z 统计量			Slope (β)			M-K 趋势		
		P	E_0	R	P	E_0	R	P	E_0	R
TJB	1960—2009 年	−1.446	3.268	−1.330	−0.993	1.339	−0.676	↓ *	↑ ***	↓ *
LY	1960—2000 年	−1.458	0.972	−2.527	−1.372	0.329	−3.272	↓ *	↑ ns	↓ ***
SLB	1960—2000 年	−0.510	3.827	−2.819	−0.313	1.110	−3.670	↓ ns	↑ ***	↓ ***
TZK	1960—2000 年	−0.753	0.049	−2.662	−0.743	0.022	−10.979	↓ ns	↑ ns	↓ ***
XHB	1954—2015 年	−1.980	0.194	−3.098	−1.772	0.077	−2.512	↓ **	↑ ns	↓ ***
WS	1960—2000 年	0.109	−2.284	0.461	0.218	−0.710	1.353	↑ ns	↓ **	↑ ns
LDX	1954—2015 年	1.106	−2.017	−0.753	1.573	−0.597	−0.891	↑ ns	↓ **	↓ ns
BB	1954—2015 年	1.628	−2.770	3.086	1.908	−1.101	5.951	↑ *	↓ ***	↑ ***
MRW	1954—2015 年	−0.826	1.859	−1.664	−0.548	0.468	−1.133	↓ ns	↑ *	↓ *
JRW	1954—2015 年	−0.194	0.207	−2.831	−0.172	0.066	−1.868	↓ ns	↑ ns	↓ ***

注：↑（↓）表示上升(下降)趋势；*** 表示显著性 $p<0.01$；** 表示显著性 $p<0.05$；* 表示显著性 $p<0.1$；ns 表示趋势不显著；气象要素时间序列长度均为 1954—2015 年。

嘉陵江流域的气象水文要素统计特征表明，气象水文特征在嘉陵江内部不同子流域之间存在差异，因此进一步使用实测数据对根据主要水文站划分所得的 8 个子流域变化趋势的空间特征进行分析。前文表明，嘉陵江流域的整体趋势变化为 P 不显著下降、E_0 不显著增加、R 显著下降。在子流域尺度上，不同子流域变化在整个研究时间段内的变化趋势呈现明显的空间格局。表 4-9 及图 4-22 展示了 P、E_0、R 变化趋势的空间特征。图 4-22(a)表明，在包含嘉陵江流域西北部高海拔、高比降高原山地区的子流域 TJB、LY、SLB、TZK、XHB，P 呈下降趋势；而在以低海拔丘陵、平原为主的子流域 WS、LDX、BB，P 则呈上升趋势。与之相反，E_0 在上游山地区的子流域（TJB、LY、SLB、TZK、XHB）呈上升趋势，而在中下游低坡降的子流域（WS、LDX、BB）则呈下降趋势（见图 4-22(b)）。在 P 和 E_0 不同变化趋势的综合作用下，R 在西北部子流域及 LDX 呈现下降趋势，而在流域南部中下游地势平坦、人类活动密集的区域呈现上升趋势（见图 4-22(c)）。

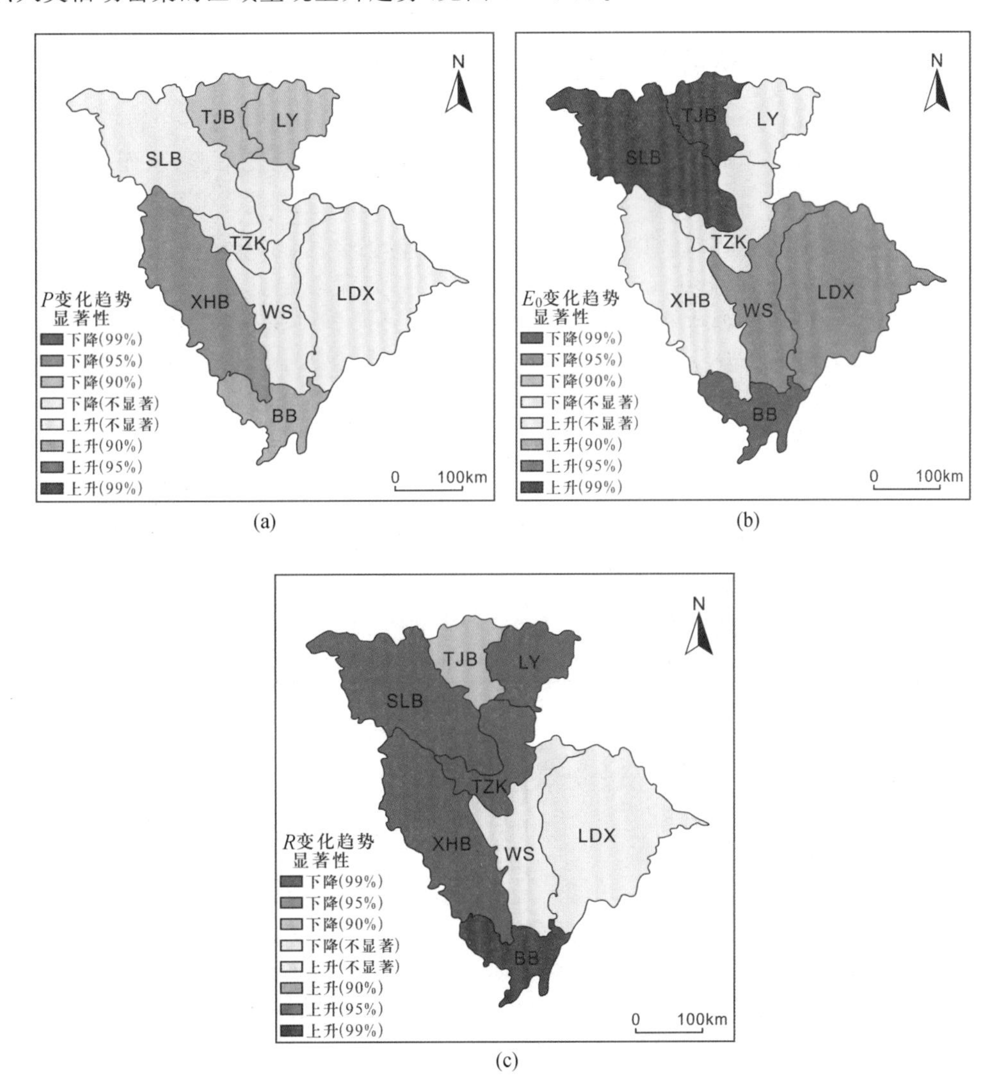

图 4-22　嘉陵江流域气象水文要素变化趋势的空间特征

Fig. 4-22　Spatial distribution of trend of meteorological and hydrological generation

总体上，各子流域的 P 与 E_0 呈现相反趋势，且包含上游高原山地区的子流域与中下游丘陵平原区的子流域呈现相反趋势，这可能与流域的气象地带性分布及地形梯度变化有关。因此，嘉陵江流域从上游至下游的地形地貌变化不仅影响了气象要素的地带性分布，还影响了 P、E_0 的变化特征，而上游与中下游呈现相反趋势可能与嘉陵江流域中部的龙门山断裂带、青藏高原地形急变带有关。气象要素的这一规律也适用于除 LDX 之外子流域的 R 变化。这一方面反映了 R 与气象要素之间存在不可分割的关系，另一方面也反映了实际的灌溉取用水、水资源调控配置以及人类开发建设改变流域下垫面以后，对水文系统的直接或间接影响导致了水文特征与气象要素特征的差异。

同时，P、E_0、R 在嘉陵江流域(JRW)、干流区域(MRW)的变化趋势与包含山地区的上游子流域趋势一致，说明对于嘉陵江流域来说，高海拔、高坡降的高原山地区的气象水文特征对于流域整体水热平衡、水文循环、产汇流过程中的影响不容忽视。

4.4.3 水文要素的突变检验

由累积距平曲线可知，嘉陵江流域气象水文要素的年际变化中存在多个转折点，但无法得知转折点是否显著。因此，采用 Pettitt 检验进一步进行序列突变检验，从而获得序列一级突变点。表 4-10 中所示年份均为序列一级突变点，且均通过 $P \leqslant 0.05$ 显著性检验，具有统计学意义。结果表明，嘉陵江流域的降水量突变点为 1990 年，潜在蒸散发突变点为 1979 年，即 1979 年之前嘉陵江流域气象条件较为稳定。径流深突变点较降水突变点滞后，于 1993 年发生转折，径流序列变化趋势由减少变为增加。个别子流域的 P、E_0、R 时间序列突变点与嘉陵江总体存在较大差异，如 LDX 的降水量突变点为 1976 年，较流域降水量突变点提前 14 年；TJB、SLB 及 MRW 的潜在蒸散发突变点为 2003 年，较流域蒸发能力突变点滞后 24 年；TZK、WS 的径流突变点分别为 1968 年、1979 年，较流域径流深突变点分别提前 25 年、14 年。由于大多数子流域的突变点均与嘉陵江流域的气象水文时间序列突变点一致或相近，因此可认为嘉陵江流域突变点，即降水量的 1990 年、蒸发能力的 1979 年、径流深的 1993 年，代表流域的总体突变特征。

表 4-10 嘉陵江流域气象水文要素 Pettitt 突变检验结果

Table 4-10 Abrupt change detection of hydrometeorological generation in Jialing River Basin

子流域	径流序列长度	突变点		
		P	E_0	R
TJB	1960—2009 年	1990	2003	1994
LY	1960—2000 年	1987	1996	1993
SLB	1960—2000 年	1990	2003	1994
TZK	1960—2000 年	1987	1979	1968
XHB	1954—2015 年	1990	1979	1993
WS	1960—2000 年	1990	1980	1979
LDX	1954—2015 年	1976	1979	1993
BB	1954—2015 年	—	1981	—
MRW	1954—2015 年	1990	2003	1993
JRW	1954—2015 年	1990	1979	1993

4.5　基于SWAT模型的径流模拟

4.5.1　基础数据库构建

4.5.1.1　数字高程模型

流域数字高程模型(digital elevation model,DEM)可获取流域的主要地形水文信息,如坡度、坡向、流向、流量、河网等要素的基础数据,这些数据同时也是SWAT模型划分子流域及水文响应单元的重要数据。本书所用DEM原数据为地理空间数据云提供的SRTMDEM 90 m分辨率原始高程数据。为提高模型运行效率,采用ArcGIS 10.3对原始数据进行投影转换、拼接、裁剪、重采样,最终获得嘉陵江流域250 m分辨率数字高程数据(见图4-23),投影坐标系为Beijing_1954_GK_Zone_18N,地理坐标系为GCS_Beijiing_1954。

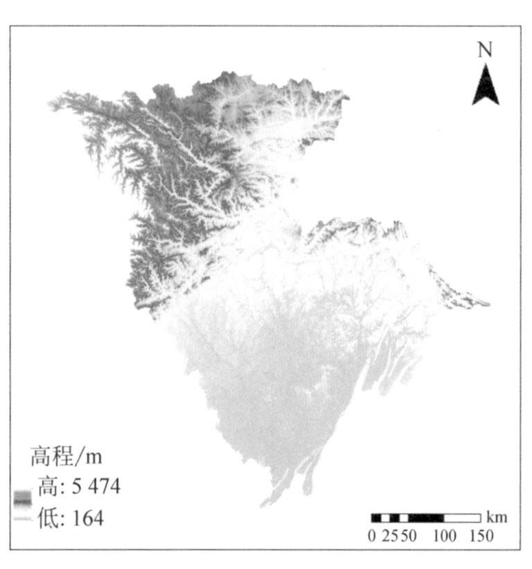

图4-23　嘉陵江流域DEM图

Fig.4-23　DEM of Jialing River Basin

4.5.1.2　土地利用数据库

土地利用数据是进行SWAT模型建模的必要数据,同时也是反映人类活动对下垫面影响程度的重要信息,土地利用/覆被变化对水文循环过程有着举足轻重的影响。本书使用1990年、2010年两期的土地利用图,分别作为模型率定期及验证期的土地利用数据(见图4-24),投影坐标系为Beijing_1954_GK_Zone_18N,地理坐标系为GCS_Beijiing_1954。数据从中国

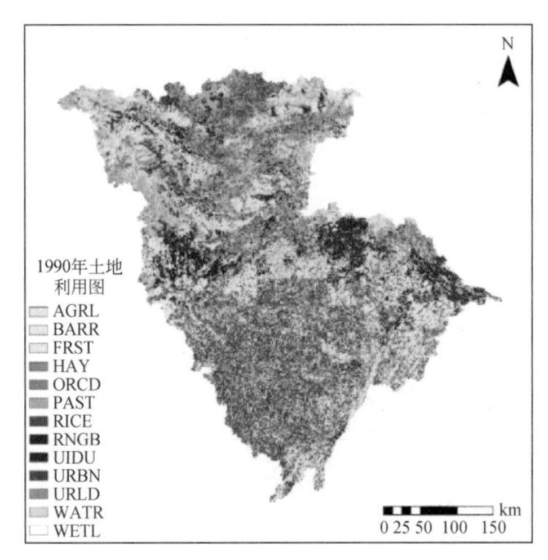

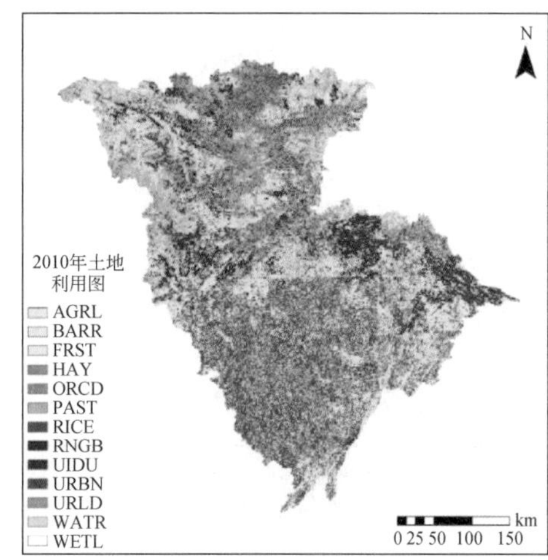

图4-24　嘉陵江流域土地利用类型图

Fig.4-24　Land use of Jialing River Basin

科学院资源环境科学数据中心资源环境数据云平台下载得到，精度为 1 km。该数据以相应时期的 Landsat TM/ETM 遥感影像为数据源，经人工目视解译生成，包括耕地、林地、草地、水域、居民地和未利用土地等 6 个一级类型以及 25 个二级类型，是目前国内精度最高的土地利用遥感监测产品。原始土地利用数据经裁剪、投影转换等预处理工作后导入 SWAT 模型中，并与 SWAT 代码对应，链接至模型土地覆盖/利用数据库，以进行土地利用的重分类及后续的参数率定、水文模拟等工作。原始土地利用分类代码及对应的 SWAT 土地覆盖/利用代码如表 4-11 所示。

表 4-11 土地利用类型原始分类及重新分类

Table 4-11 Reclassification of landcover in SWAT

土地利用类型	原代码	SWAT 重分类	SWAT 代码
山地水田	111	水田	RICE
丘陵水田	112	水田	RICE
平原水田	113	水田	RICE
山地旱地	121	耕地(一般)	AGRL
丘陵旱地	122	耕地(一般)	AGRL
平原旱地	123	耕地(一般)	AGRL
＞25 度坡地旱地	124	耕地(一般)	AGRL
有林地	21	林地	FRST
灌木林	22	灌木林	RNGB
疏林地	23	林地	FRST
其他林地	24	果园	ORCD
高覆盖度草地	31	牧场	PAST
中覆盖度草地	32	牧场	PAST
低覆盖度草地	33	干草	HAY
河渠	41	水域	WATR
湖泊	42	水域	WATR
水库坑塘	43	水域	WATR
永久性冰川雪地	44	水域	WATR
滩地	46	水域	WATR
城镇用地	51	居民区(高密度)	URBN
农村居民点	52	居民区(低密度)	URLD
其他建设用地	53	工业用地	UIDU
戈壁	62	荒地、裸地	BARR
沼泽地	64	湿地	WETL
裸土地	65	荒地、裸地	BARR
裸岩石质地	66	荒地、裸地	BARR
其他	67	荒地、裸地	BARR

4.5.1.3 土壤数据库

SWAT 土壤数据库是模型输入重要参数，包括土壤类型分布图、土壤类型索引表、土壤物理属性文件。土壤数据直接影响水文响应单元的划分及水文响应单元内部的水循环过程，决定模型的模拟结果。由于土壤粒径级配标准存在差异，为降低粒径转换带来的误差，本书采用的土壤数据为联合国粮食及农业组织(FAO)和维也纳国际应用系统研究所(IIASA)提供的世界土壤数据库 HWSD(Fischer et al., 2008)。其中,中国境内源数据为南京土壤所提供的第二次全国土地调查 1∶100 万土壤数据库,该数据库土壤分类系统为 FAO-90,可提供土壤数据空间信息(图 4-25),并直接提供部分 SWAT 模型土壤数据库所需的土壤物理性质数据。无法从 HWSD 土壤数据库直接获取的参数时,可根据已获取数据经华盛顿州立大学开发的土壤水特性模型 SPAW (soil-plant-air-water field & pond hydrology)计算获得,SWAT 模型土壤数据库所需参数与 HWSD 土壤数据库参数的对应关系或获取方法如表 4-12 所示。

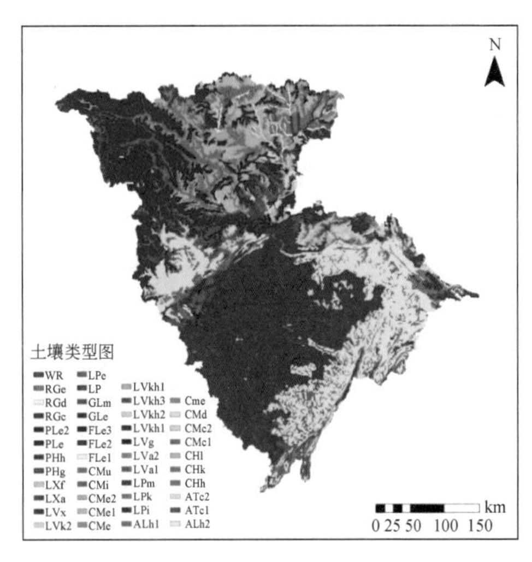

图 4-25　嘉陵江流域土壤类型图

Fig. 4-25　Soil type of Jialing River Basin

表 4-12　SWAT 模型土壤数据库参数及获取方法

Table 4-12　Acquirement method of Soil index in SWAT

土壤参数	含　义	对应参数名称/数值	获取方法
SNAM	土壤名称	SU_SYM90	由 HWSD 直接获取
NLAYERS	土壤层数	2	由 HWSD 直接获取
HYDGRP	土壤水文单元	—	参考 SWAT 用户手册
SOL_ZMX	土壤剖面最大根系深度	REF_DEPTH(=1m)	由 HWSD 直接获取
ANION_EXCL	阴离子交换孔隙度	0.50	模型默认值
SOL_CRK	土壤最大可压缩量	0.50	模型默认值
TEXTURE	土壤质地	Texture Class	由 SPAW 计算获得
SOL_Z	土层底部的埋深	上层 70cm,下层 30cm	由 HWSD 直接获取
SOL_BD	土壤的湿容重	Matric Bulk Density	由 SPAW 计算获得
SOL_AWC	土层的有效含水量	Field Capacity-Wilting Point	由 SPAW 计算获得
SOL_K	饱和渗透系数	Sat. Hydraulic Cond.	由 SPAW 计算获得
SOL_CBN	有机碳含量	T_OC	由 HWSD 直接获取
CLAY	黏粒含量	T_CLAY	由 HWSD 直接获取
SILT	粉粒含量	T_SILT	由 HWSD 直接获取
SAND	砂粒含量	T_SAND	由 HWSD 直接获取
ROCK	石粒含量	T_GRAVEL	由 HWSD 直接获取
SOL_ALB	湿土的反照率	0.10	模型默认值
USLE_K	土壤侵蚀 K 因子	—	参考 SWAT 用户手册
SOL_EC	土壤电导率(ds/s)	—	未激活

其中,TEXTURE、SOL_BD、SOL_AWC、SOL_K 由 SPAW 软件计算(见图 4-26)。软件首先输入 SAND、CLAY、GRAVEL、Salinity(默认 0.1)、Compaction(默认 1.0),Organic Metter(=SOL_CBN/0.58)(Garbrecht et al., 1999),对应获得 Texture Class (TEXTURE)、Matric Bulk Density(SOL_BD)、Field Capacity、Wilting Point、Sat. Hydraulic Cond. (SOL_K)数

值,然后进一步计算得到 SOL_AWC(=Field Capacity-Wilting Point)。通过以上步骤,需要使用 SPAW 软件获取的数据已全部获得。

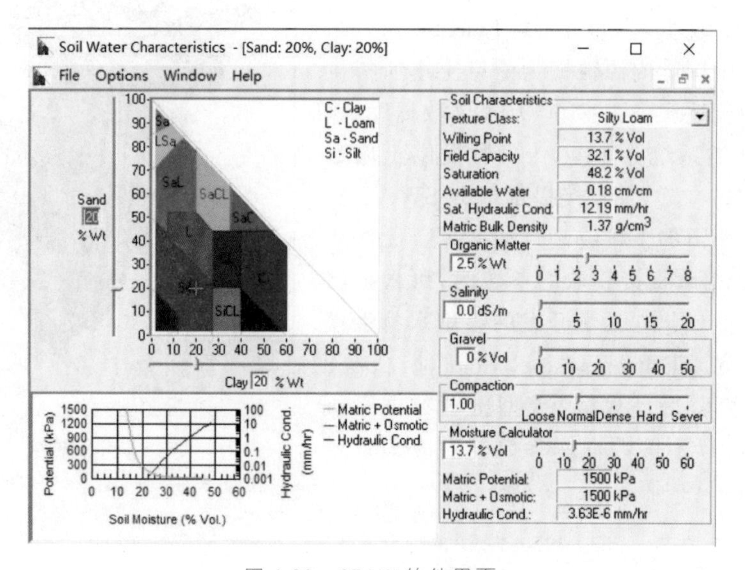

图 4-26 SPAW 软件界面

Fig. 4-26 Software interface of SPAW

HYDGRP、USLE_K 可根据 SWAT 模型用户手册中提供的方法计算获得。HYDGRP 为土壤水文单元,是美国农业部国家自然资源保护局根据"相似暴雨及植被覆盖条件下具有相似径流潜力"提出的分类方法,即根据土壤的渗透性,将不同类型的土壤分为四类:低径流潜力(A)、中等径流潜力(B)、较高径流潜力(C)、高径流潜力(D),具体分类标准如表 4-13 所示。本书根据 SPAW 软件计算出的 SOL_K 与最终的下渗速率常数对比进行划分。

表 4-13 土壤水文单元等级标准

Table 4-13 Classification Standard of Soil Hydrological Units

标 准	土壤水文单元			
	A	B	C	D
最小速率/(mm/h)	7.6～11.4	3.8～7.6	1.3～3.8	0～1.3
中等下渗率:表层/(mm/h)	>254.0	84.0～254.0	8.4～84.0	<8.4
中等下渗率:地表以下 1m 深度内的最大限制层/(mm/h)	>254.0	84.0～254.0	8.4～84.0	<8.4
收缩-膨胀潜力:最大限制层	低	低	中	高/很高
距离基岩或胶结层的深度/mm	>1060	>508	>508	>508
双重水文单元	A/D	B/D	C/D	
潜水层的平均埋深/m	<0.61	<0.61	<0.61	

USLE_K 是 USLE 方程中的土壤侵蚀 K 因子,根据 Williams(1995)提出的土壤可蚀性因子可选方程计算得到:

$$K_{\mathrm{USLE}} = f_{\mathrm{csand}} f_{\mathrm{cl\text{-}si}} f_{\mathrm{orgc}} f_{\mathrm{hisand}} \tag{4-2}$$

其中,K_{USLE} 为土壤可蚀性因子;f_{csand} 为高含砂量土壤的低可蚀性因子及低含砂量土壤的高可蚀性因子；$f_{\text{cl-si}}$ 为黏粒/粉粒高的土壤的低可蚀性因子；f_{orgc} 为高有机碳含量土壤的可蚀性减小因子；f_{hisand} 为极高含砂量土壤的可蚀性减小因子。

以上因子的计算方法如下：

$$f_{\text{csand}}=0.2+0.3\times e^{-0.256\times m_{\text{s}}\times\left(1-\frac{m_{\text{silt}}}{100}\right)} \tag{4-3}$$

$$f_{\text{cl-si}}=\left(\frac{m_{\text{silt}}}{m_{\text{c}}+m_{\text{silt}}}\right)^{0.3} \tag{4-4}$$

$$f_{\text{orgc}}=1-\frac{0.25C}{C+e^{3.72-2.95C}} \tag{4-5}$$

$$f_{\text{hisand}}=1-\frac{0.7\times\left(1-\frac{m_{\text{s}}}{100}\right)}{1-\frac{m_{\text{s}}}{100}+e^{-5.51+22.9\times\left(1-\frac{m_{\text{s}}}{100}\right)}} \tag{4-6}$$

其中，m_{s} 为砂粒含量(%)，对应于 HWSD 数据库中的 SAND 参数；m_{silt} 为粉粒含量(%)，对应于 HWSD 数据库中的 SILT 参数；m_{c} 为黏粒含量(%)，对应于 HWSD 数据库中的 CLAY 参数；C 为有机碳含量(%)，对应于 HWSD 数据库中的 SOL_CBN 参数。

4.5.1.4　气象数据库

气象数据是 SWAT 模型的重要数据，构建 SWAT 模型气象数据库需要的实测数据包括日降水量(mm)、日最高和最低气温(℃)、日太阳辐射值($\text{MJ}\cdot\text{m}^{-2}$)、日风速值($\text{m}\cdot\text{s}^{-1}$)、日相对湿度值(%)。时间序列缺失数据以“−99.0”表示，使 SWAT 模型识别并生成该日的相应数据。本书采用嘉陵江流域内部及周边的 20 个气象站点进行建模(见图 4-2)，气象站的基本情况见表 4-1。原始数据由中国气象数据网提供，构建气象数据库所需的太阳辐射数据需要根据原始数据提供的日照时数(n)进行计算，计算方法参考 FAO56 Penman-Monteith 方法中太阳辐射(R_{s})指标的计算过程(Allen et al.，1998)。

对于序列中的缺失数据，需要构建用户天气发生器(Weather Generator，WXGEN)对实测数据进行补充。构建用户天气发生器需要输入相关站点的多年平均逐月数据，具体指标包括各气象站多年月最高气温及标准差(℃)、月最低气温及标准差(℃)、月降水量(mm)及标准差($\text{mm}\cdot\text{d}^{-1}$)、月内日降水量偏态系数、月内晴天后是雨天的概率、月内雨天后是雨天的概率、月内降水的平均天数、月内整个时段的最大半小时半小时降水量(mm)、月内日太阳辐射均值(MJ/lm·d)、月内日露点温度均值(℃)、月内日风速均值($\text{m}\cdot\text{s}^{-1}$)，计算方法可参考 SWAT 模型的用户指南及输入输出手册(Arnold et al.，2011)。

4.5.2　嘉陵江流域 SWAT 模型构建

4.5.2.1　子流域划分

子流域划分是 SWAT 模型的基础和重要环节，子流域划分数量对模型的模拟过程及模拟结果均有一定影响。增加模型子流域数量虽然可以提高模型对流域空间异质性的模拟，但同时会提高对输入数据的精度要求，增加模型的计算时间。研究表明，SWAT 模型子流域数量对径流模拟结果影响较小，对泥沙、营养物质的模拟过程及结果影响较大(陈肖敏等，

2016)。SWAT 模型通过“Watershed Delineation”对话框进行基于 DEM 的子流域自动划分。本书涉及的步骤主要包括加载 DEM 数据、定义研究区范围、获取研究区河流流向及流量、定义子流域最小汇水面积、生成流域河网、指定流域出口、计算子流域参数。在满足本书对嘉陵江流域径流空间异质性研究的基础上，为提高模型计算效率，本书定义的最小集水面积为 20 000 hm^2，共获得 414 个子流域(图 4-27)。

4.5.2.2 水文响应单元的划分

水文响应单元(HRUs)是分布式水文模型的最小计算单元，通过依次加载流域土地利用、土壤及坡度数据，获得具有唯一土地利用和土壤属性及坡度范围的计算单元。在水文模型计算过程中具有统一的水文过程，一方面保证了流域地表覆被特征、水文条件过程的空间异质性，另一方面简化了模型的计算过程。本书将坡度划分为＜8.75％、8.75％～26.8％、26.8％～46.63％、46.63％～70.02％、＞70.02％，以对应《水土保持综合治理规划通则》(GB/T 15772—1995)中的坡度划分依据，即微坡＜5°、缓坡 5°～15°、较陡坡 15°～25°、陡坡 25°～35°、急陡坡＞35°，见图 4-28。

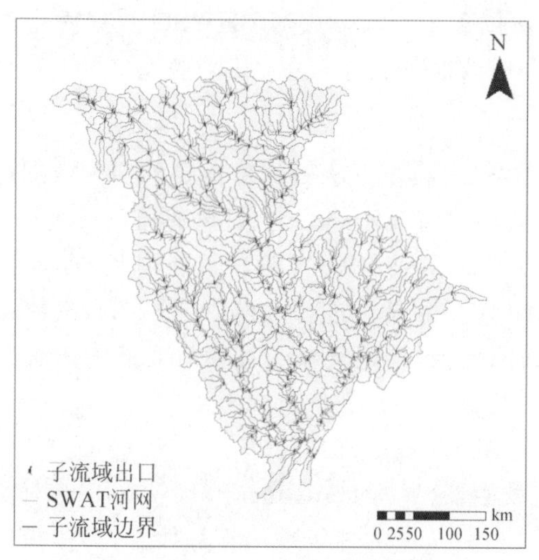

图 4-27 嘉陵江流域子流域划分示意图
Fig.4-27 Sub basin delineation in Jialing River Basin

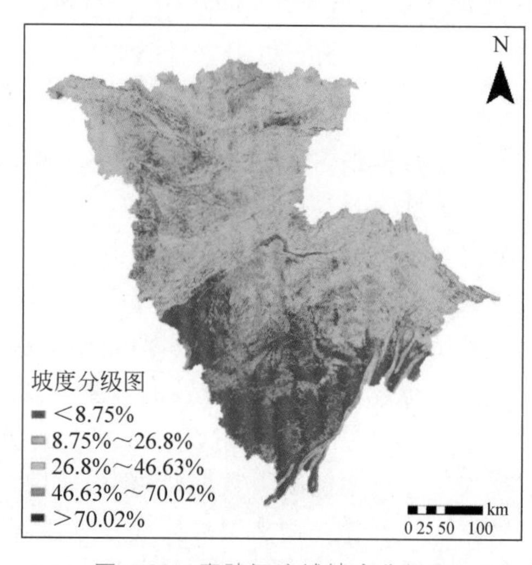

图 4-28 嘉陵江流域坡度分级图
Fig.4-28 Slope delineation in Jialing River Basin

进一步通过设定土地利用、土壤、坡度阈值，清除子流域内的次要类型，确定最终的 HRUs 分布。本书设定土地利用、土壤、坡度阈值为 10％、10％、10％，分别在模型的率定期、验证期各获得 7 534 和 7 572 个 HRUs。

4.5.2.3 气象数据输入

在确定模型子流域及 HRUs 划分后，需要通过“Weather Data Delineation”模块输入模型所需的逐日气象数据。本书按照 SWAT 模型的要求构建用户天气发生器、所需气象点位置文件及气象数据序列。在“Weather Generator Data”窗口处选择“Custom Database”，随后依次选择已准备好的降水量、温度、相对湿度、太阳辐射、风速数据对应的气象站点位置文件，SWAT 模型将自动读取同一文件夹下的气象数据文件，写入相关气象数据文件(.hmd、.pcp、.slr、.tmp、.wnd)，并在计算过程中为子流域选取距离最近的气象站数据。

4.5.2.4 运行 SWAT 模型

在完成模型数据输入后，使用 SWAT 模型的“Write Input Table ”菜单创建模型数据库文件，包括模型运行所需的各项默认信息。本书涉及的数据库文件包括流域配置文件(.fig)、土壤数据(.sol)、天气发生器数据(.wgn)、子流域常规数据(.sub)、常规 HRUs 数据(.hru)、主河道数据(.rte)、地下水数据(.gw)、管理方式数据(.mgt)、流域常规数据(.bsn)。

本书已获取 1990 年、2010 年两期土地利用数据，综合考虑气象数据序列及土地利用数据后，将 1980—1981 年选择为模型预热期，以提高模型初始参数选取及率定效率；1982—2000 年为参数率定期，选取 1990 年的土地利用数据作为土地利用/覆被输入参数；2001—2015 年为参数验证期，选取 2010 年的土地利用数据作为输入参数。

在“SWAT Simulation”菜单中使用“Run SWAT”，分别在率定期及验证期模型中设置模拟的开始时间和结束时间。本书设置的模拟步长为逐月模拟，降水分布模拟方法选择马尔科夫链-偏态分布模型(Nicks,1974)。

4.5.3 模型参数的率定与验证

4.5.3.1 模型参数的敏感性分析

表 4-14 给出了小河坝、罗渡溪、武胜、北碚站在多站点率定过程中排名前 15 的参数的全局敏感性参数排名，并选取以下参数进行后续的模型率定、验证工作。

表 4-14　嘉陵江流域 SWAT 模型参数敏感性排名

Table 4-14　Sensitivity of coefficients in SWAT model of Jialing River Basin

站点	参数	t-value	p-value	敏感性排序	站点	参数	t-value	p-value	敏感性排序
小河坝	R_CN2. mgt	11.68	0.00	1	罗渡溪	R_CN2. mgt	6.95	0.00	1
	V_CH_K2. rte	−7.96	0.00	2		R_SLSUBBSN. hru	1.66	0.11	2
	V_ALPHA_BNK. rte	6.32	0.00	3		R_SOL_ALB. sol	1.53	0.14	3
	R_EPCO. hru	2.07	0.04	4		V_GWQMN. gw	1.47	0.15	4
	V_SMFMN. bsn	−1.79	0.08	5		V_GW_DELAY. gw	1.45	0.16	5
	V_TIMP. bsn	1.20	0.23	6		V_SMFMX. bsn	0.99	0.33	6
	V_GWQMN. gw	−1.04	0.30	7		V_OV_N. hru	0.87	0.39	7
	V_GW_DELAY. gw	0.98	0.33	8		V_REVAPMN. gw	0.72	0.48	8
	V_ALPHA_BF. gw	−0.84	0.40	9		V_SMTMP. bsn	0.65	0.52	9
	V_REVAPMN. gw	0.74	0.46	10		V_SMFMN. bsn	0.49	0.63	10
	R_SOL_K. sol	0.72	0.48	11		V_ALPHA_BF. gw	−0.35	0.73	11
	V_RCHRG_DP. gw	0.60	0.55	12		V_TIMP. bsn	−0.34	0.74	12
	V_CANMX. hru	0.46	0.65	13		V_CANMX. hru	−0.33	0.74	13
	V_GW_REVAP. gw	−0.41	0.68	14		R_HRU_SLP. hru	0.32	0.75	14
	V_OV_N. hru	0.38	0.70	15		V_GW_REVAP. gw	−0.30	0.76	15

续表

站点	参数	t-value	p-value	敏感性排序	站点	参数	t-value	p-value	敏感性排序
武胜	R_SOL_AWC. sol	−2.12	0.05	1	北碚	R_SOL_AWC. sol	−23.49	0.03	1
	R_CN2. mgt	1.58	0.14	2		V_ALPHA_BF. gw	−22.42	0.03	2
	V_SMTMP. bsn	1.22	0.24	3		V_SMFMN. bsn	−21.55	0.03	3
	V_SMFMX. bsn	1.12	0.28	4		V_SURLAG. bsn	20.51	0.03	4
	V_RCHRG_DP. gw	1.03	0.32	5		V_SMFMX. bsn	20.51	0.03	5
	R_SOL_Z. sol	−0.98	0.34	6		V_GW_REVAP. gw	18.01	0.04	6
	V_OV_N. hru	−0.97	0.35	7		R_SOL_K. sol	−15.04	0.04	7
	R_TLAPS. sub	0.95	0.36	8		V_GWQMN. gw	14.17	0.04	8
	V_ALPHA_BNK. rte	−0.93	0.37	9		R_SOL_ALB. sol	−13.95	0.05	9
	V_CH_K2. rte	−0.87	0.40	10		V_CH_K2. rte	−12.98	0.05	10
	V_CH_N2. rte	−0.78	0.45	11		V_GW_DELAY. gw	12.83	0.05	11
	V_ESCO. hru	−0.62	0.55	12		R_SOL_BD. sol	−12.79	0.05	12
	V_SFTMP. bsn	−0.58	0.57	13		V_SFTMP. bsn	−12.72	0.05	13
	R_SOL_ALB. sol	0.51	0.62	14		V_ALPHA_BNK. rte	−12.71	0.05	14
	R_EPCO. hru	0.33	0.74	15		V_RCHRG_DP. gw	−12.47	0.05	15

4.5.3.2 径流模拟参数的率定及验证

为保证数据序列的完整性以及与土地利用数据的对应性，本书选取1980—1981年作为模型“预热期”，1982—2000年作为模型“率定期”，2001—2015年作为模型“验证期”。使用SWAT-CUP程序中的SUFI-2算法进行参数的自动率定，选取敏感性排名前15的参数进入实际的参数率定过程。在实际率定过程中，仍需根据实际物理过程进行合理调参。参数率定结果如表4-15所示。

表4-15 嘉陵江流域SWAT模型敏感参数取值

Table 4-15 Value of sensitivity coefficients in SWAT model of Jialing River Basin

站点	序号	参数	取值	站点	序号	参数	取值
小河坝	1	R_CN2. mgt	0.417 75	罗渡溪	1	R_CN2. mgt	0.454 822
	2	V_CH_K2. rte	43.366 367		2	R_SLSUBBSN. hru	−0.571 075
	3	V_ALPHA_BNK. rte	0.081 468		3	R_SOL_ALB. sol	−0.751 476
	4	R_EPCO. hru	−0.935 378		4	V_GWQMN. gw	1 785.289 063
	5	V_SMFMN. bsn	6.674 135		5	V_GW_DELAY. gw	117.584 892
	6	V_TIMP. bsn	0.974 785		6	V_SMFMX. bsn	1.702 22
	7	V_GWQMN. gw	549.566 467		7	V_OV_N. hru	0.897 365
	8	V_GW_DELAY. gw	112.539 627		8	V_REVAPMN. gw	328.485 077
	9	V_ALPHA_BF. gw	0.995		9	V_SMTMP. bsn	0.323 553
	10	V_REVAPMN. gw	38.917 301		10	V_SMFMN. bsn	8.852 513
	11	R_SOL_K. sol	0.509 007		11	V_ALPHA_BNK. rte	1.054 665
	12	V_RCHRG_DP. gw	0.676 651		12	V_TIMP. bsn	0.186 797
	13	V_CANMX. hru	−17.098 366		13	V_CANMX. hru	−23.709 124
	14	V_GW_REVAP. gw	0.140 006		14	R_HRU_SLP. hru	0.544 745
	15	V_OV_N. hru	−0.303 8		15	V_GW_REVAP. gw	0.176 798

续表

站点	序号	参数	取值	站点	序号	参数	取值
武胜	1	r__SOL_AWC. sol	−0.674 022	北碚	1	R__SOL_AWC. sol	−0.179 333
	2	r__CN2. mgt	0.298 68		2	V__ALPHA_BF. gw	0.395 098
	3	v__SMTMP. bsn	−4.095 909		3	V__SMFMN. bsn	8.090 864
	4	v__SMFMX. bsn	4.662 417		4	V__SURLAG. bsn	15.571 837
	5	v__RCHRG_DP. gw	0.490 025		5	V__SMFMX. bsn	6.259 218
	6	r__SOL_Z. sol	0.545 095		6	V__GW_REVAP. gw	0.020 154
	7	v__OV_N. hru	0.895 787		7	R__SOL_K. sol	0.021 057
	8	r__TLAPS. sub	0.089 536		8	V__GWQMN. gw	2 345.483 398
	9	v__ALPHA_BNK. rte	0.18		9	R__SOL_ALB. sol	0.209 779
	10	v__CH_K2. rte	18.245 546		10	V__CH_K2. rte	172.312 546
	11	v__CH_N2. rte	0.125 863		11	V__GW_DELAY. gw	359.421 875
	12	v__ESCO. hru	1.498 962		12	R__SOL_BD. sol	0.065 415
	13	v__SFTMP. bsn	11.490 189		13	V__SFTMP. bsn	3.891 96
	14	r__SOL_ALB. sol	0.077 724		14	V__ALPHA_BNK. rte	0.350 645
	15	r__EPCO. hru	0.421 888		15	V__RCHRG_DP. gw	0.457 122

模型的率定结果如表4-16、图4-29所示。由图可知，SWAT模型可以较好地模拟嘉陵江流域内4个站点的径流数据。小河坝站、罗渡溪站、武胜站、北碚站的率定期R^2分别为0.93、0.94、0.97、0.98，验证期R^2分别0.88、0.95、0.93、0.97，均达到R^2评价标准中的“极好”水平($R^2>0.85$)。小河坝站、罗渡溪站、武胜站、北碚站的率定期NSE分别为0.85、0.88、0.93、0.95，验证期NSE分别为0.74、0.89、0.82、0.93，除小河坝站验证期达到“较好”水平(0.65<NSE≤0.75)外，其余3个站点均达到NSE评价标准中的“极好”水平(0.75<NSE≤1)。小河坝站、罗渡溪站、武胜站、北碚站的率定期PBIAS分别为6.03、2.18、−0.74、5.83，验证期PBIAS分别−11.53、−5.87、−8.04、0.59，罗渡溪站、武胜站、北碚站达到PBIAS评价标准中的“极好”水平(PBIAS<±10)，小河坝站为“较好”水平(±10≤PBIAS<±15)。

表4-16 嘉陵江流域SWAT模型率定及验证期评价指标

Table 4-16 Results of evaluation criteria in calibration and validation period

站点	率定期(1982—2000年)			验证期(2001—2015年)		
	R^2	NSE	PBIAS/%	R^2	NSE	PBIAS/%
小河坝	0.93	0.85	6.03	0.88	0.74	−11.53
罗渡溪	0.94	0.88	2.18	0.95	0.89	−5.87
武胜	0.97	0.93	−0.74	0.93	0.82	−8.04
北碚	0.98	0.95	5.83	0.97	0.93	0.59

因此，综合R^2、NSE、PBIAS的评价结果，SWAT模型可以很好地概化研究区内各子流域的水文响应单元参数，能够较为准确地模拟嘉陵江流域的径流过程。

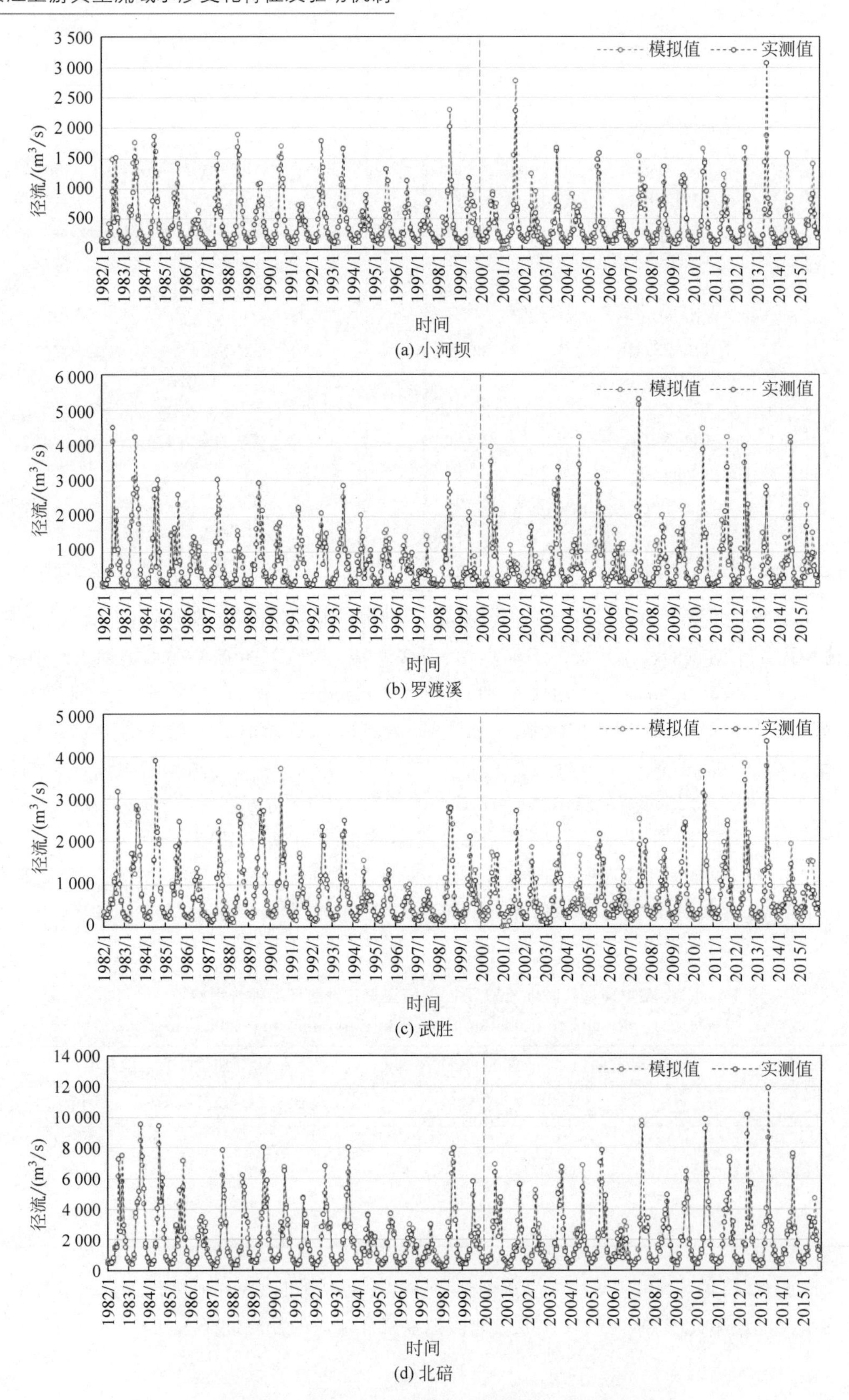

图 4-29 1982—2015 年流域各站点率定及验证结果图

Fig. 4-29 Result of monthly calibration and validation in Jialing River Basin

4.5.4 基于 SWAT 模拟的嘉陵江流域产流空间特征

4.5.4.1 产流年际径流变化的空间特征

4.4 节中采用嘉陵江流域实测气象、水文数据对嘉陵江流域的气象水文条件时空特征进行了研究，而实测数据依赖水文站点的分布，仅能够对嘉陵江流域的 8 个主要区域，即 4 个上游子流域和涪江流域、渠江流域、干流中游、嘉陵江下游，进行流域产流的空间特征分析。嘉陵江流域的径流特征受流域地形地貌、气象要素的地带性分布的空间差异影响，为了进一步明晰流域的产流空间特征，本章利用 SWAT 模型输出子流域的逐月产流量(WYLD，mm)结果，分析流域产流量年际、季节变化特征的空间异质性，以及地形地貌因素、流域属性因素、气象因素、人类活动因素对产流量时空分布特征的影响。

嘉陵江流域南北跨度广，地形地貌条件差异大，地质条件复杂，气候类型包含高原山地气候、亚热带季风气候，导致嘉陵江流域多年平均径流深呈现显著的空间异质性(见图 4-30(a))。嘉陵江流域在空间上，以龙门山断裂带为界，呈现产流量上游少、中游多的分布；以下游汇流点为界，下游较中游产流量小。采用最小二乘法获得 1982—2015 年各子流域产流量一元线性回归系数 WYLD 变化率(θ_{slope})的空间分布特征，由图 4-30(b)可以看出 34 年来流域内产流量呈减少趋势的区域面积多于呈增加趋势的区域面积。嘉陵江流域产流量呈现减少趋势的子流域面积约占流域面积的 65.74%，呈增加趋势的子流域面积总和约占总面积的 34.26%。嘉陵江干流上游区域的产流量多呈下降趋势，而下游区域子流域的产流量呈现明显的增加趋势；罗渡溪流域的径流变化率多呈现减少趋势，径流呈增加趋势的子流域沿流域分水零星分布；涪江流域从上游至下游，产流量呈现增加、下降、增加的特征。

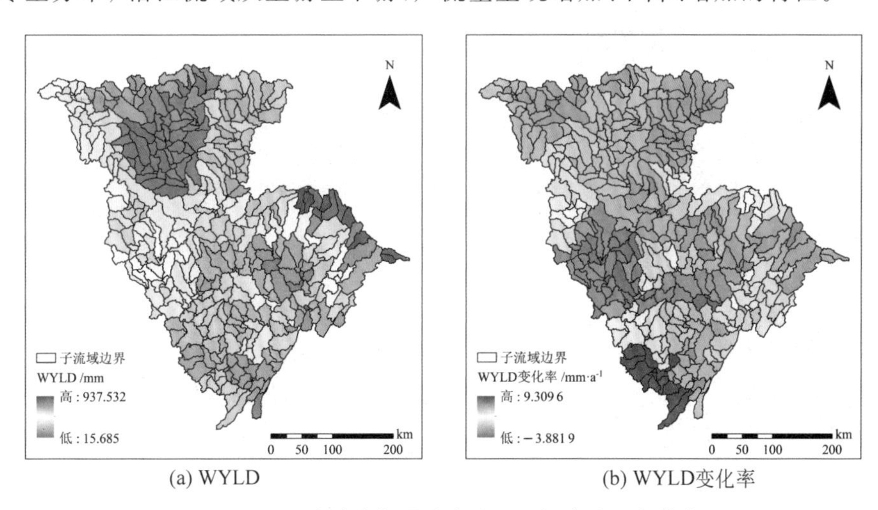

(a) WYLD (b) WYLD变化率

图 4-30 子流域多年平均产流量及年产流量变化率

Fig. 4-30 Annual WYLD and its change rate in subbasin of Jialing River Basin

4.5.4.2 产流季节变化空间特征

由 4.4 节的研究内容可知，受亚热带季风气候的影响，嘉陵江流域的气象水文条件呈现明显的年内分配不均衡，整体表现为汛期呈现高降水量高产流量，而非汛期降水量及产流量均较低。利用嘉陵江流域内部主要水文站点对应子流域的实测气象水文数据，可知流域内各子流域的年内分配情况存在差异。利用嘉陵江流域 SWAT 模型的月值模拟结果，计算各季节子流域的产流情况（见图 4-31），可对流域产流空间异质性的季节差异进行分析。

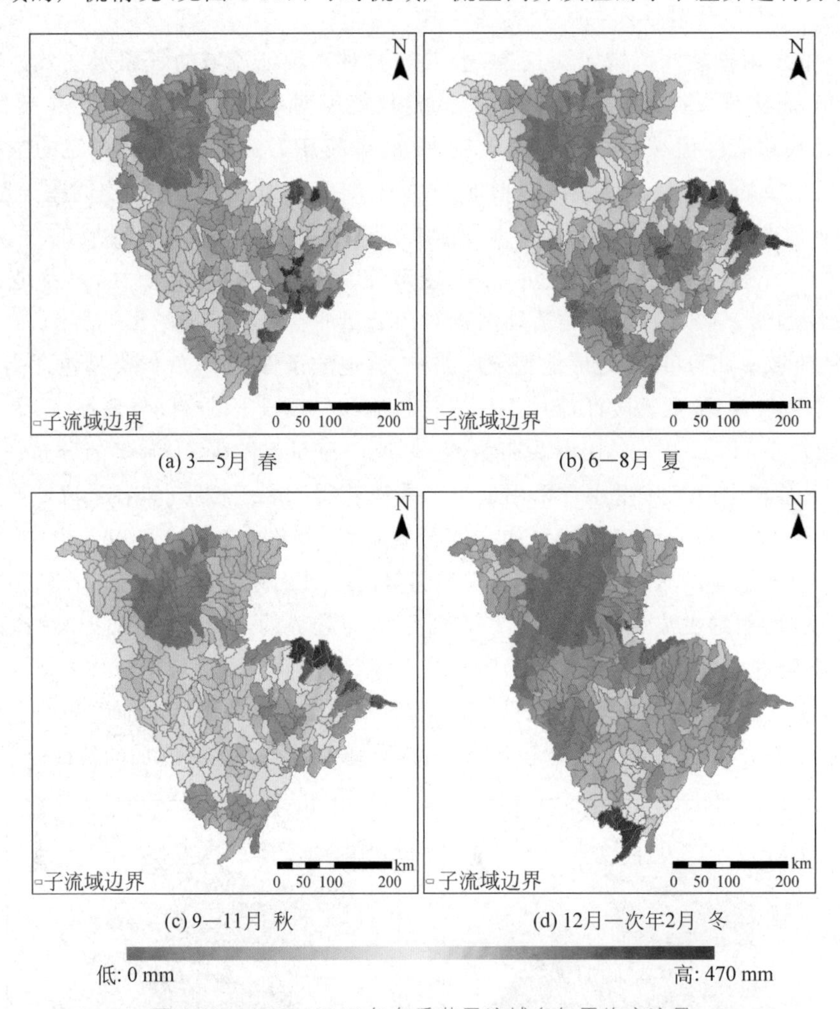

图 4-31 1982—2015 年各季节子流域多年平均产流量
Fig. 4-31 Annual WYLD of subbasins in each season

图 4-31 表明，嘉陵江流域上游地区，即流域东北、西北部，在各个季节均为低产流区域。流域春季（3—5 月）、夏季（6—8 月）与秋季（9—11 月）的多年平均产流量空间分布具有一定相似性，即高产流区域多分布于流域中游地区，尤其是位于嘉陵江东南部的渠江流域，低产流地区多分布于流域上游及下游地区（见图 4-31(a)～(c)）。冬季（12 月—次年 2 月）的多年平均产流量空间特征在春季、夏季、秋季有较大差异，冬季的多年平均产流量从流域上游至下游逐渐增加，高产流量区域集中在流域下游地区（见图 4-31(d)）。

进一步计算各季节的多年平均产流量占全年产流量的百分比（下文简写为产流量百分比），从而分析各个季节子流域年产流量的贡献特征。由图 4-32 可得，各季节的多年平均产流量百分比差异较大，即各季节径流量的主要贡献区域不同。结果表明，春季的主要产流区域为流域西北部及东南部，尤其是涪江流域源头区域；夏季的高流量贡献区域主要集中在涪江流域中下游；嘉陵江干流源头区域，即流域东北部，为秋季径流量主要贡献区域；与产流量空间格局相同，冬季的季节产流量百分比与春季、夏季、秋季有较大区别，除流域下游区域外，其余子流域均呈现低产流量百分比，下游区域为嘉陵江流域冬季的主要产流区域。各季节的产流量百分比与产流量空间特征存在明显差异的是嘉陵江流域上游地区，虽然各季节该区域均为低产流区，但其在春季、夏季、秋季均为其全年径流量具有较多贡献。

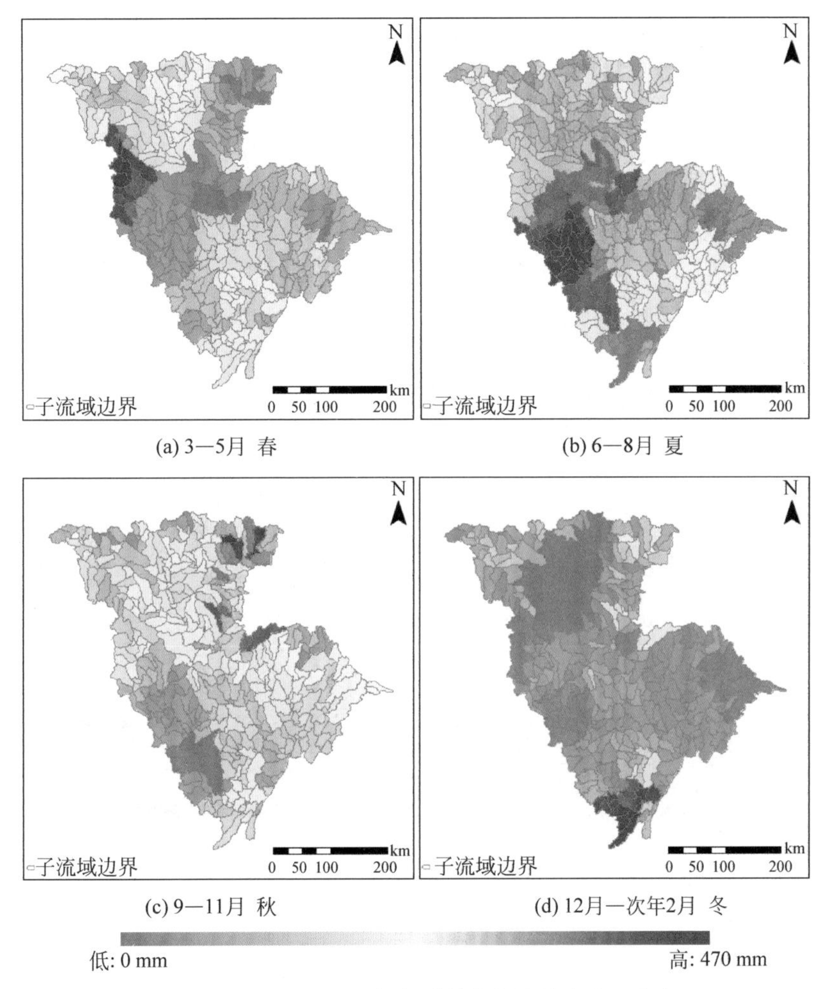

图 4-32　1982—2015 年各季节多年平均产流百分比

Fig. 4-32　Annual contribution rate of sub basin in each season

通过最小二乘法计算 1982—2015 年各子流域的产流量一元线性回归系数，获得各季节子流域的产流量变化率(θ_{slope})。春季、夏季、秋季、冬季流域内产流量呈减少趋势的区域面积所占百分比分别为：62.27%、75.77%、32.22%、73.68%，即除秋季外，春季、夏季、冬季流域内径产流减少的区域均多于产流增加的区域(见图 4-33)。各个季节产流量增加区域的分布有所不同，除下游区域外，均呈现增加趋势，春季产流量增加的区域集中分布于流域西北部，夏季零星分布于流域内部，冬季则呈斑块状分布于流域西北部、中部及东部源头区。秋季产流量多呈现增加趋势，大面积分布于流域上游东北部、中游至下游地区，仅在流域上游西北部至中部地区集中分布着产流量减少区。其中,在夏季呈现径流增加趋势的涪江流域中下游地区,作为涪江流域夏季洪水的主要贡献区(见图 4-32),其夏季洪水威胁可能进一步加强。

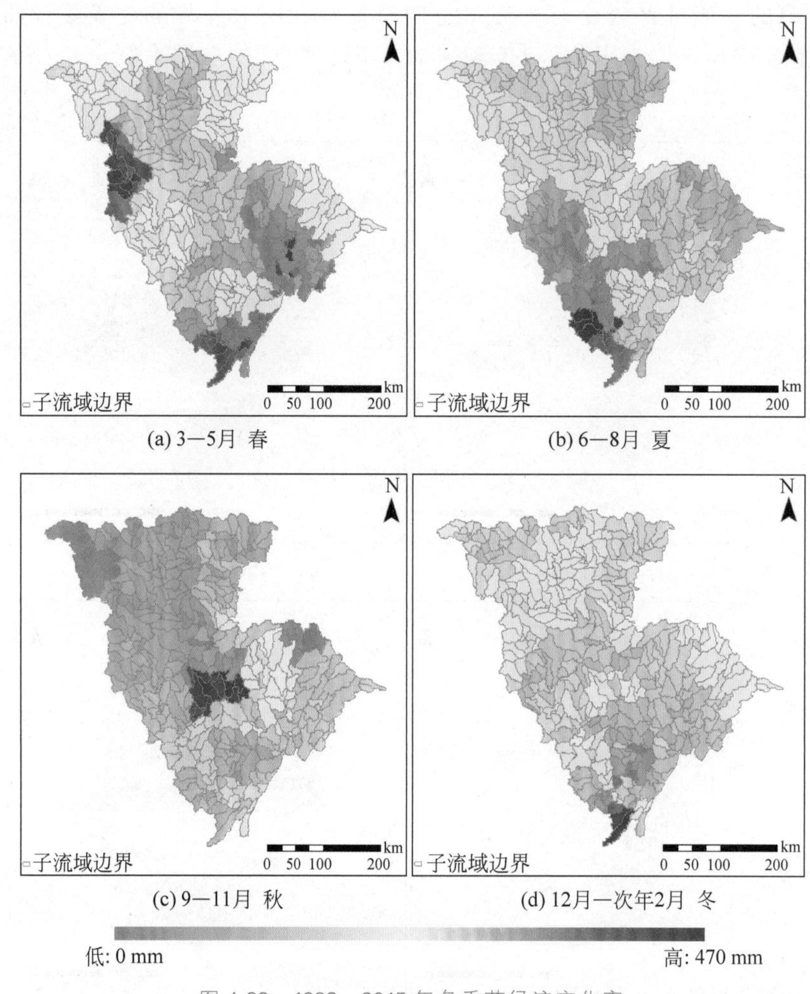

图 4-33 1982—2015 年各季节径流变化率
Fig.4-33 Chang rate of WYLD in each season

4.6 水文变化的驱动机制

4.6.1 基于 Budyko 假设的流域径流时间变化的归因分析

4.6.1.1 弹性系数的理论分布特征

弹性系数表示驱动因子的单位变化对径流的影响,也称为径流敏感性。图 4-34 中的虚线给出基于 Mezentsev-Choudhury-Yang 公式所得的弹性系数与干旱指数的理论分布特征。在相同的参数 n 下,弹性系数的绝对值随干旱指数的增加而增大。随着干旱指数增加至一定程度,径流对气象要素的弹性系数(ε_P、ε_{E_0})的增加速率变慢,而下垫面弹性系数在干旱条件下的变化更为明显。这一理论分布表明，在相对湿润的地区，径流更容易受到气象因素的影响，而在干旱条件下，由于气象影响的有限性，非气候影响对径流的影响更为重要。图中，散点表明 ε_P、ε_{E_0}、ε_n 分别为正值、负值、负值，根据 Budyko 假设中 $\varepsilon_P+\varepsilon_{E_0}=1$ 的互补关系，降水与潜在蒸散发弹性系数具有相反的符号，正值 ε_P 越大则相应负值 ε_{E_0} 的绝对值越大，体现了径流对 P 和 E_0 的敏感性大小一致。

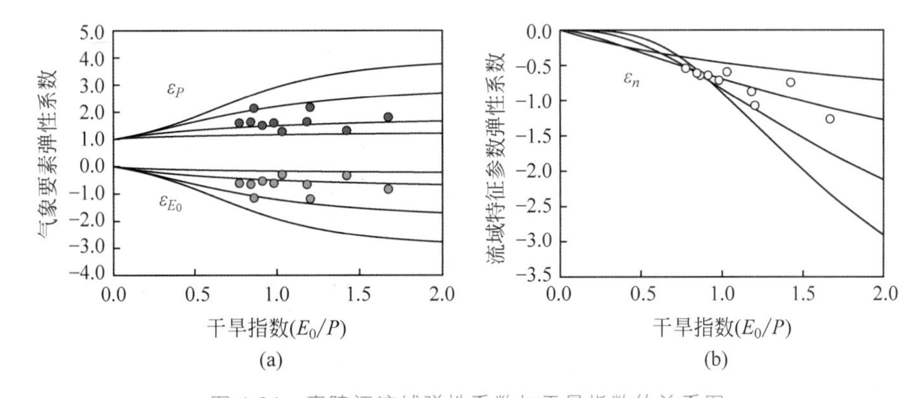

图 4-34　嘉陵江流域弹性系数与干旱指数的关系图

Fig. 4-34　The relationship of elastic coefficients and aridity index

4.6.1.2　嘉陵江流域径流的敏感性特征

表 4-17 和图 4-35 展示了 JRW、MRW 及 8 个子流域的干旱指数与弹性指数值及空间分布特征。干旱指数为 1 的曲线，将嘉陵江流域分为湿润带和半湿润带。嘉陵江流域干旱指数的空间分布与本章所提及的流域气象要素的空间变化特征一致，下游较上游更为湿润，干旱指数从上游至下游呈现明显的下降趋势。由图 4-35 可以看出，嘉陵江流域的气象弹性系数（ε_P、ε_{E_0}）与干旱指数在空间上未表现出清晰明显的单一变化关系，上游半湿润区的弹

表 4-17　研究区气象水文特征及弹性系数

Table 4-17　Hydrometeorological characteristics and elastic coefficients of study area

名称	时期	集水面积/km^2	多年平均 E_0/mm	多年平均 P/mm	多年平均 R/mm	E_0/P	R/P	n	ε_P	ε_{E_0}	ε_n
TJB	1960—2009 年	9 535	935.33	559.42	166.55	1.67	0.30	1.21	1.82	−0.82	−1.26
LY	1960—2000 年	9 671	901.47	753.39	197.33	1.20	0.26	1.79	2.18	−1.18	−1.07
SLB	1960—2000 年	29 273	873.49	615.14	354.55	1.42	0.58	0.68	1.32	−0.32	−0.74
TZK	1960—2000 年	12 610	914.99	892.22	562.68	1.03	0.63	0.69	1.29	−0.29	−0.59
XHB	1954—2015 年	28 901	869.07	957.09	482.94	0.91	0.50	1.06	1.52	−0.52	−0.64
WS	1960—2000 年	18 625	882.56	1 026.90	346.24	0.86	0.34	2.10	2.14	−1.14	−0.64
LDX	1954—2015 年	38 064	894.44	1 159.14	567.50	0.77	0.49	1.30	1.61	−0.61	−0.54
BB	1954—2015 年	10 057	873.09	1 037.54	483.87	0.84	0.47	1.29	1.64	−0.64	−0.61
MRW	1954—2015 年	79 714	901.63	766.79	313.76	1.18	0.41	1.15	1.65	−0.65	−0.87
JRW	1954—2015 年	156 736	892.53	912.80	415.78	0.98	0.46	1.16	1.61	−0.61	−0.71

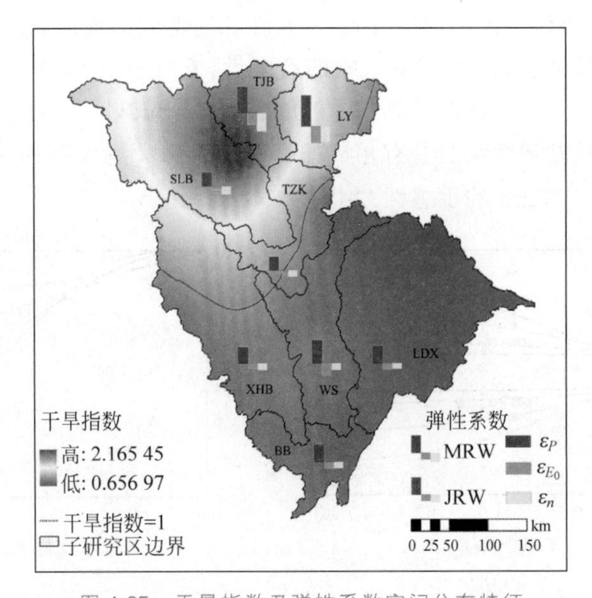

图 4-35 干旱指数及弹性系数空间分布特征

Fig. 4-35 Distribution of Aridity Index and elastic coefficient

性系数数值及空间异质性较强，尤其是对流域属性参数 n 更为敏感。ε_n 在上游半湿润区的绝对值较大，随着干旱指数的单调下降，ε_n 由上游至下游随干旱指数呈现由 −1.26～−0.59 的下降趋势。由于嘉陵江流域的高程变化与气候特征变化的一致性，流域径流敏感性也与地形特征存在一定关系，即对于海拔较高、地形较复杂的上游地区，径流具有较高的敏感性和空间异质性；同时，径流对参数 n 值的下垫面敏感性随着上游到下游子流域平均海拔的下降而下降(见图 4-36)。

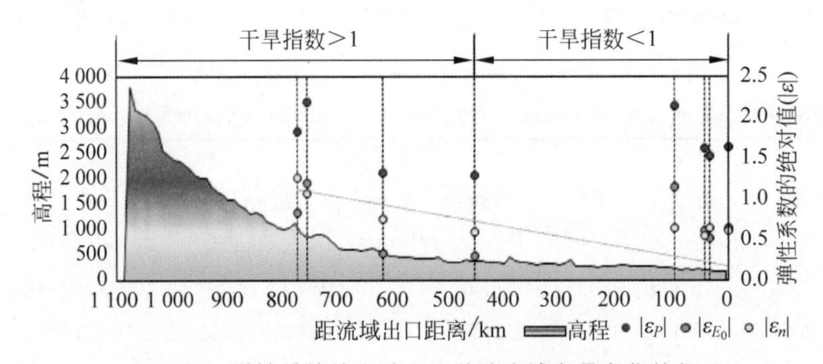

图 4-36 弹性系数从上游至下游随流域高程变化特征

Fig. 4-36 Variation of elastic coefficient along with elevation from upstream to downstream

根据 Mezentsev-Choudhury-Yang 函数，干旱指数和流域属性参数 n 是影响弹性系数的两个主要因素。由于嘉陵江流域的干旱条件在空间上呈线性变化，因此可合理推测子流域 n 值的差异导致了流域内弹性系数的不规律空间分布。流域属性参数 n 在 Mezentsev-Choudhury-Yang 方程中的重要性还可以用水热平衡原理来解释。在该函数中，研究区可分为水分限制区(干旱地区，无足够 P)和能量限制区(湿润地区，无足够 E_0)。基于这一假设，由于水分(P)或能量(E_0)的限制，n 值越大，说明研究区的产流更易受水热限制，径流系数 R/P 越小。对于水热平衡的流域，n 值较小，更易产流。在水热平衡理论基础上，湿润区子流域 WS 由于 E_0 有限，呈现出最大的 n 值(2.1)及最小的径流系数(0.34)；在半湿润区，由于降水的限制，LY 子流域 n 值最大；而在蒸散发与降水平衡的区域，SLB 和 TZK 具有最小的 n 值，其 n 值分别为 0.68、0.69，相应径流系数为 0.58、0.63。

4.6.1.3　气象及非气象要素对径流变化的贡献分析

4.4.3 节中的 Pettitt 检验结果确定了嘉陵江流域降水量、潜在蒸散发、径流深年序列突变点为 1990 年、1979 年、1993 年，且大部分子流域年降水量于 1990 年出现 5%显著性水平的突变，1979 年大部分子流域的潜在蒸散量出现突变，并且由于 1990 年降水量发生突变，径流量年序列突变较降水量滞后，约于 1993 年发生突变。因此，可认为 1979 年之前，嘉陵江流域的气象水文条件较为稳定，可作为归因分析的基准期。以 1979 年作为分界点，将气象水文序列分为基准期 Period_0(1954/1960—1979 年)、影响期(Period_1：1980—2015 年)。采用互补法进行径流归因变化，可将径流变化定量划分为气候变化影响量(P,E_0)、非气候变化影响量，结果如图 4-37 和表 4-18 所示。

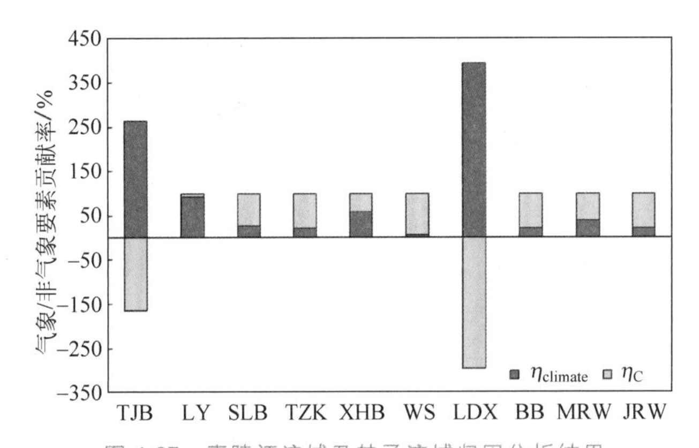

图 4-37　嘉陵江流域及其子流域归因分析结果

Fig. 4-37　Attribution analysis for the Jialing River Basin and its sub-basins

表 4-18　嘉陵江流域径流变化及其归因分析结果

Table 4-18　Runoff variation and attribution analysis for the Jialing River Basin

名称	时期	R /mm	P /mm	E_0 /mm	ΔR /mm	ΔP /mm	ΔE_0 /mm	ΔR_P /mm	ΔR_{E_0} /mm	ΔR_n /mm	η_{climate} /%	η_C /%
TJB	1960—1979 年	169.96	576.67	939.45	—	—	—	—	—	—	—	—
	1980—2009 年	164.28	546.96	931.64	−5.68	−29.71	−7.81	−16.14	1.19	9.30	263.85	−163.85
LY	1960—1979 年	211.42	782.72	919.85	—	—	—	—	—	—	—	—
	1980—2000 年	183.92	722.34	883.72	−27.51	−60.38	−36.13	−35.21	9.62	−2.31	91.61	8.39
SLB	1960—1979 年	378.91	624.58	880.02	—	—	—	—	—	—	—	—
	1980—2000 年	331.35	604.99	866.11	−47.56	−19.58	−13.91	−15.31	1.73	−34.43	27.60	72.40
TZK	1960—1979 年	697.21	929.40	940.32	—	—	—	—	—	—	—	—
	1980—2000 年	434.56	850.89	889.94	−262.65	−78.52	−50.38	−68.68	6.20	−207.72	20.91	79.09
XHB	1954—1979 年	519.80	988.03	875.70	—	—	—	—	—	—	—	—
	1980—2015 年	456.31	934.75	864.27	−63.48	−53.28	−11.43	−41.43	3.24	−25.92	59.16	40.84
WS	1960—1979 年	309.06	1040.59	913.56	—	—	—	—	—	—	—	—
	1980—2000 年	381.65	1008.59	852.60	72.59	−32.01	−60.96	−22.54	28.28	68.61	5.48	94.52
LDX	1954—1979 年	559.68	1133.05	921.36	—	—	—	—	—	—	—	—
	1980—2015 年	573.14	1177.97	875.00	13.46	44.92	−46.37	34.97	16.23	−39.63	394.29	−294.29

续表

名称	时期	R /mm	P /mm	E_0 /mm	ΔR /mm	ΔP /mm	ΔE_0 /mm	ΔR_P /mm	ΔR_{E_0} /mm	ΔR_n /mm	$\eta_{climate}$ /%	η_C /%
BB	1964—1979年	394.62	1042.61	905.98	—	—	—	—	—	—	—	—
	1980—2015年	548.32	1063.42	858.21	153.70	20.81	−47.77	15.12	19.15	120.34	21.70	78.30
MRW	1954—1979年	340.57	784.21	906.94	—	—	—	—	—	—	—	—
	1980—2015年	294.39	754.22	897.80	−46.17	−29.99	−9.13	−20.84	2.06	−27.88	39.61	60.39
JRW	1954—1979年	426.21	920.47	904.63	—	—	—	—	—	—	—	—
	1980—2015年	408.24	907.26	883.79	−17.97	−13.21	−20.83	−9.70	5.75	−14.16	21.19	78.81

对于嘉陵江流域(JRW),气象因素和非气象因素的贡献分别为21.19%和78.81%。非气象要素对径流变化贡献率较高,这一事实在前人的研究中也得到了证实(Yang et al., 2014a)。这一结果一方面是由于近年频繁的人类活动对水文系统的干扰(Yan et al., 2011),另一方面是由于流域 P 与 E_0 的作用可能存在抵消,导致气象要素的综合效应减小。气象、非气象要素的贡献率在空间上存在差异,就子流域而言,TJB、LY、XHB、LDX 的气候要素贡献率较高,而 SLB、TZK、WS、BB 子流域的气候要素贡献率较低。

为了进一步分析气象、非气象要素贡献率的时间变化特征,选取1993年为第二突变点,与第一突变点1979年共同将时间序列划分为基准期 Period_0(1954/1960—1979年)、影响期 Period_2(1980—1993/2000年)、影响期 Period_3(1994—2009/2015年)。为了满足使用 Budyko 方程对序列长度大于等于10年的要求,仅 TJB、XHB、LDX、BB、MRW 和 JRW 进行了贡献率时间变化特征分析,$\eta_{climate}$ 和 η_C 的比值如表4-19所示。结果表明,对于JRW,两个影响期的气候贡献率与非气候贡献率分别约为20%、80%,两个影响期无明显变化。鉴于非气候要素主要包含有人类扰动导致的流域下垫面变化,因此在嘉陵江流域的管理中应特别重视对人类生产建设活动的管理。对于子流域,上游子流域(TJB)于 Period_2 主要受非气象要素影响,由 Period_2 至 Period_3 主控因子的贡献下降;对于支流子流域(XHB、LDX),其 Period_2 主控因子为气象要素。对比两影响期的归因分析结果,主控因子贡献率仍呈下降趋势。此外,复合流域 MRW 的贡献率与上游子流域 TJB 一致,表明了高原山地特征对流域气象水要素的重要影响。在河网的连接下,受干流区域与支流区域面积权重的影响,BB 的归因分析结果与干流区域相同。总体来说,尽管 JRW 径流变化的归因分析结果在时间上是不变的,但在子流域尺度上呈现差异。一致的是,由 Period_2 至 Period_3,不同子流域于 Period_2 中的主控因子贡献率都呈现减小的特征。这表明,随着时间的变化,嘉陵江

表4-19 Period_2、Period_3 归因分析结果

Table 4-19 Contribution variation in two post impacted stages

研究区	$\eta_{climate}$: η_C (Period_2)	$\eta_{climate}$: η_C (Period_3)	Period_2 主要影响因子	主要影响因子变化
TJB	1 : 2.04	5.18 : 1	非气象因子	↓
XHB	1.79 : −1	1.03 : 1	气象因子	↓
LDX	1.48 : 1	−1 : 1.79	气象因子	↓
BB	1 : 12.48	1 : 5.00	非气象因子	↓
MRW	−1 : 4.50	1 : 2.01	非气象因子	↓
JRW	1 : 4.01	1 : 3.77	非气象因子	↓

流域的气象要素与非气象要素对流域径流量的影响将更相近，未来进行嘉陵江流域径流变化驱动因素的定量区分将更为困难和复杂。

4.6.2　基于SWAT模型情景模拟的流域径流变化驱动因素分析

4.6.2.1　嘉陵江流域径流变化的主要影响因素筛选

选取子流域平均坡度(S)、坡度标准差(S')、平均高程(H)、高程标准差(H')作为地形因子，子流域面积(A)、子流域周长(Peri)、圆度(C)、子流域内河长(L)、子流域河网密度(RD)作为流域形态因子，分析流域水沙变化的主要驱动因子。其中，圆度是指流域面积与周长为流域周长的圆面积比，圆度越接近1，则子流域越接近圆形，越有利于径流汇流。选取子流域多年平均降水量(P)、降水集中指数(PCI)、降水变异系数(CV)、潜在蒸散发(E_0)作为气象因子。降水集中指数表征了流域降水的年内降水分异性，集中指数越高，则年内降水越集中。降水变异系数表征了年降水时间序列的波动，变异系数值越大，表明序列越离散，波动程度越高。选取陆地表层人类活动强度(HAILS)作为人类活动因子。地表层人类活动强度的计算公式如下：

$$\mathrm{HAILS}=\frac{S_{\mathrm{CLE}}}{S}\times 100\% \tag{4-7}$$

$$S_{\mathrm{CLE}}=\sum_{i=1}^{n}(\mathrm{SL}_i\times \mathrm{CI}_i) \tag{4-8}$$

其中，HAILS为陆地表层人类活动强度；S_{CLE}为建设用地当量面积；S为区域总面积；SL_i为第i种土地利用/覆被类型的面积；CI_i为第i种土地利用/覆被类型的建设用地当量折算系数；n为区域内土地利用/覆被类型数。计算所需土地利用/覆被类型的建设用地当量折算系数CI值的选取如表4-20所示(徐勇等，2015)。

表4-20　土地利用类型的建设用地当量折算系数

Table 4-20 Conversion index of construction land equivalent of different land use types

一级土地利用类型		二级土地利用类型		CI
编号	名称	编号	名称	
1	耕地	—	—	0.200
2	林地	21	有林地	0.000
		22	灌木林	0.000
		23	疏林地	0.000
		24	其他林地	0.133
3	草地	—	—	0.067
4	水域	41	河渠	0.600
		42	湖泊	0.600
		43	水库坑塘	0.600
		44	永久性冰川雪地	0.000
		45	滩涂	0.000
		46	滩地	0.000
5	城乡、工矿、居民用地	—	—	1.000
6	未利用土地	—	—	0.000

为了选取对嘉陵江子流域产流量变化具有驱动效果的因子，排除与产流量空间特征相关性低的因子，采用414个子流域多年平均产流量（WYLD）与初选因子的相关系数及相关系数显著性进行指标筛选。相关系数矩阵如图4-38所示，其中H、H'、S、S'、R、P、HAILS达到小于0.001的显著性，被选定进入后续产流量的空间分布驱动力分析，以上因子与多年平均产流量的相关系数分别为−0.473、−0.371、−0.373、−0.237、−0.227、0.781、0.235。

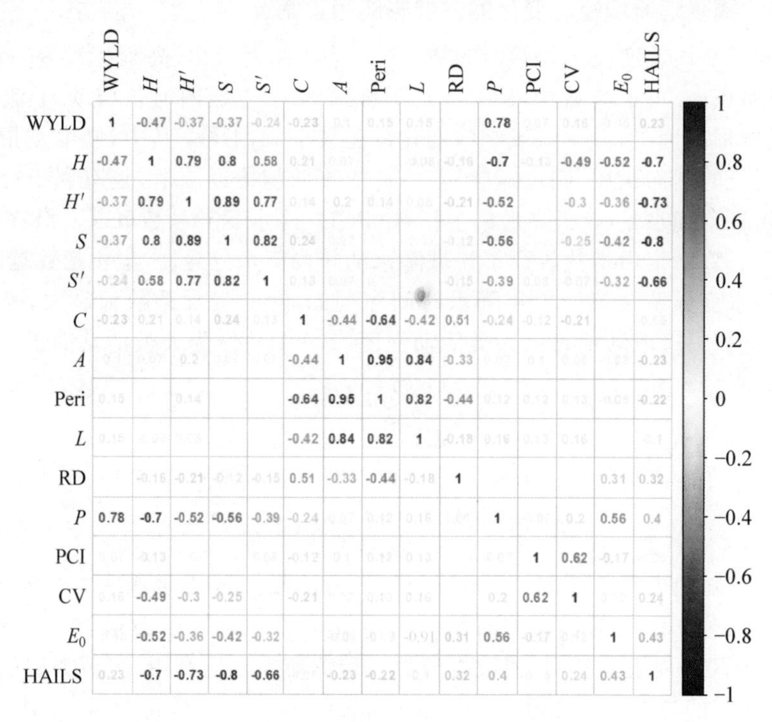

图4-38 初选指标与子流域多年平均产流量的相关性分析

Fig.4-38 Correlation analysis between primary indexes and annual average yield in sub-basins

4.6.2.2 基于主成分分析的影响因素特征

由图4-38的相关性分析结果可知所选取的主要影响因素并非相互独立，因此需要对影响因素进行进一步简化。主成分分析通过正交变换将存在相关性的变量转换为线性不相关变量，获得可以反映影响因素特征的主成分，这是进行影响因素降维的常用方法。对414组子流域的主要影响因素进行标准化，从而进一步进行主成分分析，分析结果如表4-21所示。

表4-21 径流影响因子主成分分析值

Table 4-21 Principal component analysis value of runoff influencing factor

	Comp. 1	Comp. 2	Comp. 3	Comp. 4	Comp. 5	Comp. 6	Comp. 7
H	−0.422	—	0.315	−0.297	0.39	0.688	—
H'	−0.435	0.124	—	0.106	0.587	−0.534	0.385
S	−0.454	—	−0.159	—	—	−0.141	−0.861
S'	−0.392	0.185	−0.374	0.618	−0.309	0.374	0.237
R	—	−0.882	−0.432	−0.109	—	—	—

续表

	Comp. 1	Comp. 2	Comp. 3	Comp. 4	Comp. 5	Comp. 6	Comp. 7
P	0.321	0.323	−0.721	−0.272	0.37	0.242	—
HAILS	0.395	−0.246	0.149	0.657	0.517	0.153	−0.199
特征根	2.110	1.016	0.838	0.600	0.490	0.364 607	0.280
贡献率	0.636	0.148	0.100	0.051 4	0.034	0.019	0.011
累积贡献率	0.636	0.784	0.884	0.935	0.970	0.989	1

根据特征根大于1的标准，可选取第1主成分、第2主成分。前2个主成分的累积贡献率为78.4%，未达到85%的累计贡献率标准，因此进而选取第3主成分，以使所选主成分足以反映产流量影响因子，前3个主成分累积贡献率为88.4%。根据成分得分系数，可得第1主成分、第2主成分、第3主成分的构成：

$$\text{Comp.}1 = -0.422 \times H - 0.435 \times H' - 0.454 \times S - 0.392 \times S' + 0.321 \times P + 0.395 \times \text{HAILS} \tag{4-9}$$

$$\text{Comp.}2 = 0.124 \times H' + 0.185 \times S' - 0.882 \times R + 0.323 \times P - 0.246 \times \text{HAILS} \tag{4-10}$$

$$\text{Comp.}3 = 0.315 \times H - 0.159 \times S - 0.374 \times S' - 0.432 \times R - 0.721 \times P + 0.149 \times \text{HAILS} \tag{4-11}$$

其中，第1主成分中各成分的得分系数相近，地形影响因子、人类活动影响因子偏大，且较降水量权重更大，因此可认为第1主成分是反映子流域地形条件及土地利用/覆被条件的地表条件综合因子。第2主成分中圆度，即流域形态因子，具有较大载荷，可认为第2主成分是反映了流域形态特征综合因子。第3主成分中降水量具有最高载荷，可认为是以降水条件为主要特征的气象因子。至此，可将第1主成分、第2主成分、第3主成分分别命名为地表条件因子、流域形态因子、气象因子。

4.6.2.3　基于聚类分析的径流空间特征驱动因素分析

采用选取的7个产流量的主要影响因子进行系统聚类分析，以对不同类型区进行产流量空间特征驱动因子分析。本书采用最小离差平方和进行聚类分析，共将414个子流域分为四类，分类结果如图4-39所示，即嘉陵江流域可根据产流量影响因子(地形因子、流域形态因子、气象因子、人类活动因子)将整个流域划分为4个类型区：嘉陵江源头东侧汇流区(第1聚类类型)、白龙江流域上游(第2聚类类型)、嘉陵江流域源头及高程变化带区(第3聚类类型)、嘉陵江流域中下游(第4类型区)。

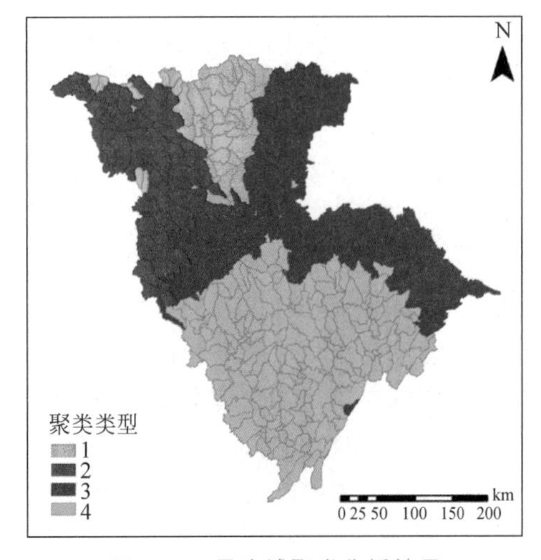

图4-39　子流域聚类分析结果

Fig.4-39　Result of cluster analysis using runoff influencing factor

以上文所得3个主成分对不同类型区的多年平均产流量与主成分进行线性回归分析，建立如下多元回归模型：

$$WYLD = a_1 \times \text{Comp.}1 + a_2 \times \text{Comp.}2 + a_3 \times \text{Comp.}3 + b_0 + e \qquad (4\text{-}12)$$

其中，a_1、a_2、a_3 为回归系数；b_0 为常数项；e 为残差。

标准化偏回归系数及其显著性体现了不同类型区主成分对产流量的影响程度。分析图 4-39 及表 4-22，结果表明：嘉陵江源头东侧的汇流区域作为低降水低产流的区域，径流主要受降水控制。白龙江上游同时受降水和地表条件控制，可能与该地区降水偏少、地表条件特殊有关。嘉陵江源头区域及地形变化带所在区域主要受流域流域形态因子控制。嘉陵江中下游区域主要受地表条件控制，其中包括自然地形因素和人类干扰因素。

表 4-22　径流影响因子主成分分析值

Table 4-22　Principal component analysis value of runoff influencing factor

聚类名	标准化回归系数		
	Comp. 1(地表条件因子)	Comp. 2(流域形态因子)	Comp. 3(气象因子)
第一聚类	−0.077	0.359*	0.469***
第二聚类	0.359**	0.084 6	−0.378***
第三聚类	0.034 7	−0.418***	0.051 2
第四聚类	−0.361***	0.176	−0.130

4.7　本章小结

1. 基于 2000—2015 年 MODND1M 归一化植被指数(NDVI)数据，采用均值法和最大合成法以及趋势分析法研究流域的植被时空变化特征，采用相关分析及偏相关分析方法分析嘉陵江流域植被变化对主要气候因子的响应。主要结论如下：

首先，16 年间植被覆盖度整体呈现上升趋势，其中冬季(12 月—次年 2 月)植被覆盖度上升的趋势最明显。流域植被分布存在空间异质性，东部及南部植被覆盖度较高，北部地区植被覆盖度较低，植被整体处于改善状态。

其次，降水对 NDVI 的影响更为显著，生长季植被覆盖度对降水变化的响应滞后 0～1 个月，而对气温变化无显著的滞后现象。

2. 降水的集中分布是引发洪涝灾害和河流高含沙事件的主要因素，基于流域内 19 个气象站点 1954—2018 年的逐日降水数据，计算年平均降水集中度(ACI)和长期降水集中度(LCI)指数，分析降水集中度指数的时空变异规律，并基于相关性分析和随机森林算法探讨其主要驱动因素。结果表明：

首先，嘉陵江流域的 ACI 和 LCI 值在空间上均呈现北低南高的分布格局，东南部人口密集区降水集中度大，极端降水事件发生的可能性大；而西北部山区降水集中度较小，降水较均匀，发生极端降水的可能性较小。

其次，研究期间降水集中度变幅较大；多数(15/19)站点降水集中度呈现上升趋势，各站点的趋势性差异亦与地形、气候因素密切相关。

最后，降水集中度与流域高程具有显著的负相关关系；对降水集中度影响最大的气候因子为太阳黑子指数 SS，其次为 ENSO 指数(MEI 和 SOI)。

3. 流域内部气象水文条件具有明显空间异质性，基于嘉陵江流域 20 个气象站点及 8 个水文站点 1954—2015 年观测数据，从时间和空间尺度解析气象及水文要素的变化规律；采用基于Budyko假设的水热平衡方程对径流的时间变化进行敏感性分析和归因分析；通过构建嘉陵江流域的SWAT水文模型，获得该流域逐月径流模拟值，采用主成分分析、聚类分析法及线性回归法，对流域产流量的时空特征及驱动因素进行分析。主要结论如下：

首先，嘉陵江流域气象水文要素年内分配不均匀，P、E_0、R 年序列在时间上分别呈现下降、上升、下降趋势，并分别与1990年、1979年、1993年发生突变；流域上游与流域整体变化一致，中下游变化趋势则与之相反。

其次，流域半湿润地区径流对流域属性参数(n)的敏感性高于湿润地区；气象与非气象要素分别对嘉陵江流域的径流变化的贡献率约为20%、80%；子流域归因分析结果存在时间变化，第二影响期(1994—2015年)中非气象要素贡献率呈现下降趋势。

再次，构建的嘉陵江流域SWAT模型具有较强的适用性，可较好反映流域水文特征。流域产流量在空间上呈现上游少，中游多的分布，上游低产流区呈减少趋势，而在下游则与之相反。子流域在各季节产流量空间分布、径流变化率空间格局存在差异。

最后，降水因子主要控制嘉陵江东源西侧支流低产流区域产流量；流域形态因子主要影响嘉陵江东部源头区域及中部断裂带区域产流过程；地表条件因子主要影响嘉陵江中下游低海拔地区径流过程；嘉陵江西源区域产流量同时受气象因子、地表条件因子的控制。

第 5 章

金沙江流域水沙变化特征及驱动机制

5.1 研究背景

联合国政府间气候变化专门委员会(Intergovernmental Panel on Climate Change, IPCC)第五次评估报告指出,1880—2012 年全球地表平均温度上升了 0.85 ℃,全球变暖已然成为一个毋庸置疑的事实。在全球气候变暖的背景下,水循环持续加剧,导致了强降水、干旱等极端天气、气候事件的频繁发生。在此背景下,水灾害不断加剧,且具有突发性强、危害性大的特点(江志红等,2007)。极端降水已经成为当今国际社会、各国政府和科学界越来越关注的焦点问题。

极端降水事件对农业生产、水土资源等方面均产生了深刻影响。例如,气候变化下由极端降水引起的农业灾害频发,导致农田被毁、引发农业病虫害、作物生长发育受阻、产量及品质降低,严重威胁我国的粮食安全(陈海生等,2008)。在水土资源方面,强降水的强度和频次增加,加大了山洪地质灾害发生的风险,导致山洪、泥石流及滑坡等地质灾害发生频次增加。极端降水事件的频发不仅带来巨大的经济损失,同时也危害人类的生命安全,因此深入掌握气候变化背景下的极端降水变化时空规律变得尤为迫切。

在全球变暖气候背景下,极端降水量显著增加,但空间格局变化复杂(Asadieh et al., 2015)。极端降水同时受到地形地貌和大尺度的大气环流等因素影响(胡思等,2019)。因中国地势复杂,同时受海陆差距及季风影响,极端降水变化趋势特征与世界其他地区存在差异,具有明显的纬度地带特性以及显著的季节性差异。因而,了解极端降水的时空变异特征有利于各区域的水资源管理和气候评估,有助于在不断变化的环境下有效地进行水资源管理和防洪减灾工作。

金沙江流域位于青藏高原东麓,水能资源丰富,是我国具有重要战略地位的最大的水电基地之一(卢璐等,2016)。然而,由于流域内高程变化极为剧烈,同时受季风影响,该流域对气候变化的响应极为敏感,因而是长江上游典型的生态脆弱区和重点的产沙来源区(郭生练等,2015)。该流域的生态环境问题对长江三峡乃至整个长江流域的生态建设意义深远。近年来,金沙江流域“大水大沙”现象极为突出,全年 80%以上的径流和 98.2%以上的泥沙均发生在5—10月(赵东等,2006),水资源的不平衡分配对水资源的开发利用带来挑战。水沙资源的极端分布与极端降水事件密不可分,然而,目前针对于金沙江流域的极端降水事件的研究不足以支持对水沙过程机理的深入剖析和对未来预测的准确判断,就极端降水事件的关键驱动因素亦缺乏统一的认识。基于以上分析,本章将以金沙江流域为研究区域,探究极端降雨事件在该流域内的时空变化规律,定量解析导致极端降水事件时空变化的关键驱动因素。研究结果可为流域水沙过程的深入解析和未来趋势预测提供支持,对金沙江流域水资源开发利用和防洪减灾措施的决策提供参考,对金沙江流域乃至整个长江流域的生态环境保护具有重要的科学意义和现实价值。

长江及其流域的生态环境保护是长江经济带建设的基础和重要的保障(杨桂山等,2015),是支持国家三大发展战略的重要方面(李朱,2020)。长江流域横跨中国西部、中部、东部三大地区,水资源丰沛、生态系统类型多样,在整个国家的生态文明建设中都是重中之重。1999年,长江流域实施退耕还林(草)、长治工程以来,植被覆盖得到有效恢复;但与此同时,人口、城市数量激增,城市用地不断扩张,对于长江流域的人为干扰不断增强,再加上全球气候变化带来的严峻考验,对长江流域水资源、生态环境造成威胁。金沙江流域坐落于长江上游,穿行于青、川、藏、滇四省之间,约占长江流域面积的26%。金沙江河床陡峻,水流大、流速急,因而对河床的侵蚀力强,能够产生大量泥沙,是长江泥沙的主要来源之一,所以控制金沙江的流域泥沙对于三峡水库的长期使用具有十分重要的意义。流域水量丰沛,上下落差大,水力资源丰富,是我国的13大水电基地之一,该区域拥有水力资源1亿多千瓦,占长江水力资源的40%以上。此外,金沙江流域的生态地位突出。作为长江之源,金沙江是长江中下游地区重要的生态屏障,具有涵养水源保土固沙的重要功能,直接关系到长江中下游的径流特征,甚至对新时期中国的生态文明建设成果举足轻重(李晓冰,2009)。

植被是生态系统的重要组成部分,在拦截降水、调节径流、水土流失和荒漠的防治方面发挥着重要作用。流域尺度上的植被遭到破坏后,会改变流域对于径流量的调节能力,致使下游地区暴雨过后洪水泛滥的可能性增加,植被保水固土的能力也会随之减弱,进而造成土壤侵蚀加剧,地表存储水量减少。因此,利用有效的监测方法时时监测流域的植被覆盖状况,及时发现异常、采取举措,防止流域植被覆盖进一步恶化,对于实现流域的泥沙治理、水土保持和生态恢复具有重要的作用。金沙江流域植被类型丰富,地形、气候条件复杂,生态环境脆弱,研究金沙江流域的植被覆盖分布、时空变化,有利于了解金沙江流域的植被物候和生态环境特征,开展气象因子、地形因子对植被的影响研究,有利于把握该地区植被对于气象因子、地形因子的响应,对于流域内植被恢复、生态保护及水土保持具有重要意义。

在现有研究中,少有在金沙江流域研究植被对气象因子、地形因子响应的相关成果,而由于金沙江流域独特而复杂的自然条件,其他区域植被对气象、地形的响应规律不一定适用。为此,本章拟基于2000—2019年的MODIS遥感数据,分析金沙江植被覆盖在时间和空间上的变化规律,并探明该变化与气温、降水、地形之间的关系,为全球气候变化大背景下流域植被恢复、流域生态的综合治理提供依据。

流域径流泥沙的形成和演变受气候变化和人类活动等因素影响,而水沙关系变化则是其中最活跃的部分(赵玉等,2014),多年来一直是流域产沙动力学和河流动力学等相关领域的研究热点(黎铭等,2019),悬移质泥沙的输移、估算及预测也因此备受关注(Hu et al.,2011)。在气候中,降水、浸润、蒸发、河流径流、地下水和其他水文学因素的变化,主要由大气循环的变化、冰和雪的状况引起,从而引起水资源在时间和空间上的重新分配;人为因素主要通过水土保持工程的建设和植被的覆盖造成径流和泥沙的变化,主要表现在拦蓄地表径流、减少土壤侵蚀、增加地表覆盖,以达到调控流域水沙关系、防止水土流失的目的(刘红英,2012)。定量研究河流的水沙关系和输移过程,对揭示泥沙的时空演变规律和来源至关重要,也是制定水资源保护策略和发展生态水利的根本。

金沙江是长江上游来沙量最大的河流之一(徐全喜等,2004)。作为三峡水库最主要的沙量来源,金沙江流域的水沙变化除了对降水、径流、蒸发、泥沙造成直接影响(高鹏等,2010),还会对区域水库的运行调度产生重要影响(刘尚武等,2020)。有学者表明,进入21世纪以来,金沙江流域的输沙量已显著降低。Zhang等(2015)研究表明,屏山站2001—2015年的年输沙量比1956—1970年的输沙量减少了34%;Xiong等(2009)通过分析屏山站的水文数据,发现2001年的径流数据略有增加,但是输沙量显著减小。金沙江流域的输沙产沙量显著减小,与降水、径流量呈现出较大的联系。朱玲玲等(2016)认为影响金沙江流域输沙量的影响因素主要是降水变化、水土保持工程和大中型水利枢纽工程,并且在相当长的时间内,金沙江流域的输沙量将会保持在较少的水平。

由于近年来人类在金沙江流域的活动强度大幅提高,流域径流和输沙量发生显著变化,水沙关系呈现出新的特性,对区域生态环境和水沙资源安全带来影响。目前对这种人类活动影响下的水沙变化以及驱动因素的研究相对比较欠缺,本书可丰富金沙江流域水沙资源的研究内容,为河流水文循环和河道泥沙沉积提供重要参考(朱玲玲等,2021),为流域生态环境和水沙资源安全提供基础理论,同时对长江上游流域的生态安全建设亦具有一定的理论价值。金沙江流域的水沙变化驱动因素较为复杂,且各因素影响水沙关系的驱动机制有所不同。金沙江流域地处季风气候区,因而其径流受降水等气象因素的影响十分明显。此外,随着农业生产活动、水资源开发利用工程以及国家的退耕还林(草)工程的进一步加剧,人类活动的影响亦不可忽视。

5.1.1 研究区概况

金沙江流域(90°～105°E,24°～36°N)位于长江上游,主河流发源于我国青海省唐古拉山主峰各拉丹冬雪山,向东流经青海、西藏、云南高原西北部、川西南山地和四川盆地南部,最后以宜宾站为流域出口(刘晓婉等,2016),全长2 316 km,流域面积34万km^2(卢雅婷等,2019)。流域地势复杂多变,地跨中国第一和第一阶梯的地形急变带地区,整体地势北高南低,上游至下游海拔落差达6 326 m,跨度极大,存在高原、峡谷、盆地、丘陵等多种地貌类型(唐川,2004),流域内的地形变化情况如图5-1所示。

5.1.1.1 气象条件

金沙江流域正处于西南季风、东南季风与青藏高原季风交界的地区,具有显著的季风气候特征,干湿两季分明,冬、春两季干旱,持续时间长,降雨大部分集中在雨季,年内分布极不均匀。流域内气候时空差异大而显著。上游寒冷干燥,气温低而不易成雨,形成了半干旱气候;干热河谷区占据中游大部分区域,干热河谷区降水量少,蒸发量大,局部有暴雨;下游降水量较多的原因主要是受到了亚热带季风气候的影响。近年来,金沙江流域气候异常加剧,夏秋两季干旱灾害频发(吴桂炀等,2019)。同时,强降水事件多发。2005—2012年,流

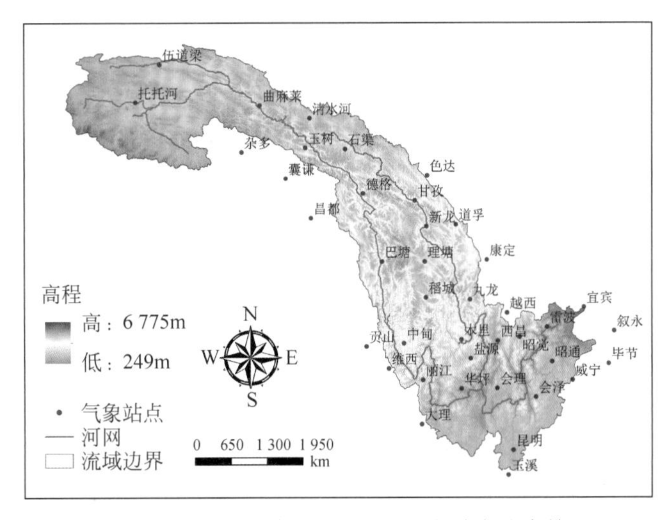

图 5-1　金沙江流域地理概况及气象站点分布情况

Fig. 5-1　The location of the Jinsha River Basin and the location of 40 meteorological stations

域强降水发生频率约 14 次/年，主要集中在 6—8 月，约占全年的 70%(李进等，2013)。

5.1.1.2　水文条件

融冰、融雪、降水是金沙江流域径流的 3 个主要来源。流域径流的补给来源随季节发生变化。一年中的 5—9 月，流域径流补给以降雨为主，6—8 月为降雨集中期，10 月至次年的 4 月，降雨量减少，径流以融冰和融雪为主要补给方式。金沙江的洪水一般是由于暴雨形成，多发生在 6 月下旬至 10 月中旬。由于流域面积大，降雨历时一般较长；枯水期一般为 11 月至次年的 5 月，这期间的径流量变化平缓，较为稳定。

5.1.1.3　土壤植被

金沙江流域的植被种类丰富多样，有高山草甸、灌木和森林，也有半荒漠的干旱河谷，甚至包括高原荒漠(孙士型等，2009)。流域的主要土类包括栗钙土、草甸土、栗褐土、黑钙土等地带性土类和风沙土、盐土、潜育土等非地带性土壤。

5.1.2　研究内容

5.1.2.1　极端降雨研究

利用金沙江流域 40 个气象站点 1970—2019 年的日降水量数据，基于选取的 11 个极端降水指数，并基于地形差异性及年降水量(200～400 mm、400～800 mm、800 mm 及以上)在空间上的分布规律，将金沙江流域分为西北高原干旱区(Ⅰ区)、干旱—湿润过渡区(Ⅱ区)以及东南低海拔湿润区(Ⅲ区)三个区域，分析极端降水指标在金沙江流域整体和各分区的时空分布特征，探讨极端降水指标的趋势、突变及周期特征，探究地形因子与极端降水指标的相关关系，定量区分大气环流因子对极端降水指标的贡献。具体研究内容分为以下四个部分。

(1) 极端降水指标的时空特征分析

基于金沙江流域 1970—2019 年的逐日降水数据，应用 ETCCDMI 推荐的 11 个极端降水指标，运用滑动距平及基于 ArcGIS 的普通克里金插值法等方法探究金沙江流域极端降水事件的时空分布特征。

(2) 极端降水指标的变化趋势

运用 Mann-Kendall 非参数趋势检验等方法，分析极端降水指标在各站点的空间变化趋势以及在不同研究区的时间变化趋势，得到各极端降水指标变化趋势的空间分异情况以及发生显著变化趋势的时间段。

(3) 极端降水指标的周期性分析

运用小波变化函数，分析全流域及各研究区年降水量序列不同时间尺度的周期变化及其在时间域中的分布。计算各指数在全流域及各研究区的小波方差，确定 11 个极端降水指标演化过程中存在的主周期。

(4) 极端降水指标的关键驱动因素分析

利用选取的 11 个极端降水指标与高程、大气环流等影响因子进行相关性分析及冗余分析，针对金沙江流域的年际变化特征分析其可能原因，讨论造成各区域呈现不同趋势的因素，研究各因子与极端降水指数的相关性及显著性。

5.1.2.2 植被覆盖变化研究

本章拟采用 2000—2019 年 16 天一期、共计 456 期 MODIS 遥感数据，分析金沙江流域植被覆盖在时间和空间上的变化规律，并寻找该变化与气温、降水和地形因子之间的关系。具体包括两个方面的内容。

(1) 金沙江流域植被的时空变化特征

基于 MOD13Q1 卫星数据，提取 NDVI 波段，在 ArcGIS 中采用最大值合成法得到金沙江流域 2000—2019 年的年均、月均 NDVI，采用趋势分析法分析时间上的变化趋势，再将这 20 年的年均 NDVI 合成为金沙江流域 20 年的平均 NDVI 空间分布图，分析其空间变化特征。

(2) 主要影响因子

基于金沙江流域内气象站的降水、气温数据，在 ArcGIS 中采用克里金插值法将未设置气象站的地区的气象数据补齐，获得整个金沙江流域 2000—2019 年降水、气温的年际、月际数据，分析其年际、月际变化趋势以及在流域内的空间分布规律。采用相关分析法分别分析金沙江流域植被覆盖指数 NDVI 与两个气象因子以及地形因子的相关性，并关注气象因子与 NDVI 的时滞效应。

5.1.2.3 植被覆盖变化研究

本章将以金沙江流域为主要研究区域，探究不同时间尺度上的水沙关系、水沙变化机制及其驱动因素，拟采用 Mann-Kendall 趋势检验法、双累积曲线法和水沙关系曲线法对流域水沙变化趋势进行阶段性划分，通过构建多年尺度径流—悬移质的关系曲线，对不同种类径流悬移质环路的环路特性进行探究，并深入分析其驱动因素。进一步对重点场次暴雨事件下的水沙关系进行研究，深入解释机理。具体的研究内容如下。

(1) 水沙序列的动态变化特征

了解流域多年径流量、输沙量的情况，并通过 Mann-Kendall 趋势检验法对金沙江流域多年径流悬移质的趋势性进行研究。其次，应用双累积曲线法对流域内径流泥沙的阶段性特点进行分析，利用水文站的径流、输沙、降水数据进行分析计算。根据曲线上出现的明显转折以及曲线斜率的明显变化，确定转折点，从而划分出时间阶段，并分析阶段特性。除此之外，为分析径流、输沙的年内变化规律，将利用径流泥沙的集中度分析的方法，来反映年内的径流、输沙量的非均匀分配特征，通过这种方法来判断洪水和极端输沙事件的变化趋势。

（2）水沙关系的动态变化特征

水沙关系曲线是表示流量与悬沙浓度间的幂函数关系曲线，可以用来反映流域产沙特征及河流输沙特性。通过金沙江流域屏山水文站1954—2016年的逐日径流量和逐日输沙量，计算水沙关系中的关键参数 a 值和 b 值，从多年尺度探究水沙关系各参数的趋势性，且从场次事件尺度分析径流—悬移质泥沙环路的种类特征和统计特征，并揭示其机理。

（3）水沙变化驱动因素的定量分析

流域水沙变化的驱动因素主要包括人类活动和气候变化，量化二者对流域特殊水沙变化的影响程度主要通过贡献率这一概念，本书拟用差分法进行分析。通过对比时间序列内的这两类因素的量化数值，客观评价人类活动对流域的影响。

5.2 极端降雨指标变化特征

5.2.1 极端降水指标的选取与定义

本章选取气候变化监测和指标专家组（Expert Team on Climate Change Detection Monitoring and Indices，ETCCDMI）推荐的年降水强度、强降水日数、年最大连续无雨日数、年最大连续降水日数、年1日最大降水量、大雨日数等11个指标（见表5-1），对金沙江流域的极端降水事件进行分析，这些指标具有噪声低、显著性强的优点。其中，依据我国降雨强度等级划分方法，将24小时内降水量 >50 mm 的降水强度称为暴雨，年内日降水量大于50 mm 日数作为大雨日数指标（R50mm）。

表 5-1　极端降水指标的定义

Table 5-1　Definition of extreme precipitation indices

指标 ID		指标名称	定　义	单位
降水量及强度指数	SDII	年降水强度	年内降水量与日降水量≥1 mm 日数之比	mm/d
	PRCPTOT	年降水量	年内日降水量≥1 mm 降水量之和	mm
	R95pTOT	异常降水总量	年内日降水量 >95%阈值降水量之和	mm
	R99pTOT	极端降水总量	年内日降水量 >99%阈值降水量之和	mm
	RX1day	1日最大降水量	月内1日降水量最大值	mm
	RX5day	5日最大降水量	月内连续5日降水量最大值	mm
降水日数指数	R10mm	小雨日数	年内日降水量≥10 mm 日数	days
	R20mm	中雨日数	年内日降水量≥20 mm 日数	days
	R50mm	大雨日数	年内日降水量≥50 mm 日数	days
	CDD	连续无雨日数	年内日降水量连续<1 mm 日数最大值	days
	CWD	连续降水日数	年内日降水量连续≥1 mm 日数最大值	days

5.2.2 时空分布特征

5.2.2.1 基于基准期的时间变化趋势

本章通过对 PRCPTOT 指数进行 Pettitt 突变检验，得到突变点 1997 年，故将 1970—1997 定为该研究的基准期，从而分析各年与基准期均值的差异变化。

年降水量在 50 年内存在显著的波动，1998 年和 1999 年的降水量与基准期均值相比分别大幅度增加 144.4 mm 和 107 mm(如图 5-2(a)所示)，这与 1998 年厄尔尼诺现象异常、长江全流域降水频繁有关(张光斗，1999)。2011 年，降水量急剧下降约 144.4 mm(如图 5-2(b)所示)致使当年西南地区(尤其是云南、四川等地)发生严重旱灾，且云南北部降水量比平常减少 6 成以上(其中大理减少 9 成)(张新主等，2010)。云南北部是金沙江流域降水量最丰富的地区之一，所以该地区降水量对整个流域的影响非常大。总体上来看，金沙江流域在 1970—2019 年的降水量有小幅度提升。降水强度与降水量在 50 年内有相似的变化趋势，同样在 1998 年和 2011 年分别急剧上升和下降。除此之外，2014 年的变化值达到了新高，推测可能是因为当年西南地区夏季受台风影响严重，且灾害过程密集，强降雨重叠地区多(张葆蔚，2015)。全流域总体上的降水强度在逐步增大。

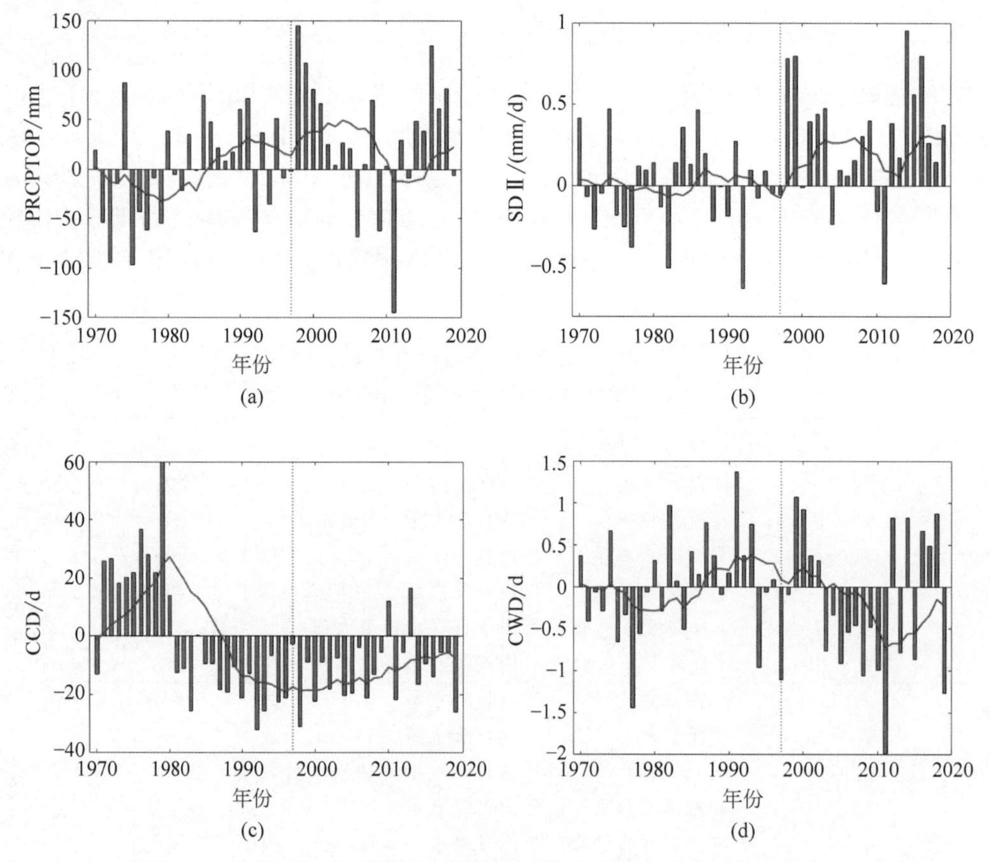

图 5-2 金沙江流域 1970—2019 年极端降水指标与基准期 1970—1997 年降水指数均值的差异变化

Fig. 5-2 Annual time series anomalies relative to 1970—1997 mean values for extreme precipitation indices during 1970—2019 in the JRB

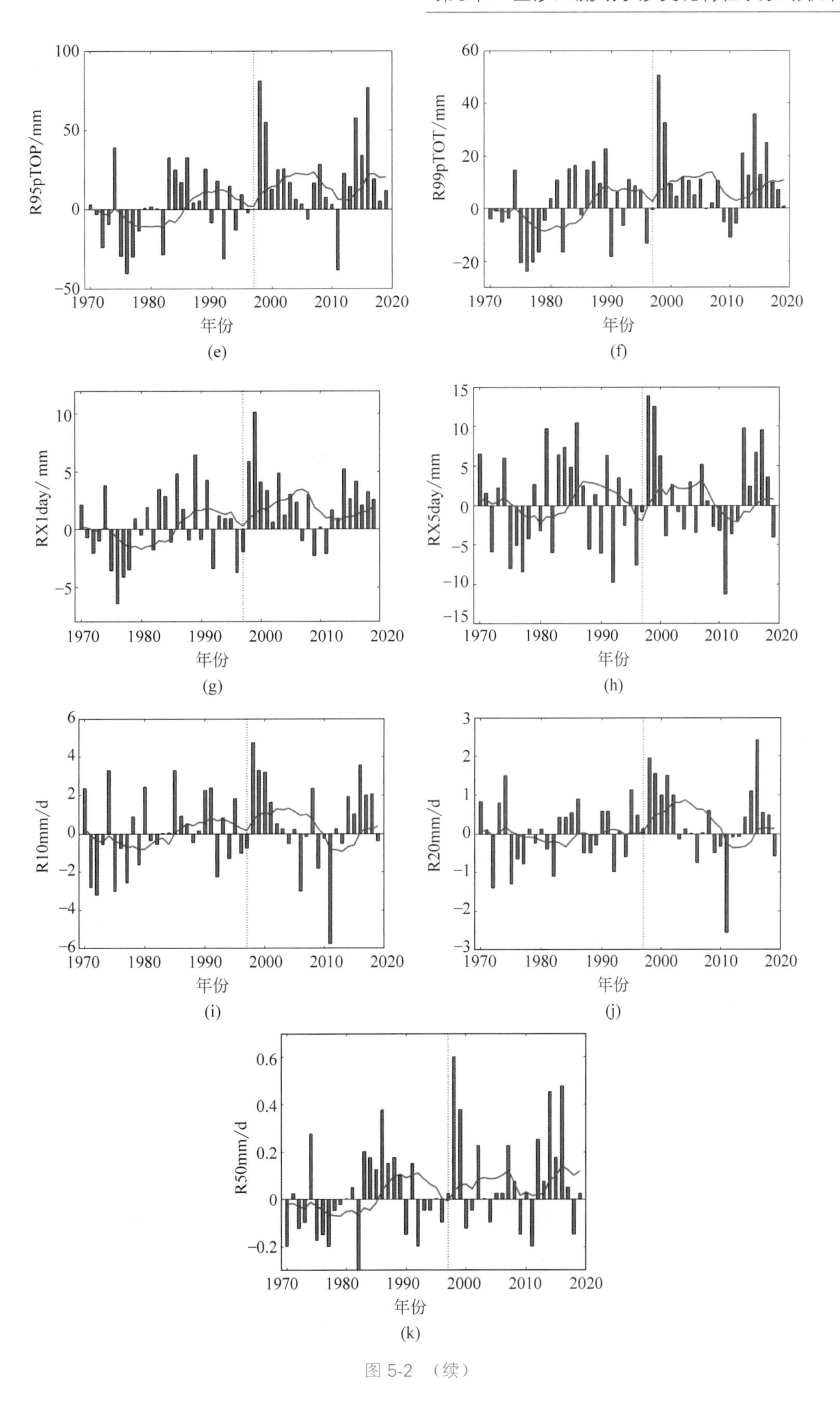

R95pTOP/mm
年份
(e)
R99pTOT/mm
年份
(f)
RX1day/ mm
年份
(g)
RX5day/mm
年份
(h)
R10mm/d
年份
(i)
R20mm/d
年份
(j)
R50mm/d
年份
(k)

图 5-2 （续）

持续干期指数(CDD)在1970年之后持续上升,在1979年达到最高值,高出基准期平均日数将近60天(如图5-2(c)所示)。而从1980年开始,持续干旱周期指数突然下降。到了2010年前后,与基准期的差异才转为正值,而在近年又达到较低值。这说明金沙江全流域在20世纪80年代之后存在湿润化趋势,持续干旱的周期开始缩短。持续湿润周期指数的趋势与降水量较为相似,在几个特大干旱及洪涝灾害严重的年份都变化异常(1991年、1998年、2011年)(徐祥德等,2002)。

1970—2019年,R95pTOT指数和R99pTOT指数的变化趋势相似,总体呈上升趋势。两个指数都在1998年有最大的变化,分别比基准期指数平均值均值高出80.9 mm和50.7 mm(如图5-2(e)(f)所示)。

RX1day和百分位指数有相似的变化趋势,在1976年时该指数比基准期平均少6.6 mm,达到最低值。与其他指数不同的是,RX1day在1999年达到变化最大值(+9.9 mm),RX5day指数的波动比RX1day指数更加频繁且剧烈(在1998年比基准期平均多13.5天,2011年比基准期平均少11.6 mm)(如图5-2(g)(h)所示),但总体保持基本平衡。

R10mm与R20mm指数的时间分布基本一致,两者都在1998年显著增大,在2011年突然减小。但小雨事件波动幅度更大,在这两年与基准期相差分别达到4.7天和5.8天(如图5-2(i)(j)所示),而在基准期后,变化幅度都显著增大。

R50mm的变化趋势与R95pTOT指数相似,由于金沙江流域整体大于50 mm降水的事件发生较少,变化幅度整体偏小,但在1982年、1986年、2014年等年份变化明显(如图5-2(k)所示)。

5.2.2.2 极端降水指标的空间分布特征

基于ArcGIS软件运用普通克里金法对各站的极端降水指标均值进行空间插值,其分布如图5-3所示。其中,SDII、PRCPTOT、R10mm、R20mm、R50mm、RX1day、RX5day、R95pTOT和R99pTOT等9个指数都由西北向东南方向呈增大趋势,即整个金沙江流域从上游到下游区域呈变湿的趋势,空间差异显著。而持续湿期指数(CWD)和持续干期指数(CDD)的趋势与之不同,持续干期指数在金沙江流域源头区达到最大值,最低值出现在下游河流出口处,持续干期总体呈现西北长东南短的趋势,但中游区域也有小部分区域的持续干旱时间较长;持续湿润日数在中游地区达到最大值,随之往东南和西北两侧递减,在流域西南地区下降到最小值,与持续干期指数的空间分布不同。

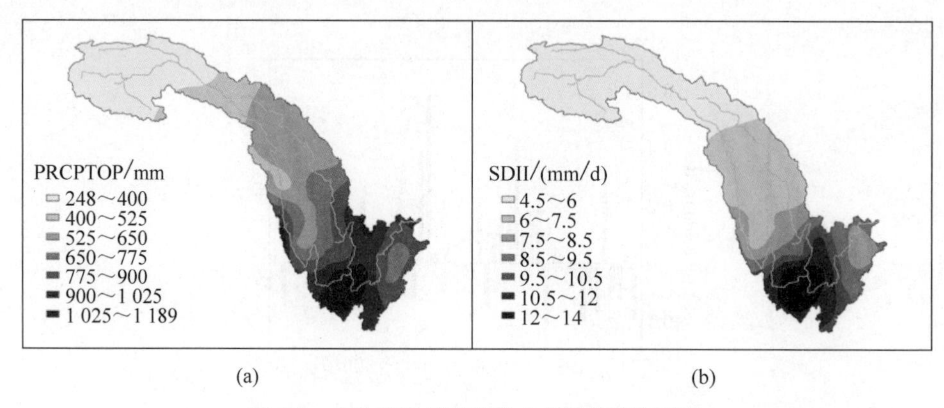

图5-3 金沙江流域极端降水指数的空间分布
Fig.5-3 Spatial distribution of extreme precipitation indices in the Jinsha River Basin

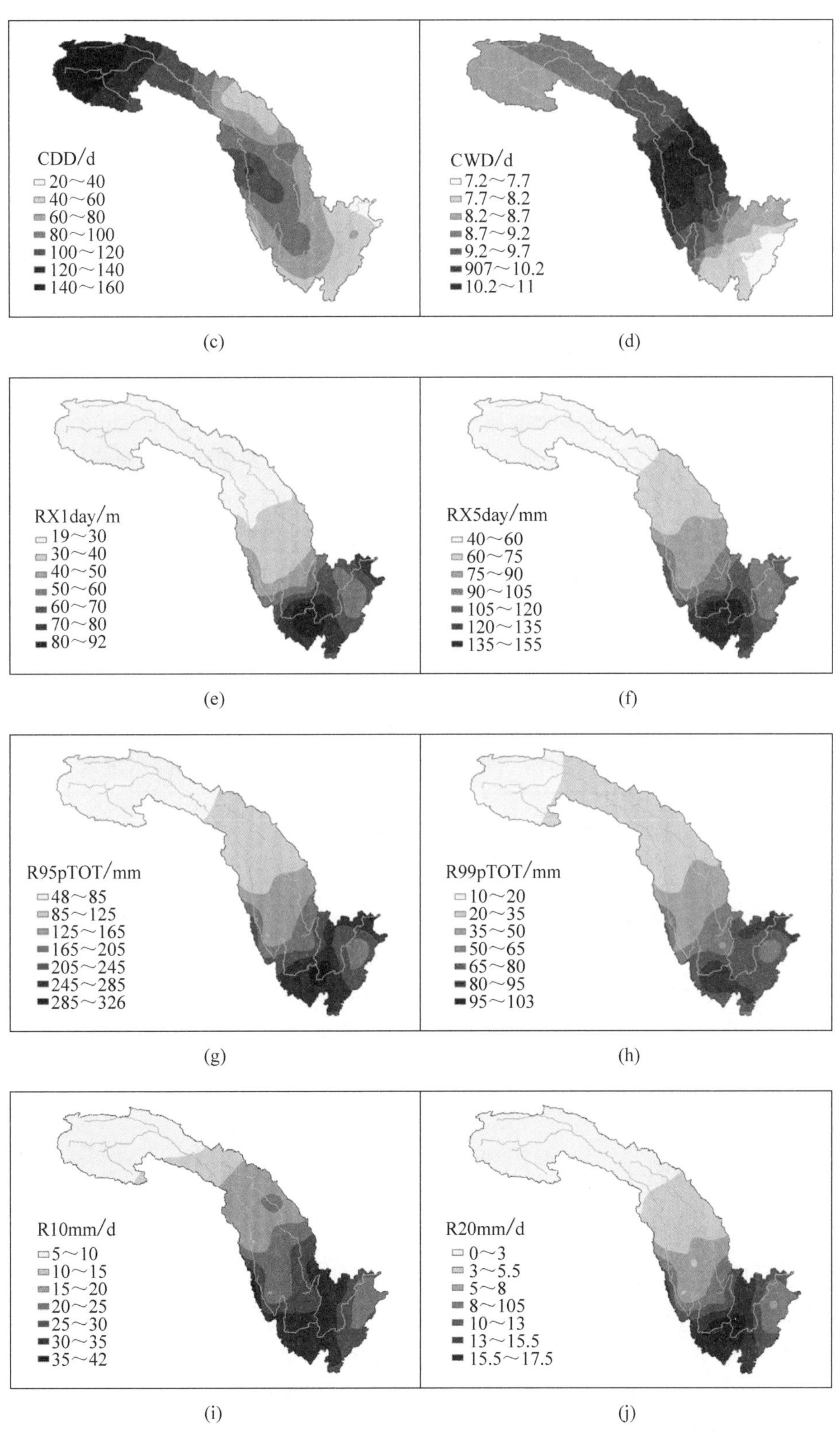
CDD/d
20～40
40～60
60～80
80～100
100～120
120～140
140～160
(c)
CWD/d
7.2～7.7
7.7～8.2
8.2～8.7
8.7～9.2
9.2～9.7
907～10.2
10.2～11
(d)
RX1day/m
19～30
30～40
40～50
50～60
60～70
70～80
80～92
(e)
RX5day/mm
40～60
60～75
75～90
90～105
105～120
120～135
135～155
(f)
R95pTOT/mm
48～85
85～125
125～165
165～205
205～245
245～285
285～326
(g)
R99pTOT/mm
10～20
20～35
35～50
50～65
65～80
80～95
95～103
(h)
R10mm/d
5～10
10～15
15～20
20～25
25～30
30～35
35～42
(i)
R20mm/d
0～3
3～5.5
5～8
8～105
10～13
13～15.5
15.5～17.5
(j)

图 5-3 （续）

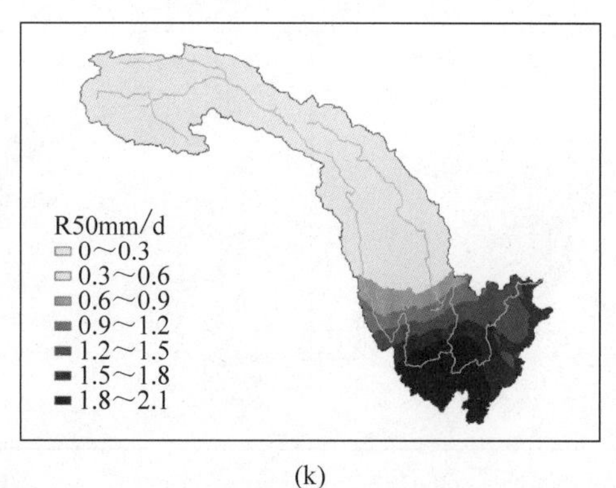

(k)

图 5-3 （续）

金沙江流域的年降水量在各个区域之间的差异较大，最小值为 255.7 mm，最大值达到 1 703.7 mm，西北部最高，东南部最低，其中在云南地区达到了最低值。降雨强度从高纬度到低纬度地区不断增加，在东南地区存在最大值(13.8 mm/d)，西北地区最大值只达到 6 mm/d。

持续干旱日数最大值出现在金沙江源头区，达到 140～160 天，而最小值在流域出口处，为 20～40 天。在流域中游区域出现了相对干旱及相对湿润的过渡期，与降水强度等指数表现的随纬度降低而增高(减小)的显著相关性不同。持续湿润天数的空间差异较小，其最小值(7.2～7.6 d)与持续干旱指数一样也出现在金沙江下游地区，但最大值位于流域中部地区，最大达到 15 d。

R10mm、R20mm 和 R50mm 指数随着纬度的降低而增加，R50mm 基本只存在于金沙江下游。在金沙江上游区域，年日降水量大于 10 mm 的站点很少，且降水量大于 20 mm 的天数处于 0～3 天的范围内。

异常降水总量(R95pTOT)最小值仍然出现在金沙江流域上游区域，只达到了 48 mm 的降水量。最大值主要出现在金沙江下游的低纬度区和出口处，处在 280～330 mm 范围内。极端降水总量(R99pTOT)的空间分布趋势与异常降水总量相似，但数值显著减小，在流域出口处出现最大值，处于 90～103 mm 区间内。

一日最大降水量(RX1day)与连续五日最大降水量(RX5day)有着相似的空间分布形式，都随着经纬度的变化呈现西北低东南高的趋势，在金沙江流域位于云南北部的地区和出口处区域达到最大值(80～92 mm)，上中游的 RX1day 值都未达到 50 mm。同样，RX5day 的最大值也出现在流域下游区域，达到 160 mm。

5.2.3 趋势性特征

5.2.3.1 极端降水指标变化趋势的空间分布

为了更好地描述极端降水指标的变化趋势，依据年降水量 0～400 mm、400～800 mm、800 mm 以上这三个范围并结合地形地理位置情况，将金沙江流域分为研究区Ⅰ(西北高原干旱区)、Ⅱ(干旱-湿润过渡区)、Ⅲ(东南低海拔湿润区)(见图 5-4，PRCPTOT)。极端降水指标在 1970—2019 年的变化趋势具有空间分布差异，各指标呈上升下降的站点数占比如表 5-2 所示。研究期内降水量、降水弧度、降水日数等指标基于 Sen's slope 的年变化值及显著性检验结果如表 5-3～表 5-6 所示。

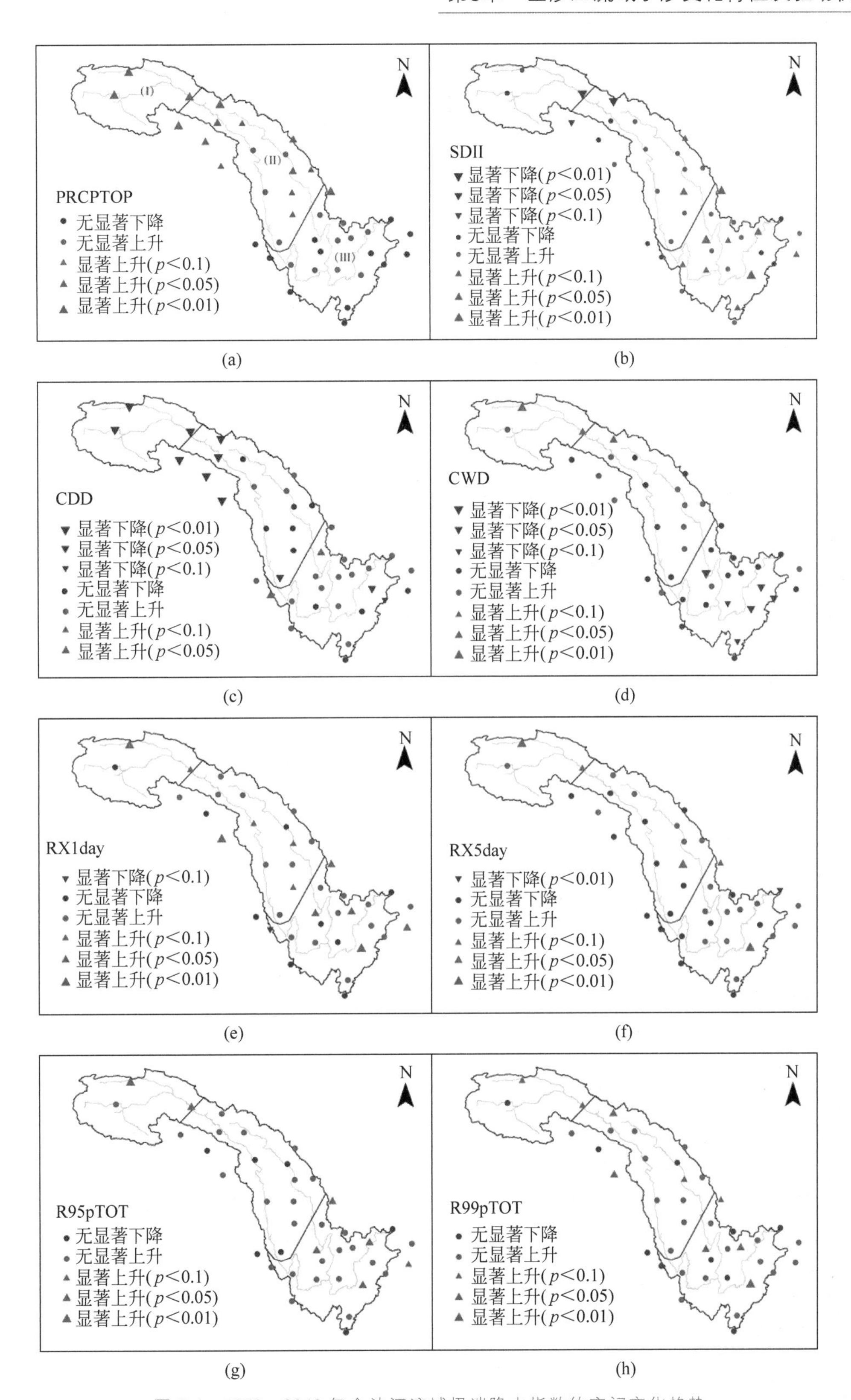

图 5-4　1970—2019 年金沙江流域极端降水指数的空间变化趋势

Fig. 5-4　Mann-Kendall trend test for precipitation indices during 1970—2019 in the JRB

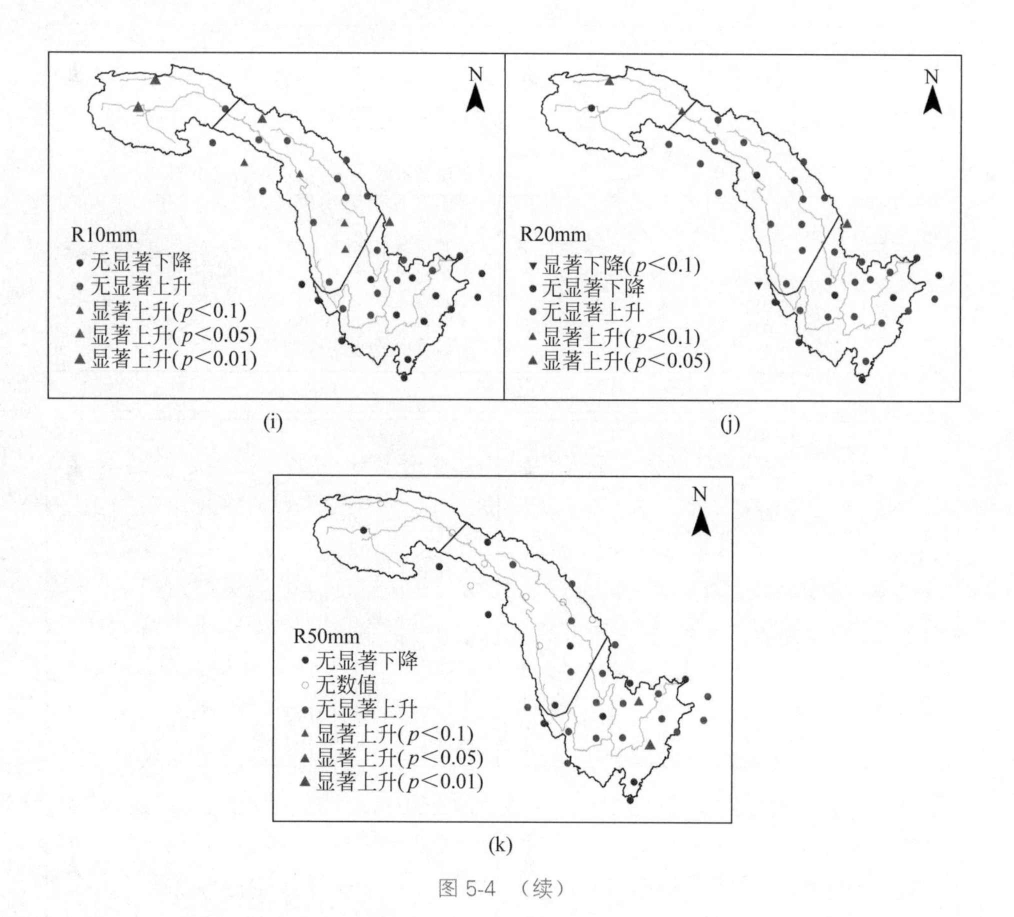

图 5-4 （续）

表 5-2 基于 M-K 检验的极端降水指标的上升/下降趋势的站点数占分区或全流域所有站点的百分比

Table 5-2 Percentage of stations with significant downward and upward trends calculated for extreme precipitation indices using Mann-Kendall test in the JRB

极端降水指标	趋势	研究区			
		Ⅰ	Ⅱ	Ⅲ	全流域
CDD	上升	0	20	72.73(9.1)	47.5(5)
	下降	100(100)	80(40)	27.27(9.1)	52.5(27.5)
CWD	上升	100(66.67)	60(6.67)	13.64	37.5(7.5)
	下降	0	40	86.36(27.27)	62.5(15)
R10mm	上升	100(66.67)	100(33.3)	36.36(4.5)	65(25)
	下降	0	0	63.64	35
R20mm	上升	66.67(66.67)	86.6	63.64(4.5)	72.5(5)
	下降	33.33	13.33	36.36(4.5)	27.5
R50mm	上升	0	26.67	72.73(9.1)	50(5)
	下降	33.33	33.33	27.27	30
PRCPTOT	上升	100(100)	100(73.33)	45.45(4.5)	70(40)
	下降	0	0	54.55	30
SDII	上升	33.33	73.33(13.33)	77.27(40.91)	72.5(27.5)
	下降	66.67(33.33)	26.67(13.33)	22.73	27.5(7.5)

续表

极端降水指标	趋势	研究区			
		Ⅰ	Ⅱ	Ⅲ	全流域
R95pTOT	上升	0	26.67	86.36(22.73)	80(17.5)
	下降	100(66.67)	73.33	13.64	20
R99pTOT	上升	66.67(66.67)	86.6(20)	68.18(18.18)	77.5(22.5)
	下降	33.33	13.33	31.82	22.5
RX1day	上升	66.67(66.67)	86.67(26.67)	68.18(22.73)	75(27.5)
	下降	33.33	13.33	31.82(4.55)	25(2.5)
RX5day	上升	100(66.67)	46.67(6.67)	59.09(9.09)	57.5(33)
	下降	0	53.33	40.91(4.55)	42.5

注：括号内是显著上升/下降站点数占该区域所有站点数的百分比。

年总降水量在研究区Ⅰ的所有站点都显著上升了4.69 mm/10a，在研究区Ⅱ也呈现上升趋势，大部分站点(73.3%)上升显著，研究区Ⅲ的年总降水量上升和下降趋势同时存在，只有一个站点在这50年内变化显著。总体来看，年降水量指数上升趋势显著，达到95%置信水平检验，表明金沙江流域变得更加湿润，与史雯雨等人研究所得结果一致(史雯雨等，2016)。年降水强度呈现不同的空间分布形式，研究区Ⅲ的指数显著上升，通过99%显著水平检验(如表5-5)，而在研究区Ⅰ和Ⅱ都存在呈显著下降趋势的站点，研究区Ⅰ整体上呈下降趋势，研究区Ⅱ则相反。研究区Ⅲ的降水强度增大，而约55%的站点年降水量却呈减少趋势，说明存在极端事件的发生。

持续干旱周期在整个研究区显著下降，在研究区Ⅰ和Ⅱ两个区域基本都呈下降趋势(约83%的站点)。研究区Ⅰ显著下降了2.43 d/10a，研究区Ⅱ的西北部下降趋势显著，相反的是，此前较湿润的地区(研究区 Ⅲ)的持续干旱周期变长。研究区Ⅰ的持续湿润周期指数显著上升，表明此区域的水汽等降水条件在50年内变化较大。研究区Ⅲ的持续湿期指数基本呈下降趋势，与曾小凡等(2015)所得的结论一致。

在1970—2019年，整个研究区75%的站点的RX1day指数上升，27.5%的站点上升趋势显著，主要分布在区域Ⅲ(占12.5%，见表5-2)。RX5day指数在研究区Ⅰ呈上升趋势，但在研究区Ⅱ和Ⅲ的空间分布趋势不明显，尤其是在研究区Ⅱ上升和下降的站点几乎各占一半。研究区Ⅲ的空间分布与RX1day指数在同一区域的空间分布趋势较一致(如表5-2)。

两个百分位阈值指数(R95pTOT和R99pTOT)的空间趋势基本一致，R95pTOT和R99pTOT两个指数呈上升趋势的站点超过了75%(分别为80%、77.5%)(如表5-2)，说明整个金沙江流域异常降水和极端降水事件越发频繁地发生。经M-K检验得到的Z值分别为2.76和2.34(如表5-5)，分别通过置信度99%和95%的显著检验。R95pTOT发生显著上升的区域主要在研究区Ⅰ，R99pTOT则是研究区Ⅱ，都为极显著水平($p<0.05$)。

1970—2019年，R10mm在研究区Ⅰ和Ⅱ都呈上升趋势，且在研究区Ⅰ显著上升($p<0.01$)，表明金沙江源头区在这50年内逐渐变得湿润起来，小雨事件增加。研究区Ⅲ的西北半区和东南半区大体上分别呈现上升和下降的趋势(如图5-4，R10mm)，R10mm存在35%的站点呈现下降趋势(如表5-2)，且都出现在研究区Ⅲ。R20mm存在72.5%的站点呈上升趋

表 5-3 1970—2019 年金沙江流域三个区及全流域降水量及强度指标基于 Sen's slope 的每年变化数值

Table 5-3 Trends per year for precipitation on intensity indices using Sen's slope estimator in the whole JRB and the three regions of the JRB during 1970—2019

区域	降水量及强度指标					
	SDII	PRCPTOT	RX1day	RX5day	R95p	R99p
Ⅰ	—	4.69	0.11	0.22	0.98	0.20
Ⅱ	—	2.22	0.05	−0.01	0.64	0.31
Ⅲ	0.02	−0.02	0.08	0.03	0.74	0.41
全流域	0.01	1.27	0.07	0.02	0.63	0.32

表 5-4 1970—2019 年金沙江流域三个区及全流域降水日数指标基于 Sen's slope 的每年变化数值

Table 5-4 Trends per year for precipitation on days indices using Sen's slope estimator in the whole JRB and the three regions of the JRB during 1970—2019

区域	降水日数指标				
	CDD	CWD	R10mm	R20mm	R50mm
Ⅰ	−2.43	0.05	0.10	0.01	—
Ⅱ	−0.83	0.01	0.07	0.01	—
Ⅲ	0.01	−0.02	−0.01	0.01	0.01
全流域	−0.47	−0.01	0.03	0.01	—

表 5-5 金沙江流域 1970—2019 年分区及全流域降水量及强度指标趋势检验结果

Table 5-5 Results of trend test for precipitation on intensity indices during 1970—2019 in the whole JRB and the three regions of the JRB

区域	降水量及强度指标					
	SDII	PRCPTOT	RX1day	RX5day	R95pTOT	R99pTOT
Ⅰ	−0.80	5.39***	2.03**	2.40**	3.50***	1.73*
Ⅱ	1.04	3.46***	2.84***	−0.24	2.41**	2.81***
Ⅲ	3.27***	−0.05	1.51	0.20	1.92*	1.67*
全流域	2.57**	2.16**	2.19**	0.45	2.76***	2.34**

注：*** 代表通过 $p<0.01$ 显著水平，** 代表通过 $p<0.05$ 显著水平，* 代表通过 $p<0.1$ 显著水平。

表 5-6 金沙江流域 1970—2019 年分区及全流域降水日数指标趋势检验结果

Table 5-6 Results of trend test for precipitation on days indices during 1970—2019 in the whole JRB and the three regions of the JRB

区域	降水日数指标				
	CDD	CWD	R10mm	R20mm	R50mm
Ⅰ	−3.95***	2.96***	4.65***	1.95*	−0.150 57
Ⅱ	−2.93***	0.71	2.54**	1.93*	−0.167 3
Ⅲ	0.10	−2.44**	−0.38	0.55	1.932 3*
全流域	−2.33**	−0.59	1.38	1.05	1.890 5*

注：*** 代表通过 $p<0.01$ 显著水平，** 代表通过 $p<0.05$ 显著水平，* 代表通过 $p<0.1$ 显著水平。

势(如表 5-2),研究区Ⅰ和Ⅱ 的空间分布趋势与 RX1day 指数相同区域非常相似(如图 5-4,R20mm),可以推测研究区Ⅰ和Ⅱ的 1 日最大降水量主要受中雨事件的影响。

金沙江流域的大雨日数(R50mm)主要集中在研究区Ⅲ,占比 75%,该指数也呈上升趋势,只有 30%的站点呈不显著下降趋势(如表 5-2)。昭觉和会泽两个站点呈显著上升趋势,说明研究区Ⅲ的小雨日数减少,但大雨增多,极端降水事件发生次数增多。

5.2.3.2 各分区极端降水指标的时间变化趋势

从图 5-4 可知,金沙江流域不同区域的极端降水指标存在显著差异,而 5.2.2.1 节是对整个金沙江流域的极端降水指数的时间变化趋势做出分析,所以有必要对各区的极端降水指数的时间变化趋势进行分析。图 5-5 显示了金沙江流域三个分区的各指数时间序列在 M-K 检验下的变化趋势。

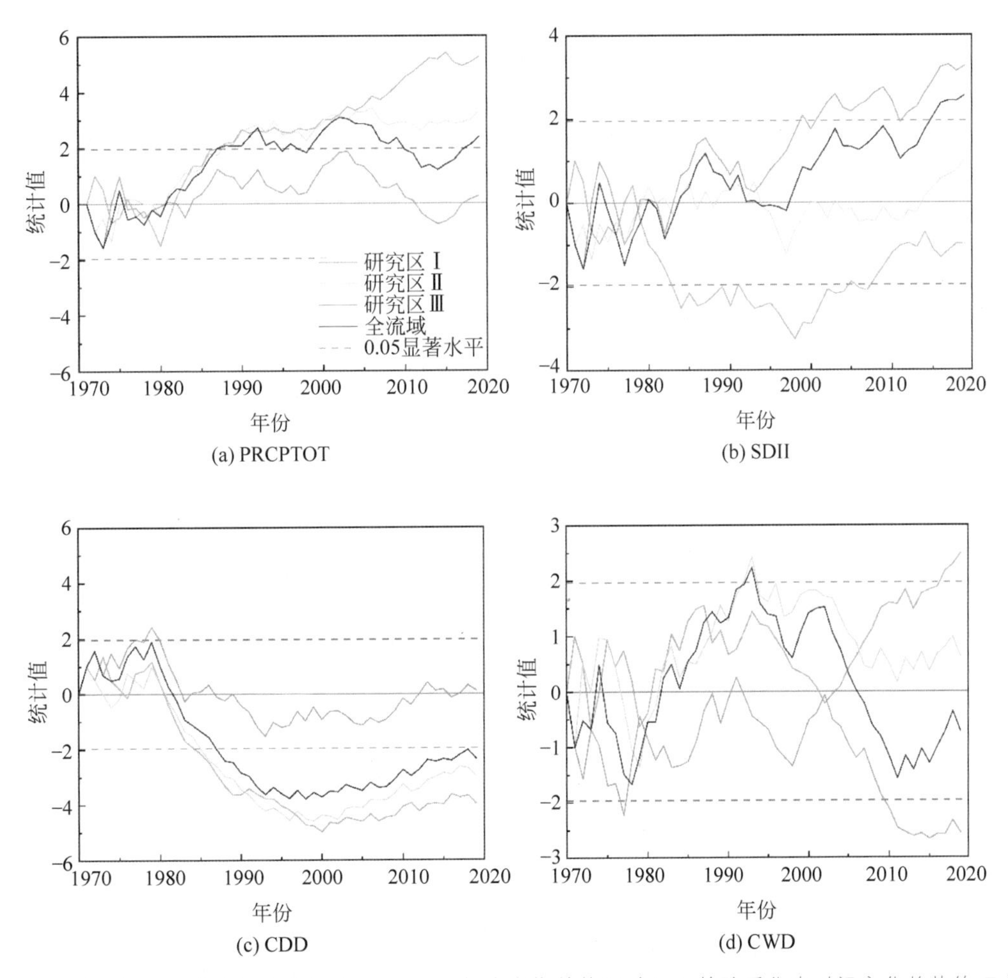

图 5-5 金沙江流域全流域及分区 1970—2019 年降水指数值经过 M-K 检验后代表时间变化趋势的 Z 值

Fig.5-5 Temporal changes of Z value based on Mann-Kendall test for precipitation indices in three regions of the JRB during 1970—2019

注:在研究区Ⅰ和Ⅱ,R50mm 在多年无数值,所以研究区Ⅲ的数值与全流域基本一致,故只描述全流域变化情况

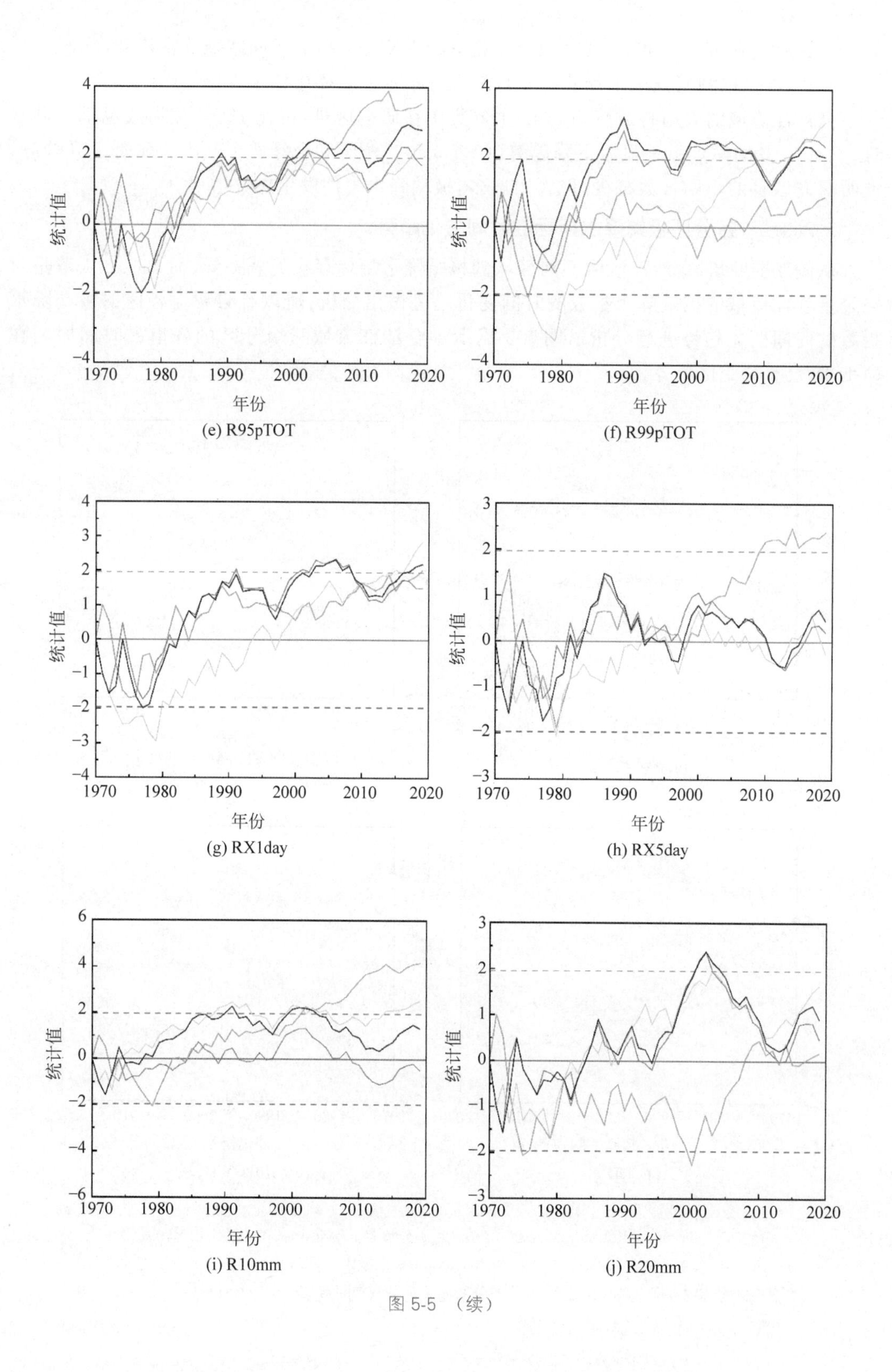
统计值
年份
1970
1980
1990
2000
2010
2020
(e) R95pTOT
(f) R99pTOT
(g) RX1day
(h) RX5day
(i) R10mm
(j) R20mm

图 5-5 （续）

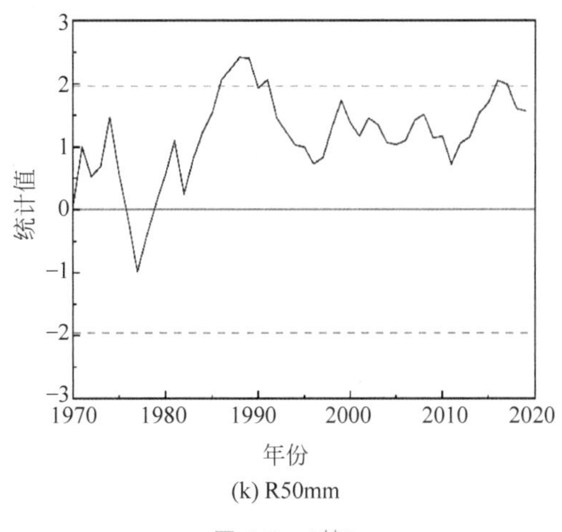

(k) R50mm

图 5-5 （续）

持续干旱周期指数在全流域、研究区Ⅰ和Ⅱ呈现基本相同的趋势，研究区Ⅰ和Ⅱ在1980年开始下降，到1985年前后分别达到显著水平，而全流域由于受到研究区Ⅲ的影响，从1987年开始呈现显著下降趋势(见图5-5(c))。研究区Ⅲ的变化趋势与此不同，首先在1980年前后达到显著上升水平，随后下降，经过一段波动后在1989年后转为下降趋势，未达到显著水平。全流域和研究区Ⅱ的持续湿润周期指数在1995年的变化趋势基本相同，且都在1993年呈显著上升趋势，之后研究区Ⅱ的上升趋势并不显著，而全流域从2005年开始呈下降趋势。研究区Ⅲ的指数在1977年前后显著下降，但该趋势并未持续，而是上下波动，2010年后则一直呈显著下降趋势(见图5-5(d))。而研究区Ⅰ与研究区Ⅲ呈现基本相反的趋势，与前面所讨论的空间分布差异情况。在研究区Ⅰ，该指数基本保持上升水平，从2017年开始显著上升，在今后可能持续上升。

年降水量在研究区Ⅰ、Ⅱ和全流域的变化趋势在2002年前都基本一致，但在2002年之后，研究区Ⅰ的上升趋势更加显著，研究区Ⅱ的显著水平变化较小，Z值维持在2.9左右(见图5-5(a))。而全流域从2009年开始，上升趋势不再显著，在2017年又达到上升显著水平。研究区Ⅲ在20世纪80年代之前一直不断波动，没有稳定的上升下降趋势，在1983年后开始呈上升趋势，在2011年又转变为下降趋势。各个研究区的降水强度的变化趋势有所不同，研究区Ⅰ从1979年开始下降，在1983年达到显著水平，持续到2007年；研究区Ⅱ在这50年内不断波动，无显著上升下降趋势，从2014年开始保持上升趋势，若能持续下去，将通过显著性水平检验；研究区Ⅲ前期波动，在1999年前后第一次呈显著上升趋势，之后基本保持显著水平(见图5-5(b))。全流域的变化趋势与研究区Ⅲ相似度较大，但由于受到其他区域影响，尤其是研究区Ⅰ指数下降的影响，直到2014年才呈显著上升趋势。

R95pTOT指数的时间变化趋势在各区域具有很好的一致性，在1982年左右都转变为上升趋势，研究区Ⅱ在1998年左右开始显著上升，随后在此显著水平附近不断波动。研究区Ⅰ在2002年达到显著水平，且显著水平仍在增强。除在1995年出现显著下降趋势外，研究区Ⅰ的上升、下降趋势并不显著，从2002年之后开始稳定上升(见图5-5(e))。研究区Ⅱ在1973—1980年一直处于显著下降状态，随后下降趋势减弱，1998年转变为上升趋势，2010年后开始显著上升。研究区Ⅱ的极端降水总量(R99pTOT)由原本的极显著减少趋势转变为极显著增加趋势，研究区Ⅲ的 R99pTOT 从 1978 年转变为上升趋势后，在 1995 年左右达到显著水平后基本保持在该水平的上升趋势，只在 2011 年左右存在突变（见图 5-5(f)）。

RX1day 指数在研究区Ⅲ和全流域的趋势基本一致，1983 年转变为上升趋势之后，2001 年之后显著上升，显著水平持续波动。研究区Ⅰ的趋势也较为相似，但在 1983 年之后上升较缓慢，直到 2019 年才达到显著水平，同时存在持续上升的势头。研究区Ⅱ在 1973—1980 年显著下降，随后下降趋势减弱，1998 年后开始持续上升，且上升趋势不断增强。RX5day 的各区域的时间变化趋势较为相似，研究区Ⅱ在 1992 年前基本呈下降趋势。除此之外，与其他区域不同，研究区Ⅰ的 1 日最大降水量在 2002 年之后仍不断增大，在 2009 年之后一直处于显著上升状态。

R10mm 在研究区Ⅲ的时间变化趋势波动较大，从 2009 年开始持续呈下降趋势。从图 5-5 可以看出，研究区Ⅰ在 1978—1979 年显著下降，在 1982 年之后呈现上升趋势，2002 年之后上升趋势显著水平不断增强（Z 值变化幅度为 2.26～4.17，见图 5-5(i)）。研究区Ⅱ从 1974 年开始呈现上升趋势，1998 年达到显著上升水平，之后一直在 95%显著水平附近波动。研究区Ⅱ、Ⅲ及全流域在 R20mm 的时间变化趋势上表现较为一致，研究区Ⅲ和全流域在 2000—2002 年显著上升，研究区Ⅱ未达到显著水平。研究区Ⅰ在 1973—2008 年的 35 年内呈下降趋势（见图 5-5(j)），且在 1975—1976 年、1999—2000 年两个时间段内显著下降，与其他区域的趋势完全相反。

5.2.4 周期性特征

5.2.4.1 降水量的周期性特征

小波系数实部等值线图能够反映年降水量序列不同时间尺度的周期变化及其在时间域中的分布，进而能够判断不同时间尺度上年降水量的未来变化趋势。

图 5-6 的红色、橙色分别代表正相位、降水量偏多，蓝色、绿色分别代表负相位、降水量偏少。全流域与各个区域都在时间域内降水量上存在着明显的 28 a 左右的周期振荡，且

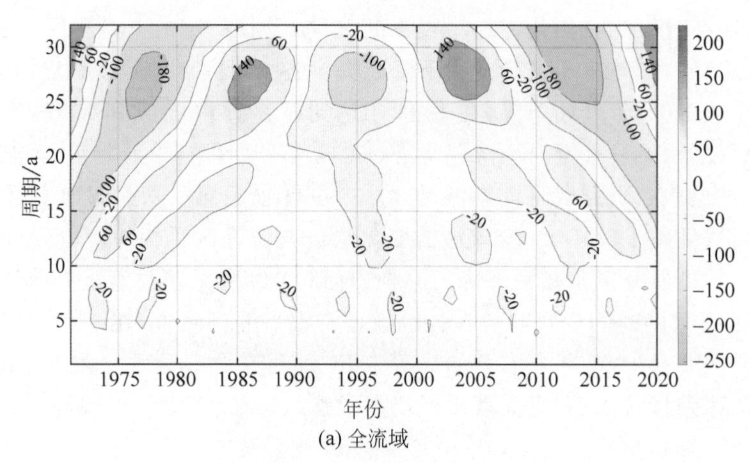

(a) 全流域

图 5-6 全流域小波变化系数实部等值线图
Fig. 5-6 Real part time-frequently distribution from Morlet wavelet transform coefficients

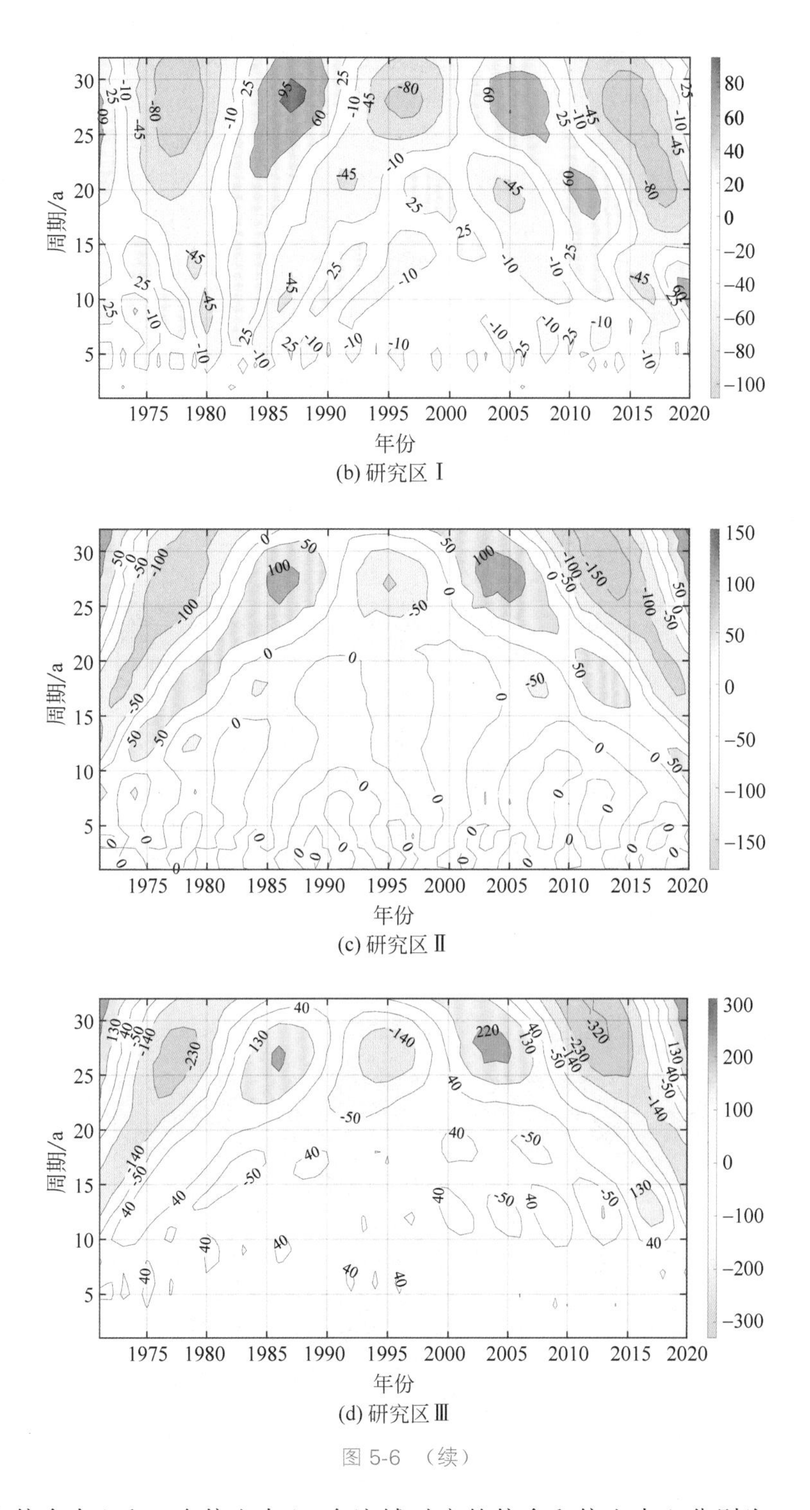

图 5-6 (续)

都出现 2 个偏多中心和 3 个偏少中心，全流域对应的偏多和偏少中心分别为 1986 年、2004 年、1978 年、1995 年和 2014 年(如图 5-6(a))。

图 5-6(b)显示，研究区Ⅰ在 1970—1993 年 8～15 a 的时间尺度上周期震荡较为明显。此外，从 1997 年至今，18～22 a 周期振荡增强，经历了“高—低—高—低”4 次交替。此外，

在 2005 年、2013 年分别为偏少、偏多中心。研究区Ⅱ存在 18 a 周期振荡(如图 5-6(c)),10 a 以下的小尺度周期不明显。

图 5-6(d)呈现的研究区Ⅲ的周期特点与全流域整体较为相似,表明研究区Ⅲ的降水量对流域年降水量上的影响较大。该区域从 1998 年起,13 a 周期尺度振荡变得较明显,经历了“低—高—低—高”4 次交替,且在近期呈现偏低趋势,之后降水量将处于偏低期。

Morlet 小波系数的模值是不同时间尺度变化周期所对应的能量密度在时间域中分布的反映,系数模值愈大,表明其所对应时段或尺度的周期性就愈强。从图 5-7(a)可以看出,在整个金沙江流域的降水量演化过程中,25～32 a 模值最大(大于 225);但 1982—2005 年的模值小于 150,说明在此时段内 25～32 a 的周期并不明显;2006 年之后模值再次增大,此时期后出现显著的 25～32 a 周期变化。研究区Ⅱ与全流域的模值分布较为相似,2006 年之后模值增大,此时期后 26～32 a 周期变化趋于显著(如图 5-7(b))。从图 5-7(d)可以看出,26～27 a 模值在整个研究时域的模值都大于 200,且在 2010 年之后 26～32 a 模值最大(大于 300),说明这段时间的周期变化显著。

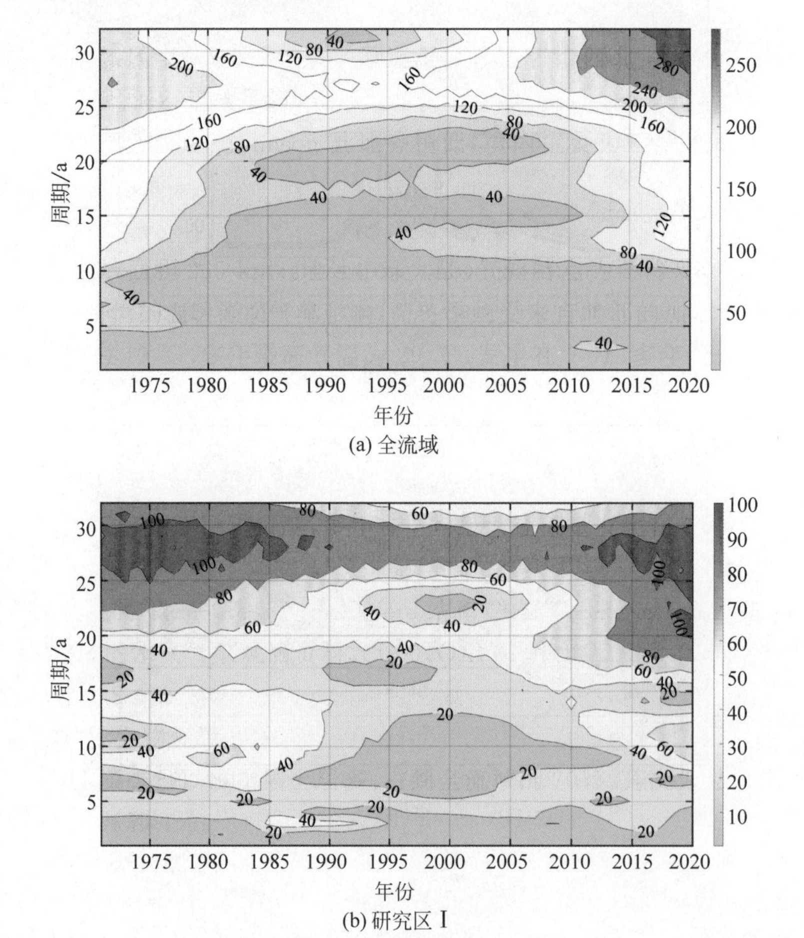

图 5-7 小波系数模的等值线图

Fig. 5-7 Modulus time-frequently distribution from Morlet wavelet transform coefficients

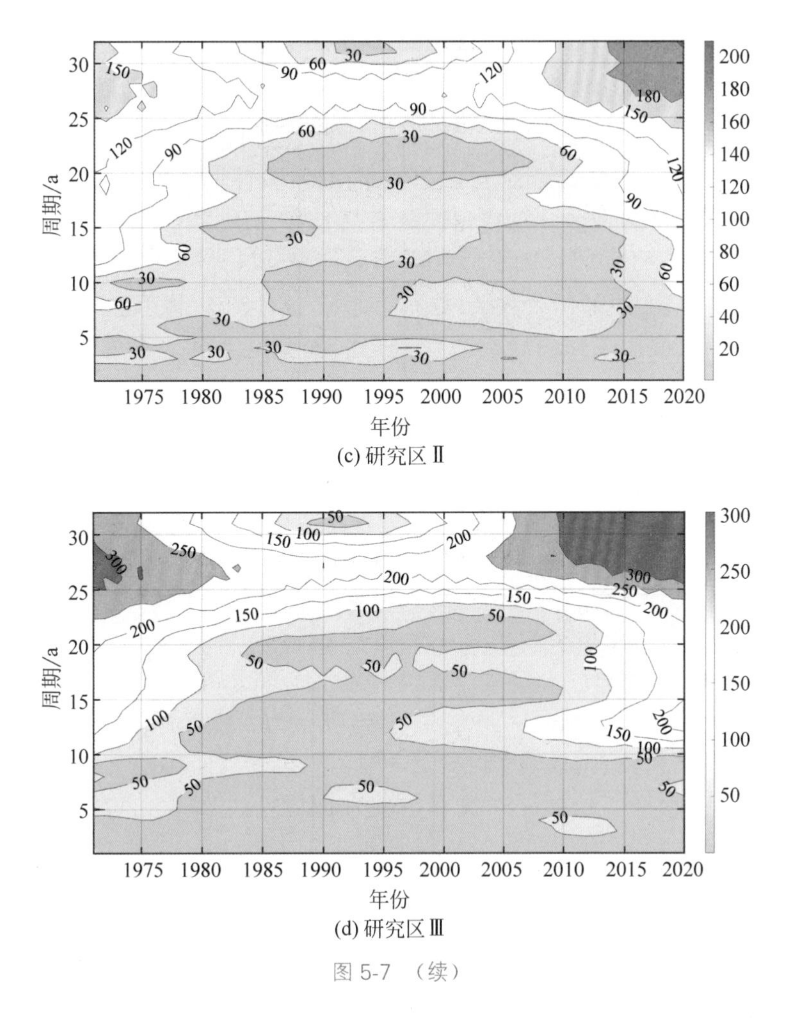

(c) 研究区Ⅱ

(d) 研究区Ⅲ

图 5-7 （续）

小波方差图能直观反映降水量时间序列的波动能量随尺度的分布情况，可用来确定降水量演化过程中存在的主周期（见图 5-8）。图 5-8(a)中呈现了年降水量的全流域及各个研究区的小波方差。可以看出，全流域及各区的第一主周期都为 28 a，且研究区Ⅲ在 28 a 周期的振荡最为明显。全流域存在三个较明显的峰值，它们依次从小到大对应着 13 a、18 a 和 28 a 时间尺度，10 a 以下的时间尺度方差值较小，故不予以考虑。其中，最大峰值对应着 28 a 的时间尺度，说明 28 a 左右（时间尺度）的周期震荡最强，为年降水量变化的第一主周期。

为探究各个区域在周期尺度上的区别，本章根据小波方差检验的结果，绘制了各个区域及全流域年降水量演变的第二主周期小波系数图。

从主周期趋势图中可以分析出不同时间尺度下降水量存在的平均周期及丰枯变化特征。从图 5-8(c)可以看出，研究区Ⅰ在 12 a 特征时间尺度上，平均变化周期为 8 a 左右，大约经历了 6 个丰—枯转换期。其中，1994—2007 年未出现明显的丰水期，正极值较小，说明此时间段的年降水量在 12 a 周期尺度上振荡不显著。全流域和研究区 Ⅱ和Ⅲ 的第二主周期都为 18 a 时间尺度，与全流域第二主周期过程线相似度高，且都经历了大约 4 个丰—枯转换期。年降水量变化的平均变化周期为 10 a 左右，丰水期极值基本出现在 1978 年、1988 年、1999 年、2012 年前后（见图 5-8(d)(e)），表明此阶段研究区 Ⅱ和Ⅲ 的降水量较为充足。

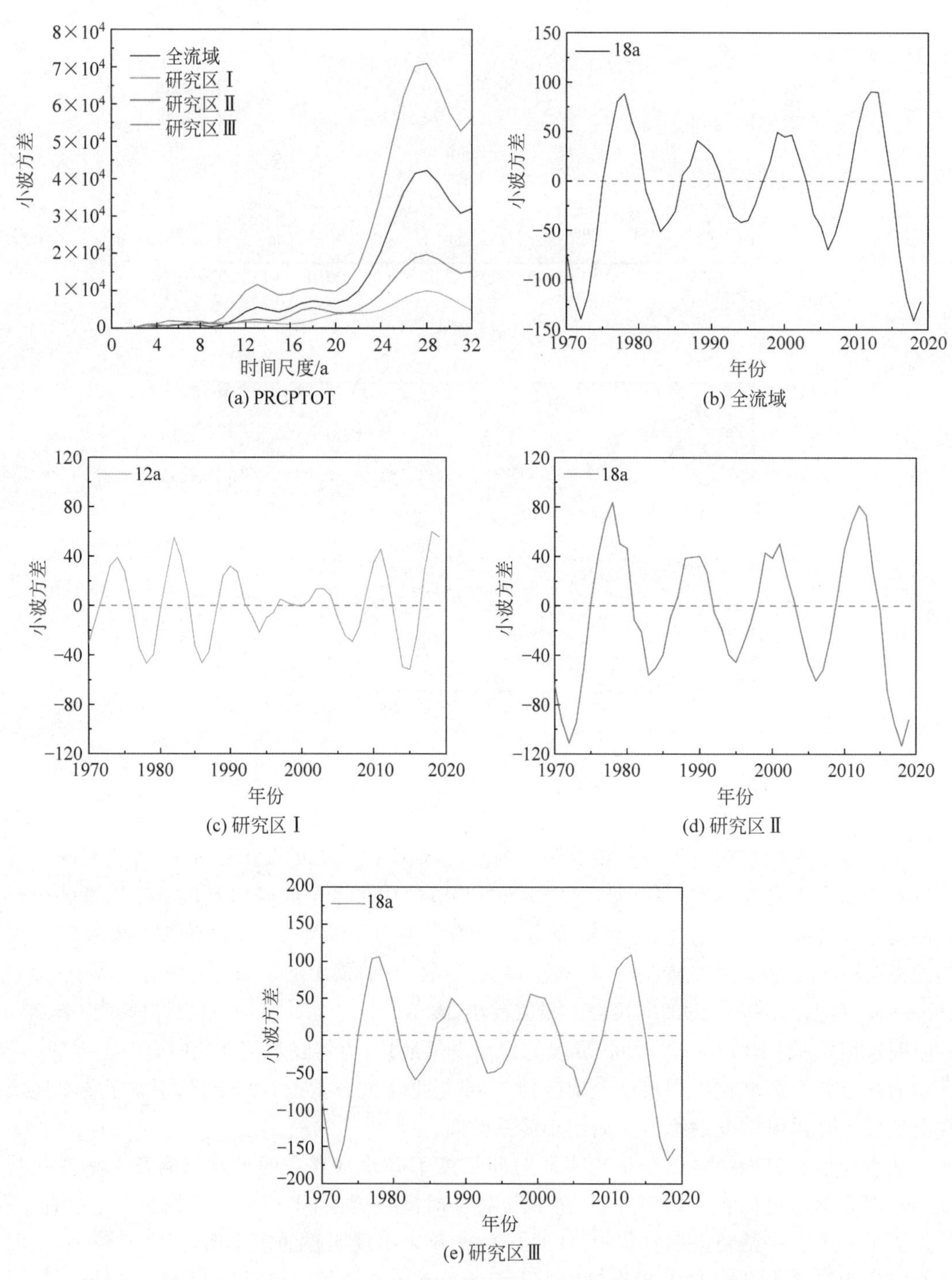

图 5-8 全流域及各分区 PRCPTOT 小波方差图及第二主周期小波系数过程线图

Fig. 5-8 Wavelet transformation variance and the process of wavelet coefficients

5.2.4.2　极端降水指标的周期性特征

本节对除年降水量外的其他极端降水指标进行小波方差分析，确定各个指标在全流域及各个研究区的主周期。在整个金沙江流域最常出现的主周期为 13 a、18 a、28 a（见图 5-9），这说明上述 3 个周期的波动控制着年降水量在整个时间域内的变化特征。

总体来看，除持续干期指数（第一主周期为 18 a）外，其他指标的第一主周期都为 27 a 或 28 a，其中，R95pTOT、R99pTOT 和 RX5day 等指数在 28 a 周期振荡较为明显（见图 5-9）。

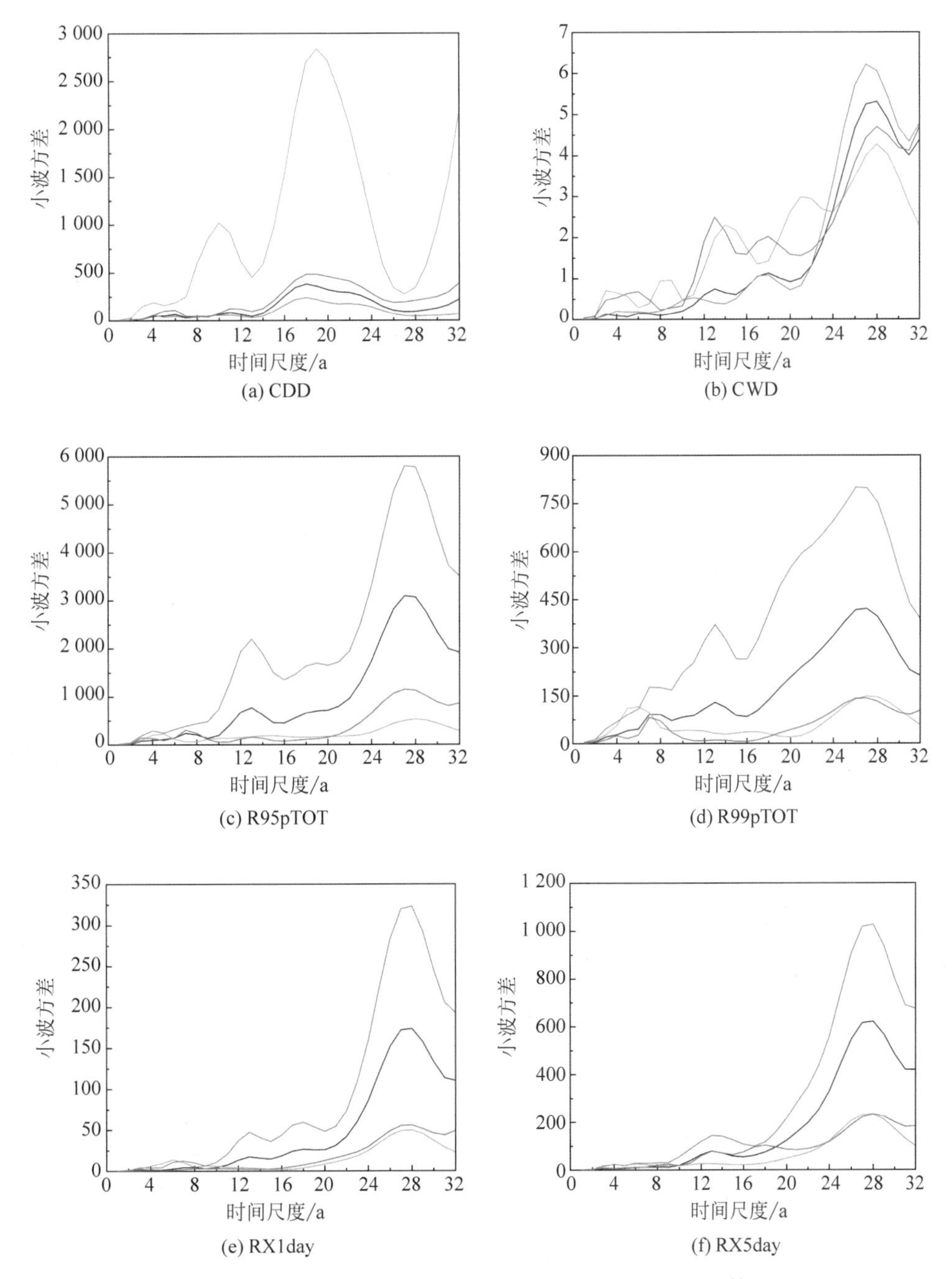

图 5-9　金沙江流域及各研究分区极端降水指标小波方差图

Fig. 5-9　Wavelet transformation variance of precipitation extreme indices in three regions of the JRB

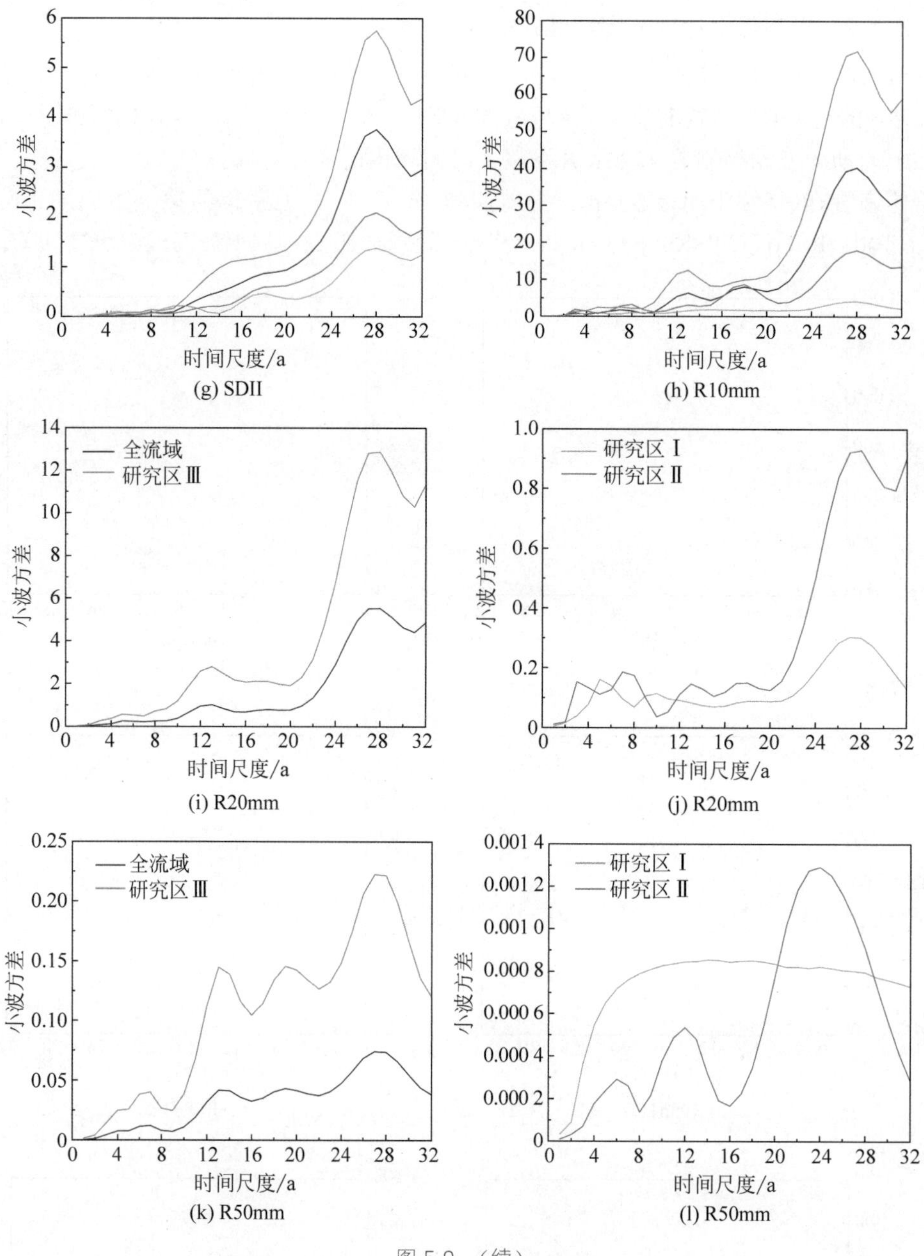

图 5-9 （续）

各指数在研究区Ⅰ的周期性普遍不明显，R95pTOT、R99pTOT、RX1day、RX5day、R10mm、R20mm 和 R50mm 指标都不存在明显的第二主周期，而在研究区Ⅲ则存在多个明显的峰值。同时，研究区Ⅲ的第一主周期方差值高于研究区Ⅰ和Ⅱ，说明在研究区Ⅲ，各指数第一主周期的周期性变化强于其他研究区。

然而，流域和各研究区的极端降水指数在第二主周期存在显著差异。金沙江流域 CDD 的第二主周期为 11 a，而研究区Ⅰ的第二主周期为 10 a，且研究区Ⅰ的第一、二主周期振荡都非常显著，与其他研究区存在明显区别。从 CWD 的小波方差图可以看出，各个研究区的第二主周期存在差异，研究区 Ⅰ、Ⅱ、Ⅲ 的第二主周期分别为 21 a、18 a、18 a，且研究区Ⅰ的振荡较为明显(见图 5-9(b))。

R95pTOT 的第二主周期都为 13 a,表明整个流域的极端降水指数在 13 a 尺度上的周期变化明显(见图 5-9(c))。R99pTOT 的第二主周期一般为 13 a,研究区Ⅱ罕见地出现了 8 a 周期(见图 5-9(d))。RX1day、RX5day 和 SDII 的周期分布在各个区域有较好的空间一致性,第二主周期分别为 18 a 和 13 a。

R10mm 除研究区Ⅲ的第二主周期为 13 a 外,其余区域都为 18 a(见图 5-9(h))。由于 R20mm 和 R50mm 各个区域周期变化的小波方差值差距较大,故将其各区分为两个图表示。从 R20mm 的小波方差图可以看出,全流域和研究区Ⅲ的周期变化呈现较为一致的趋势,第二主周期都为 13 a,而研究区Ⅱ出现了能量较弱的多个主周期(7 a、13 a、18 a)(见图 5-9(i)),说明该指数在小时间尺度上波动较大。研究区Ⅱ的 R50mm 指数存在两个波动较为相似的主周期,分别为 18 a、13 a,与全流域类似,但是变化不明显。研究区Ⅲ的第二主周期为 12 a(见图 5-9(k)(l)),变化相较其他降水指标非常不显著。同时,由于研究区Ⅰ的 R50mm 值过小,甚至有些站点不存在数值,所以此区域的周期性并没有很好地体现出来。

5.3 植被条件变化特征

5.3.1 NDVI 年际变化特征

在 ArcGIS 中基于像元统计计算出 2000—2019 年的年均 NDVI 值,如图 5-10(a)所示。2019 年的植被覆盖指数最高,达到了 0.39,比 2000 年的 0.34 增加了 14.7%。通过一元线性回归分析,只有在 2002—2004 年、2006—2008 年等少数年间,NDVI 值出现明显的下降趋势。20 年间,整个流域的 NDVI 值呈上升趋势,植被覆盖面积总体来说是在增加。这说明,近年来在长江流域进行的生态工程举措取得了良好的成果,同时全球气候变暖的趋势也有利于植被生长,这两个主要原因使得金沙江流域的生态有所改善。

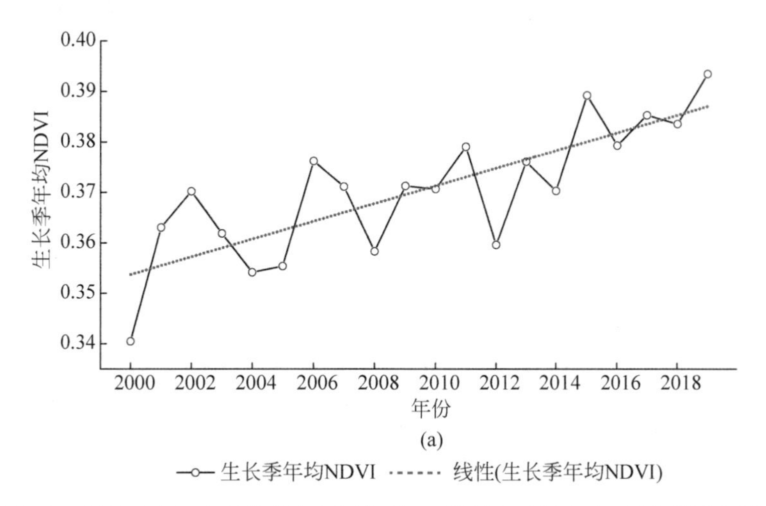

图 5-10　2000—2019 年金沙江(a)流域、(b)子流域生长季年均 NDVI 值变化趋势

Fig. 5-10　Trends in annual average NDVI values in (a) whole basin and (b) sub-basin of Jinsha River from 2000—2019

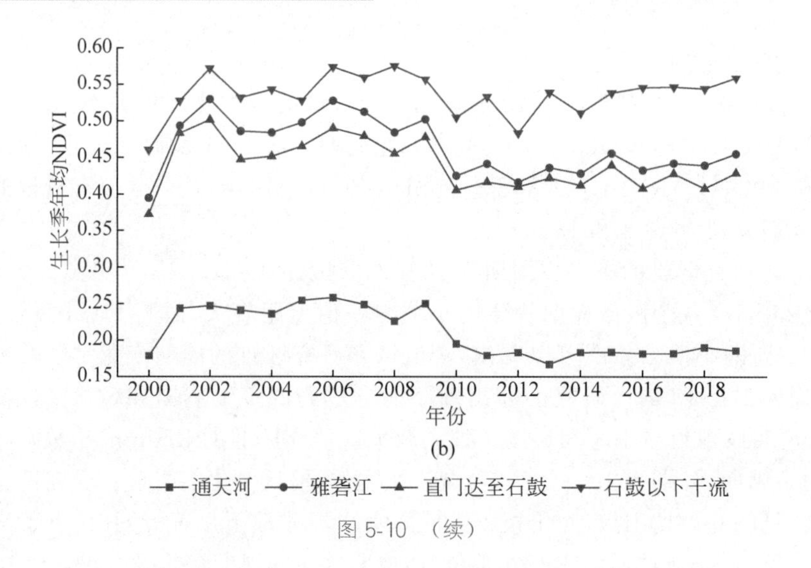

图 5-10 （续）

由图 5-10(b)可以清晰地看到 4 个子流域 20 年间的 NDVI 变化情况。4 个子流域中，NDVI 最高的是石鼓以下干流，基本保持在 0.5 以上，最低的是通天河流域，在 0.3 以下，并且 2010 年是一个明显的分界。2010 年之前，4 个子流域均呈明显的上升趋势，2010 年之后均有了不同程度的下降。由此可见，金沙江流域植被恢复的重难点在于通天河流域。

5.3.2 NDVI 月际变化特征

基于 ArcGIS 计算得出 2000—2019 年以来的月均 NDVI，如图 5-11(a)所示。可以看出整个流域的 NDVI 值在 1—3 月呈下降趋势，3—7 月呈上升趋势，7—12 月呈下降趋势，7、8 月的 NDVI 值最高，分别为 0.51、0.48。由此可以看出，金沙江流域的植被普遍在 4、5 月进入生长季。9、10、11、12 月的 NDVI 值均高于 1、2、3、4 月，这可能是因为金沙江流域在 1—3 月冰雪较多，而冰雪覆盖的地面 NDVI 为负，被赋值为 0，从而降低了流域 1—3 月的 NDVI 平均值。

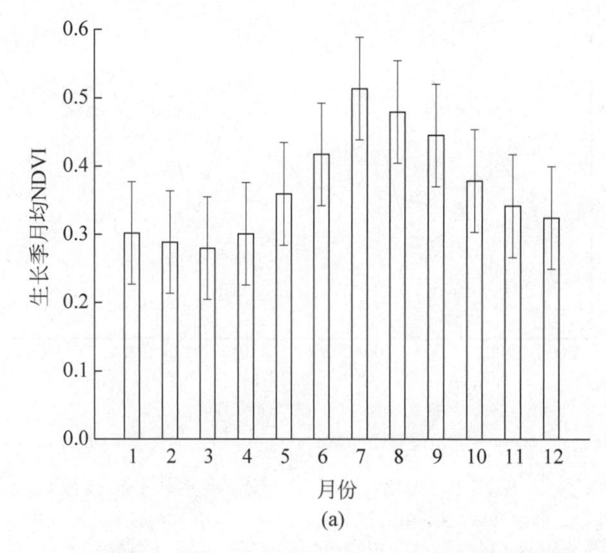

图 5-11 2000—2019 年金沙江(a)流域、(b)子流域生长季月均 NDVI 值变化趋势

Fig. 5-11 Trends in monthly average NDVI values in (a) whole basin and (b) sub-basin of Jinsha River from 2000—2019

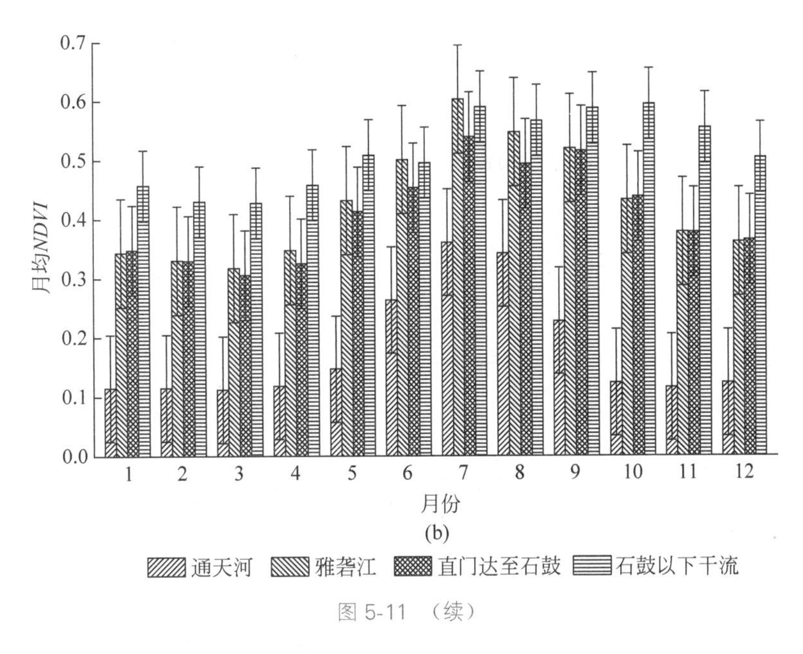

图 5-11 （续）

通过图 5-11(b)可以看出，4 个子流域中除通天河流域外，其余 3 个子流域的月均 NDVI 在 1—3 月都有一个小幅下降。通天河、雅砻江、直门达至石鼓等 3 个子流域的月均 NDVI 在 4—7 月均呈现出显著上升的趋势，7 月达到最大值，而后出现下降的趋势。雅砻江的 NDVI 涨幅最大，7 月的均值甚至超过石鼓以下干流。石鼓以下干流地区由于本身植被覆盖较好，NDVI 值较高，所以进入春夏季时，NDVI 的涨幅不如其他流域。

5.3.3 NDVI 空间分布特征

在 ArcGIS 中对 2000—2019 年的年均 NDVI 图进行植被覆盖分类，其中参考了韩继冲等(2019)的分类标准，见表 5-7。2000 年和 2019 年的各级植被覆盖面积及其所占流域总面积的比例如表 5-8 所示。由这两年间各级植被覆盖及其所占的面积、百分比、变化情况可以看出，金沙江流域的植被覆盖度较高，有 61％的区域 NDVI 值在 0.3 以上，为良等覆盖。同时从表中数据可以得出，该区域内植被覆盖的等级在不断优化，良等覆盖、中等覆盖、差等覆盖、劣等覆盖区域在向等级更高的植被覆盖转换，所以这几类覆盖等级的面积在减少，优等覆盖的面积在增加。

表 5-7 植被覆盖分类标准

Table 5-7 Classification of Vegetation Coverage

级别	NDVI 值	土地利用类型	覆盖等级
一级	>0.6	密灌木地、密林地、灌木林地等	优等覆盖
二级	0.3～0.6	优良耕地、潜在退化土地、高盖度草地、林地等	良等覆盖
三级	0.15～0.3	中低产草地、固定沙地、滩水地等	中等覆盖
四级	0.05～0.15	荒漠草地、稀林地、零星植被等	差等覆盖
五级	<0.05	荒漠、戈壁、水域和居民区等	劣等覆盖

表 5-8 2000 年、2019 年各类植被覆盖的面积及所占比例

Table 5-8 Areas and proportion of various types of vegetation cover in 2000 and 2019

级别	2000 年		2019 年		变化量	
	面积/km²	百分比/%	面积/km²	百分比/%	面积/km²	百分比/%
一级	22 148.06	4.60	95 975.94	19.95	73 827.88	333.34
二级	259 460.60	53.93	203 368.90	42.27	−56 091.80	−21.62
三级	123 731.00	25.72	113 670.20	23.63	−10 060.80	−08.13
四级	64 865.63	13.48	58 047.94	12.07	−6 817.69	−10.51
五级	10 874.69	2.26	10 012.88	2.08	−861.81	−7.93

从多年平均 NDVI 分布图中可以看出，金沙江流域的植被覆盖情况从上游到下游逐渐变好，如图 5-12、图 5-13 所示。低等覆盖的区域多集中在通天河区域，这是因为该段海拔高、温度低，且山体裸露的岩石多，地质构造松散，土壤易受风蚀，加上降水量集中在夏季，水土流失严重，所以不利于植被生长。

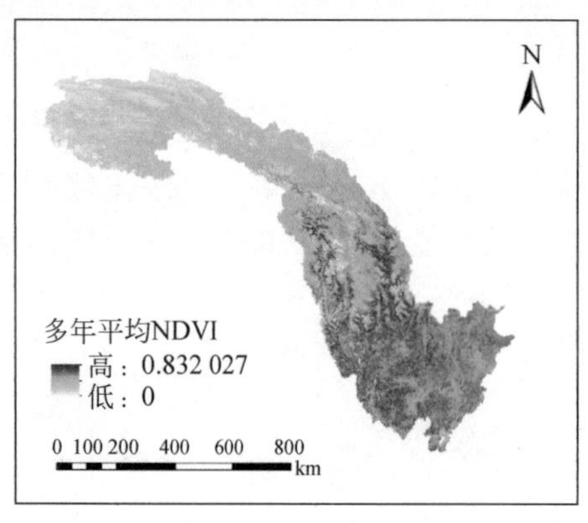

图 5-12 多年空间平均 NDVI 分布图

Fig. 5-12 Multi-year spatial average NDVI distribution

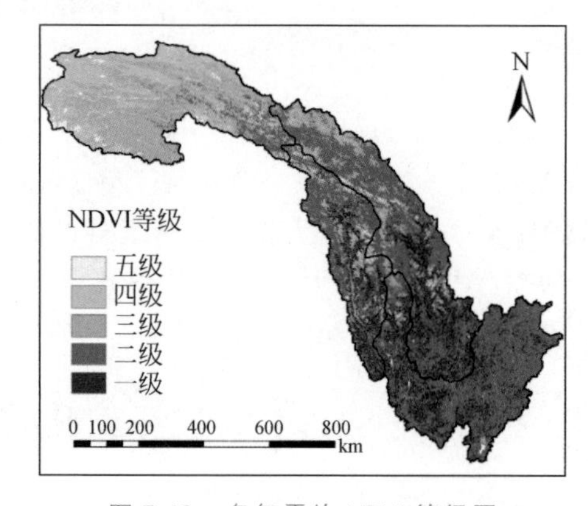

图 5-13 多年平均 NDVI 等级图

Fig. 5-13 Multi-year average NDVI rating chart

金沙江流域的多年平均 NDVI 等级如图 5-13 所示，流域内差异极大。通天河流域的良等及良等以上覆盖很少，仅下游有少量分布；其他 3 个子流域的植被覆盖等级都以良等及良等以上为主，雅砻江流域的优等覆盖最为集中，这与当地本身植被情况、人类活动等因素有关。

5.3.4 NDVI 空间分布特征的变化趋势

基于 ArcGIS 平台对 20 年的年平均 NDVI 采用最小二乘法，得到系数 b_1 的空间分布图，见图 5-14。b_1 值为负的地区集中在通天河下段以及石鼓以下，这是因为通天河地区的水土保持措施短期内见效慢，在很长一段时间内植被覆盖依旧有下降趋势，而且此地区人烟稀少、交通不便，实施水土保持措施具有较大难度。而石鼓以下地区城镇密集、人口稠密，城镇用地不断扩张导致植被覆盖出现下降趋势，同时工程建设频繁，加剧了该区域的水土流失，因此植被覆盖程度降低。

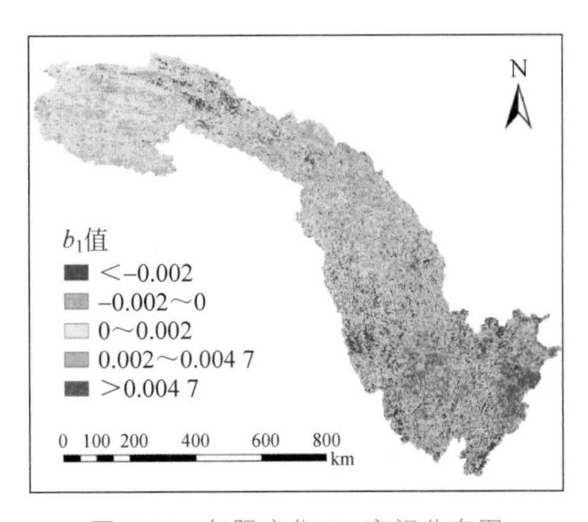

图 5-14 年际变化 b_1 空间分布图

Fig. 5-14 Interannual variation b_1 spatial distribution map

5.4 水沙条件变化

5.4.1 水沙序列的动态变化特征

5.4.1.1 趋势性特征

根据屏山站的数据统计，金沙江流域在1952—2016年的年径流量和年输沙量如图5-15所示。其中，由图5-15(a)得出研究区实测径流量的多年均值为1 427.18亿m^3，由图5-15(b)得出输沙量的多年均值为2.20亿t。

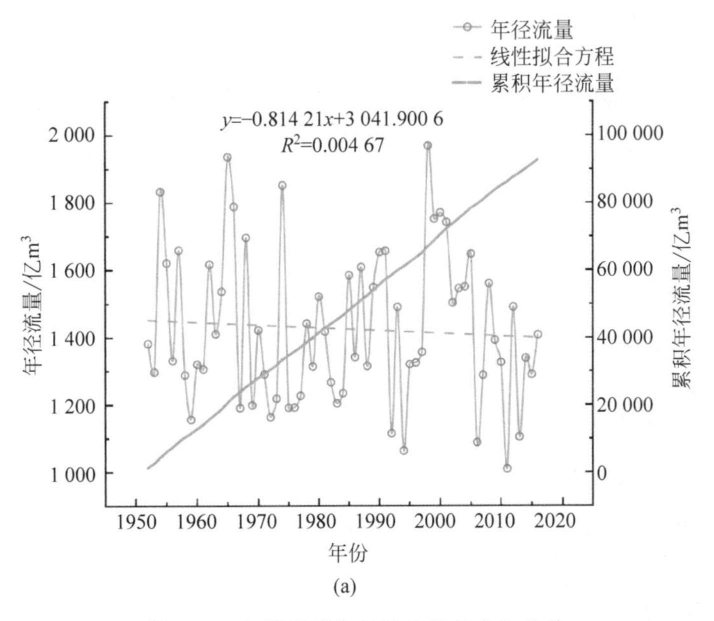

图 5-15 年径流量和年输沙量的变化趋势

Fig. 5-15 Variation trend of annual runoff and annual sediment discharge

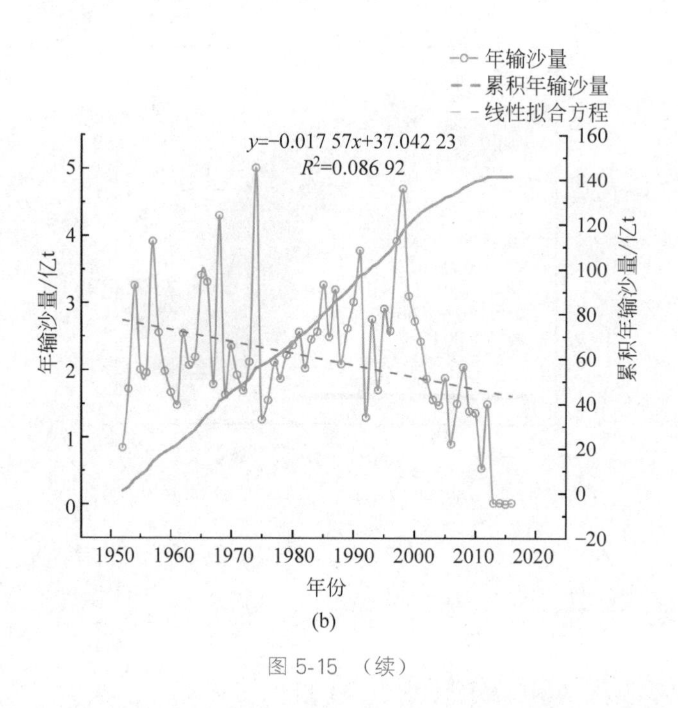

图 5-15 （续）

由于屏山站的径流量和输沙量数据较多，且年际变化有较强的波动性，无法直接观察其变化趋势，故可以采用 M-K 趋势检验法分析计算金沙江流域 1952—2016 年径流量、输沙量的变化趋势。经计算，水沙序列的变化趋势如表 5-9 所示。该流域年径流量 $|Z_c|$ 值为 0.130 21，且 β 值为 −0.191 12，小于 0；这表明年径流量呈下降趋势，但不呈现显著性变化，即每年通过屏山站所在河流的水量在逐年递减。同理可得，该流域年输沙量 $|Z_c|$ 值为 2.077 7，且 β 值为 −0.014 469，小于 0；这表明年输沙量在 0.05 的水平上呈显著下降趋势，即每年通过屏山站所在河流的泥沙重量在逐年递减。此外，输沙量下降趋势的可靠性比径流量的高。年径流量和输沙量都呈现显著的下降趋势，其原因可能是气候变化的影响和人类活动的干扰，如降水量减少、水利水保工程、土地资源的开发利用等。

表 5-9 年径流量和年输沙量的 M-K 趋势检验法结果

Table 5-9 Results of M-K Trend Test Method for Annual Runoff and Annual Sediment Transport

数据种类	M-K 趋势检验法		
	$\|Z_c\|$ 值	β 值	显著程度
径流量	0.130 21	−0.191 12	不呈显著性变化
输沙量	2.077 7	−0.014 469	在 0.05 的水平上呈显著下降

5.4.1.2 阶段性特征

本章采用双累积曲线法分析长时间尺度下径流和输沙量序列的阶段特性，主要通过径流—输沙量双累积曲线进行分析。从图 5-16 中看出，径流—输沙量双累积曲线表现出较为明显的转折，即累积曲线斜率明显变大或减小。转折点出现在 1974 年和 1998 年，于是可以将全时段划分为 1952—1973 年、1974—1997 年、1998—2016 年等 3 个阶段。虽然在 1974 年和 1998 年出现输沙量突增的现象，但这 3 个阶段的线性拟合趋势线斜率呈逐渐降低的趋势，表示屏山水文站的输沙量正在减小。第1个阶段和第2个阶段之间输沙量增加但曲线斜率降低，潘久根(1997)通过分析得知1974年为金沙江最大输沙量年，屏山站年输沙量达5.01亿t，占宜昌6.76亿t的74.2%，占长江大通站年平均输沙量的近一半，造成这一现象的主要原因是水土流失和人类不合理的经济活动。而第2个阶段和第3个阶段之间呈现出斜率下降的趋势，同样输沙量增加，这是由于1998年长江特大洪水和长江上游"天然林保护工程"的影响，陆传豪等(2019)通过研究表明导致该年份年径流量和年输沙量增加的原因是降雨。

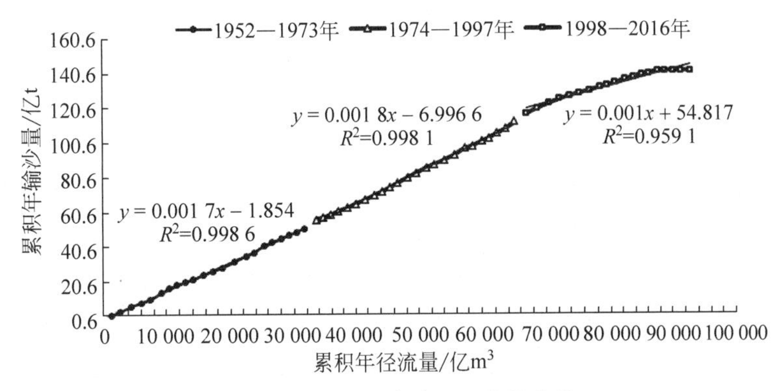

图5-16　径流—输沙量双累积曲线

Fig. 5-16　Double mass curve of runoff-sediment

一般来说，如果双累积曲线斜率发生变化有人类活动因素的影响，则可以认为人类活动对流域下垫面产流、产沙产生了一定影响，曲线斜率的偏移就是人类活动产生干扰的结果。通过上述分析可知，水库工程、水电站工程、水保田、小型水利水保工程等人类活动因素和洪涝灾害等气候因素在全时段内对金沙江流域的径流量、输沙量都产生了一定程度上的影响。

5.4.1.3　集中度

如图5-17所示，统计1954—2016年的月径流量、输沙量数据，利用箱形图分析这两个

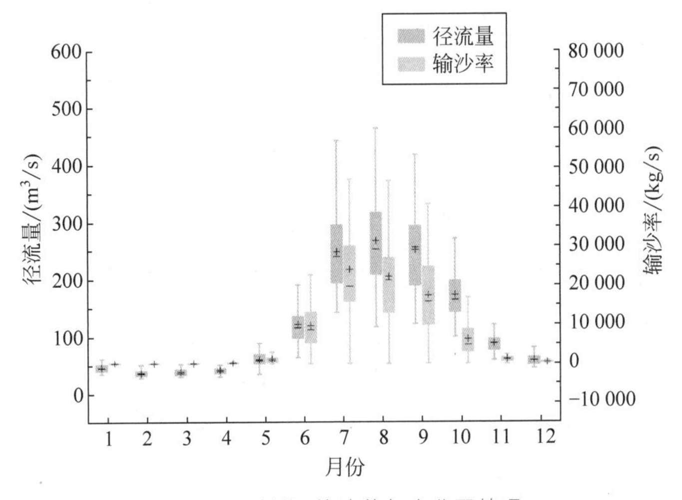

图5-17　径流、输沙的年内分配情况

Fig. 5-17　Annual distribution of runoff and sediment transport

量的年内分配情况。其中，径流量和输沙量的年内分配十分集中。每年的6—10月为丰水期，就近63年的总时段而言，丰水期径流量占全年的74.12%。同时这一期间也伴随着大量的泥沙输移，尤其是7、8、9月最为显著，丰水期输沙量占全年的95.70%。每年的12月至次年4月为枯水期，从图中可以了解到，枯水期的输沙量并不充裕。

利用集中度CI的计算公式(3-20)、公式(3-23)和公式(3-24)，计算得到金沙江流域屏山站1954—2016年径流、输沙量的集中度系数，结果见图5-18。可以看到，径流量的集中度明显低于输沙量。其中，径流集中度均值为0.40，2016年径流集中度最小，数值为0.29，表明该年份的年内径流分配最均匀；1954年径流集中度最大，达到了0.50，表示在整个径流序列内该年份的年内径流波动最大。通过采用M-K趋势检验法进行径流集中度的分析计算可知，该流域年径流量$|Z_c|$值为2.099 6，大于1.96，且Sen's slope的值为−0.000 750 91，表明径流集中度在0.05的水平上呈现显著性下降趋势。输沙量集中度均值为0.73，与径流量一样，2016年输沙量集中度达到了最小值0.59，表明该年份的年内输沙分配最均匀；而最大值出现的年份为1962年，数值为0.80，表明该年份的输沙量分配最不均匀。同样用M-K趋势检验法对输沙量集中度进行分析，可知该区域内的$|Z_c|$值为2.906 2，Sen's slope的值为−0.000 691 39；该年份的$|Z_c|$值大于2.58，表示输沙量在0.01的水平上呈显著性降低(见表5-10)。

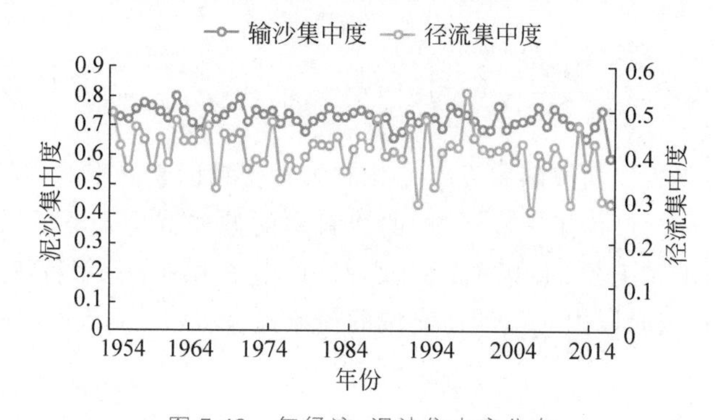

图5-18 年径流、泥沙集中度分布

Fig.5-18 Distribution of runoff and sediment concentration in year

表5-10 年径流和输沙集中度的M-K趋势检验法结果

Table 5-10 Results of M-K Trend Test Method for Annual Runoff and Sediment Concentration

数据种类	M-K趋势检验法		
	$|Z_c|$值	β值	显著程度
径流集中度	2.099 6	−0.000 750 91	在0.05的水平上呈显著性下降
输沙集中度	2.906 2	−0.000 691 39	在0.01的水平上呈显著性下降

5.4.2 水沙关系的动态变化特性

5.4.2.1 水沙关系曲线的趋势性

图5-19为金沙江流域屏山站1954—2016年年径流量—年输沙量的水沙关系曲线，而且水沙关系符合幂函数关系，决定系数R^2为0.451 1。在水沙关系曲线中，表征外界影响的因子(a)数值为7.01×10^{-12}，表征河流本身输沙能量的因子(b)数值为2.05。

为进一步了解金沙江流域年水沙关系曲线中各参数的变化情况，按照上文所述的双累积曲线所确定的阶段特性，分3个阶段分别建立流域每年的逐日径流量与逐日输沙量之间的水沙关系曲线，并计算径流—泥沙特征系数 a 和 b 值在不同阶段的变化规律。

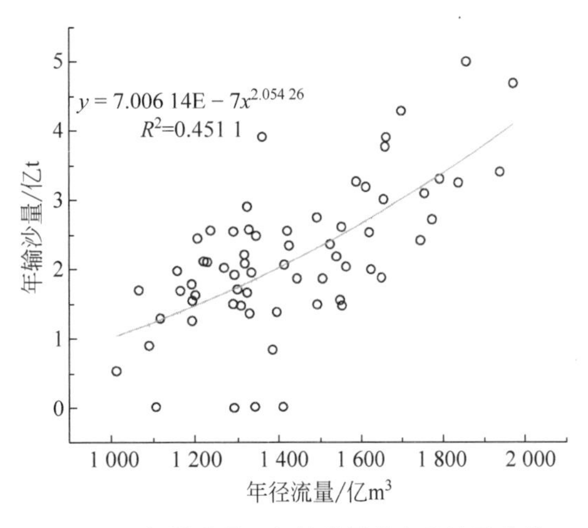

图5-19 年径流量—年输沙量的水沙关系曲线
Fig.5-19 Water-sediment rating curve of annual runoff-sediment

通过计算得到，a 值在1954—1973年的平均值为 1.18×10^{-7}，1974—1997年的平均值为 5.77×10^{-7}，1998—2011年的平均值为 1.67×10^{-6}，总体均值为 5.37×10^{-7}，呈逐年上升趋势。b 值在1954—1973年的平均值为2.87，1974—1997年的平均值为2.58，1998—2011年的平均值为2.43，总体均值为2.65，呈逐年下降趋势。a 值上升，说明由于水利水保工程、退耕还林还草工程等外界下垫面因素对金沙江流域的影响逐渐增加；b 值下降，说明在水动力因素、来沙综合条件、河道纵比降、糙率和断面形态等内部因素影响下，河流本身的能量不断减少，河流的输沙能力和输沙特性逐渐降低。

5.4.2.2 水沙环路曲线分析

径流—悬移质泥沙环路(以下称C-Q环路)由于水沙关系的峰值滞后现象，会形成不同的C-Q环路类型。分析所有洪水事件的水沙过程，可发现流域内的水沙过程会出现5种C-Q环路类型：顺时针环路、逆时针环路、正“8”字形环路(高径流为逆时针环路、低径流为顺时针环路)、逆“8”字形环路(高径流为顺时针环路、低径流为逆时针环路)和线形环路，不同种类的径流—悬移质环路具有不同的特性。其中，顺时针环路表示含沙量早于径流量达到峰值，这是支流的沉积物供给增多的原因造成的；当河流的支流汇入量增大，泥沙的物质来源途径增加，所携带的泥沙量增多，导致含沙量显著升高，提前达到峰值。逆时针环路表示径流量早于含沙量达到峰值，沉积物的传播速率受水流速度、流量、沙级配比等内部因素影响较大；当河流输沙能力下降导致传播速率降低，含沙量峰值出现滞后。“8”字形环路是顺时针环路和逆时针环路的组合。正“8”字形环路表示洪水期的环路既在高径流表现为逆时针，同时又在低径流表现为顺时针；逆“8”字形环路表示洪水期的环路既在高径流表现为顺时针，同时又在低径流表现为逆时针，这是泥沙和径流的输移时间不同步造成的；线形环路代表径流量和含沙量的输移时间和变化比例同步。

1954年8月22日—9月1日的水沙关系如图5-20所示。由图5-20(a)可知，流域含沙量于8月27日达到最大值，最大值为5.14 kg/m³；径流量同样于8月27日达到最大值，最大值为23 600 m³/s。含沙量较径流量提早达到峰值，之后径流量逐渐降低，但含沙量于28日突然下降，随后逐渐减少。径流量、含沙量均于9月1日达到最小值。上述过程在图5-20(b)中表现为顺时针环路，当径流增大时含沙量随之增大，但当径流达到某个特定值后，含沙量开始急剧下降，最后达到最小值。

1984年5月22—26日的水沙关系如图5-21所示。由图5-21(a)可知，径流量于5月24日达到最大值，最大值为3 450 m³/s；含沙量于5月25日达到最大值，最大值为

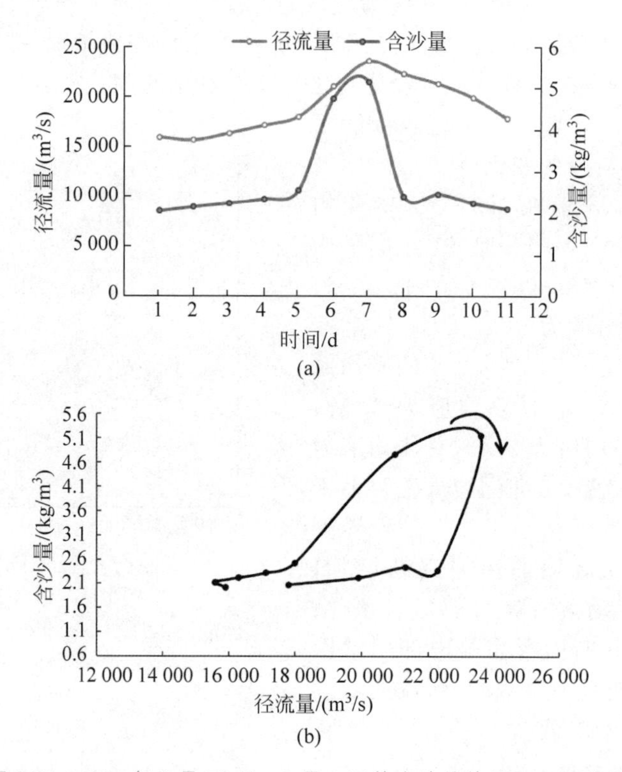

图 5-20 1954 年 8 月 22 日—9 月 1 日的水沙趋势及 C-Q 环路图

Fig. 5-20 Water and sediment trend and CQ loop diagram from August 22 to September 1, 1954

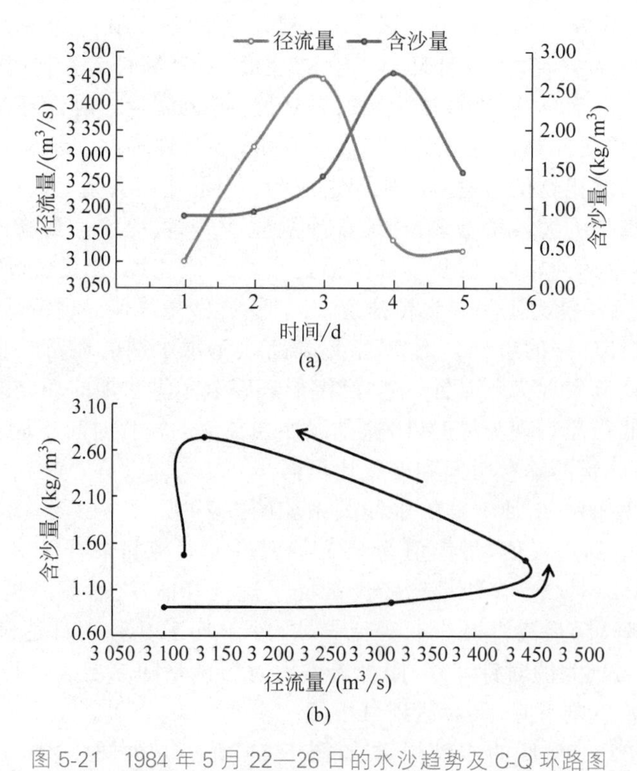

图 5-21 1984 年 5 月 22—26 日的水沙趋势及 C-Q 环路图

Fig. 5-21 Water and sediment trend and CQ loop diagram from May 22 to May 26, 1984

2.74 kg/m³。径流量较含沙量提早达到峰值,之后径流量不断下降,含沙量上升至 25 日便开始下降。上述过程在图 5-21(b)中表现为逆时针环路,当径流增大时含沙量开始增大,但当径流不再增加甚至下降时,含沙量依旧呈上升趋势,达到某个特定值后再下降。

1995 年 5 月 29 日—6 月 3 日的水沙关系如图 5-22 所示。由图 5-22(a)可知,径流量较含沙量稍早达到最大值,最大值分别为 3 360 m³/s 和 2.39 kg/m³,径流量和输沙量在达到最大值后均开始降低,且降低的幅度大致相等。上述过程在图 5-22(b)中表现为正"8"字形环路,含沙量在高径流时呈现逆时针环路,而在低径流时呈现顺时针环路。

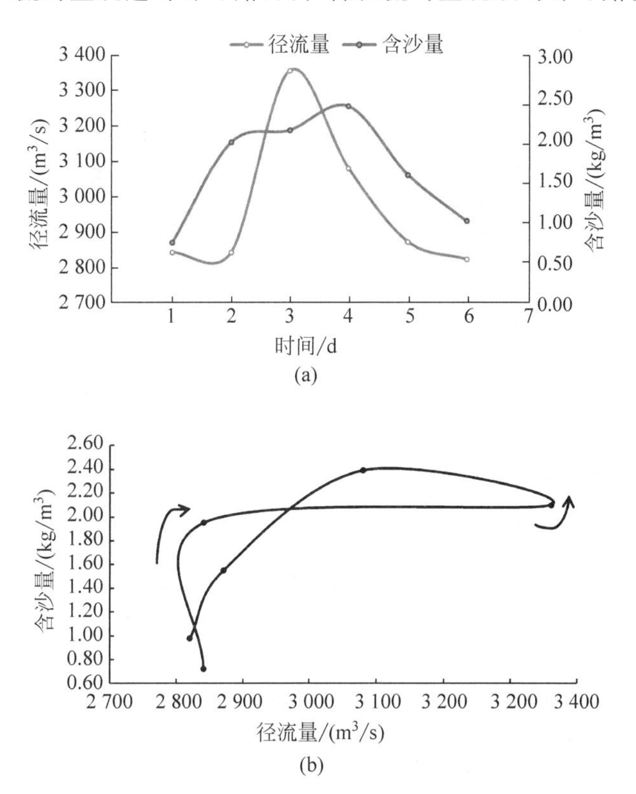

图 5-22　1995 年 5 月 29 日—6 月 3 日的水沙趋势及 C-Q 环路图

Fig. 5-22　Water and sediment trend and C-Q loop diagram from May 29 to June 3, 1995

1971 年 6 月 22—27 日的水沙关系如图 5-23 所示。由图 5-23(a)可知,在该时间段内,含沙量呈现出起伏波动的情况,径流量于 6 月 25 日达到最高,峰值为 7 730 m³/s,达到峰值后开始逐渐下降。上述过程在图 5-23(b)中表现为逆"8"字形环路,含沙量在高径流时呈现顺时针环路,而在低径流时呈现逆时针环路。

1972 年 8 月 28—31 日的水沙关系如图 5-24 所示。由图 5-24(a)可知,径流量和输沙量同时于 8 月 28 日达到最大值,最大值分别为 5 120 m³/s 和 1.14 kg/m³,之后均呈下降趋势,且二者变化趋势大体一致。图 5-24(b)中的输沙量与径流量变化斜率一致,表现为线形环路。

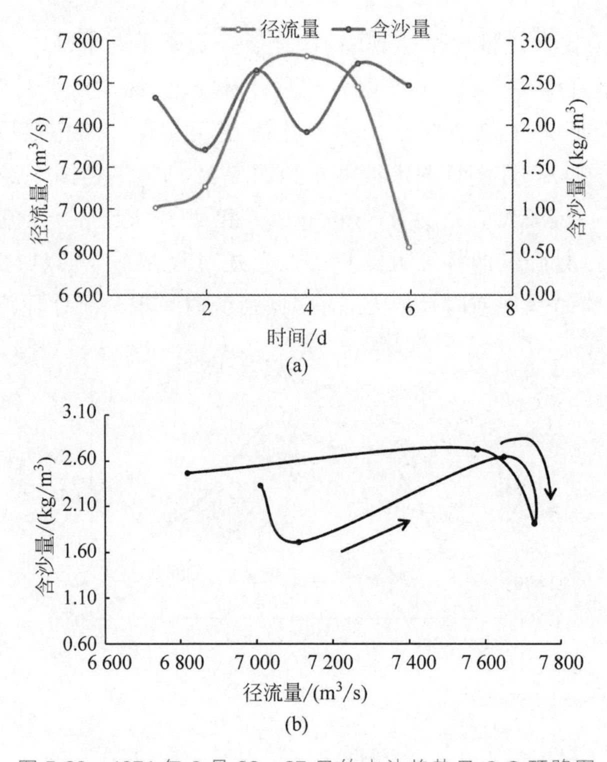

图 5-23　1971 年 6 月 22—27 日的水沙趋势及 C-Q 环路图

Fig. 5-23　Water and sediment trend and C-Q loop diagram from June 22 to June 27, 1971

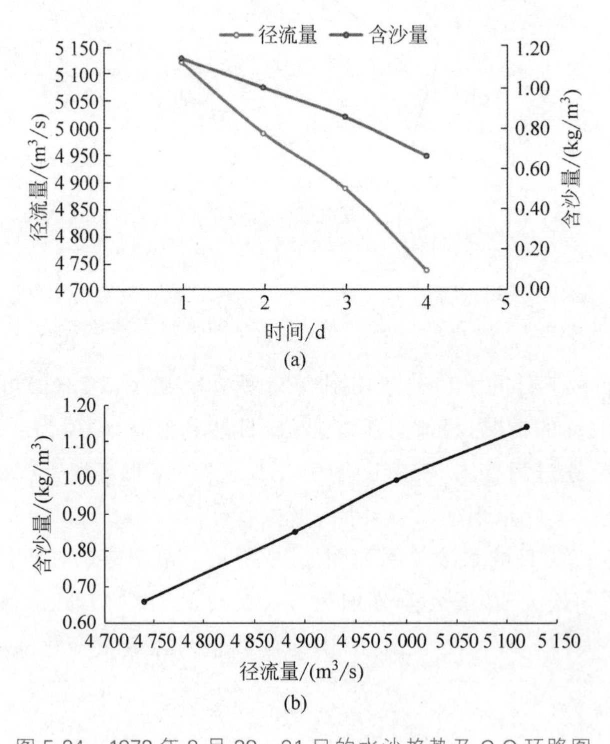

图 5-24　1972 年 8 月 28—31 日的水沙趋势及 C-Q 环路图

Fig. 5-24　Water and sediment trend and C-Q loop diagram from August 28 to August 31, 1972

5.4.3　水沙环路曲线的统计分析

由于缺少1952年、1953年含沙量数据，因此对1954—1973年、1974—1997年、1998—2016年的C-Q环路曲线数量进行统计，结果如表5-11所示。

结果表明，1954—1973年的顺时针环路占该时段内总C-Q环路数量的58.49%，1974—1997年所占的比例为49.25%，1998—2016年所占的比例为64.71%。数据显示，顺时针环路在前两个时间段内呈下降趋势，而在第三个阶段有所上升，表明1954—1997年支流中沉积物的量减少，含沙量早于径流量达到峰值的频率下降。第三个时间段内顺时针环路比例有所上升，说明在1998—2016年支流内沉积物的量有所上升。1954—1973年的逆时针环路占该时段内总C-Q环路数量的9.43%，1974—1997年所占的比例为20.90%，1998—2016年所占的比例为16.13%，可见前两个时间段内的逆时针环路比例有所上升，而1998—2016年的逆时针环路所占比例发生下降。说明1954—1997年的河流输沙能力下降，径流量早于含沙量达到峰值的情况增多，而1998—2016年直流内的含沙量增加，导致该时间段内的径流量早于泥沙量达到峰值的情况减少。正"8"字形环路在1954—1973年所占的比例为16.98%，1974—1997年所占的比例为8.96%，1998—2016年所占的比例为9.68%，说明1954—1997年平缓、长久的泥沙类型总体呈增加趋势，而1998—2016年短暂、急促的泥沙类型有所增加。逆"8"字形环路在1954—1973年所占的比例为11.32%，1974—1997年所占的比例为17.91%，1998—2016年所占的比例为6.45%，说明1954—1997年短暂、急促的泥沙类型总体呈增加趋势，而1998—2016年平缓、长久的泥沙类型有所增加。线形环路在1954—1973年所占的比例为3.77%，1974—1997年所占的比例为2.99%，1998—2016年所占的比例为3.23%，在总时间段内，该种环路出现较少，且无规律。综上可得，各环路所占比例为顺时针>逆时针>"8"字形>线形环路。顺时针环路的下降和逆时针环路的上升，分别对应于人类活动、气候变化等外界因素的增加和河流输沙能力的降低。

表5-11　不同时段C-Q环路所占比例

Table 5-11　Proportion of C-Q loop in different periods　%

时段	顺时针	逆时针	正"8"字形	逆"8"字形	线形
1954—1973年	58.49	9.43	16.98	11.32	3.77
1974—1997年	49.25	20.90	8.96	17.91	2.99
1998—2016年	64.52	16.13	9.68	6.45	3.23

5.5　水沙变化的驱动因素分析

5.5.1　极端降水指标的变化驱动因素

5.5.1.1　高程对极端降水指标的影响

为了探究地形与极端降水事件的关系，本节选用高程数据与极端降水指标进行相关性分析。图5-25显示了极端降水指标与高程的散点图，可以看出高程与大多数极端降水指标的相关水平较强。

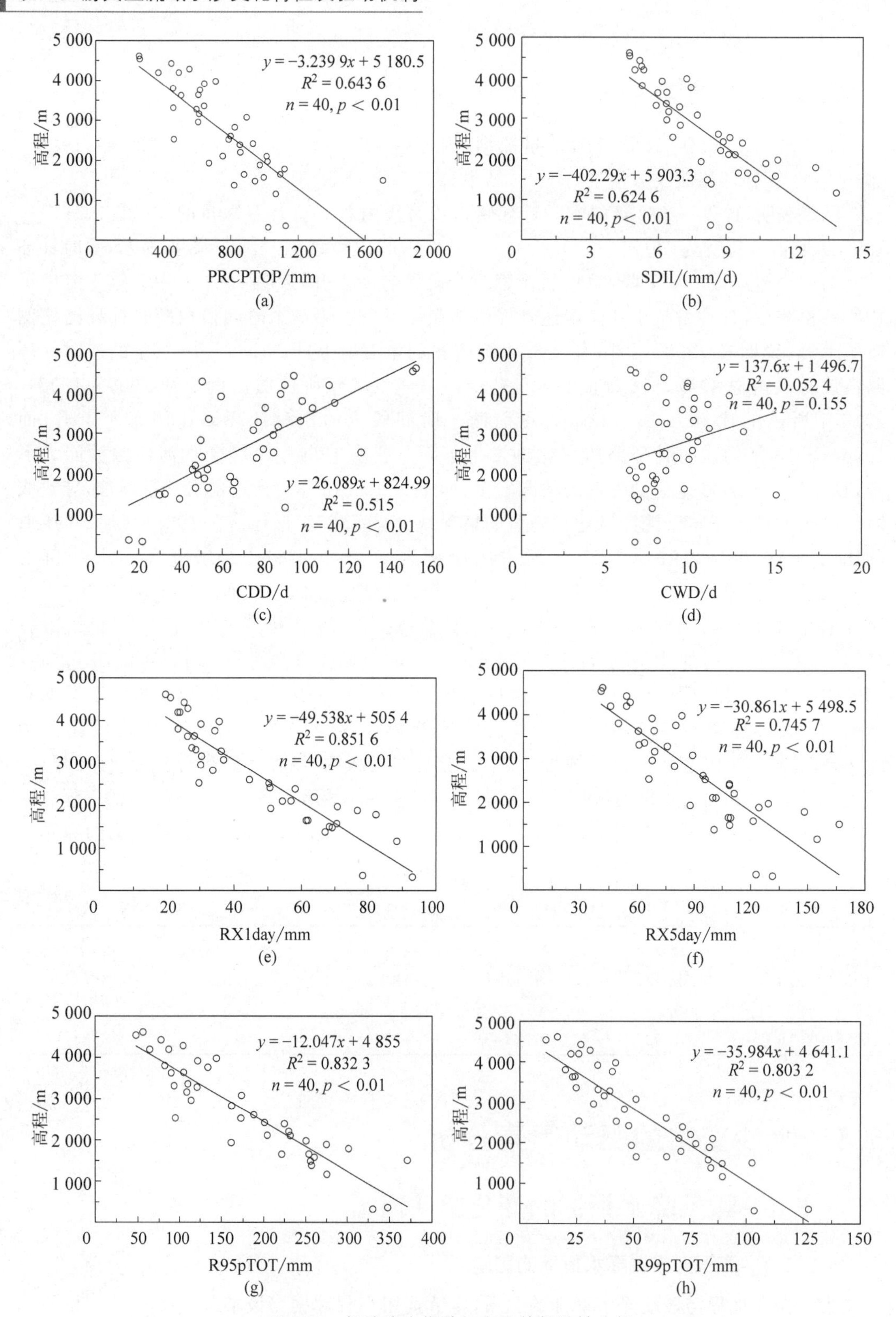

图 5-25 极端降水指数与高程的相关性分析

Fig. 5-25 Correlation analyses between extreme precipitation indices and elevation

注：由于研究区 Ⅰ 和 Ⅱ 的 R50mm 指标部分不存在数值或值过小，故不描述 R50mm 与高程的相关性。

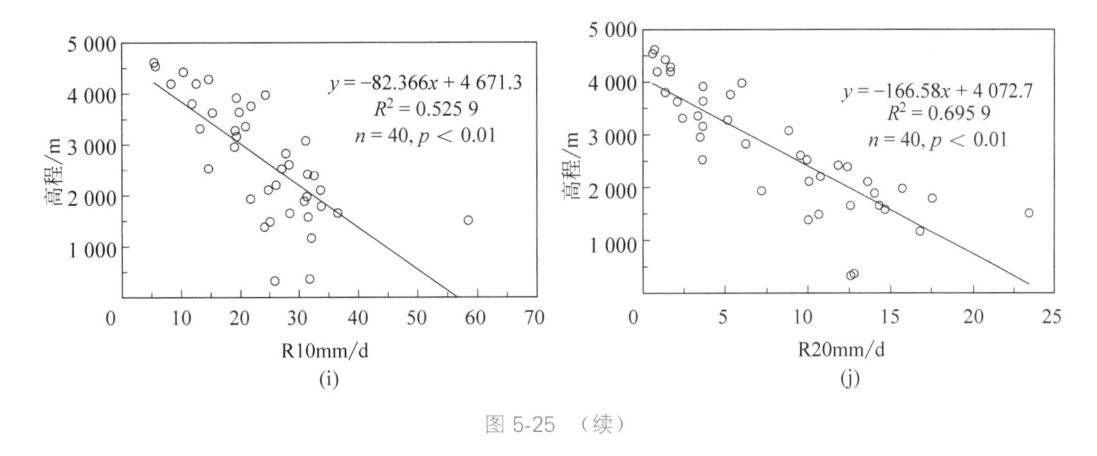

图 5-25 （续）

高程与 RX1day、R95pTOT 和 R99pTOT 等 3 个指标的相关系数都超过了 0.8，达到强相关水平，其余指标除 CWD 外也都呈中度相关关系，且通过 0.01 显著水平检验。

5.5.1.2 大气环流因子对极端降水指标的影响

为探讨大气环流对金沙江流域极端降水事件影响，本节将对大气环流指数与极端降水指标进行相关分析及冗余分析。为选择关键的大气环流因子，避免共线因子的影响，更好地解释极端降水指标的变化，本节将对各个降水指标进行逐步回归分析，并基于 AIC 准则进行变量选择。表 5-12 和表 5-13 列出了每个极端降水指标的主要影响因子。

将降水日数指标和降水量及强度指标作为两组指标，分别与显著水平超过 0.05 的大气环流因子进行皮尔逊相关分析和 RDA 分析。前一组指标对应南极涛动（AAO）、太平洋年代振荡（PDO）、大西洋多年代际振荡（AMO）、北大西洋涛动（NAO）等 4 个大气环流因子（如表 5-12），后一组选择西太平洋遥相关型（WP）、PDO、AMO、AAO、北极涛动（AO）等 5 个大气环流因子（如表 5-13）。

表 5-12 基于 AIC 准则的降水量及强度指标与大气环流因子逐步回归分析

Table 5-12 Stepwise Regression Analysis of extreme precipitation on intensity indices and large scale oceanic atmospheric indices based on AIC criterion

降水指标	降水量及强度指数					
	PRCPTOT	SDII	R95pTOT	R99pTOT	RX1day	RX5day
大气环流因子	PDO AAO	WP PDO AAO*	WP PDO* AAO*	PDO* Nino3.4 NAO AMO*	Nino3.4 NAO* AMO*	AO PDO* Nino3.4 NAO AAO*
AIC	−8.47	−4.60	−15.79	−10.33	−10.40	−6.47
R^2	0.203 5	0.155 2	0.324 6	0.26	0.247 8	0.214 6

注：* 代表通过 $p<0.05$ 显著水平。

表 5-13 基于 AIC 准则的降水日数指标与大气环流因子逐步回归分析

Table 5-13 Stepwise Regression Analysis of extreme precipitation on days indices and large scale oceanic atmospheric indices based on AIC criterion

降水指标	降水日数指数				
	CDD	CWD	R10mm	R20mm	R50mm
大气环流因子	AO WP* PDO* EA AMO*	AO* NAO*	PDO AAO*	PDO* Nino3.4 AAO*	PDO* Nino3.4 AAO*
AIC	16.93	−3.55	−2.59	−3.93	−6.43
R^2	0.362 8	0.121 1	0.104 1	0.143 8	0.185 5

注：*代表通过 $p<0.05$ 显著水平。

首先进行皮尔逊相关分析，结果如图 5-26 所示。从图 5-26 中可知，AMO 与 AAO 显著相关的极端降水指标较多。AAO 与 R95pTOT、RX1day 显著相关且通过 0.001 显著水平检验，与 SDII、PRCPTOT、R99pTOT 通过 0.01 显著水平检验，与 RX1day 通过 0.05 显著水平检验。

AMO 与 SDII、R95pTOT、R99pTOT 显著相关，且通过 0.01 显著水平检验，与 RX1day 通过 0.05 显著水平检验。NAO 和 PDO 与降水量及强度指标的相关性较弱，都未达到中度相关程度。大气环流因子与降水日数指标的相关性较降水量及强度指标弱(如图 5-27)，AAO 和 AMO 大气环流因子同样是对此组指标相关性程度较高的两个指数。其中，AMO 与持续干期指数为显著负相关关系，通过 0.01 显著水平检验，与 R50mm 通过 0.05 显著水平检验；AAO 与 R10mm、R20mm 和 R50mm 都存在显著正相关关系，且都通过 0.05 显著水平检验；PDO 与 CDD 呈显著负相关，通过 0.05 显著水平检验，与 R50mm 呈显著正相关关系。AO 与各指数的相关系数都<0.2，相关性程度极弱。根据相关性程度分级表，WP 只与 CDD 达到弱程度的正相关，与其他指数呈极弱负相关关系。

为进一步探究极端降水指标与大气环流因子的相关关系，本节基于 Canoco5.0 软件进行 RDA 分析。

由表 5-14 和表 5-15 可知，排序轴 1、2 的极端降水—大气环流因子关系的累计百分比方差最高，在降水量及强度指标与大气环流的 RDA 模型中，前两轴解释了总变化的 99.6%，而降水日数指标的模型的前两轴解释了总变化的 99.98%，占比非常高。

因此，这两个模型都可选择第 1、2 坐标轴来解释降水与大气环流的关系，而且将有较好的代表性，结果如图 5-28 所示。图 5-28(a)显示了降水量及强度指标和大气环流指数之间的关系图，各因子之间的相关性可由它们之间的夹角表示。AAO 和 PDO 等 2 个大气环流因子与 SDII、PRCPTOT、R95pTOT 和 RX5day 等 4 个指数之间的角度<90°，表明它们呈正相关关系，AMO 与 R99pTOT、RX1day 存在正相关关系。NAO 与各指数的相关关系较弱。图 5-28(b)显示了降水日数指标和大气环流指数之间的关系图，各因子之间的相关性可由它们之间的夹角表示。

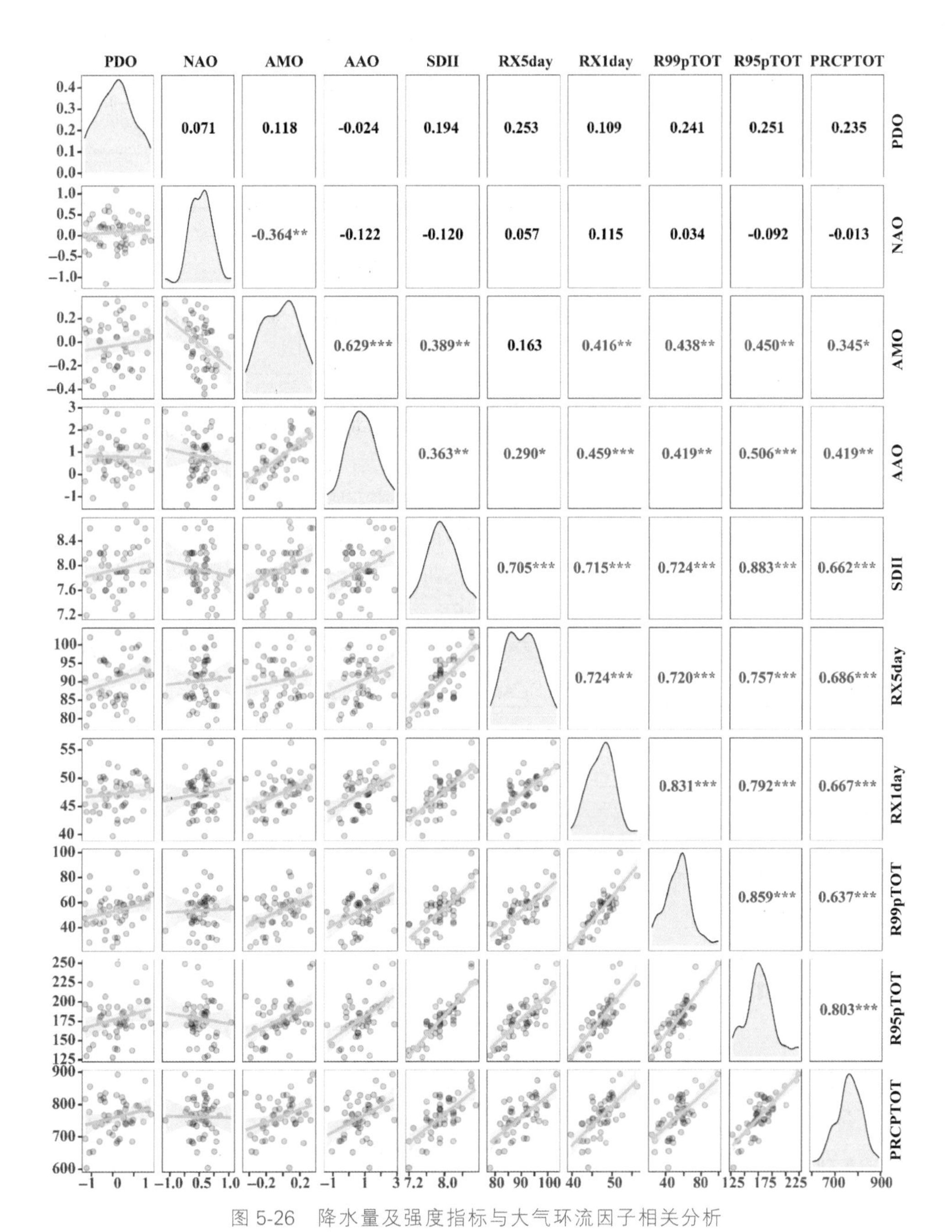

图 5-26　降水量及强度指标与大气环流因子相关分析

Fig. 5-26　Correlation analyses between precipitation on intensity indices and large scale oceanic atmospheric indices

注：*** 代表通过 $p<0.001$ 显著水平，** 代表通过 $p<0.01$ 显著水平，* 代表通过 $p<0.05$ 显著水平

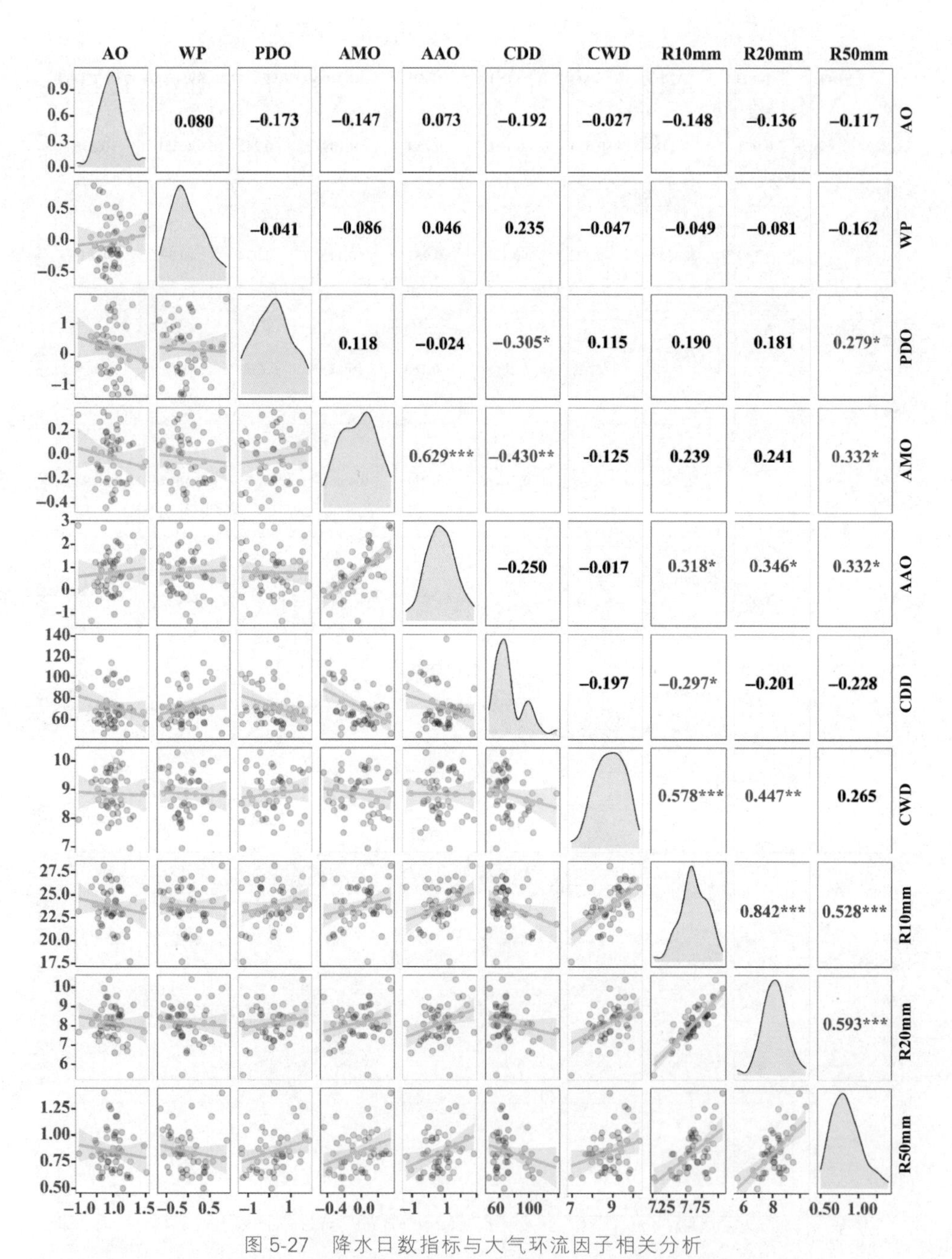

图 5-27 降水日数指标与大气环流因子相关分析

Fig.5-27 Correlation analyses between precipitation on days indices and large scale oceanic atmospheric indices

注：*** 代表通过 $p<0.001$ 显著水平，** 代表通过 $p<0.01$ 显著水平，* 代表通过 $p<0.05$ 显著水平

表 5-14　RDA 轴的特征值(降水量及强度指标)

Table 5-14　The eigenvalues of the RDA axes for precipitation on intensity indices and large scale oceanic atmospheric indices

统计轴		轴 1	轴 2	轴 3	轴 4
特征值		0.257 5	0.001 3	0.001	0.000 1
极端降水—大气环流相关性		0.533	0.258 3	0.138 8	0.110 3
累计变异率/%	极端降水数据方差	25.75	25.88	25.98	25.99
	极端降水—大气环流关系	99.1	99.6	99.97	100

表 5-15　RDA 轴的特征值(降水日数指标)

Table 5-15　The eigenvalues of the RDA axes for precipitation on days indices and large scale oceanic atmospheric indices

统计轴		轴 1	轴 2	轴 3	轴 4
特征值		0.382 5	0.001 8	0.000 1	0
极端降水—大气环流相关性		0.622 8	0.385 2	0.224 9	0.074 2
累计变异率/%	极端降水数据方差	38.25	38.43	38.44	38.44
	极端降水—大气环流关系	99.52	99.98	100	100

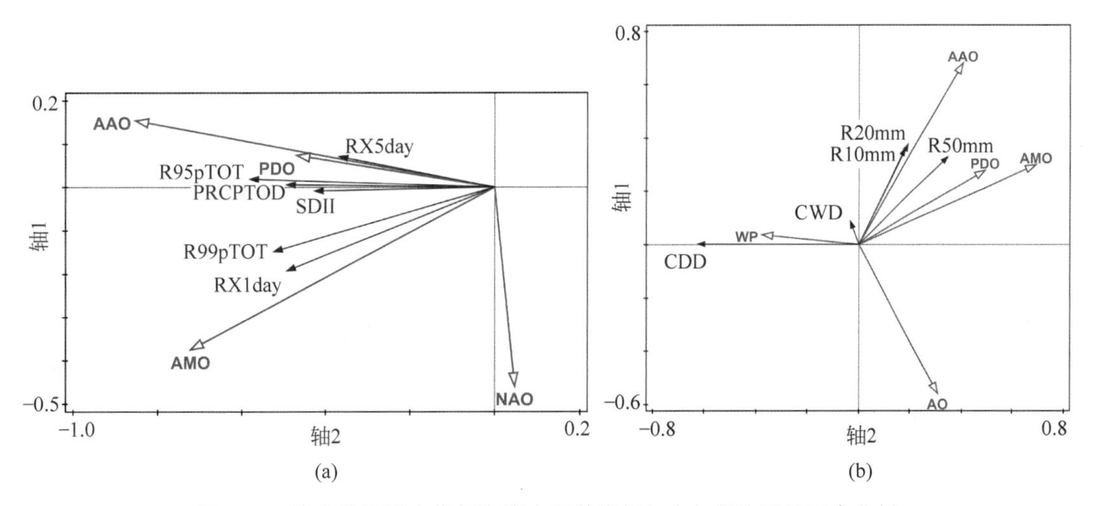

图 5-28　降水量及强度指标和降水日数指标与大气环流因子冗余分析

Fig. 5-28　Ordination axes 1 and 2 of the RDA for precipitation on intensity indices (a)、preciptation on days indices (b) and atmospheric circulation indices

结果表明，AMO、AAO 和 PDO 等 3 个大气环流因子与 R10mm、R20mm、R50mm 等 3 个指数之间呈正相关关系，而与 CDD 都呈负相关关系。此外，WP 与 CDD 也存在正相关关系，与李勇等(2007)研究结果显示的 WP 与我国长江上游地区降水呈负相关的结论一致。持续湿期指数与 AO 也呈负相关关系，但与 PDO、AMO 夹角都接近 90°，相关关系较弱，与皮尔逊相关分析结论一致。

为了对极端降水指标与大气环流因子指数的相关关系进行定性研究，本书基于 R 软件的 rdacca. hp(层次分割获取单个解释变量的贡献)包进行各大气环流因子的贡献率的计算，结果如图 5-29 所示。AMO 是对所有极端降水指标的贡献率影响最大的因子，对于降水量及强度指数的贡献显著高于其他因子，占比将近5成。AMO对金沙江流域降水的影响主要表现为，在冷、暖相位时，通过加强热力温度梯度增强了印度夏季风(Feng et al.,2008)。同时，AMO可增加季风低压和加强印度地区对流层温度梯度，从而增加西南季风(Li et al.,2008)。而我国西南地区的夏季降水量与印度季风紧密联系，当印度夏季风减弱时，西南地区降水量呈减弱趋势，反之增加(吴秋洁,2019)。因此，金沙江流域云南、四川地区的降水量会受AMO影响而增加或减少。此外，王彦明等(2010)研究表明在AMO冷相位时，青藏高原的降水减少，即位于青藏高原东部的金沙江上游也会受到AMO影响。

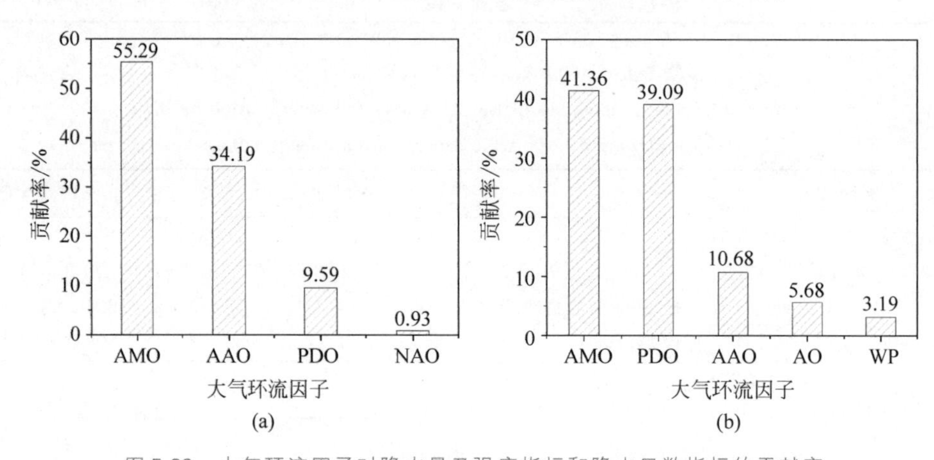

图5-29 大气环流因子对降水量及强度指标和降水日数指标的贡献率

Fig.5-29 The ratio of contribution of large scale oceanic atmospheric indices to preciptation on intensity indices (a) and preciptation on days indices (b)

其次是AAO和PDO，对于降水量及强度指数的贡献率分别为34.19%和9.59%(如图5-29(a))，而PDO对于降水日数指标的贡献则显著高于AAO(10.68%)，达到39.09%(如图5-29(b))，与AMO接近。PDO主要是通过对其他事件的调控间接影响金沙江流域的极端降水，如朱益民等(2003)研究表明PDO冷相位时期会通过影响ENSO事件从而影响长江流域降水，暖相位时期会使云贵高原地区变得显著异常偏暖，而温度的增加可能使极端降水呈现增加趋势(孔锋等,2017)，与极端降水没有显著的线性相关关系。而AAO作为南半球热带外地区在半球尺度上最显著的大气环流变化模态，是通过使马斯克林高压和南太平洋副高增强，使得索马里越赤道气流也趋于增强(孙丹等,2013)。索马里急流等越赤道气流的加强将使南半球向北半球的水汽输送增强，显著改变东亚季风(王会军等,2003)，从而影响金沙江流域极端降水。

AO、WP和NAO的贡献率普遍较低，NAO的贡献率只占0.93%(如图5-29(a))，表明这3个大气环流因子对金沙江流域极端降水事件的影响都较小。有研究表明，Nino C区海表温度可以通过影响WP进而影响东亚冬季风，且WP与我国冬季降水的相关显著区主要位于我国东部地区。因为可能存在非线性相关关系，所以WP对于金沙江流域的影响较弱。

5.5.2 水沙变化驱动因素的贡献率分析

以1952—1973年的径流量和降水量为基准，计算1974—1997年、1998—2016年两个变化期内降水因素和人类活动因素对径流量的影响，结果见表 5-16。通过分析降水数据得知，全时段的降水量呈增加趋势。1974—1997 年，降水因素影响增加的年均径流量为 1 276 423.0 万 m^3，人类活动因素影响减少的年均径流量为 1 634 875.1 万 m^3，两者总共减少 358 452.1 万 m^3，其中降水因素和人类活动因素各占－356.1%、456.1%。其次，1998—2016 年，降水因素影响增加的年均径流量为 2 053 083.2 万 m^3，人类活动因素影响减少的年均径流量为 1 923 498.7 万 m^3，两者总共增加 129 584.4 万 m^3，其中降水因素和人类活动因素各占 1584.4%、－1 484.4%。根据计算结果，可得 1974—1997 年降水和人类活动的贡献比为－0.78∶1，1998—2016 年的降水和人类活动的贡献比为 1∶－1。在第一个变化期，降水因素的影响导致年均径流量增加，但是人类活动因素影响减少的年均径流量更大，所以总体年径流量减少，说明人类活动的强度较大。在第二个变化期，金沙江流域在人类活动影响下减少的径流量小于降水因素影响下增加的径流量，因此流域内的年均径流量仍然增加。

表 5-16　金沙江流域径流量贡献率计算结果

Table 5-16　Calculation results of runoff contribution rate in Jinsha River basin

时　段	1960—1973 年	1974—1997 年	1998—2016 年
W 径流量/万 m^3	14 360 392.9	13 856 625.0	14 625 757.9
P 降水量/mm	565.9	616.2	657.2
$D=W/P$/(万 m^3/mm)	25 376.2	22 487.2	22 254.7
ΔW/万 m^3		503 767.9	－265 365.0
ΔP/mm		－50.3	－91.3
ΔD/(万 t/mm)		2 889.0	3 121.5
$\bar{D}\cdot\Delta P$/万 m^3		－1 276 423.0	－2 053 083.2
$\bar{P}\cdot\Delta D$/万 m^3		1 634 875.1	1 923 498.7
$\Delta W=\bar{P}_1\cdot\Delta D+\bar{D}\cdot\Delta P$/万 m^3		358 452.1	－129 584.4
降水 $\bar{D}\cdot\Delta P$/%		－356.1%	1 584.4%
人类活动 $\bar{P}\cdot\Delta D$/%		456.1%	－1 484.4%

以 1960—1973 年的输沙量和降水量为基准，计算 1974—1997 年、1998—2016 年两个变化期内降水因素和人类活动因素对输沙量的影响，结果见表 5-17。首先，在 1974—1997 年内，降水因素影响增加的年均输沙量为 2 061.6 万 t，人类活动因素影响增加的年均输沙量为 382.8 万 t，两者总共增加 2 444.5 万 t，其中降水因素和人类活动因素各占 84.3%、15.7%；1998—2016 年降水因素影响增加的年均输沙量为 3 803.9 万 t，人类活动因素影响减少的年均输沙量为 11 650.6 万 t，两者总共减少 7 846.7 万 t，其中降水因素和人类活动因素各占－48.5%、148.5%。根据计算结果，可得 1974—1997 年降水和人类活动的贡献比为 5∶1，1998—2016 年的降水和人类活动的贡献比为：－1∶3。可以看到，在第一个时期，降水在年均输沙量的变化中占主导地位，年均输沙量增加。在第二个时期，人类活动因素影响下减少的年均输沙量远大于降水因素影响下的增加的年均输沙量，总体年均输沙量呈下降趋势，说明人类活动在第二个时期占主导地位，并且在这一阶段活动频繁且强度较大。

表 5-17 金沙江流域输沙量贡献率计算结果

Table 5-17 Calculation results of contribution rate of sediment transport in Jinsha River basin

时 段	1960—1973 年	1974—1997 年	1998—2016 年
W_s 输沙量/万 t	23 194.5	25 673.0	15 286.0
P 降水量/mm	565.9	616.2	657.2
$E=W_s/P$(万 t/mm)	41.0	41.7	23.3
ΔW_s(万 t)		−2 478.5	7 908.5
ΔP(mm)		−50.3	−91.3
ΔE(万 t/mm)		−0.7	17.7
$\bar{E}\cdot\Delta P$/万 t		−2 061.6	−3 803.9
$\bar{P}\cdot\Delta E$/万 t		−382.8	11 650.6
$\Delta W_s=\bar{P}\cdot\Delta E+\bar{E}\cdot\Delta P$/万 t		−2 444.5	7 846.7
降水 $\bar{E}\cdot\Delta P$/%		84.3	−48.5
人类活动 $\bar{P}\cdot\Delta E$/%		15.7	148.5

5.6 本章小结

(1) 由于流域极端降水事件的频率显著增加，所以本章选取了 11 个极端降水指标，采用 M-K 非参数检验法从时间和空间两个维度分析流域极端降水指标的趋势性特征；基于小波分析法解析极端降水指标的周期性规律；综合皮尔逊相关分析法和冗余分析法探究地形因子与极端降水指标的相关关系，定量区分大气环流因子对极端降水指标的贡献。本章得出以下结论。

首先，除连续干旱日数(CDD)显著减少外，各项指标在全流域显著增加，极端事件频发。研究区Ⅰ极端降水事件的频率显著增加；研究区Ⅱ呈现湿润化趋势；研究区Ⅲ小雨和中雨事件减少，大雨事件增多。

其次，时间尺度上，金沙江流域自 20 世纪 80 年代初期以来极端降水事件呈显著增加趋势。年降水量存在 28 a 左右的显著震荡周期；同时各指标在研究区Ⅰ的周期性普遍不明显，而在研究区Ⅲ则存在 13 a、18 a、28 a 共 3 个明显的主周期。

最后，随着高程增加，流域的极端降水事件显著减少；大气环流因子中 AMO、AAO 和 PDO 的变化对金沙江流域的极端降水事件造成显著影响。

(2) 为了明确金沙江流域退耕还林(草)工程实施后植被覆盖的时空变化特征，本章收集并整理了 2000—2019 年 456 期 MODIS 遥感数据，采用趋势分析法从不同的时空尺度分析金沙江流域的植被覆盖指数(NDVI)的动态变化特征，通过相关分析法在像元尺度逐步计算，探究植被覆盖指数对地形和气象条件两类驱动因素的响应。本章得出以下结论。

首先，2000—2019 年来，金沙江流域的植被覆盖情况整体较好，且呈上升趋势，空间上呈现西低东高的分布。NDVI 在 7、8 月最高，且呈上升趋势，非生长季 NDVI 呈下降趋势。通天河流域下游植被有退化的趋势；石鼓以下干流的植被条件明显改善。

其次，影响植被生长的主要因素有降水量、气温和地形。在金沙江流域主要以地形为主，海拔在 4 000 m 以上时，随着海拔的上升，NDVI 下降显著。另外，生长季 NDVI 值与生长季降水量之间的相关性不明显，与气温的相关性略胜于降水。

(3) 本章基于金沙江流域屏山水文站 1954—2016 年的径流输沙日过程数据，采用 M-K

趋势检验法、双累积曲线法、水沙关系曲线法、集中度分析法等多种方法，分析水沙关系以及水沙序列的动态变化特征，并定量区分气候变化和人类活动两类因素的贡献。结果表明：

首先，年径流量呈不显著下降趋势，年输沙量呈显著下降趋势。整个研究期间，水沙序列可分为1952—1973年、1974—1997年、1998—2016年等3个阶段，呈现出了明显的阶段特性，并在年内呈不均匀分布。

其次，水沙关系符合幂函数关系，典型洪水场次下的水沙关系曲线呈顺时针、逆时针、正“8”字形、逆“8”字形和线形等5种环路类型，流域内水利工程、水土保持工程、森林和草原回归农田等外部因素对金沙江流域的影响逐渐增加；河流自身水动力因素的影响在下降。

最后，1974—1997年人类活动在年平均径流量的变化中占主导地位，而降水在年平均输沙量的变化中占主导地位；1998—2016年降水量在年径流量的变化中占主导地位，而人类活动在年输沙量的变化中占主导地位。

第 6 章

涪江流域水沙变化特征及驱动机制

6.1 研究背景

21 世纪初以来，长江上游重点产沙区已由金沙江转移到嘉陵江，其一级支流涪江是长江上游主要的水沙源区（许炯心等，2007）。涪江流域耕地面积广、受人类活动影响大（胡云华等，2016），流域环境脆弱，水土流失严重，流域水文变化将对三峡工程的入库水沙产生重要影响（王延贵，2016）。径流和泥沙是关系到生态环境和经济发展的重要资源。人类活动导致的土地利用/覆被（land use and land cover，LULC）变化和气候变化会导致与水有关的土壤侵蚀（如水蚀），这是导致流域径流、泥沙发生变化的两个主要驱动因素（Serpa et al.，2015）。气候和 LULC 的变化会改变流域水文循环，使得流域发生洪水或干旱等极端气候事件的概率加大，土壤侵蚀率增加，进而改变区域的生态环境和相关水资源的可持续性（Aparecida et al.，2018）。这使得生态系统脆弱的耕地面临的侵蚀风险尤为严峻（de Hipt et al.，2019）。另外，在流域尺度上，气候变化和 LULC 变化这两类驱动因子的水文效应通常不是单独作用，而是交互作用的。这是因为气候、植被和土地利用之间会相互影响，进而导致更为复杂的水文过程和更严重的水资源管理问题（Zhang et al.，2020）。同时，越来越多的研究表明，气候变化和 LULC 变化的叠加作用呈现非线性的特征（Meng et al.，2019），且在不同流域呈现不同的特点（Zhang et al.，2020）。在全球气候变暖、人类城镇化飞快发展以及我国退耕还林等生态大保护的战略背景下，从不同空间尺度探究流域径流、泥沙对气候和 LULC 变化的响应，对流域的水资源管理及水土保持工作的开展意义重大。

同时，土地利用是自然环境与人类活动之间作用最明显的表现形式，土地利用类型直接影响区域生态系统服务能力，反过来生态系统服务的退化也会影响土地利用结构变化，两者相互影响、相互制约。因而，对于流域生态系统服务价值的动态变化特征以及未来演变趋势的研究显得尤为重要。

该流域是长江上游水土流失较为严重的地区之一，是典型的生态敏感脆弱区。同时，在退耕还林和城镇快速化发展背景下，该区域土地利用结构已发生明显变化，承受着较大的环境压力，而且土地利用结构和生态服务价值的历史动态变化以及未来发展趋势尚不清晰。

基于此，本章将系统分析涪江流域气象、水沙要素的变化趋势，以及NDVI和土地利用结构的变化，并基于SWAT模型模拟方法，从全流域和子流域两个角度定量区分流域水沙对气候和LULC两类因素的响应。特别是，本章将重点关注气象和LULC单独及共同作用时对流域产流产沙的非线性影响。除此之外，在该流域土地利用结果发生明显变化的背景下，本章将基于网格和县域角度评估其生态服务价值的时空变化，并预测多种情景模式下生态服务价值的未来趋势。本章的研究成果将为该流域水资源管理、开展水土保持治理及三峡的入库径流测算提供依据，同时也为流域生态保护与经济开发建设的协同发展提供参考，对长江经济带建设生态健康发展亦具有指导意义。

6.2　综合产输沙环境分析

涪江是长江上游的二级支流，又称为内水或内江，是一级支流嘉陵江的最大支流，发源于四川省松潘县与九寨沟县之间的黄龙乡岷山雪宝顶(王渺林等，2006)，主流自西北向东南斜穿四川盆地，包括四川省的23个县区和重庆市的1个区，流经阿坝、绵阳、遂宁、资源等城市，于重庆市合川西县钓鱼城下汇入嘉陵江，流域位置界于103°43'48"～106°16'12"E，29°18'～33°3'N。河长约670 km，集水面积约为36 400 km^2(冉宁，2018)。左岸的支流包括火溪河、梓桐江，右岸的支流包括平通河、安昌河、通口河、鄧江、小安溪、凯江(冉宁，2018)。图6-1为涪江流域的地理位置信息。涪江的支流大多呈羽状对称分布，左岸支流较少且短，右岸有9条流域面积大于1 000 km^{2}的支流(梅启俊，1985；赵剑波，2017)。涪江是川西北地区的重要河流，在航运和灌溉业上有着举足轻重的地位。同时，涪江流域也是长江上游三峡库区径流、泥沙的主要来源地之一。近年来，随着极端气象事件的逐渐加剧和退耕还林(草)、水保等工程的深入实施，该流域径流和输沙量发生显著变化，水沙关系呈现出新的特性，从而对区域生态环境和水沙资源安全带来影响。

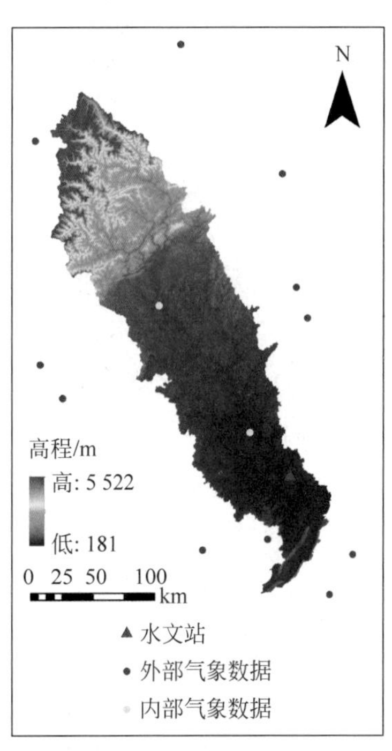

图6-1　涪江流域位置与气象水文站点示意图

Fig. 6-1　Locations of watershed boundary and meteorological and hydrological stations within Fu River watershed

涪江流域位于三峡大坝上游，平均比降约为0.8%。中上游以江油市为界，上游河长254 km，流域面积6 000 km^2，横跨龙门山断裂带，多高山峡谷，源头海拔最高超过5 500 m，地质复杂，易发生各类地质灾害，如泥石流、滑坡、崩塌等。支流包括通口河、百草河、平通河、火溪河，农作物有玉米、花生、蔬菜等。中下游以遂宁为界，中游河长237 km，流域面积27 000 km^2；遂宁以下为下游，河长179 km，流域面积30 000 km^2。地势平缓，多为丘陵、平原，最低点入河口海拔仅180 m左右，主要存在地下水污染、土地质量不佳等环境地址问题(杨顺等，2017)。流域内的丘陵区是长江上游涵养水源和保持水土的重要区域，受"5.12"大地震影响，水土流失较为严重(吴庆贵等，

2012)。流域内主要的土地利用类型有耕地、林地和草地,其中耕地占50%以上。

6.2.1 气象条件

涪江流域斜穿四川盆地,位于其西北边缘,由于受到季风影响和山体的屏障作用,降水量极多,年降水量在800～1 700 mm,这就是上游形成的著名暴雨区麓头山、龙门山等的原因。每年7—9月是集中降雨的月份,年均最大降雨达2 000 mm以上(叶寒,2014)。流域气温南高北低,属亚热带湿润气候,雨量充沛但时空差异较大。流域汛期降雨集中,易受洪涝灾害,是四川旱涝频繁受灾的典型区域。小河坝水文站为涪江的主要控制站。小河坝站以上集水面积为29 420 km^2。根据小河坝水文站的多年降水、径流、输沙数据,涪江多年平均降水量、径流量、输沙量分别为995.5 mm(1980—2017年)、132.21亿m^3(1980—2018年)、0.118亿t(1980—2018年)。

6.2.2 植被条件

涪江流域土壤种类丰富,在自然地带上划分为黄壤。由于母质容易风化,并呈紫色和紫红色,因此土壤也发育成紫色土。主要的一级土壤类型有冲积土、薄层土、人为土、高活性强酸土、高活性淋溶土、雏形土、疏松岩性土、黏磐土等8种。涪江上游土壤的N、P元素和有机质含量高,土壤类型主要是雏形土及高活性淋溶土,分别占流域面积的16%与14%。中下游丘陵地区主要是疏松岩性土,其表层风化严重,土壤发育程度较低,肥力较低,总面积达14 553 km^2,约占整个流域面积的40%。中下游丘陵区的另一大土类为堆积人为土,总面积达6 906 km^2,流域占比达到19%。在人类活动影响下,人为土的土壤肥力得到较大提高,是粮食的主要种植区。

涪江流域植被资源丰富,上游山区有完整的植被垂直带,随海拔升高,依次有落叶阔叶林、针阔混交林、亚高山针叶林和亚高山草甸;中下游地区则以经济林木为主,主要有核桃、油桐等。涪江平武段近年来实施退耕还林工程、天然林保护工程和自然保护区建设工程,人工造林和封山育林20多万亩。水利水保工程也多有建设,如武都引水工程、筑堰开渠、水电站等。

6.2.2.1 归一化植被指数时间变化特征

(1) 年际变化

本书采用均值法(AVM)获取2000—2015年涪江流域逐年均NDVI的变化特征(图6-2)。由图6-2可知,研究流域2000—2015年的年均NDVI取值范围为0.61～0.73,最小值出现在2001年,最大值出现在2013年,多年平均值为0.67。该研究时段内,年均NDVI呈现波动上升趋势,年均增速为0.003 4/a。即,自2000年涪江流域实施退耕还林还草工程后,NDVI呈上升趋势,植被得到恢复。

本书使用月归一化植被指数,采用最大值合成法(MVC)得到涪江流域的年最大NDVI数据,并以此代表该流域年最佳的植被覆盖情况,图6-3为近16年来涪江流域年最大NDVI的变化特征。由图6-3可知,近16年来,涪江流域年最大NDVI值的多年范围为0.836～0.909,多年平均值为0.876。由于NDVI最大值一般出现在夏季(6—8月),故可知该研究区夏季的植被覆盖度较高且呈上升趋势。对比涪江流域的年均NDVI与年最大NDVI,可知二者均呈增长趋势,且增长速度均为0.003 4/a,因此,涪江流域生长季与非生长季植被的改善都较为显著。

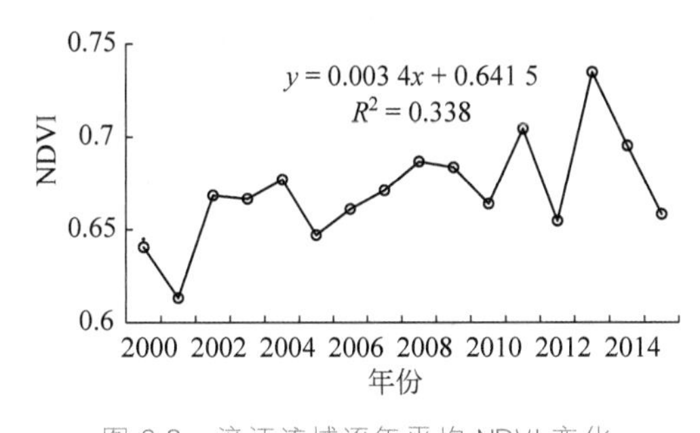

图 6-2 涪江流域逐年平均 NDVI 变化
Fig.6-2 Average NDVI of FRW (yearly)

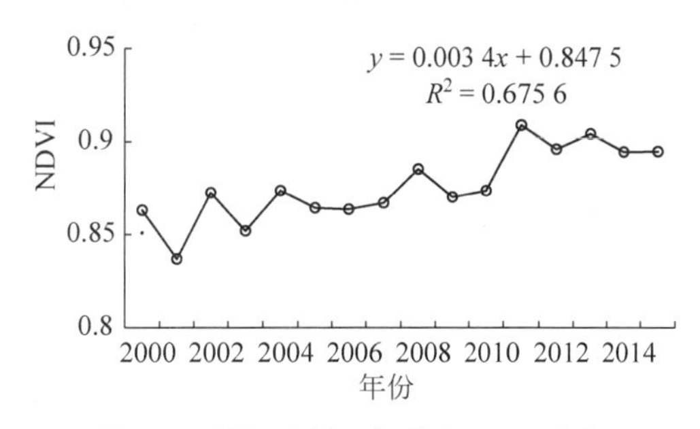

图 6-3 涪江流域逐年最大 NDVI 变化
Fig.6-3 Higheat NDVI of FRW (yearly)

(2) 季际变化

图 6-4 为 2000—2015 年涪江流域各季节 NDVI 平均状况的变化特征。由图 6-4 可知，涪江流域的 NDVI 值为夏季(6—8 月)＞秋季(9—11 月)＞春季(3—5 月)＞冬季(12 月—次年 2 月)。2000—2015 年各个季节的 NDVI 均表现为上升趋势。NDVI 的增长速率则呈现相反趋势，为夏季(6—8 月)＜秋季(9—11 月)＜春季(3—5 月)＜冬季(12 月—次年 2 月)。冬季 NDVI 的上升趋势最为明显，年均增速为 0.006 2/a；春季的年均增速为 0.004 3/a，增长速率较高；秋季 NDVI 的增长趋势较缓，为 0.002 7/a；夏季 NDVI 的增长速率最慢，为 0.001 8/a。

(3) 月际变化

图 6-5 为 2000—2015 年涪江流域 1—12 月月均 NDVI 的变化情况。在研究区内，2 月取得 NDVI 最小值，NDVI 为 0.54。随着月份推移，春季及夏季的 NDVI 逐渐增大，NDVI 最大值 0.82 出现在 7、8 月，这也是该研究区内气温和降水最高的月份。随后，秋季及冬季的 NDVI 逐渐减小。涪江流域的植被生长季为 4—9 月，生长季内植被覆盖度普遍较高。

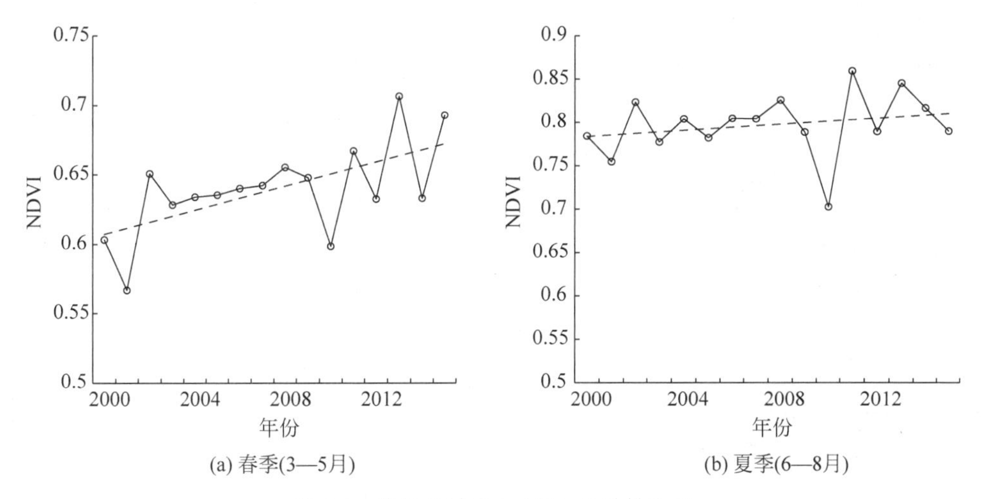

图 6-4 涪江流域多年 NDVI 季节性变化
Fig.6-4 Change of seasonal NDVI in FRW

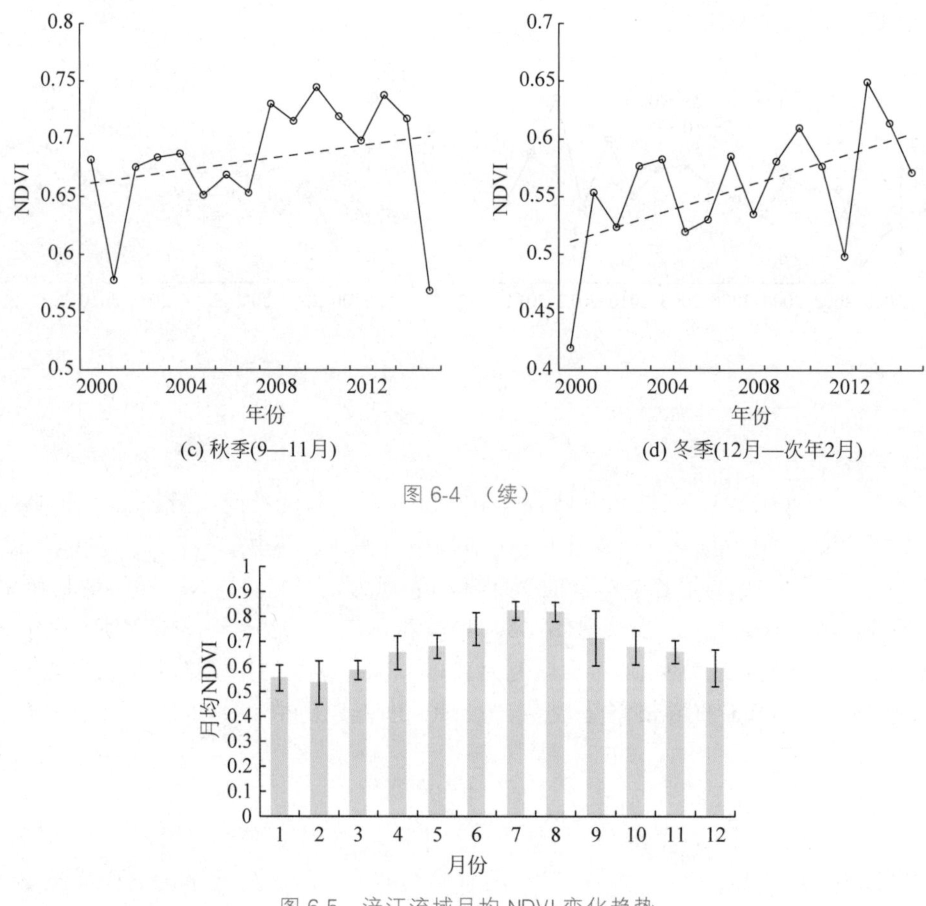

图 6-5 涪江流域月均 NDVI 变化趋势

Fig. 6-5 Average NDVI of FRW (monthly)

6.2.2.2 归一化植被指数空间变化特征

采用最大合成法(MVC)获取涪江流域 2000—2015 年的逐年最大 NDVI(图 6-6)，再合成流域的多年最大 NDVI(见图 6-7)，以探究涪江流域植被覆盖条件的空间特征。涪江流域多年最大 NDVI 的空间分布具有区域差异性，西北部龙门山断裂带以上地区的植被覆盖程度最高，东南部地区的 NDVI 也普遍较高，但河道两侧地区的植被指数相对较低。这是因为涪江流域上游高原山地区的植被覆盖条件很好，中下游地区地势平坦，大多为耕地，植被条件的空间差异较小，与地形、地质、土壤等空间异质性导致的水热条件差异有关。

对流域内每个像元进行趋势分析，依次得到 2005 年、2010 年和 2015 年栅格尺度的 NDVI 变化率(见图 6-8)，并将研究区的 NDVI 变化率划分为 5 个等级，表示不同的植被生长情况。各个等级区域所占的面积比例及其空间分布如表 6-1 和图 6-8 所示，展现出涪江流域不同区域的植被生长情况及其退化、生长趋势。

从表 6-1 及图 6-9 中可以看出，近 16 年来涪江流域的植被覆盖整体处于改善阶段，发生植被退化的地区所占比例较少。其中，明显退化地区占比为 0.62%，稍有退化地区占比 8.86%，主要分布在河道两侧以及龙门山断裂带附近；NDVI 基本未发生变化的区域占比也相对较小，占比 3.31%，主要分布在流域右岸的西北地区。植被覆盖稍有改善的区域占比 60.59%，明显改善的地区占比为 26.59%，几乎分布于整个流域。综上，涪江流域的植被处于改善状态，植被呈增长趋势。

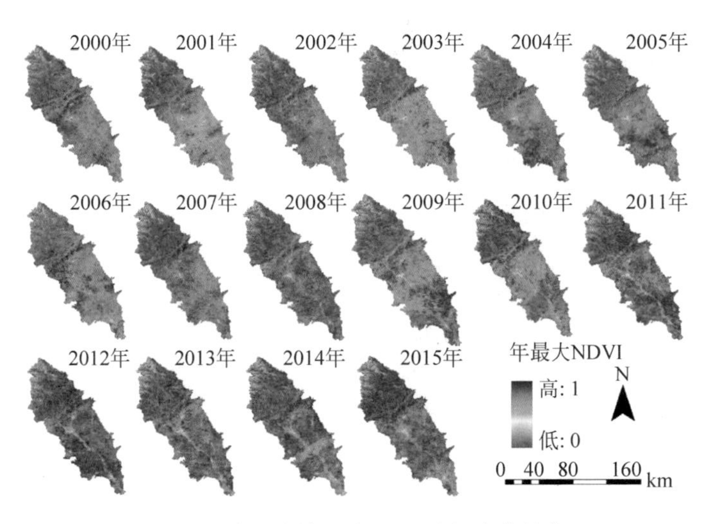

图 6-6　涪江流域月均 NDVI 空间变化趋势
Fig. 6-6　Maximum NDVI of FRW (yearly)

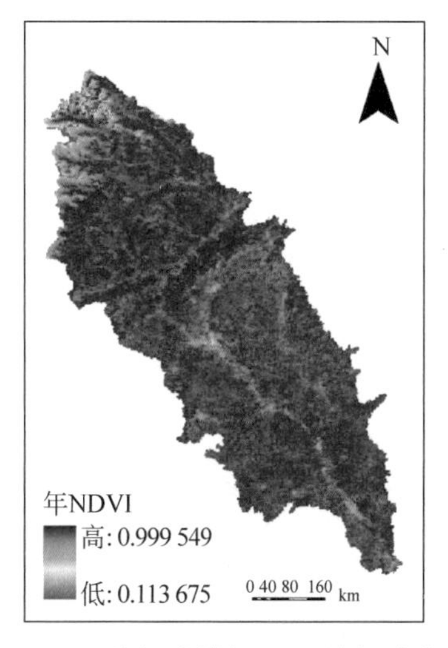

图 6-7　涪江流域年 NDVI 空间分布
Fig. 6-7　Spatial distribution of NDVI in FRW (yearly)

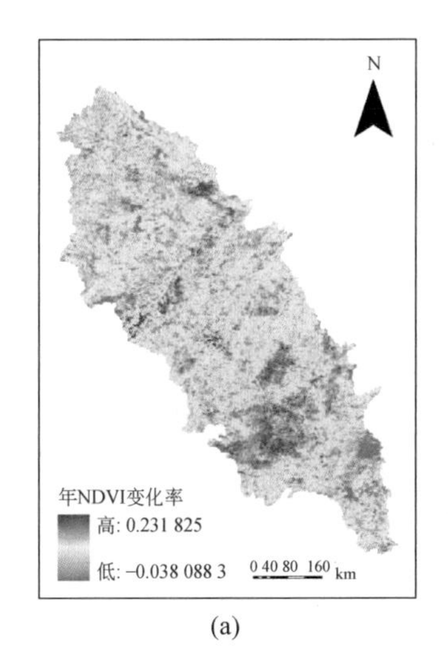

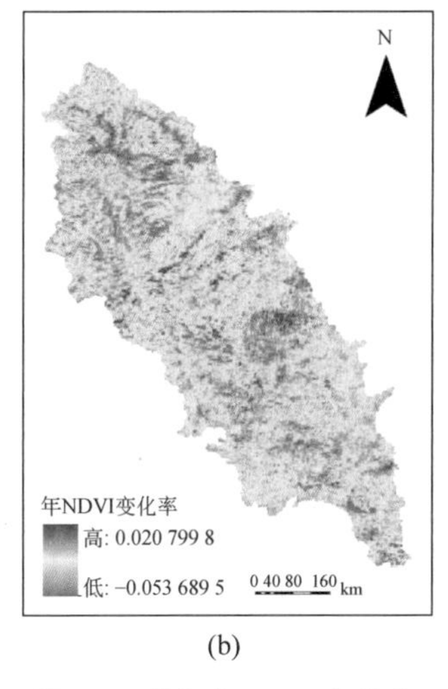

图 6-8　涪江年 NDVI 变化率
Fig. 6-8　Annual NDVI change rate of FRW

表 6-1　涪江流域年最大 NDVI 变化趋势

Table 6-1　Variation trend of annual maximum NDVI in FRW

NDVI 变化趋势	变化程度	所占比例/%
−0.034～−0.007	明显退化	0.63
−0.007～−0.000 5	稍有退化	8.86
−0.000 5～−0.000 5	基本未变	3.31
0.000 5～0.005	稍有改善	60.59
0.005～0.142	明显改善	26.59

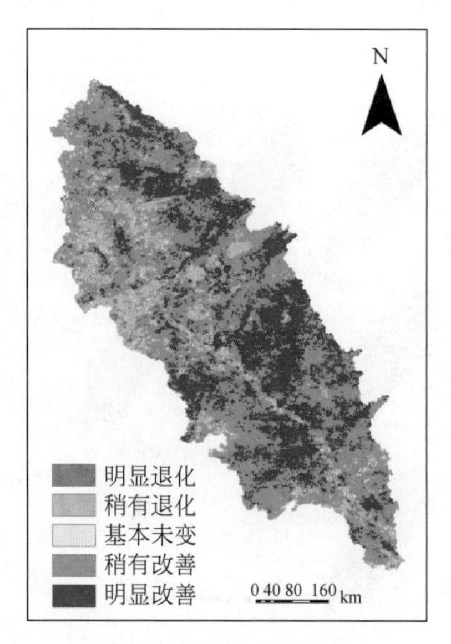

图 6-9 植被生长情况
Fig. 6-9 The plant condition of FRW

6.2.3 土地利用条件

6.2.3.1 土地利用数量变化

本书所用的土地利用数据包括 1990 年、2015 年两期，原始数据是由 Landsat 遥感影像解译获得的涪江流域(约 36 000 km^2)30 米栅格土地利用数据。本书按照国家分类标准，将土地利用类型解译为二级分类。检验结果采用外业调查与随机抽取动态图斑进行重复判读分析相结合的方法。结果显示，耕地的分类精度为 85%，其他土地利用类型的分类精度均可达到 75%以上，解译结果通过验证。基于 ArcGIS 10.2 平台，先将栅格数据转换为矢量数据，再使用 Disslove 工具，将其属性表中一级分类相同的土地利用数据的字段融合，并计算其面积。

结合流域的高程变化(见图 6-10)发现，涪江流域土地利用类型的空间分布与高程变化具有一致性。上游地区海拔高，气温低，主要的土地利用类型为草地和林地。中下游地势较为平缓，温度较高，是耕地的主要分布区。城镇用地主要沿河道两侧分布，近几十年来扩张十分明显。表 6-2 是流域内 6 种一级土地利用类型的统计情况。研究时段内，面积占比前三的类型分别是耕地、林地和草地，总占比 98%以上，但变幅较小。其中，1990 年耕地占比为 58.80%，林地占比 27.34%，草地占比 11.99%，变幅分别为−2.03%、−0.63%和−0.92%。研究时段内，城镇用地的变化面积最大，增加了 455.42 km^2，其次是耕地，减少了 427.98 km^2。而变化幅度最大的是未利用地，时段内增加了 218.80%，其次是城镇用地，增加了 195.98%，水域面积增加了 7.12%。

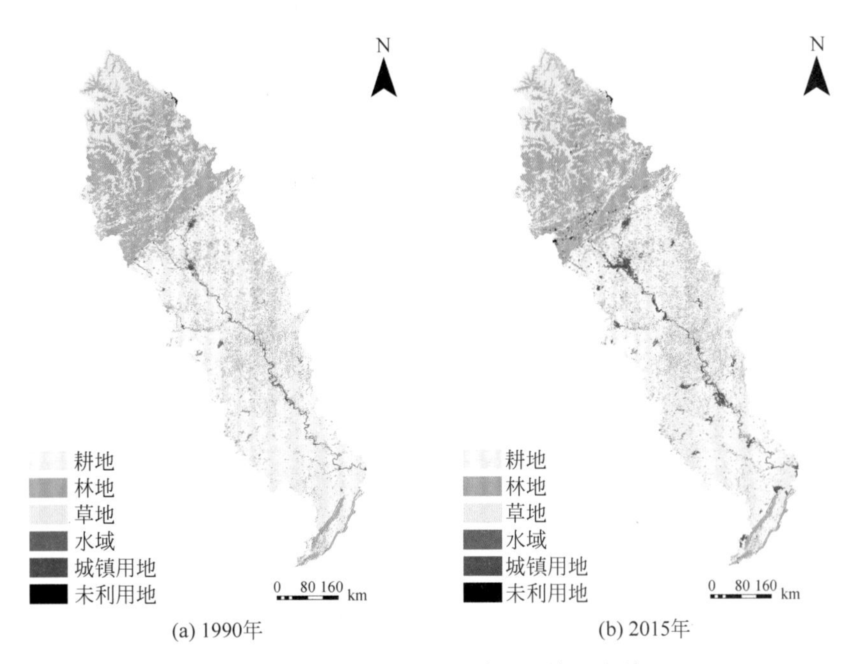

图 6-10　1990 年和 2015 年涪江流域土地利用
Fig. 6-10　Land use of Fu River Watershed (FRW) in 1990 and 2015

表 6-2　1990—2010 年涪江流域土地利用变化
Table 6-2　Land use changes in the Fu River watershed from 1990 to 2010　km^2

	1990 年		2015 年		变化	
	面积/km^2	占比/%	面积/km^2	占比/%	面积/km^2	比例/%
耕地	21 074.86	58.80	20 646.88	57.60	−427.98	−2.03
林地	9 797.76	27.34	9 736.44	27.16	−61.32	−0.63
草地	4 297.86	11.99	4 258.47	11.88	−39.39	−0.92
水域	418.65	1.17	448.46	1.25	29.81	7.12
城镇用地	232.86	0.65	688.28	1.92	455.42	195.58
未利用地	20.16	0.06	64.27	0.18	44.11	218.80

6.2.3.2　土地利用空间变化

表 6-3 是涪江流域的土地利用转移矩阵，更为详细地列出了 1990 年到 2010 年土地利用类型的转换情况。有 516.35 km^2 的耕地转为林地，108.29 km^2 耕地转为草地，13.04 km^2 的耕地转为城镇用地，同时有 430.59 km^2 的林地转为耕地，162.61 km^2 的草地转为耕地，说明在退耕还林还草工程取得重大成就的情况下，局部地区仍存在着人类活动加剧以及城镇化加速使得林地和耕地遭到不同程度破坏的现象。另外，有 332.89 km^2 的林地转为草地，250.81 km^2 的草地转为林地，说明虽有部分林地退化为草地，但植树造林等培育森林的措施取得了一定的成效。较为明显的是，有 19.02 km^2 的耕地转为水域，说明流域内水源得到涵养。同时，约有 443.23 km^2 的城镇用地转为耕地。

表 6-3 1990—2010 年涪江流域土地利用转移矩阵

Table 6-3 Land use transition matrix in the Fu River watershed from 1990 to 2010 km^2

		2015 年							
		耕地	林地	草地	水域	城镇用地	未利用土地	转出	总面积
1990 年	耕地	**19 987.39**	516.35	108.29	19.02	13.04	0.25	656.96	20 644.35
	林地	430.59	**8 968.11**	332.89	1.87	1.48	0.66	767.48	9 735.60
	草地	162.61	250.81	**3 842.73**	1.12	0.31	0.24	415.09	4 257.83
	水域	43.42	7.76	4.19	**391.48**	1.47	0.11	56.95	448.43
	城镇用地	443.23	19.22	4.25	4.97	**216.51**	0.00	471.67	688.18
	未利用土地	5.61	34.75	4.86	0.17	0.00	**18.87**	45.38	64.26
总转入		1 085.45	828.90	454.47	27.15	16.31	1.26	**2 413.54**	
总面积		21 072.84	9 797.01	4 297.21	418.63	232.81	20.13		**35 838.64**

6.3 流域水沙要素时空分布特征

6.3.1 流域水沙序列的变化趋势分析

6.3.1.1 年际变化特征

1980—2015 年，流域的年径流量、年输沙量和降雨量变化趋势如图 6-11 所示，均呈下降趋势，斜率分别为$-0.934\ 5\times10^8\ m^3$/年($R^2=0.101\ 8$)、-25.549 万 t/年($R^2=0.025\ 4$)和 $-3.650\ 5$ mm/年 ($R^2=0.071\ 7$)。表 6-4 为 MK 趋势检验及 Sen 斜率分析的结果。其中，小河坝水文站年径流量的 Z_C 和 β 值分别为$-1.702\ 6$ 和$-2.710\ 6$，这表示流域的年径流量呈下降趋势，且 $p<0.01$ 表明趋势显著。流域年输沙量的 Z_C 和 β 值分别为$-4.538\ 4$ 和$-28.187\ 6$，说明流域的输沙量呈极显著下降趋势。流域年降雨量的 Z_C 和 β 值分别为$-1.375\ 7$ 和$-4.463\ 6$，说明年降雨量呈下降趋势，但趋势不显著。

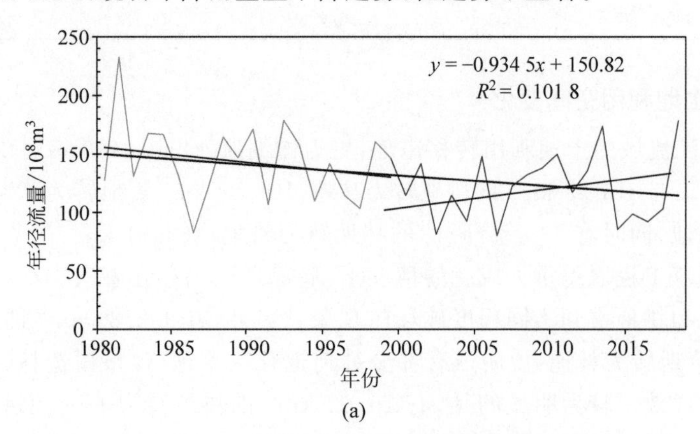

图 6-11 1980—2015 年涪江流域年径流量、输沙量和降雨变化趋势

Fig. 6-11 Trend of annual streamflow and sediment precipitation at the outlet of the FRW in the period 1980—2015

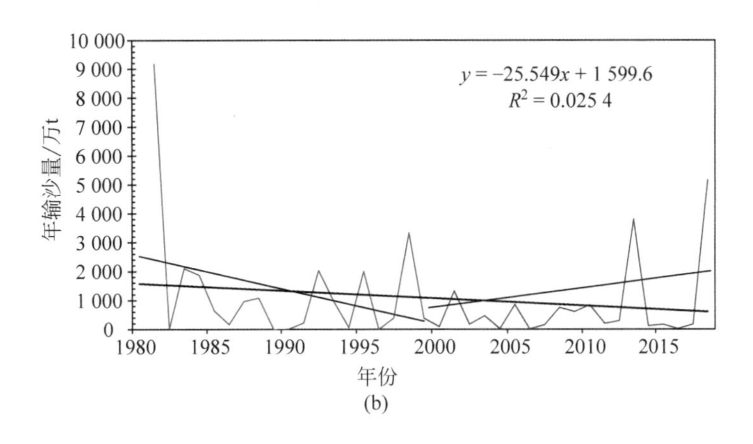

(b)

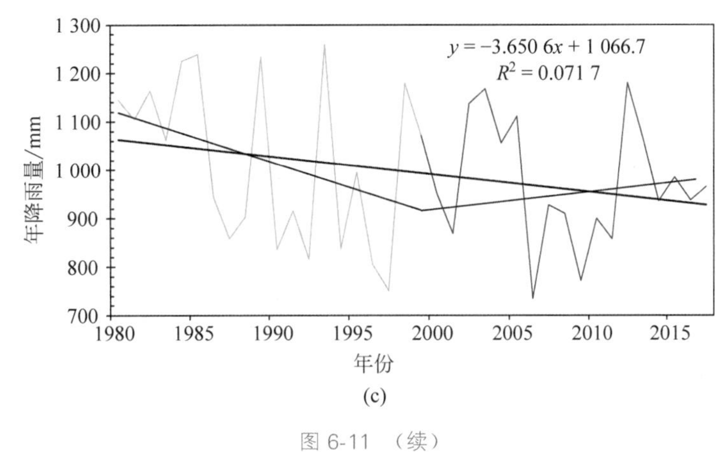

(c)

图 6-11 （续）

表 6-4 涪江流域 Mann-Kendall 趋势检验和 Sen 斜率分析结果

Table 6-4 Results of Mann-Kendall test and Sen's slope estimator analyses for streamflow discharge and precipitation

	Z_C	Slope(β)	M-K trend
径流	−1.702 6	−3.119 4	↓***
输沙	−4.538 4	−28.187 6	↓****
降水	−1.375 7	−4.463 6	↓ns

注：↓下降趋势；**** 显著性 $p<0.001$；*** 显著性 $p<0.01$；ns 趋势不显著；时间序列长度为 1954—2015 年。

6.3.1.2 季际变化特征

图 6-12 是涪江流域月径流量的季际分布。流域秋季的 3 个月产流量最高，平均产流量在 40 亿～50 亿 m^3。其次是夏季，流域平均产流量在 10 亿～15 亿 m^3。冬季产流量在 6 亿 m^3 左右，冬季、春季径流量最小，3 个月均未超过 5 亿 m^3。

图 6-13 是涪江流域月输沙量的季际分布。同月径流量类似，流域秋季的 3 个月产流量最高，平均输沙量最多可达 3 000 万 t；其次是夏季，流域平均产流量在 40 万 t 左右；冬季输沙量最少，最高产沙量有 15 万 t 左右，最低 1 万 t 左右。

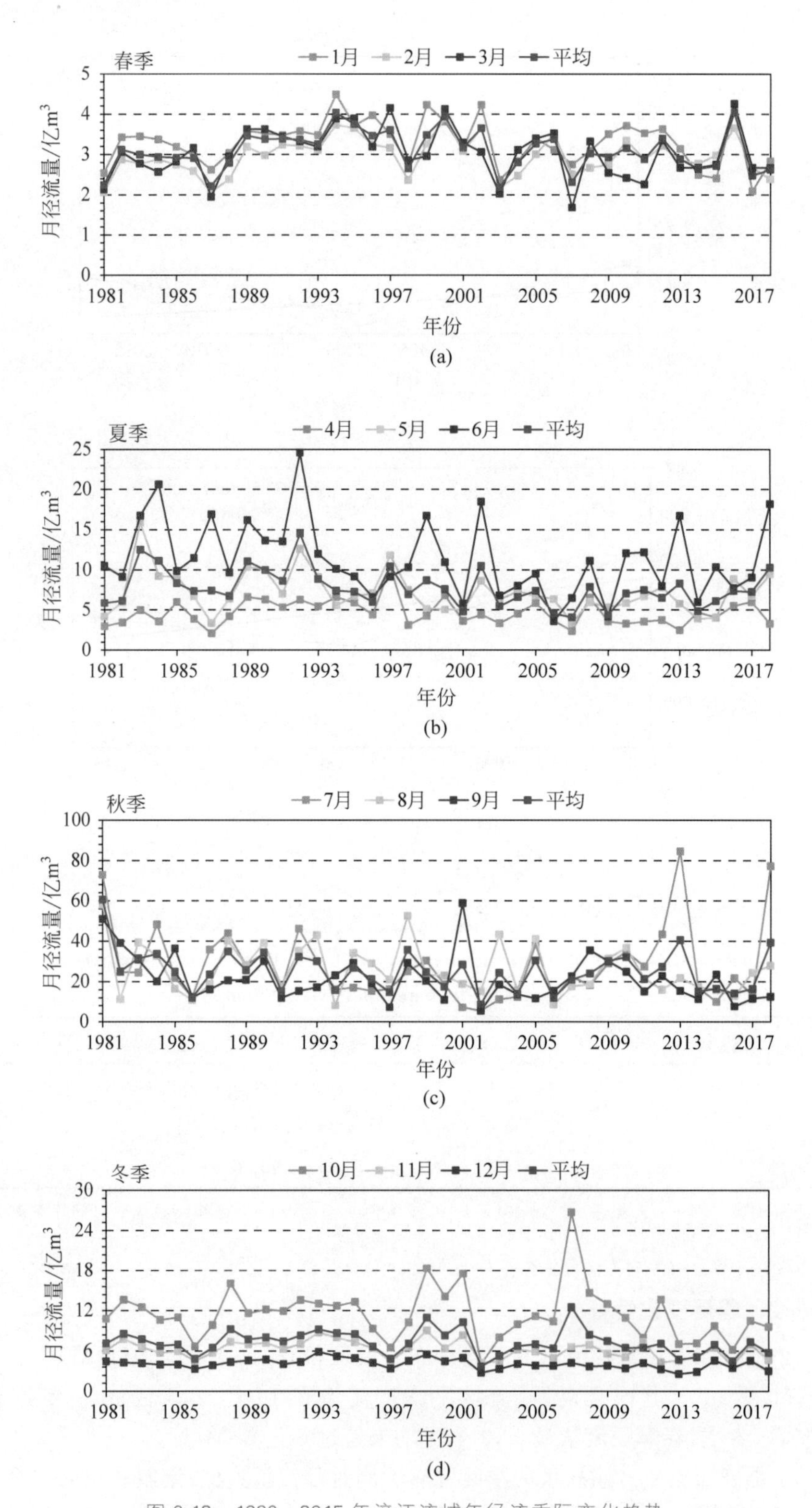

图 6-12 1980—2015 年涪江流域年径流季际变化趋势

Fig. 6-12 Trend of seasonal streamflow and precipitation at the outlet of the FRW in the period 1980—2015

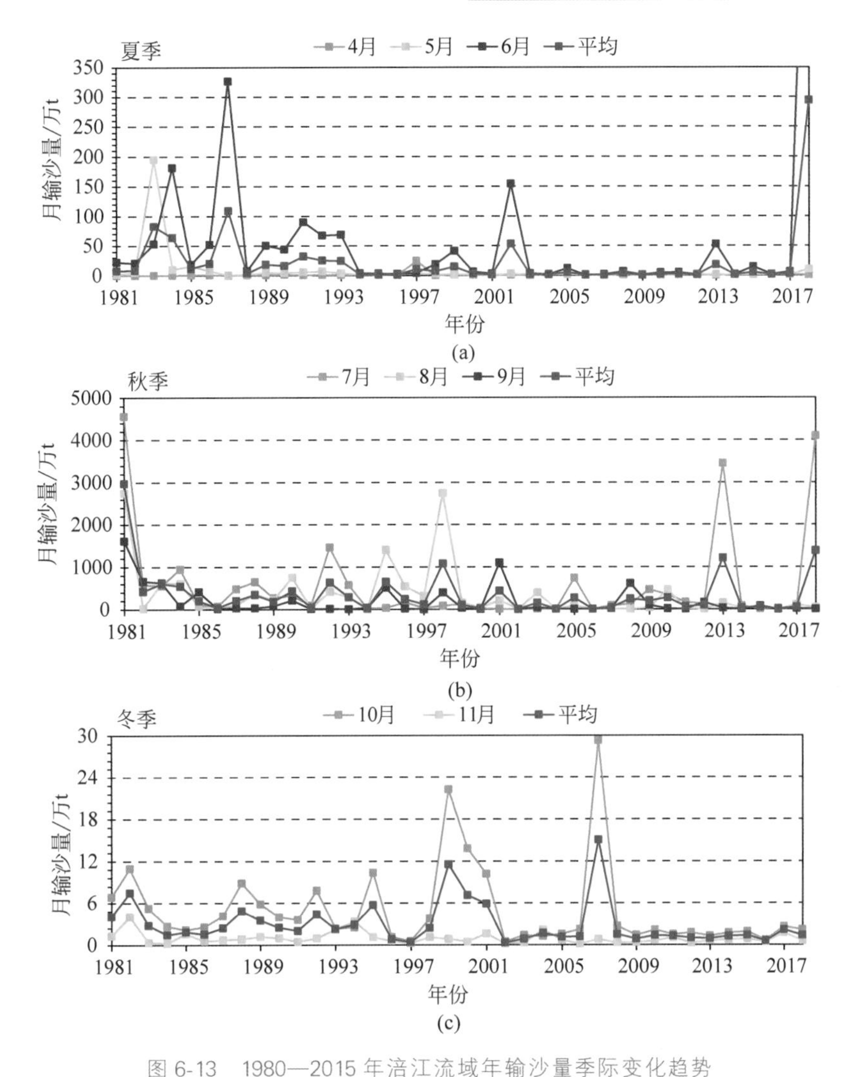

图 6-13　1980—2015 年涪江流域年输沙量季际变化趋势

Fig. 6-13　Trend of seasonal sediment at the outlet of the FRW in the period 1980—2015

6.3.2　流域水沙序列的阶段性分析

本书采用双累积曲线法(DMC)和 Pettitt 非参数检验法来分析长时间尺度下径流和输沙量序列的阶段特性。图 6-14 为流域累积年径流量—累积年降雨量曲线。结果显示，理想累积曲线与实际累积曲线在 2000 年发生明显地偏折，前后两个时段的 R^2 分别可达 0.998 6 和 0.994 6，可认为 2000 年是突变年份。为验证 DMC 法径流突变点的准确性，本书补充了 pettitt 非参数检验。图 6-15 为 Pettitt 突变检验的结果，表示在 95%的置信水平上，流域年径流量的突变年份在 2000 年左右，这与双累积曲线的结果一致。因此，选择 2000 年作为突变年份具有较强的可靠性。

图 6-16 是流域累积年输沙量—累积年降雨量曲线。结果显示，年转折分别出现在 1997 年、2012 年，整个时段可被划分为 1980—1997 年、1998—2012 年、2013—2017 年等三个阶段。1997 年和 2012 年发生输沙量突增，但三个阶段的产沙量整体呈减小趋势，其中以

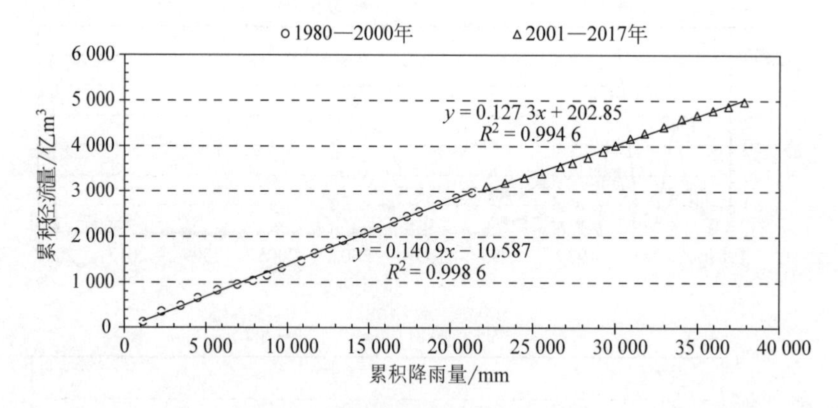

图 6-14 累积降水量与累积年流量 Q

Fig. 6-14 Cumulative precipitation versus cumulative annual streamflow discharge Q

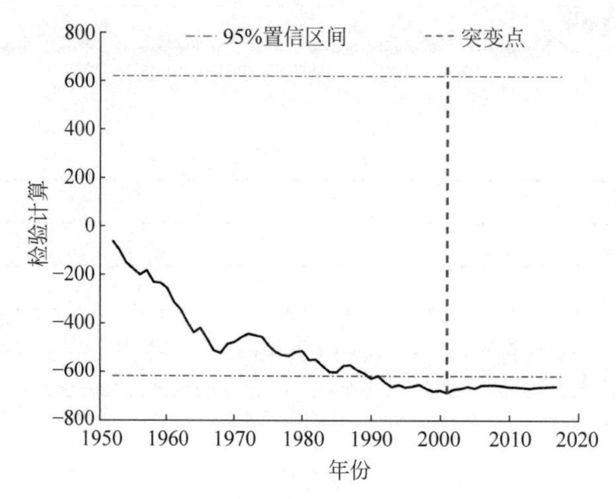

图 6-15 涪江流域年径流突变检验结果

Fig. 6-15 Results of abrupt change points in annual streamflow

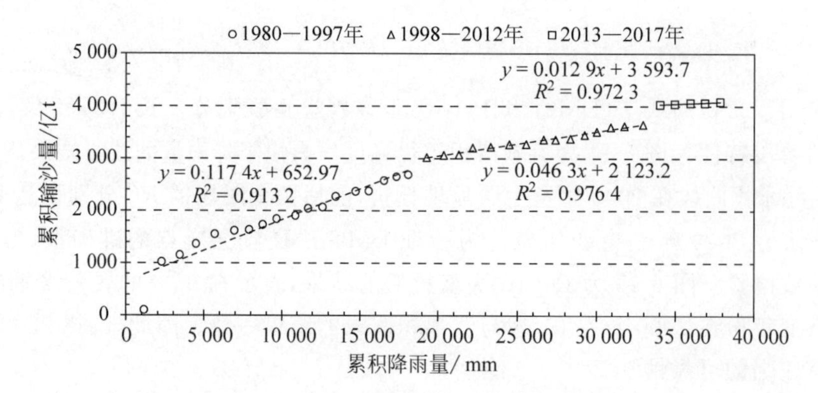

图 6-16 累积降水量与累积输沙量

Fig. 6-16 Cumulative precipitation versus cumulative annual sediment discharge SL

2013—2017 年的趋势线斜率降低最显著。阶段 1 和阶段 2 之间出现斜率下降但输沙量增加的趋势，这是因为受到 1997 年涪江武都引水一期灌区工程总干渠的建成、1998 年长江特大洪水和 1998 年长江上游“天然林保护工程”的影响。阶段 2 和阶段 3 之间也出现了斜率下降但输沙量增加的趋势，这是因为受到 2012 年涪江古城水电站的建成和武都水库工程的全面封顶、2013 年武都引水二期灌区工程的建成以及 2013 年四川盆地洪涝灾害的影响。

另外，输沙量—降雨量的转折(1997 年)早于径流量—降雨量的转折(2000 年)，说明径流较小时就能搬运较多的泥沙，侧面反映出了流域坡面的植被状况较差。我国于 20 世纪 90 年代末在四川、陕西、甘肃率先实行退耕还林还草政策，再加上之前实施的“长治”工程，对涪江的减沙效果显著。综上，将 2000 年视为转折点是最为合适的，可清晰区分地表植被发生变化后的水沙响应问题。

6.3.3　流域水沙序列的集中度分析

图 6-17 统计了 1980—2017 年的月径流量、输沙量，并利用箱形图分析这两个量的年内分配情况。由图 6-17 可知，径流量和输沙量的年内分配十分集中，每年的 6—10 月为丰水期。就近 39 年的总时段而言，丰水期径流量占全年的 77.18%，同时伴随大量泥沙输移，7、8、9 月最为显著，丰水期输沙量占全年的 89.80%。每年的 12 月至次年的 4 月为枯水期，虽然缺乏每年 12 月至次年 3 月的输沙数据，但 4、11 月的输沙量情况显示，枯水期输沙量较小。

为深入分析径流和输沙量在年内的分配情况，本书分析了水沙集中度，以探究“大水大沙”事件的动态变化。本书基于小河坝站 1998 年的径流相关数据，将累积径流量百分比和径流天数百分比进行洛伦兹曲线的拟合，结果如图 6-18 所示，决定系数 R^2 约为 0.99，拟合效果极好。从图 6-18 可以得到集中度 CI 的另一种定义：洛伦兹曲线和直线 $y=x$ 围成的面积 S 与直线 $y=x$ 所围成的下三角面积的比值。进一步统计 1980—2018 年径流集中度的洛伦兹曲线，并计算出决定拟合效果的决定系数 R^2，其最大值、最小值、平均值分别为 0.998 9、0.981 4、0.995 0，决定系数 R^2 的数值趋近于 1，符合洛伦兹曲线的分布。

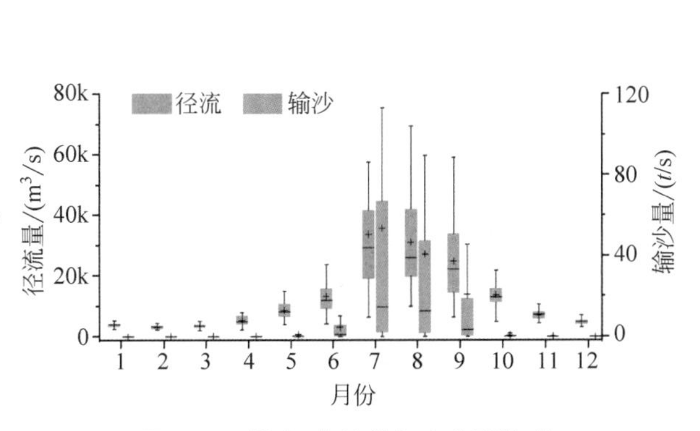

图 6-17　径流、输沙的年内分配情况
Fig. 6-17　Annual distribution of runoff and sediment

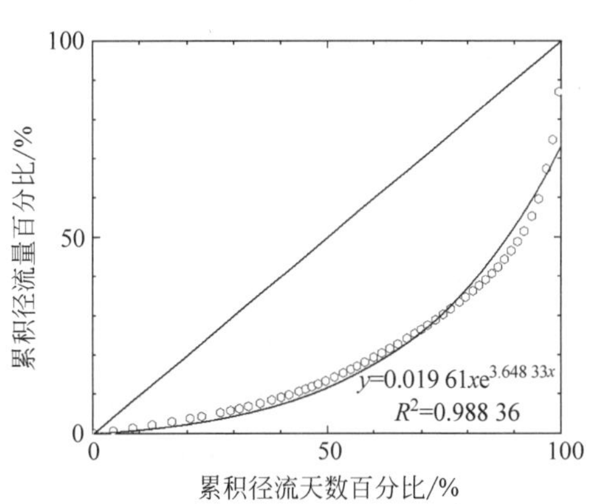

图 6-18　洛伦兹曲线拟合图
Fig. 6-18　Lorenz curve fitting

本书计算了涪江流域小河坝站1980—2018年的径流、输沙量的集中度系数CI,结果如图6-19所示,径流量的集中度明显低于输沙量的集中度。径流集中度均值为0.5;最小值为0.34,出现在1986年,表示年内径流量分配最为均匀;最大值为0.72,出现在1981年,表示年内径流量分配最不均匀。表6-4为利用M-K趋势检验法对径流集中度的分析计算结果,该流域的年径流量$|Z_c|$值为0.459 7,β值为−0.000 67,径流集中度呈下降趋势,但不显著。由于只有每年4—10月的日输沙量数据,且4、11月的输沙量与5—10月的输沙量的数据量级相差巨大,因此无法计算集中度。本书采用每年5—10月的日输沙量数据计算输沙集中度,其均值为0.91;最小值0.69发生在2006年,说明年内输沙量分配最均匀;最大值0.99发生在1981年、1996年、1998年、2001年、2003年、2008年、2017年、2018年,表示这些年内输沙量分配最不均匀,且主要集中在一个时间点上,容易导致极端气候发生。表6-5为利用M-K趋势检验法对输沙集中度的计算结果,该流域年输沙量$|Z_c|$值为0.725 8,β值为0.000 31,输沙集中度呈上升趋势,但不显著。图6-19还显示出,涪江流域发生极端输沙现象时,也常出现极端径流现象。

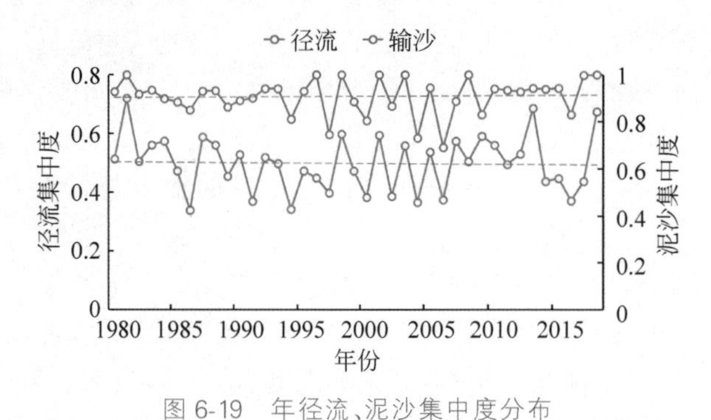

图6-19 年径流、泥沙集中度分布

Fig.6-19 Distribution of annual runoff and sediment concentration index

表6-5 年径流和输沙集中度的M-K趋势检验法结果

Table 6-5 Results of M-K trend test method for annual runoff CI and annual sediment CI

数据种类	M-K趋势检验法			线性趋势分析
	$\|Z_c\|$值	β值	显著程度	趋势方程
径流集中度	0.459 7<1.64	−0.000 67<0	下降但不显著	$y=-0.000\,3x+0.504\,2$
输沙集中度	0.725 8<1.64	0.000 31>0	上升但不显著	$y=0.000\,2x+0.902$

6.3.4 流域水沙关系的动态变化特征

6.3.4.1 水沙关系曲线的趋势性

图6-20为涪江流域1980—2018年年径流量—年输沙量的水沙关系曲线,而且水沙关系符合幂指数关系,决定系数R^2为0.735 5,拟合效果较好,相关性较强。在过去的39年里,各点集中分布在年径流量小于180亿m^3的范围内,在大于180亿m^3的范围内只分布有一点,同时约有90%的点集中在年输沙量≤0.2亿t、年径流量≤180亿m^3的区域内。在水沙关系曲线中,表征外界影响的因子(a)数值为3×10^{-12},表征河流本身输沙能量的因

子(b)数值为 4.869 4。

为进一步了解涪江流域 1980—2018 年水沙关系曲线中各参数的变化情况，按照降水—径流、降水—输沙、径流—输沙等三个双累积曲线所确定的阶段特性，分三个阶段分别建立流域每年的逐日径流量与逐日输沙量之间的水沙关系曲线，并计算径流—泥沙特征系数 a 和 b 值在不同阶段的变化规律。

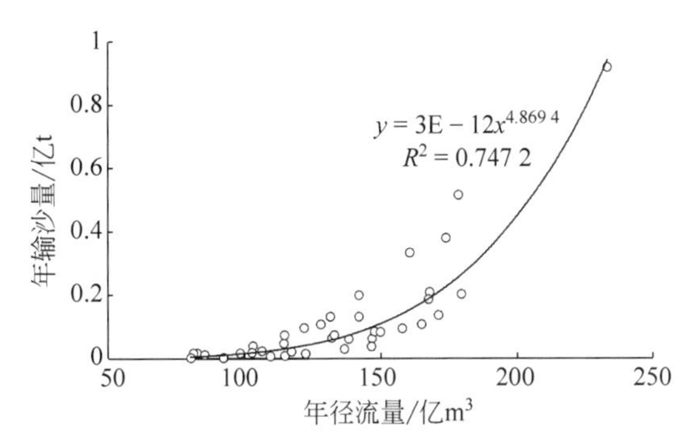

图 6-20 年径流量—年输沙量水沙关系曲线

Fig. 6-20 Sediment rating curves of annual runoff-sediment

如图 6-21 所示，a 值在 1980—1997 年的平均值为 5.33×10^{-6}，1998—2012 年的平均值为 1.40×10^{-4}，2013—2018 年的平均值为 3.51×10^{-4}，总体均值为 1.10×10^{-4}，呈逐年上升趋势，上升速率为 1.0×10^{-5}/a。b 值在 1980—1997 年的平均值为 2.84，1998—2012 年的平均值为 2.14，2013—2018 年的平均值为 1.91，总体均值为 2.43，呈逐年下降趋势，下降速率为 0.036/a。a 值上升，说明由于水利水保工程、退耕还林还草工程等外界下垫面因素对涪江流域的影响逐渐增加；b 值下降，说明在水动力因素、来沙综合条件、河道纵比降、糙率和断面形态等内部因素影响下，河流本身的能量不断减少，河流的输沙能力和输沙特性逐渐降低。

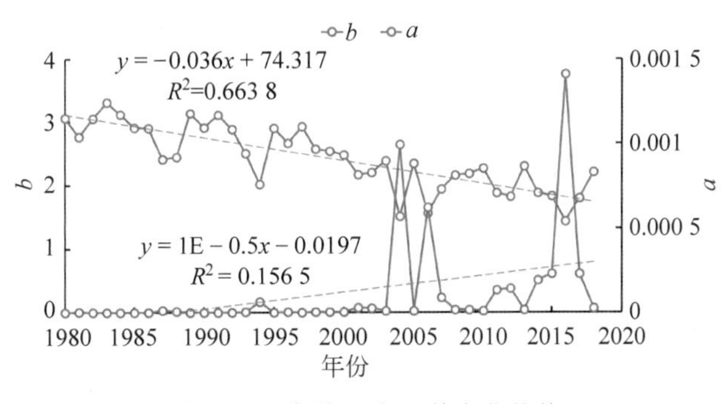

图 6-21 参数 a 和 b 的变化趋势

Fig. 6-21 Trend of a and b

参数 a 和 b 的变化趋势也可采用 M-K 趋势检验法来测定，如表 6-6 所示。1980—2018 年该流域的参数 a 的 $|Z_c|$ 值为 5.492，且 β 值大于 0，在 0.01 的水平上呈显著上升趋势；参数 b 的 $|Z_c|$ 值为 5.613，且 β 值小于 0，在 0.01 的水平上呈显著下降趋势。

表 6-6 年径流和输沙集中度的 M-K 趋势检验法结果

Table 6-6 Results of M-K trend test method for annual runoff CI and annual sediment CI

参数种类	M-K 趋势检验法		
	$\|Z_c\|$ 值	β 值	显著程度
a	5.492	0.000 001 08	↑***
b	5.613	−0.037 164	↑***

注：↓下降趋势；**** 显著性 $p<0.001$；*** 显著性 $p<0.01$；ns 趋势不显著；时间序列长度为 1980—2018 年。

6.3.4.2 水沙关系曲线的阶段性

如图 6-22 所示，借助之前划分的三个阶段 1980—1997 年、1998—2012 年、2013—2018 年，更深层次地建立参数 a 和参数 b 之间的关系。由图可知，在阶段 1，b 值偏大，但 a 值很小，在阶段 2，b 值显著下降，而 a 值显著上升，在阶段 3，a 值也呈上升趋势，并且对比阶段 2 和阶段 3，在 b 值基本不变的情况下，a 值也在上升。而且，1980—1997 年、1998—2012 年、2013—2018 年的趋势线斜率的绝对值不断增加，也可以理解为在 b 值基本不变的情况，a 值在逐渐变大，从而表明外界因素对于涪江流域的影响越来越大。外界因素主要包括人类活动因素和气候变化因素，而涪江武都引水工程、长江上游"天然林保护工程"、涪江水电站、武都水库工程的先后建成等人类活动因素均造成了 a 值的逐渐变大，且截至 2019 年，涪江干支流兴建了 10 多个电站、上千处防洪堤以及多个湿地公园，也表明人类活动不断增加。

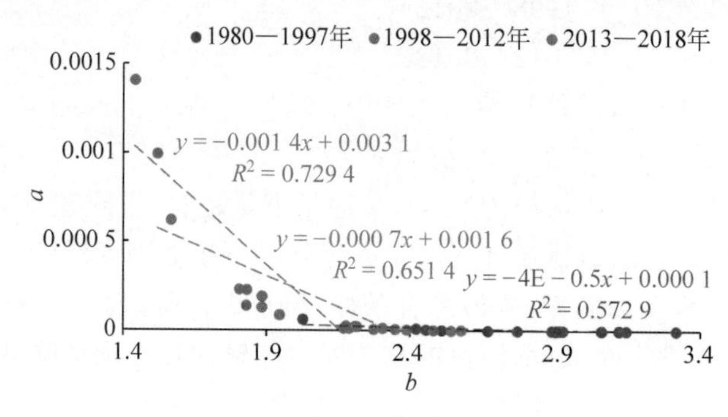

图 6-22 参数 a 和 b 的相关性

Fig. 6-22 Correlation between a and b

6.3.4.3 水沙环路曲线的种类分析

径流—悬移质泥沙环路（以下称 C-Q 环路）由于水沙关系的峰值滞后现象，会形成不同的 C-Q 环路类型。通过统计可得，涪江流域在 1980—2018 年的洪峰总量（4—11 月）为 234 个，1980—1997 年洪峰个数为 125 个，1998—2012 年洪峰个数为 77 个，2013—2018 年洪峰个数为 32 个。

通过对所有洪水事件的水沙过程进行分析后可以发现，流域内的水沙过程会出现 5 种 C-Q 环路类型：顺时针环路、逆时针环路、正"8"字形环路（高径流为逆时针环路、低径流为顺时针环路）、逆"8"字形环路（高径流为顺时针环路、低径流为逆时针环路）和线形环路。其中，顺时针环路表示含沙量早于径流量达到峰值，这是支流的沉积物供给增多的原因造成的；当河流的支流汇入量增大时，泥沙的物质来源途径增加，所携带的泥沙量增多，导致含沙量显著升高，提前达到峰值。逆时针环路表示径流量早于含沙量达到峰值，沉积物的传播速率受水流速度、流量、沙级配比等内部因素影响较大；当河流输沙能力下降导致传播速率降低时，含沙量峰值出现滞后。"8"字形环路是顺时针环路和逆时针环路的组合；正"8"字形环路表示洪水期的环路既在高径流表现为逆时针，同时又在低径流表现为顺时针；逆"8"字形环路表示洪水期的环路既在高径流表现为顺时针，同时又在低径流表现为逆时针，这是泥沙和径流的输移时间不同步造成的。线形环路表示径流量和含沙量的输移时间和变化比例同步。

1982 年 5 月 29 日至 6 月 10 日的水沙关系如图 6-23 所示。由图 6-23(a)可知，流域含沙量于6月1日达到最大值，为1.56 kg/m³；径流量于6月2日达到最大值，为788 m³/s。含沙量较径流量提早达到峰值，之后径流量持续增加，但含沙量开始下降，并于6月10日达到最小值，为0.03 kg/m³。上述过程在图6-23(b)中表现为顺时针环路，当径流增大时含沙量随之增大，但当径流达到某个特定值后，含沙量开始急剧下降，最后达到最小值。

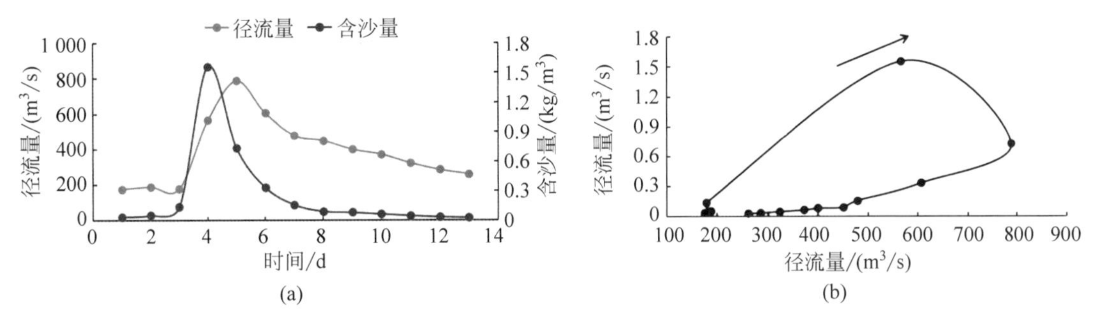

图6-23 1982年5月29日—6月10日的水沙趋势及C-Q环路

Fig.6-23 Water-sediment trend and C-Q loop from May 29 to June 10,1982

1983年9月6日至13日的水沙关系如图6-24所示。由图6-24(a)可知，径流量较含沙量稍早达到最大值，分别为8 710 m³/s和5.38 kg/m³，随后含沙量的下降速度更慢，再后才逐渐加快。上述过程在图6-24(b)中表现为正"8"字形环路，含沙量在高径流时呈现逆时针环路，而在低径流时呈现顺时针环路。

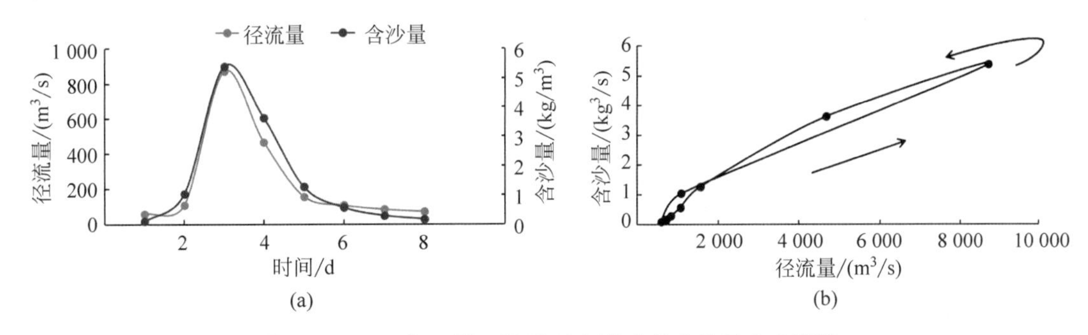

图6-24 1983年9月6日至13日的水沙趋势及C-Q环路

Fig.6-24 Water-sediment trend and C-Q loop from September 6 to 13,1983

1995年9月7日至18日的水沙关系如图6-25所示。由图6-25(a)可知，含沙量较径流量稍早达到最大值，分别为7.27 kg/m³和3 390 m³/s，之后含沙量的下降速度更快。上述过程在图6-25(b)中表现为逆"8"字形环路，含沙量在高径流时呈现顺时针环路，而在低径流时呈现逆时针环路。

1991年7月13日至16日的水沙关系如图6-26所示。由图6-26(a)可知，径流量和输沙量同时于7月15日达到最大值，分别为2580 m³/s和1.61 kg/m³，之后均呈下降趋势，且二者变化趋势大致一致。图6-26(b)中输沙量与径流量变化斜率一致，表现为线形环路。

6.3.4.4 水沙环路曲线的统计分析

分别统计1980—1997年、1998—2012年和2013—2018年三个时段的C-Q环路所占比例，结果如表6-7所示。

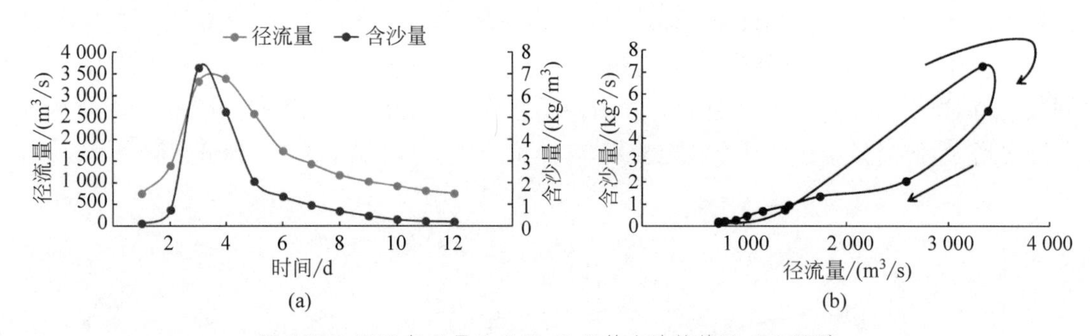

图 6-25 1995 年 9 月 7 日至 18 日的水沙趋势及 C-Q 环路
Fig. 6-25 Water-sediment trend and C-Q loop from September 7 to 18, 1995

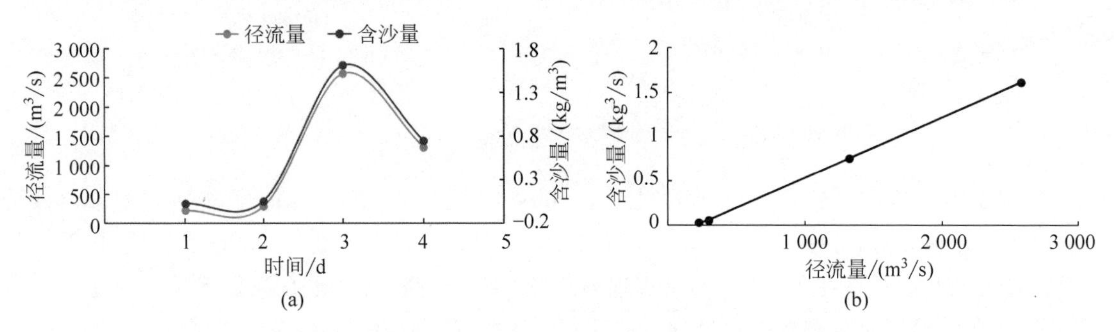

图 6-26 1991 年 7 月 13 日至 16 日的水沙趋势及 C-Q 环路
Fig. 6-26 Water-sediment trend and C-Q loop from July 13 to 16, 1991

在全时段内,C-Q 环路以顺时针环路为主,其所占比例在 1980—1997 年为 50.4%,1998—2012 年的比例为 44.2%,2013—2018 年比例为 40.6%,呈下降趋势,表明支流供给更多沉积物的能力减弱,导致泥沙早于径流达到峰值的频率下降。逆时针环路在 1980—1997 年的比例为 27.2%,1998—2012 年的比例为 28.6%,2013—2018 年的比例为 31.3%,呈上升趋势,表明流域的泥沙输送能力下降,导致泥沙晚于径流达到峰值的频率增大。正"8"字形环路在 1980—1997 年的比例为 11.2%,1998—2012 年的比例为 15.5%,2013—2018 年比例为 15.6%,呈逐年上升趋势,说明平缓、长久的泥沙类型总体呈增加趋势。逆"8"字形环路在 1980—1997 年的比例为 8.8%,1998—2012 年的比例为 11.7%,2013—2018 年的比例为 12.5%,呈逐年上升趋势,说明短暂、急促的泥沙类型增加。线形环路在 1980—1997 年的比例为 2.4%,1998—2012 年的比例为 0,2013—2018 年的比例为 0,为偶然发生的小概率事件。综上可得,各环路所占比例为顺时针>逆时针>"8"字形>线形环路。

表 6-7 年径流和输沙集中度的 M-K 趋势检验法结果

Table 6-7 Results of M-K trend test method for annual runoff CI and annual sediment CI

时段	顺时针	逆时针	逆"8"字形	正"8"字形	线形
1980—1997 年	50.4	27.2	8.8	11.2	2.4
1998—2012 年	44.2	28.6	11.7	15.5	0
2013—2018 年	40.6	31.3	12.5	15.6	0

结合图 6-21 可以发现，顺时针环路的逐年下降与参数 a 的上升趋势相对应，说明随着参数 a 的增加，顺时针环路逐渐减少，表明退耕还林还草、水力水保工程、土地资源的开发利用等外界下垫面因素干预力度不断增强，使得泥沙来源减少。逆时针环路的逐年上升与参数 b 的下降趋势相对应，随着参数 b 的下降，河流本身的输沙能力影响逐渐减弱，河流能量下降，沉积物的传播速率下降。

6.4 水沙变化的驱动机制

6.4.1 水沙变化驱动因素的贡献率分析

本书采用差分法来定量计算各时段内降水因素和人类活动因素对该流域径流、输沙的影响程度。根据式(3-106)～式(3-109)，以 1980—1997 年的径流量和降水量为基准，计算 1998—2012 年、2013—2017 年两个变化期内降水因素和人类活动因素对径流量的影响，结果见表 6-8。首先，1998—2012 年，因降水因素影响减少的年均径流量为 23 656.1 万 m^3，因人类活动因素影响减少的年均径流量为 146 429.9 万 m^3，两者总共减少 170 086 万 m^3，并且降水因素和人类活动因素各占 13.91%和 86.09%。其次，2013—2017 年，因降水因素影响减少的年均径流量为 34 584.3 万 m^3，因人类活动因素影响减少的年均径流量为 274 315.3 万 m^3，两者总共减少 308 899.6 万 m^3，并且降水因素和人类活动因素各占 11.20%和 88.80%。可以看到，不管是在第一个变化期，还是在第二个变化期，涪江流域的开发利用率都较高，人类的生产活动较多，对径流产生较大影响，是径流减少的主要因素。

表 6-8　涪江流域径流量贡献率计算结果

Table 6-8　Results of runoff contribution rate of the Fujiang watershed

时　段	1980—1997 年	1998—2012 年	2012—2017 年
W 径流量/万 m^3	1 419 089.00	1 248 160.00	1 103 240.00
P 降水量/mm	1 005.70	988.90	978.30
$D=W/P$/(万 m^3/mm)	1 408.10	1 262.20	1 127.70
ΔW/万 m^3		170 929.00	315 849.00
ΔP/mm		16.80	27.40
ΔD/(万 t/mm)		145.90	280.40
$\bar{D}\cdot\Delta P$/万 m^3		23 656.10	34 584.30
$\bar{P}\cdot\Delta D$/万 m^3		146 429.90	274 315.30
$\Delta W=\bar{D}\cdot\Delta P+\bar{P}\cdot\Delta D$/万 m^3		170 086.00	308 899.60
降水 $\bar{D}\cdot\Delta P$/%		13.91	11.20
人类活动 $\bar{P}\cdot\Delta D$/%		86.09	88.80

同理，根据式(3-106)～式(3-109)，以 1980—1997 年的输沙量和降水量为基准，计算 1998—2012 年、2013—2017 年两个变化期内降水因素和人类活动因素对输沙量的影响，结果见表 6-9。首先，在 1998—2012 年内，因降水因素影响减少的年均输沙量为 24.5 万 t，因人类活动因素影响减少的年均输沙量为 844.8 万 t，两者总共减少 869.3 万 t，并且降水因素和人类活动因素各占 2.81%和 97.19%。其次，2013—2017 年，因降水因素影响减少的年均输沙量为 17.8 万 t，因人类活动因素影响减少的年均输沙量为 603.2 万 t，两者总共减少

621 万 t，并且降水因素和人类活动因素各占 2.87%和 97.13%。可以看到，尽管人类活动因素对输沙量减少的贡献率略微下降，但是在每个变化期，人类活动因素一直是输沙量减少的最主要因素，占主导地位。

表 6-9 涪江流域输沙量贡献率计算结果

Table 6-9 Results of sediment contribution rate of the Fujiang watershed

时 段	1980—1997 年		1998—2012 年		2012—2017 年
W_s 输沙量/万 t	1 497.30		640.20		864.40
P 降水量/mm	1 005.70		988.90		978.30
$E=W_s/P$/(万 t/mm)	1.49		0.65		0.88
ΔW_s/万 t		857.10		632.90	
ΔP/mm		16.80		27.40	
ΔE/(万 t/mm)		0.84		0.61	
$\bar{E}\cdot\Delta P$/万 t		24.50		17.80	
$\bar{P}\cdot\Delta E$/万 t		844.80		603.20	
$\Delta W_s=\bar{E}\cdot\Delta P+\bar{P}\cdot\Delta E$/万 t		869.30		621.00	
降水 $\bar{E}\cdot\Delta P$/%		2.81		2.87	
人类活动 $\bar{P}\cdot\Delta E$/%		97.19		97.13	

6.4.2 基于 SWAT 模型的产流产沙模拟

6.4.2.1 模型基础数据库构建

在涪江流域建立 SWAT 模型，所需的基础数据包括流域数字高程模型、土地利用栅格数据、土壤栅格数据及流域气象数据。基于 ArcGIS. 10.2 平台，将所用空间数据进行拼接、剪裁、重采样、投影转换等操作后，统一将投影坐标系设定为 Beijing_1954_GK_Zone_18N，地理坐标系设定为 GCS_Beijing_1954，具体步骤参见 4.5.1 节。

6.4.2.2 流域模型构建

(1) 子流域划分

建立 SWAT 模型的各种数据准备好后，下一步便是基于 ArcGIS 平台建模。首先是子流域划分(watershed delineator)。这一环节首先要将流域 DEM 加载，在 DEM projection setup-Z Unit 中选择单位 meter。获取流域的汇流方向后，确定划分子流域的面积阈值。已有研究表明，子流域的划分数量不同，模型输入参数的空间集总程度就会不同，因而影响其模拟结果，且对流域产沙量的影响较大(张雪松等，2004；郝芳华等，2005)。阈值设定越小，则子流域的数量越多，这不但会产生虚假子流域，同时模型的计算时间将变长，后续分析的工作量将变大。因此，需要找到一个合适的子流域数量(张雪松，2004)。子流域划分完毕后的工作包括：生成流域河网、编辑河网节点和计算子流域参数。结果可在工具栏中的 Watershed Reports 查看。本书综合模型的计算效率和研究需求，将最小子流域面积定为 10 000 hm^2，流域被划分为 153 个子流域。

(2) 水文响应单元划分

水文响应单元(hydrologic response unit，HRU)是 SWAT 模型在子流域的基础上，根

据流域的土地利用类型、土壤类型和坡度等级，将流域分成的最小计算单元。SWAT 模型将子流域内具有相同属性数据的地块划定为同一种 HRU，即具有相同水文过程的计算单元。首先在 ArcGIS 中加载土地利用数据、土壤数据，并进行坡度分级。本书根据孟铖铖(2019)的划分依据划分坡度。模型分别计算出具有不同属性水文响应单元的参数，并叠加子流域出口，将所有 HRUs 输出，这样就得到了子流域输出。因此，模型运行的速度和时间是由 HRU 的数量直接决定的。由于本书主要探究土地利用变化对流域产流的影响，所以在划分水文响应单元时，本书将土地利用类型的阈值设为 0，整个流域被划分为 5 209 个 HRU。

(3) 气象数据写入模型运行

子流域和水文响应单元划分工作完成后，将气象数据输入 SWAT 模型是最为重要的一步。在模型界面菜单 Write Input Tables 中的 Weather Stations 将天气发生器选中，再逐一加载降水、温度、太阳辐射、风速、相对湿度等数据。加载好气象数据后，下一步即在 Write SWAT Input Tables 中写入数据。至此，SWAT 模型将读取全部数据。

最后，在 SWAT Simulation 菜单中执行 Run SWAT，将预热期(NYSKP)设置为 2 年，并设置模拟时间步长。SWAT 模型自动选取距各子流域形心最近的站点数据作为本子流域的基础数据。

6.4.2.3 SWAT 模型模拟结果

(1) 敏感性分析与参数设置

本书选用表 6-10 中的参数进行模型的率定。模型的参数敏感性见表 6-11。其中，模型最为敏感的参数是 R_CN2，CN 是 SCS 径流曲线系数，是反映降雨前期流域特征的综合参数，在其他研究中，该参数也被证明是径流最为敏感的参数(Zuo et al.，2016；窦小东等，2020)。此外，其他的敏感性参数包括土壤可利用有效水 SOL_AWC、土壤蒸发补偿系数 ESCO、浅层地下水再蒸发系数 GW_REVAP、深层地下水再蒸发系数 REVAPMN 等。对于泥沙模拟，较为敏感的参数有：6 月 21 日的融雪因子 SMFMX、平均坡度 HRU_SLP、平均坡长 SLSUBBSN、泥沙输移指数参数 SPEXP、保持措施因子 USLE_P、河道覆盖因子 CH_COV1、河道侵蚀因子 CH_COV2 和泥沙输移线性参数 SPCON。

表 6-10 敏感性分析所选水文参数(“v_”指赋值“r_”指乘以−1 到 1 之间的数)

Table 6-10 Hydrological parameters for SWAT model

参数	定义	范围	Default
R_CN2. mgt	初始 SCS 径流曲线数	−1/1	HRU
R_SOL_AWC(..). sol	土层的有效含水量/(mm/mm)	−1/1	土壤层
V_ESCO. hru	土壤蒸发补偿因子	0/1	0.95
V_GW_REVAP. gw	地下水的 revap 系数	0.02/0.2	0.02
V_REVAPMN. gw	发生 revap 或渗入深层含水层所需的浅层含水层的水位阈值/mm	0/500	750
V_GWQMN. gw	发生回归流所需的浅层含水层的水位阈值/mm	0/5 000	1 000
V_CH_K2. rte	主河道冲积物的有效渗透系数/(mm/h)	−0.01/500	0
V_ALPHA_BF. gw	基流 a 因子($d \cdot s^{-1}$)	0/1	4.5
V_SMFMX. bsn	6 月 21 日的融雪因子(mm/℃ · d)	0/20	4.5

续表

参　数	定　义	范围	Default
V__SMFMN. bsn	12 月 21 日的融雪因子(mm/℃·d)	0/20	0.5
R__TLAPS. sub	气温直减率/(℃/km)	−1/1	0
V__GW_DELAY. gw	地下水的时间延迟/(d)	0/500	31
V__ALPHA_BNK. rte	河岸调蓄的基流 α 因子/(d)	0/1	0
R__SOL_K(). sol	饱和渗透系数/(mm/h)	−1/1	土壤层
V__USLE_K(..). sol	USLE 方程中土壤侵蚀 *K* 因子	0/0.2	土壤层
V__SPEXP. bsn	河道泥沙演算中计算新增的最大泥沙量的指数参数	1/1.5	流域
V__SPCON. bsn	河道泥沙演算中计算新增的最大泥沙量的线性参数	0.000 1/0.01	流域
R__SLSUBBSN. hru	平均坡长/m	0/0.2	HRU
R__HRU_SLP. hru	平均坡度/(m/m)	0/0.2	HRU
V__CH_COV1. rte	河道侵蚀因子	−0.05/0.6	子流域
V__CH_COV2. rte	河道覆盖因子	−0.001/1	子流域
V__USLE_P. mgt	USLE 方程中水土保持措施因子	0/1	HRU

表 6-11　情景模拟参数最优值

Table 6-11　Parameter values for all scenarios

参　数	BP	S1	S2	S3
R__CN2. mgt	0.334 6	0.288 4	0.334 6	0.263 1
R__SOL_AWC(..). sol	−0.661 4	−0.558 4	−0.661 4	−0.683 7
V__ESCO. hru	0.930 8	0.692 1	0.930 8	0.711 7
V__GW_REVAP. gw	0.017 6	0.053 6	0.017 6	0.013 4
V__REVAPMN. gw	293.536 0	414.771 2	293.536 0	288.164 9
V__GWQMN. gw	774.774 8	1 041.310 1	774.774 8	1 458.198 6
V__CH_K2. rte	53.830 6	60.325 9	53.830 6	90.529 2
V__ALPHA_BF. gw	0.796 8	0.714 2	0.796 8	0.587 7
V__SMFMX. bsn	7.944 5	7.373 6	7.944 5	9.360 2
V__SMFMN. bsn	13.104 8	11.750 6	13.104 8	13.912 5
R__TLAPS. sub	−0.100 8	−0.112 9	−0.100 8	0.023 4
V__GW_DELAY. gw	355.416 8	496.273 3	355.416 8	384.342 7
V__ALPHA_BNK. rte	0.141 3	0.244 4	0.141 3	0.221 1
R__SOL_K(..). sol	−0.606 2	−0.524 6	−0.606 2	−0.494 9
V__USLE_K(..). sol	0.135 8	0.167 0	0.135 8	0.131 5
V__SPEXP. bsn	1.364 9	1.308 0	1.364 9	1.334 9
V__SPCON. bsn	0.006 2	0.005 0	0.006 2	0.006 4
R__SLSUBBSN. hru	0.069 2	0.084 0	0.069 2	0.039 9
R__HRU_SLP. hru	0.084 8	0.051 4	0.084 8	0.056 8
V__CH_COV1. rte	0.072 0	0.055 9	0.072 0	0.083 1
V__CH_COV2. rte	0.596 2	0.717 5	0.596 2	0.580 7
V__USLE_P. mgt	0.602 3	0.670 4	0.602 3	0.445 0

(2) SWAT 模型率定验证及参数不确定性分析

图 6-27 和图 6-28 是 SWAT 模型中径流的率定和验证情况，表 6-12 列出了各评价指标的值。流域的实测月流量值和模拟月流量值拟合较好，峰值对应较好(见图 6-27)。但对于实测流量较大的点，模型的拟合效果稍逊(见图 6-28)。表 6-12 显示，在率定期(1983—1993 年)和验证期(1994—1999 年)，径流模拟的 R^2、E_{ns} 和 PBIAS 分别是 0.89、0.88、−0.2 和 0.82、0.82、6.8。以上结果均说明模型在流域具有很强的适用性。同时，模型的 p-factor 和 r-factor 均为 0.82，满足模型对不确定性的要求。

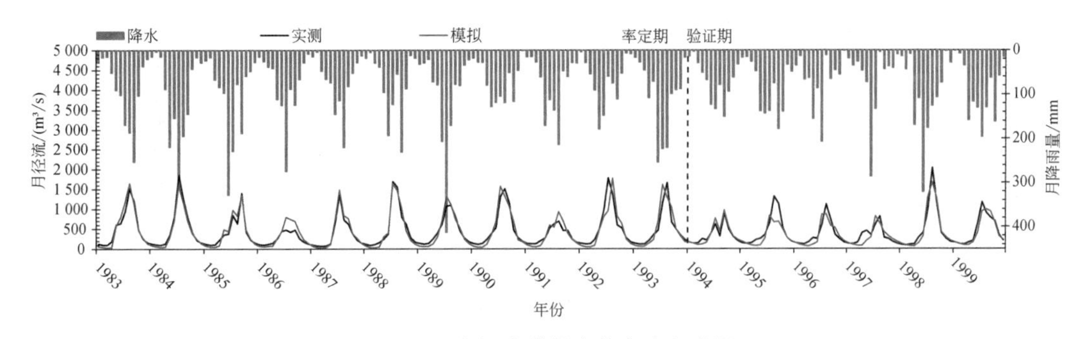

图 6-27　涪江流域径流的率定与验证

Fig. 6-27　Calibration and validation of the streamflow on FRW

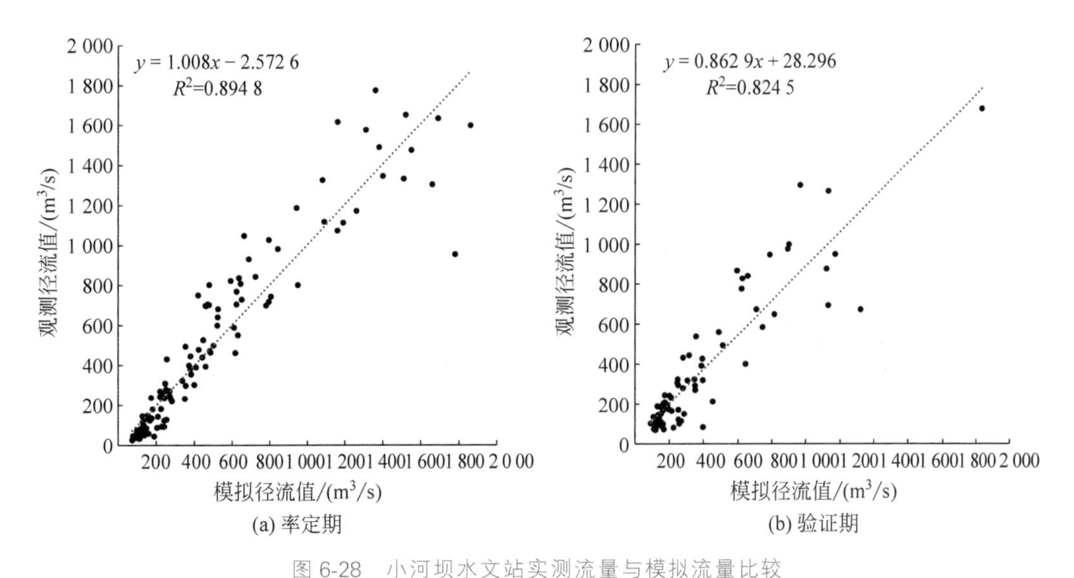

图 6-28　小河坝水文站实测流量与模拟流量比较

Fig. 6-28　Comparison of the observation data and simulation data in Xiaoheba Station

表 6-12　SWAT 模型径流模拟各指标计算结果

Table 6-12　The SWAT model's statistical performance measure value in streamflow

基准期		R^2	E_{ns}	PBIAS/%	p-factor/%	r-factor
1981—1999 年	率定(1983—1993)	0.89	0.88	−0.2	82	0.82
	验证(1994—1999)	0.39	0.31	4.6	—	—

图 6-29 和图 6-30 是 SWAT 模型中泥沙的率定和验证情况，表 6-13 列出了各评价指标的值。流域的实测月产沙量和模拟月产沙量拟合情况较好，和降雨量的情况也较吻合，峰值对应较好(见图 6-29)。但对于实测产沙量很大的点，模型的拟合效果较差(见图 6-30)，这可能是发生了泥沙的“零存整取”现象，而模型未能将这种情况准确地模拟出来，从而导致指标不高。表 6-13 显示，在率定期(1983—1993 年)，产沙模拟。R^2、E_{ns} 和 PBIAS 分别是 0.78、0.75、−29.7，而在验证期(1994—1999 年)分别为 0.39，0.31 和 4.6，这是因为用于实测的数据有限、验证期的数据较少且极端值较多(见图 6-29 和图 6-30)。

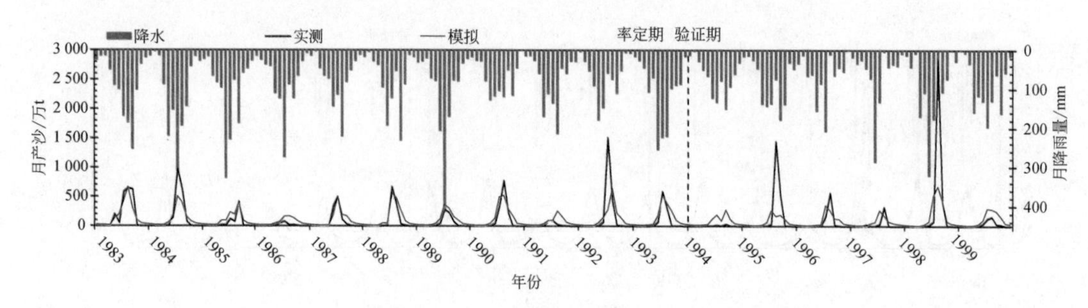

图 6-29 涪江流域泥沙的率定与验证

Fig. 6-29 Calibration and validation of the sediment on FRW(monthly)

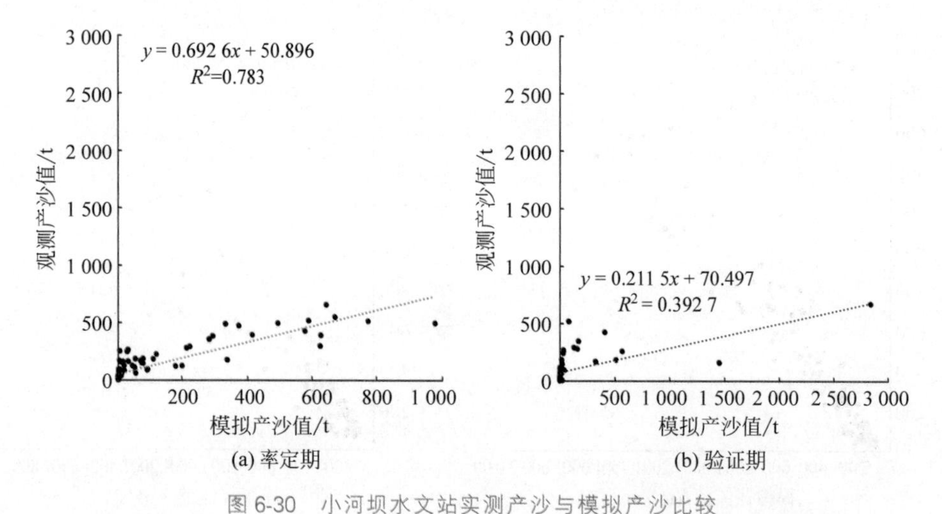

图 6-30 小河坝水文站实测产沙与模拟产沙比较

Fig. 6-30 Comparison of the observation data and simulation data in Xiaoheba Station

表 6-13 SWAT 模型输沙模拟各指标计算结果

Table 6-13 The SWAT model's statistical performance measure value in streamflow

基准期		R^2	E_{ns}	PBIAS/%	p-factor/%	r-factor
1981—1999 年	率定(1983—1993)	0.78	0.75	−29.7	0.68	1.46
	验证(1994—1999)	0.39	0.31	4.6	—	—

6.4.3　流域水沙对气候变化和 LULC 的响应

6.4.3.1　流域径流对气候和 LULC 变化的响应

(1) 全流域尺度

四种情景下，流域的年均产流量结果如表 6-14 所示。在基准期，涪江流域的年平均产流为 431.23 mm。在情景 1 下(只改变降雨条件)，流域年均产流为 386.06 mm，相比基准期减少了 10.47%(45.17 mm)。情景 2 下(只改变土地利用条件)，年均产流为 430.26 mm，与基准期相差无几。情景 3 下(二者均改变)，年均产流为 362.18 mm，较基准期减少 16.01%(69.05 mm)。以上结果说明，降雨条件和土地利用条件单独改变和共同改变，均对涪江流域的径流起到减少作用。

表 6-14　不同情景下流域年均产流情况

Table 6-14　Areal average annual water yield under different scenarios

情景	土地利用	降水	流域产流/mm		
			平均/mm	变化/mm	百分比/%
基准期/BP	1990	1981—1999 年	431.23	—	—
情景 1/S1	1990	2000—2015 年	386.06	−45.17	−10.47
情景 2/S2	2015	1980—1999 年	430.26	−0.97	−0.22
情景 3/S3	2015	2000—2015 年	362.18	−69.05	−16.01

进一步进行分析后发现，情景 1、情景 2 下的减水量之和小于情景 3 下的减水量，这说明气候变化和土地利用变化对涪江流域产流的影响并非线性关系，当二者起到共同作用时，减水量有所增加，这与 Meng(2019)、Zuo (2015)和窦(2015)的研究结果较为一致。一般来说，土地利用变化会不可避免地受到气候变化的影响，尤其是不同的水热条件及其组合对植被种类、分布和生物量等的限制(徐新良等，2015)；因此，二者共同作用时会对径流的影响存在协同和促进作用。

通常来讲，无论是单独作用还是共同作用，水平衡分量都会受到气候变化和土地利用变化的影响，探究这部分内容将有助于研究人员深入了解不断变化的环境下的水文机制。本书从 SWAT 模式输出文件中提取降水量(P)、地表径流(Q_s)、侧向流(Q_l)、地下径流(Q_b)、蒸散发(E_T)和产水量(Q_t)五种水平衡分量。根据以往的研究(Mekonnen et al.，2018)，本书选取了 5 个系数，重点关注水平衡分量，包括河流系数(Q_t/P)、蒸散发与降雨量之比(E_T/P)、地表径流与产水量之比(Q_s/Q_t)、侧向流与产水量之比(Q_l/Q_t)和地下水(基流)与产水量之比(Q_b/Q_t)。图 6-31 和图 6-32 是水平衡分量的总体比例和量值情况。当土地利用由 1990 年换为 2015 年时，Q_s/Q_t 从 85.60%降低到 82.41%；Q_l/Q_t 从 9.67%提高到 14.54%；Q_b/Q_t 比值从 6.74%降低到 3.05%，少了一倍；Q_t/P 由 47.08%减少到 38.17%；E_T/P 由 42.46%提高到 47.88%。以上结果表明，在涪江流域，无论是单独作用还是共同作用，土地利用和气候变化基本不会改变水文要素的总体比例结构。

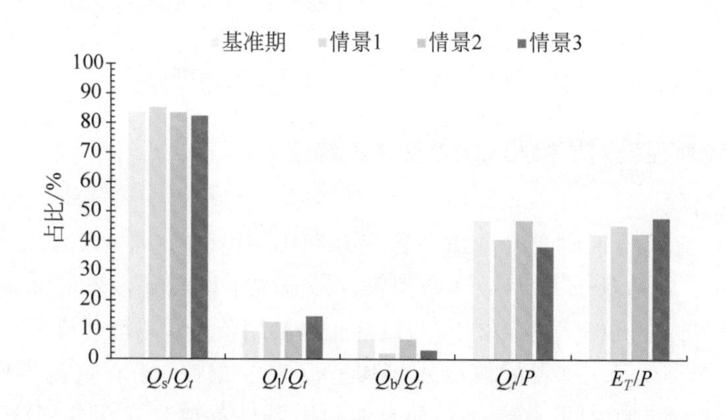

图 6-31　水平衡分量占比分析

Fig. 6-31　Ratio of water-balance components analysis at Xiaoheba station

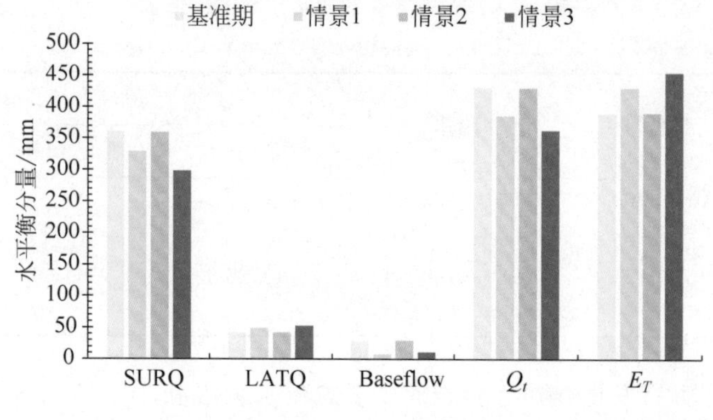

图 6-32　水平衡分量分析

Fig. 6-32　Water-balance components analysis at Xiaoheba station

(2) 子流域尺度

图 6-34 和图 6-35 是子流域产流的分布情况及较基期的变化分布。可以看出，四种情景下的产水量具有类似的分布格局，即从上游到下游逐渐递减。根据上述结果，在全流域尺度上，基准期与情景 2 的产流量极为相似，而情景 1 与情景 3 下的产流量较为接近，这与子流域产流的空间分布情况较为一致：基准期下，产流最多的子流域年均产流量达 681 mm，最少的也有 171 mm，情景 1 与基准期下的情况一致；情景 1 下产流量最多达 629 mm，最少为 140 mm，情景 3 下产流量最多为 565 mm，最少为 139 mm。相比基准期，情景 1 与情景 3 的最高产流量分别减少了 7% 和 17%，主要发生在下游子流域；最低产流量分别减少了 18% 和 19%，主要发生在上游子流域。

图 6-33　涪江流域子流域分布

Fig. 6-33　The distribution of sub-basins in FRW

本书在子流域尺度（子流域序号从上游到下游递增，图 6-33）上也统计了四种模拟情景下的 5 个水平衡系数

(Q_t/P、E_T/P、Q_s/Q_t、Q_l/Q_t 和 Q_b/Q_t)。总体来看(图 6-36),四种情景下,所有水平衡系数都表现出相似的规律性,差异不大。一般来说,径流的主要组成部分是地表流,占总产水量的 80%左右。损失的部分主要包括径流和蒸散发(Oki et al.,2006),而由于流域深层渗滤造成的损失可以忽略不计(Steenhuis et al.,2009; Mekonnen et al.,2018)。然而,从上游到下游子流域,这 5 个系数表现出明显的空间变化。对于序数<100 的上游子盆地,Q_s/Q_t 部分先从 0.96 下降到 0.05,然后从 0.05 上升到 0.96;Q_l/Q_t 部分线则表现出完全相反的趋势,即先从 0.04 左右上升到 0.94,然后从 0.94 下降到 0.04,再回到 0.4;Q_b/Q_t 部分序列表现出与 Q_l/Q_t 值相似的趋势,最大值为 0.4。

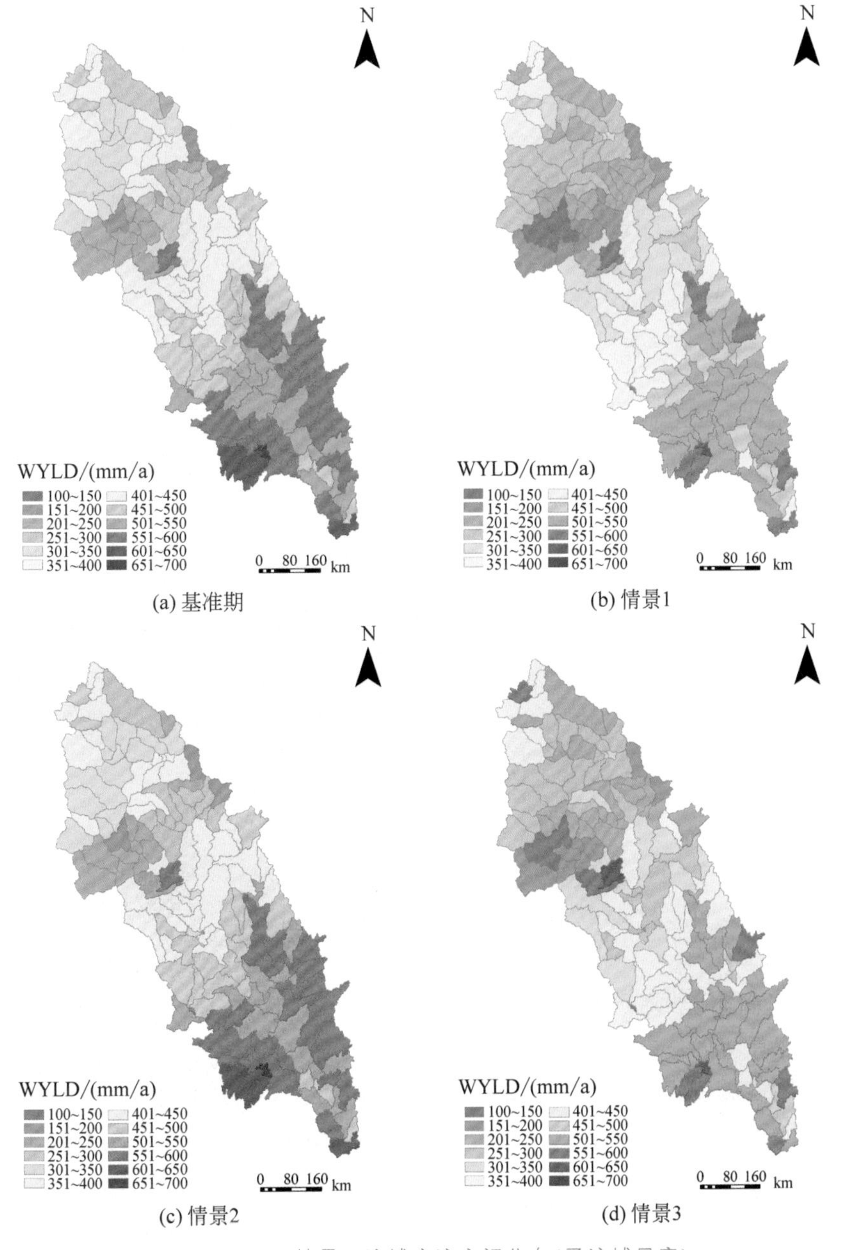

图 6-34 不同情景下流域产流空间分布(子流域尺度)

Fig. 6-34 Spatial distributions of water yield under different scenarios at sub-basin scale

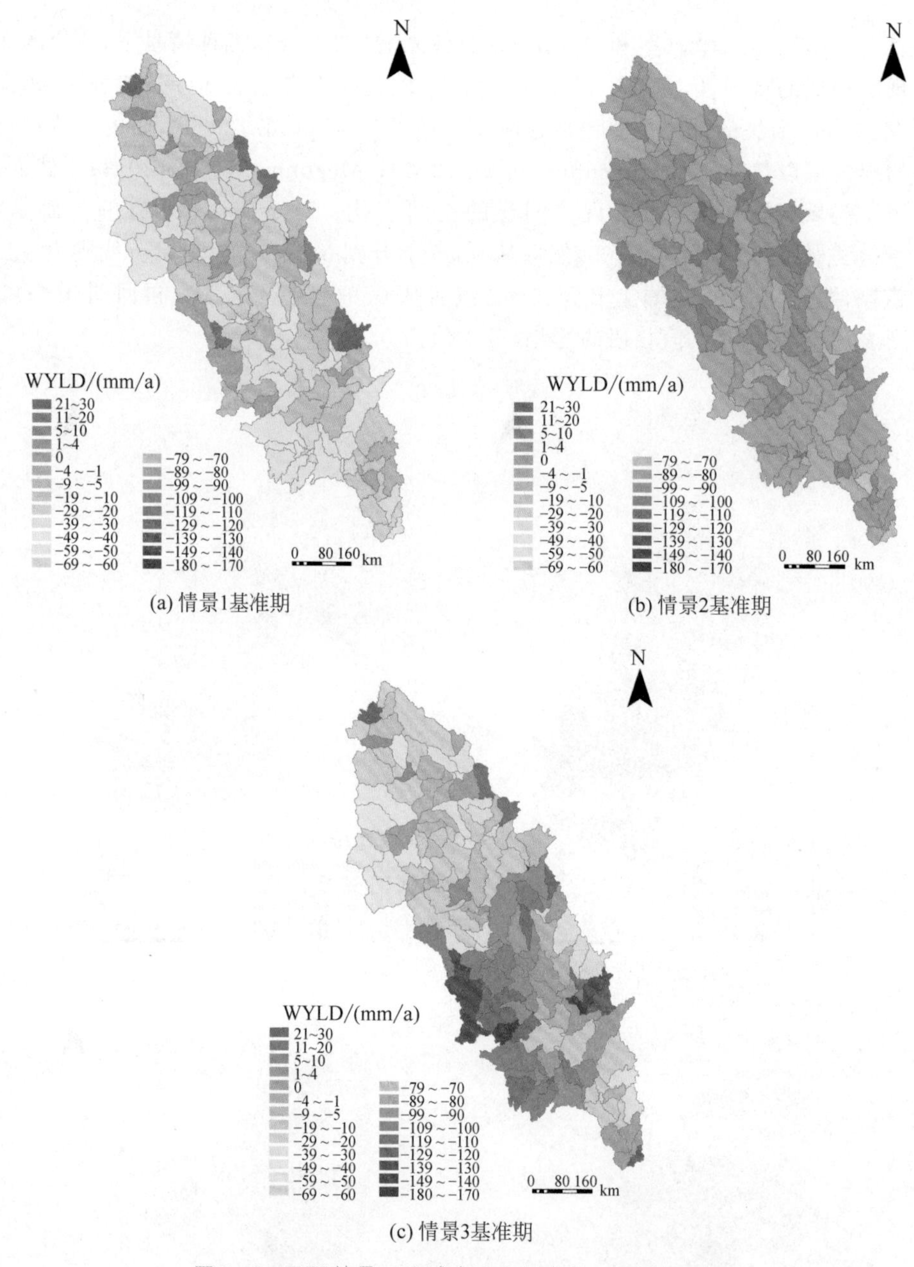

(a) 情景1基准期　(b) 情景2基准期　(c) 情景3基准期

图 6-35　不同情景下流域产流空间变化(子流域尺度)

Fig. 6-35　Spatial variations of water yield under different scenarios at sub-basin scale

6.4.3.2　流域产沙对气候和 LULC 变化的响应

(1) 全流域尺度

四种情景下，流域的年均产沙量结果如表 6-15 所示。在基准期，涪江流域的年平均产沙量为 106.12 t/hm^2。情景 1 下(只改变降雨条件)，流域年均产沙量为 137.84 t/hm^2，相比基准期减少了 29.89%(31.72 t/hm^2)。情景 2 下(只改变土地利用条件)，年均产沙量为 106.18 t/hm^2，同流域产流结果类似，与基准期相差无几。情景 3 下(二者均改变)，年均产沙量为 64.26 t/hm^2，较基准期减少 39.45%(41.86 t/hm^2)。以上结果说明，仅改变降雨条

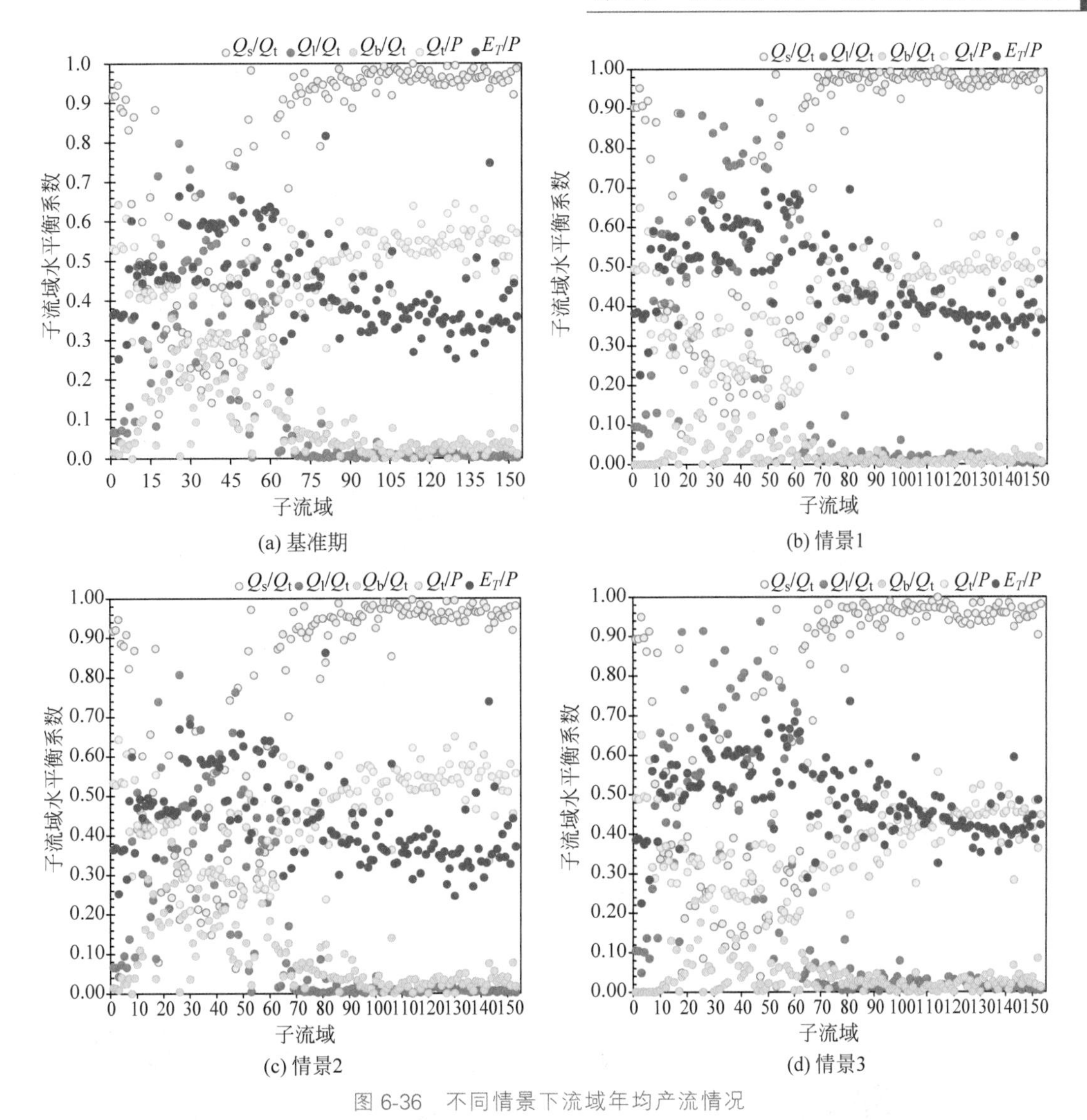

图 6-36　不同情景下流域年均产流情况

Fig. 6-36　Ratios of different water-balance components at sub-basin scale under 4 scenarios

件，流域产沙增多；仅改变土地利用条件，流域产沙几乎不变；而二者同时改变，则对涪江流域起到减沙作用。

表 6-15　不同情景下流域年均产沙情况

Table 6-15　Areal average annual sediment under different scenarios

情景	土地利用	降水	流域产沙/(t/hm²)		
			平均/(t/hm²)	变化/(t/hm²)	百分比/%
基准期/BP	1990	1981—1999 年	106.12	—	—
情景 1/S1	1990	2000—2015 年	137.84	31.72	29.89
情景 2/S2	2015	1980—1999 年	106.18	0.05	0.05
情景 3/S3	2015	2000—2015 年	64.26	−41.86	−39.45

(2) 子流域尺度

图 6-37 和图 6-38 是子流域产沙的分布情况及较基准期的变化分布。同子流域产流类似，

四种情景下的产沙量也具有类似的分布格局，即上游产沙较多，中下游产沙较少(见图 6-37)。根据上述结果，在全流域尺度上，基准期与情景 2 的产沙量极为相似，而情景 1 与情景 3 下的产沙量较为不同，但子流域产流的空间分布情况较为一致，这主要是因为最上游的几个子流域产沙量较高。基准期下，产沙量最多的子流域年均产流量达 1 062 t/hm^2，最少的只有 2.65 t/hm^2；情景 2 与基期下的情况一致。情景 1 下产沙量最多达 1 735 t/hm^2，最少为 3.38 t/hm^2。情景 3 下产沙量最多为 874.54 t/hm^2，最少为 0.69 t/hm^2。相比基准期，情景 1 的最高产沙量增加了 63.37%，情景 3 的最高产流量减少了 17.7%，主要发生在上游子流域；最低产流量分别增加了 27.54%和减少了 73.96%，主要发生在下游子流域。

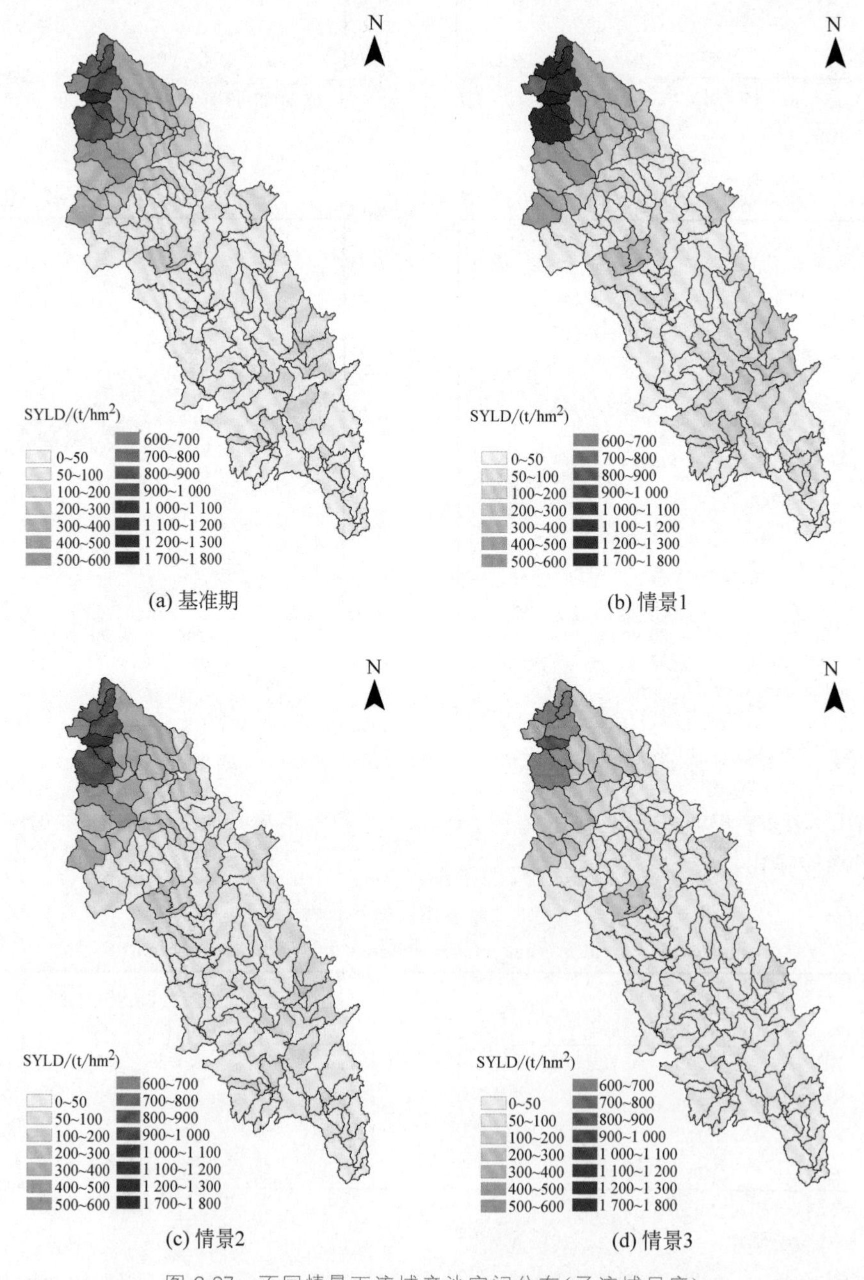

图 6-37 不同情景下流域产沙空间分布(子流域尺度)

Fig.6-37 Spatial distributions of sediment yield under different scenarios at sub-basin scale

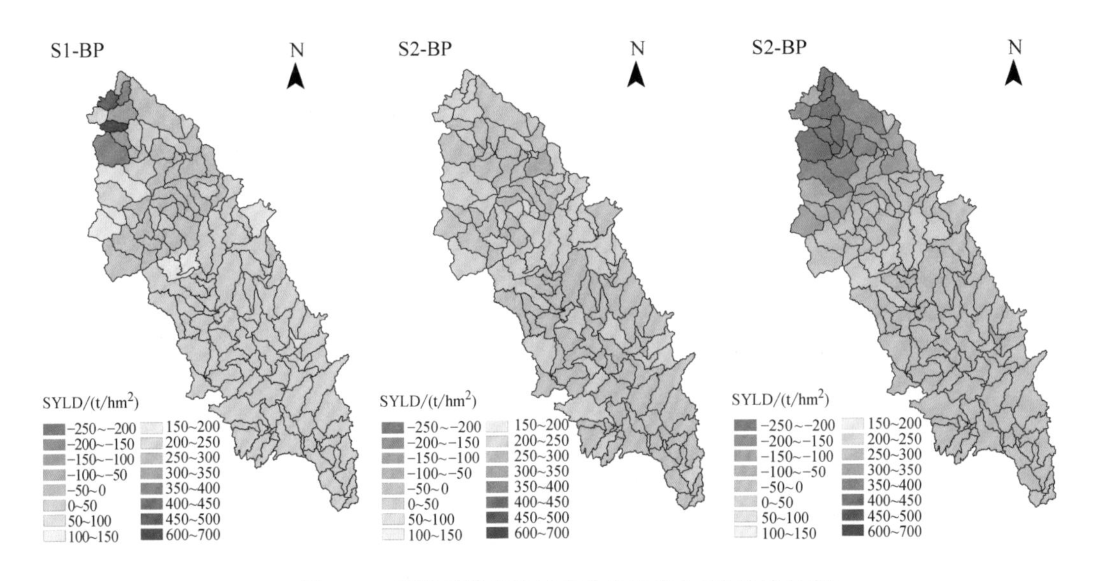

图 6-38 不同情景下流域产沙空间变化(子流域尺度)

Fig. 6-38 Spatial variations of sediment yield under different scenarios at sub-basin scale

6.4.4 流域水沙变化的归因分析

本节进一步研究分析了子流域尺度上土地利用类型的变化情况(见图 6-39),以探究子流域产流产沙空间分布变化的原因。由图 6-39 可知,在研究时段内,城镇用地在下游流域明显增加,尤其是中下游沿河道两侧。同时,林地和水域在中下游有明显的增加,草地在河道附近也有不同程度的增加,而耕地则有一定程度的减少,说明退耕还林还草措施作用明显,林草地对水源的涵养是中下游流域产水产沙减少的主要原因。上游减沙最明显的子流域内,林草地有不同程度的增加,耕地明显减少,这是减沙的重要原因。同时,要注意上游未利用土地的扩张,尤其是裸地,因为这可能会增加当地水土流失的风险。

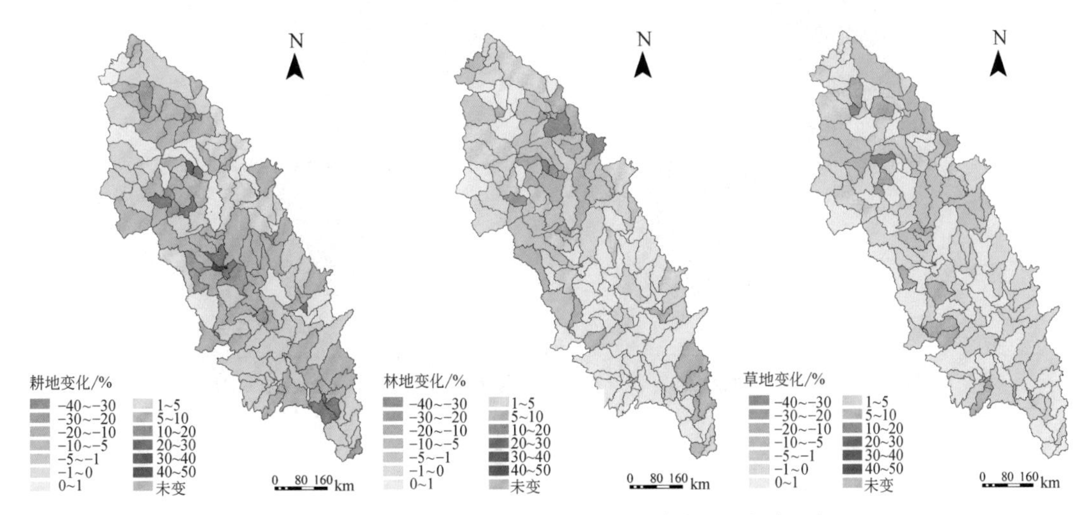

图 6-39 1990—2015 年土地利用空间变化(子流域尺度)

Fig. 6-39 Spatial variations of land use change from 1990 to 2015 at sub-basin scale

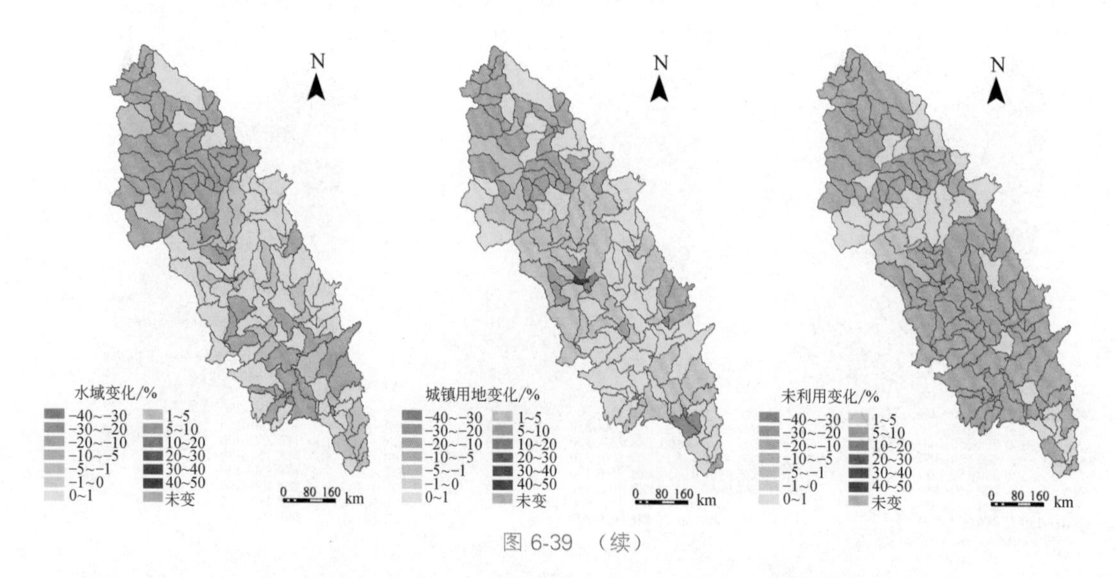

图 6-39 (续)

另外,本书对比分析了子流域尺度的多年平均 NVDI、坡度(见图 6-40)、降雨(见表 6-16)及土壤类型与子流域产沙情况,发现上游产沙最多的子流域,相比其他子流域的 NDVI 值较低但坡度较高,土壤类型有草毡土、寒冻土、石灰土等,粗砂含量较高、有机质含量较低,降雨侵蚀力起主导作用,植被抗蚀力起次要作用,易产生土壤侵蚀,从而导致输沙量的增加。情景 1 下(只改变降雨条件),降雨增多,坡耕地易发生水土流失,产生较多泥沙。而情景 3 下(降雨条件和土地利用均发生改变),虽然降雨增多,但由于实施了退耕还林还草政策,耕地有所减少,林草地有所增加,拦水拦沙能力变强,且雨水增多,促进植被生长更加茂盛。

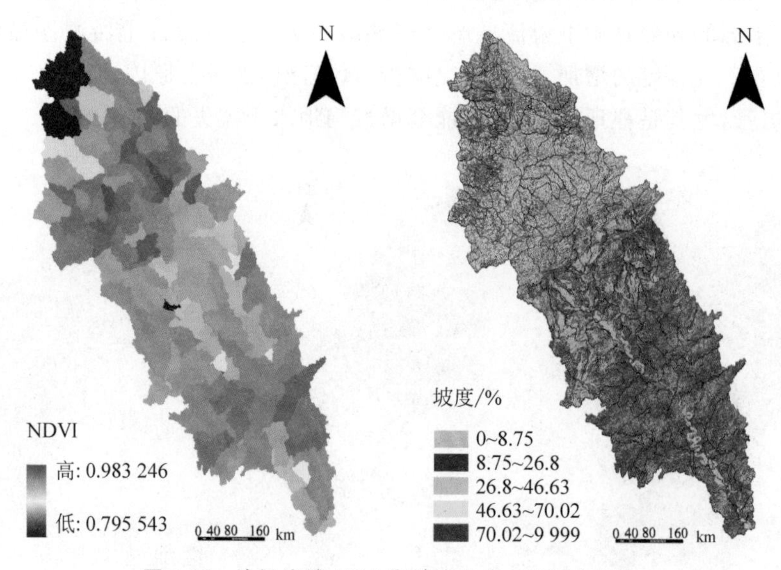

图 6-40 涪江流域 NDVI 和坡度分布(子流域尺度)
Fig. 6-40 Spatial variations of NDVI and slope at sub-basin scale

表 6-16　上游子流域降雨量

Table 6-16　Precipitation of upperstream sub-basins

子流域编号	面积/km²	1981—1999/mm	2000—2015/mm
1	10 305.45	703.02	721.41
2	11 356.60	731.36	753.29
3	14 665.44	741.67	774.87
4	14 587.38	744.59	766.87
5	25 450.62	740.11	779.07
6	13 456.65	791.11	821.37
9	12 295.60	767.53	797.07
17	46 280.53	774.76	811.84

6.5　基于 GeoSOS-FLUS 的流域生态系统服务价值评估及多情景模拟

6.5.1　研究方法

6.5.1.1　数据来源

基础数据包括土地利用、FLUS 模型驱动因子和生态系统服务价值当量修正等 3 类(见表 6-17)。其中,土地利用数据由 Landsat 遥感影像解译获得,栅格精度 30 米。通过外业调查和随机抽取动态图斑重复判读分析相结合的方法进行检验,耕地分类精度为 85%,其他土地利用类型的分类精度均达 75%以上。根据 Kappa 系数检验标准,解译结果通过验证(张杰等,2009)。模型驱动因子数据中,选用地形和可达性因素等 8 个因子。当量修正数据类别中,基于谢高地等(2001)的研究,将主要粮食产量经济价值作为修正依据。由于涪江流域 80%以上的面积位于四川省,故选取四川省主要作物统计数据。

表 6-17　研究数据列表

Table 6-17　List of research data

序号	数据种类	基础数据	数据来源
1	土地利用类型:包括耕地、林地、草地、水域、建设用地和未利用地 6 个一级地类	30 m 精度的土地利用栅格数据,1980 年、1990 年、2000 年、2015 年、2018 年共计 5 期	美国地质勘探局网站
2	FLUS 模型驱动因子:高程、坡度、坡向、据水域距离、据地级市距离、据县级市距离、据省道距离、据铁路距离	30 mDEM 数据,水系、行政驻地、公路、铁路矢量数据	中国科学院资源环境科学数据中心
3	生态系统服务价值当量修正:即主要作物粮食产量的经济价值	主要作物(包括稻谷、小麦、玉米、豆类作物和薯类作物)的播种面积、单产和平均价格	四川省统计年鉴 中国物价统计年鉴

6.5.1.2　技术路线

本节基于 6.5.1.1 节所示的数据,采用社会经济因子调整系数修正传统生态系统服务价值评估模型，构建符合流域的生态系统服务价值评估模型，运用 ArcGIS10.2 的多个处理模块探究土地利用及生态系统服务价值的时空格局变化，在此基础上，运用 GeoSOS-FLUS 软件构建四种情景下 2030 年的土地结构变化，模拟土地利用结构和生态系统服务价值的未来演变，具体如图 6-41 所示。

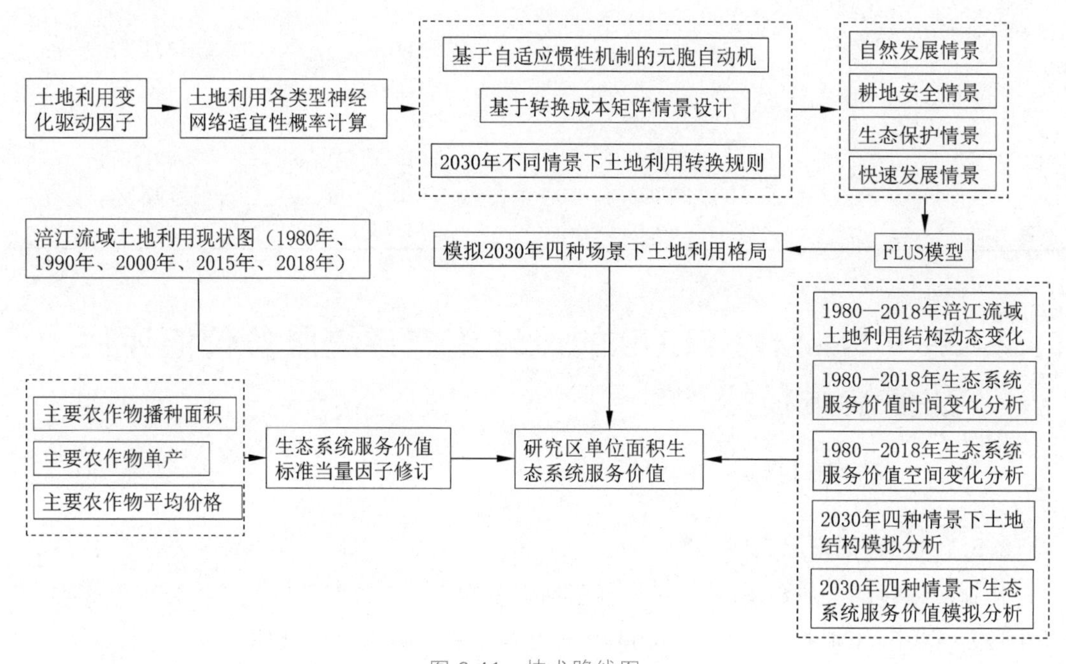

图 6-41 技术路线图

Fig.6-41 Technique route of the study

6.5.1.3 方法模型

(1) 生态系统服务价值评估

根据表 6-18 中四川省主要农作物的播种面积、单产及价格信息，通过式(6-17)计算得到单位面积农田每年自然粮食产量的经济价值为 1 901.33 元/hm^2。

$$E = \frac{1}{7}\sum_{i=1}^{n}\frac{m_i q_i p_i}{M} \tag{6-1}$$

其中，E 为 1 个标准当量因子的生态系统服务价值量；1/7 指没有人力投入下，自然生态系统提供的经济价值占现有单位面积耕地提供的食物生产服务经济价值的 1/7；n 为粮食种类；

表 6-18 四川省主要粮食作物播种面积、粮食单产和全国平均单价

Table 6-18 Sown area of major grain crops, grain yields and national average unit prices in Sichuan Province

主要作物	播种面积/hm^2	作物单产/(t/hm^2)	平均价格/(元/t)
稻谷	1 874 006	7.89	2 600
小麦	635 007	3.89	2 400
玉米	1 855 997	5.75	1 900
豆类作物	524 924	2.31	3 488
薯类作物	1 261 204	4.29	2 400

m_i 为第 i 种粮食作物的播种面积，(hm^2)；q_i 为第 i 种粮食作物的单产，(t/hm^2)；p_i 为第 i 种粮食作物2018年的全国平均价格，(元/t)；M 为粮食作物播种的总面积，为(hm^2)。

耕地价值系数由旱地、水田比例系数修正，林地、草地、水域、未利用土地分别对应二级分类中的阔叶、草甸、水系和裸地，建设用地的价值系数设定为0。ESV的计算公式如式(6-2)及式(6-3)所示，通过计算得到涪江流域的单位面积生态系统服务价值表(见表6-19)。基于ArcGIS10.2，本书采用5 km×5 km的单元网格对流域进行重采样，得到1 600个评价单元，然后基于网格计算了研究区1980—2018年ESV值，以分析其空间分布特征。

$$\mathrm{ESV}=\sum_{k=1}^{n}A_k \times VC_k \tag{6-2}$$

$$\mathrm{ESV}_f=\sum_{k=1}^{n}(A_k \times VC_{fk}) \tag{6-3}$$

其中，ESV为研究区生态系统服务总价值；n 为土地类型的数量；VC_k 为单位面积上土地类型 k 的生态系统服务价值；A_k 为研究区土地类型 k 的面积；ESV_f 为生态系统第 f 项服务功能价值；VC_{fk} 为研究区土地类型 k 的第 f 项服务功能价值系数。

表6-19　单位面积生态系统服务价值

Table 6-19　Value of ecosystem services per unit area Unit　元/hm^2

生态系统分类		耕地	林地	草地	水域	未利用土地
供给服务	食物生产	1 949.15	551.39	418.29	1 521.07	0.00
	原料生产	558.11	1 254.88	627.44	437.31	0.00
	水资源供给	−1 516.06	646.45	342.24	15 762.06	0.00
调节服务	气体调节	1 561.20	4 125.90	2 167.52	1 464.03	38.03
	气候调节	821.61	12 358.67	5 742.03	4 354.06	0.00
	净化环境	235.84	3 669.58	1 901.33	10 552.40	190.13
	水文调节	2 113.15	9 012.32	4 201.95	194 392.41	57.04
支持服务	土壤保持	1 292.34	5 038.54	2 642.85	1 768.24	38.03
	维持养分循环	273.87	380.27	209.15	133.09	0.00
	生物多样性	299.41	4 582.22	2 414.69	4 848.40	38.03
文化服务	美学景观	133.67	2 015.41	1 064.75	3 593.52	19.01

(2) FLUS模型

FLUS模型是刘小平等基于前人研究而开发的土地预测模型，基于元胞自动机(CA)模型，并引入自适应惯性和竞争机制处理不同土地利用类型之间的复杂竞争，能有效处理自然和人为因素共同作用下土地转化概率问题。该模型模拟的2010—2050年中国不同情景模拟下的土地利用变化结果，被证明在精度上更适用于模拟预测(Liu X et al.,2017)，目前主要应用于土地利用模拟(王旭等，2020)、城市扩张模拟(Huang Y et al.,2018)和城市增长边界的划定(Liang X et al.,2018)等方面。

该模型包括基于神经网络的出现概率计算模块以及基于自适应惯性模型的元胞自动机模块，前一模块对驱动因子的空间分布进行样本采样和神经网络训练，得到不同地类的栅格适宜性概率，后一模块基于概率计算模块结果得到各栅格在规定时间内转化的总概率，同时通过预期土地需求自适应调整、邻域因子调试、模型检验和设置转换成本完成迭代模拟参数设置，在达到迭代时间或未来数量目标时停止迭代，得到各地类的空间分布情况，实现土地利用的分布模拟。相关参数和具体设置情况如下。

① 适宜性概率计算：采用 ArcGIS 处理源数据，包括定义坐标系、重采样以及生成距离分析图，基于 GeoSOS-FLUS 软件人工神经网络模型算法（ANN），对基准期土地利用数据和各驱动因子数据进行运算，获得适宜性概率（见图 6-42）：

$$sp(p,k,t)=\sum_{j} w_{j},k\times sigmoid(net_{j}(p,t))=\sum_{j} w_{j},k\times\frac{1}{1+\mathrm{e}^{-net_{j}(p,t)}} \tag{6-4}$$

其中，$sp(p,k,t)$为时间 t、栅格 p 下 k 土地类型的适宜性概率；w_j,k 是输出层与隐藏层之间的权重；$sigmoid()$是隐藏层到输出层的激励函数；$net_j(p,t)$是第 j 个隐藏层栅格 p 在时间 t 上所接到的信号。

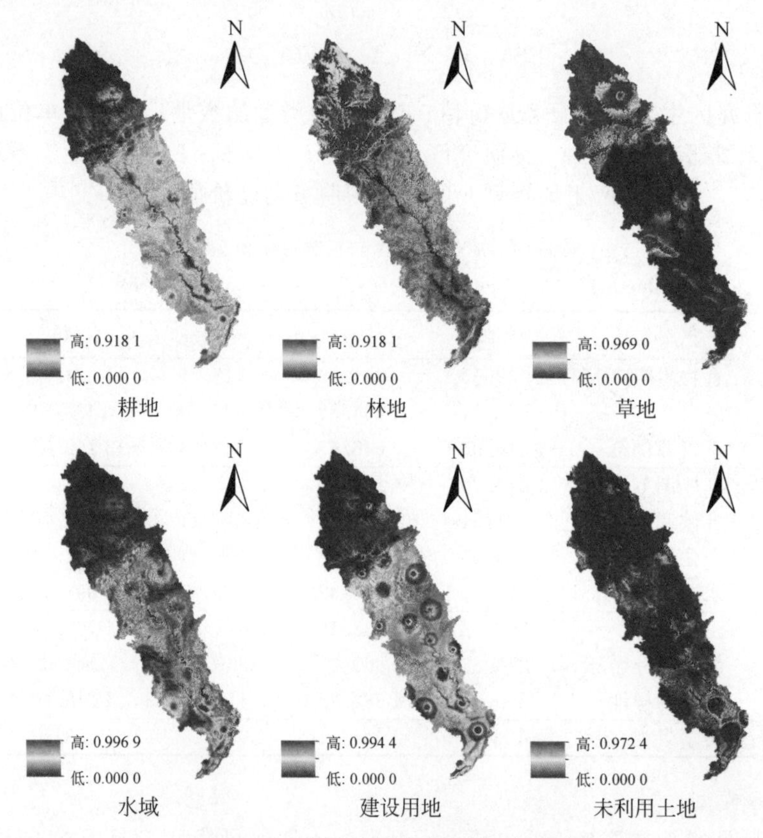

图 6-42　各土地利用类型适宜性概率

Fig. 6-42　Probability of suitability of landuse type

② 自适应惯性系数：即当前土地数量与土地需求的差值会在迭代过程中进行自适应调整，在模拟过程中逐渐向目标数量接近的惯性系数，公式如式(6-5)所示。

$$Interia_{k}^{t}=\begin{cases}Interia_{k}^{t-1}, & |D_{k}^{t-2}|\leqslant|D_{k}^{t-1}|\\ Interia_{k}^{t-1}\times\dfrac{|D_{k}^{t-2}|}{|D_{k}^{t-1}|}, & 0>|D_{k}^{t-2}|>|D_{k}^{t-1}|\\ Interia_{k}^{t-1}\times\dfrac{|D_{k}^{t-1}|}{|D_{k}^{t-2}|}, & |D_{k}^{t-1}|>|D_{k}^{t-2}|>0\end{cases} \tag{6-5}$$

其中，$Interia_k^{t-1}$ 表示第 k 种用地在时间 t 上的惯性系数；D_k^{t-1}、D_k^{t-2} 分别指时间 $t-1$ 和 $t-2$ 所需栅格数与第 k 种土地类型栅格数量的插值。

③ 邻域因子设定与模型检验：模拟精度采用 kappa 系数评价，越接近 1 表示一致性越高；当 kappa 系数大于 0.75，认为预测结果可信。邻域因子参数范围为 0～1，越接近 1 代表该土地类型扩张能力越强。利用已有的研究成果、各土地类型的扩张能力特征并通过不断调试，设定模型邻域因子（见表 6-20）。在该邻域因子模拟下，2015 年土地利用模拟结果的 kappa 系数为 85.19%。

表 6-20　邻域因子参数

Table 6-20　Neighbourhood factor parameters

土地利用类型	耕地	林地	草地	水域	建设用地	未利用土地
邻域因子参数	0.4	0.6	0.4	0.4	0.9	0.8

④ 转换成本确定：即某类土地类型转换为其他类型的难易程度，成本矩阵表示不同土地利用类型间的转换规则，0 表示不能转换，1 表示可以转换。本书基于四种发展情景设计 4 种不同的转换成本矩阵（见表 6-21）。自然发展情景下，假定未来的土地变化率与 2000—2015 年的变化量一致，并在研究区自然条件和经济发展条件都不变的基础上实现，利用马尔可夫模型模拟土地需求量，设置所有土地类型均可互相转换。耕地安全情景下，以保护基本农田为要点，耕地严禁转出，除建设用地外均可转为耕地。生态保护情景下，按各类土地生态效益进行排序：林地、水域、草地、耕地、建设用地、未利用土地，转换原则为不允许排序高的土地类型向排序低的土地类型转变。快速发展情景下，按发展需求进行排序：建设用地、耕地、林地、水域、草地、未利用土地，转换原则同生态保护情景一致。

表 6-21　转换成本矩阵

Table 6-21　Conversion cost matrix

	自然发展情景						耕地安全情景						生态保护情景						快速发展情景					
	Ⅰ	Ⅱ	Ⅲ	Ⅳ	Ⅴ	Ⅵ	Ⅰ	Ⅱ	Ⅲ	Ⅳ	Ⅴ	Ⅵ	Ⅰ	Ⅱ	Ⅲ	Ⅳ	Ⅴ	Ⅵ	Ⅰ	Ⅱ	Ⅲ	Ⅳ	Ⅴ	Ⅵ
Ⅰ	1	1	1	1	1	1	1	0	0	0	0	0	1	1	1	1	1	0	1	0	0	0	1	0
Ⅱ	1	1	1	1	1	1	1	1	1	1	0	0	0	1	0	0	0	0	1	1	0	0	1	0
Ⅲ	1	1	1	1	1	1	1	1	1	1	1	1	0	1	1	1	0	0	1	1	1	1	1	0
Ⅳ	1	1	1	1	1	1	1	1	1	1	0	1	0	1	0	1	0	0	1	1	0	1	1	0
Ⅴ	1	1	1	1	1	1	0	0	0	0	1	0	0	0	0	0	1	0	0	0	0	0	1	0
Ⅵ	1	1	1	1	1	1	1	1	1	1	1	1	1	1	1	1	1	1	1	1	1	1	1	1

注：Ⅰ、Ⅱ、Ⅲ、Ⅳ、Ⅴ、Ⅵ分别代表耕地、林地、草地、水域、建设用地和未利用土地。

6.5.2　涪江流域 1980—2018 年土地利用结构动态变化

基于 1980—2018 年涪江流域的土地利用类型图（见图 6-43）和流域不同土地利用类型的面积和动态度（见表 6-22）可以发现，研究区以耕地和林地为主，2018 年占比分别为 57.46%和 27.21%。土地结构变化集中在耕地的持续减少和建设用地的持续扩张。1980—2018 年耕地面积减少 542.25 km^2，减幅 −2.57%。建设用地面积持续增加，

1980—2018 年建设用地面积增加 525.66 km^2，增幅 255.50%。林地面积先减少后增加，1980—2000 年面积减少 132.01 km^2，2000—2018 年面积增加 50.05 km^2。我国 1999 年开始实施退耕还林政策，研究区 2000 年后耕地的减少与林地的增加印证了该政策实施的效果。草地面积先增加后减少，总面积变化小，共减少 10.55 km^2。水域和未利用土地面积在研究期内持续增加，分别增加 63.52 km^2 和 44.54 km^2。土地利用动态度显示，城镇用地和未利用土地的面积增速最快，分别为 6.72%和 5.92%。此外，耕地、林地与草地有所减少，耕地的减速最快，为－0.07%，林地和草地相对稳定。

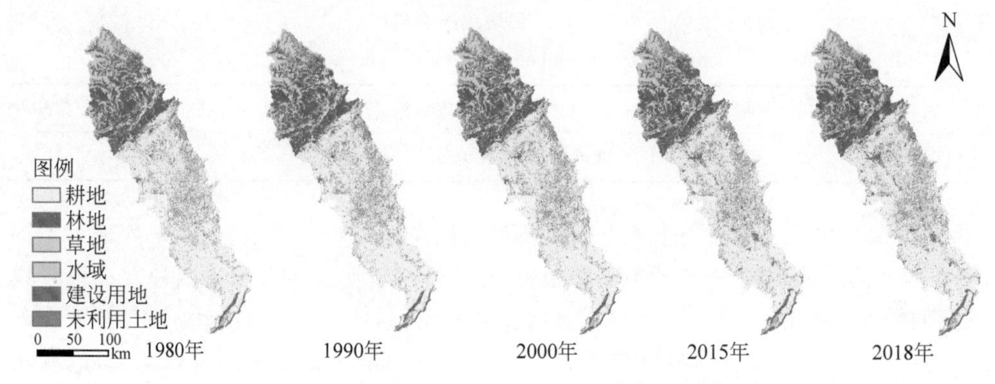

图 6-43　1980—2018 年涪江流域土地利用类型图

Fig. 6-43　Land use types in the Fu River Basin, 1980—2018

表 6-22　1980—2018 年涪江流域土地利用面积和动态度

Table 6-22　Land use area and dynamic attitude in the Ful River Basin, 1980—2018　km^2

	年份	土地利用类型					
		耕地	林地	草地	水域	建设用地	未利用土地
利用面积	1980	21 109.10	9 822.94	4 250.96	387.07	205.74	19.79
	1990	21 045.31	9 791.28	4 286.01	418.81	233.55	19.32
	2000	20 994.23	9 690.93	4 356.36	423.89	318.45	19.80
	2015	20 615.08	9 732.12	4 246.96	448.74	688.96	63.97
	2018	20 566.84	9 740.98	4 240.42	450.59	731.40	64.33
动态度	1980—1990	－0.03%	－0.03%	0.08%	0.82%	1.35%	－0.24%
	1990—2000	－0.02%	－0.10%	0.16%	0.12%	3.64%	0.25%
	2000—2015	－0.12%	0.03%	－0.17%	0.39%	7.76%	14.87%
	2015—2018	－0.08%	0.03%	－0.05%	0.14%	2.05%	0.19%
	1980—2018	－0.07%	－0.02%	－0.01%	0.43%	6.72%	5.92%

6.5.3　流域 1980—2018 年 ESV 的时间变化分析

1980—2018 年的 ESV 变化情况见表 6-23，研究期间流域的 ESV 总体呈上升趋势，1980—2018 年增长了 7.19 亿元。从 ESV 的结构功能来看，单项服务对 ESV 的贡献顺序是：水文调节＞气候调节＞土壤保持＞气体调节＞生物多样性＞净化环境＞食物生产＞美学景观＞原料生产＞维持养分循环＞水资源供给，表明流域的生态系统在调节服务和支持服务中发挥着重要作用。其中，调节服务价值增加了 8.30 亿元，贡献率为 115.44%，表明调节服务在流域生态系统中的主体功能仍在增强。此外，支持服务价值持续减少，减少了1.45亿元，供给服务增加0.37亿元，文化服务减少0.02亿元。图6-44可以反映土地利用及其提供的ESV占比情况。从研究区的土地利用结构来看，不同土地利用类型对ESV的贡献顺序为：林地>耕地>水域>草地>未利用土地。林地是流域ESV最主要的组成部分，占流域总价值的54%～55%。另外，水域也以1%～2%的面积占比提供了11%～13%的ESV。在研究期间，水域的ESV持续增加，增加了15.17亿元，贡献率210.99%，对流域ESV增长的贡献率最大，表明流域ESV的增加与水源涵养和林业工程等生态建设项目的实施密切相关。耕地提供的服务价值持续减少，林地和草地也呈现总体减少态势，耕地、林地和草地分别减少了4.19亿元、3.58亿元和0.23亿元。

表6-23 1980—2018年涪江流域生态系统服务价值结构变化表

Table 6-23 Changes in the value structure of ecosystem services in the Fu River Basin, 1980—2018

亿元

年份	供给服务			调节服务				支持服务			文化服务	总计
	食物生产	原料生产	水资源供给	气体调节	气候调节	净化环境	水文调节	土壤保持	维持养分循环	生物多样性	美学景观	
1980	48.93	26.94	−18.10	83.27	164.84	53.20	226.24	88.69	10.46	63.47	28.54	776.48
1990	48.85	26.90	−17.51	83.16	164.73	53.47	232.14	88.60	10.44	63.55	28.62	782.94
2000	48.73	26.80	−17.39	82.82	163.88	53.27	232.41	88.22	10.40	63.27	28.50	780.91
2015	48.01	26.58	−16.44	82.20	163.55	53.40	236.35	87.70	10.29	63.20	28.51	783.35
2018	47.92	26.56	−16.33	82.15	163.59	53.43	236.66	87.67	10.28	63.22	28.52	783.67

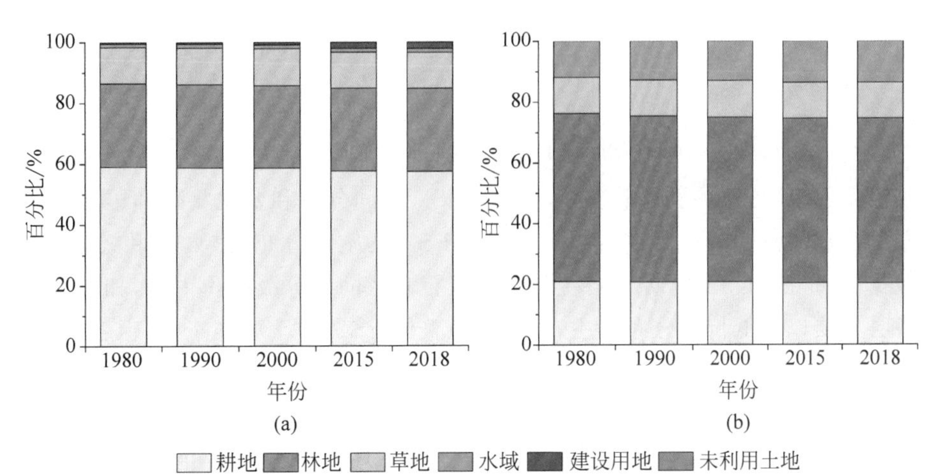

图6-44 (a)1980—2018年涪江流域土地利用类型面积结构；(b)1980—2018年涪江流域生态系统服务价值结构

Fig. 6-44 (a) Area structure of land use types in the Fu River basin, 1980—2018; (b) Structure of the value of ecosystem services in the Fu River basin, 1980—2018

6.5.4 流域1980—2018年ESV的空间变化分析

6.5.4.1 网格视角下ESV的空间变化分析

本书分别基于5个时期1 600个评价单元格计算单位面积ESV。在ArcGIS10.2软件中利用克里格插值法(Ordinary Kriging)进行空间插值,根据单位网格 ESV 的状况,将研究区各评价单元划分为 5 个等级:低(≤0.2)、较低(0.2,0.4]、中(0.4,0.6]、较高(0.6,0.8]、高(>0.8)(单位为亿元),得到 1980—2018 年流域 ESV 的空间格局分布图(图 6-45),可以发现 1980—2018 年涪江流域 ESV 的空间分布差异明显。总体表现为上游高、中下游低,同时下游地区大致呈现出 ESV 由中部向东西两侧递减的趋势。流域北部上游的高 ESV 地区以高价值和较高价值为主,主要得益于区域地势较高,人类活动较少,林地分布广,生态保育较好。中下游中部以中价值为主,其中在绵阳、梓潼和三台县附近出现较低价值区,蓬溪、遂宁和射洪县出现较高价值区,并且在研究期间,较低价值区面积减少,1990 年以后较高价值区中部出现高价值区,表明中下游沿河区域的生态向好发展。流域中下游西南部主要以较低价值和低价值分布为主,在流域未来开发中需加强生态建设。

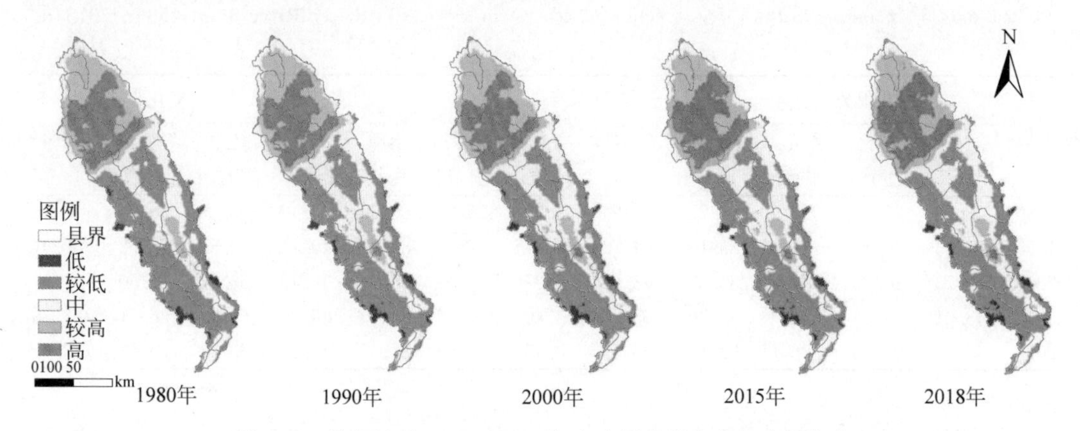

图 6-45 涪江流域 1980—2018 年生态系统服务价值空间分布
Fig. 6-45 Spatial distribution of ESV in the Fu River Basin, 1980—2018

6.5.4.2 县域视角下 ESV 的空间变化分析

网格尺度 ESV 分布可以反映整个流域的 ESV 空间分布和变化状况,但县市级 ESV 等级面积及其占比无法明晰。为进一步探究流域 ESV 的空间分布格局,运用 ArcGIS 叠加处理以及数据分析模块,得到研究区各主要县市级行政区的各等级面积占比,如图 6-46 所示。流域的各县主要以较低价值分布为主,虽然流域整体 ESV 处于增加态势,但各县市的 ESV 变化趋势不同,这是价值增减在一定程度上相互抵消的结果。从各县市等级占比情况看,北川县、平武县、松潘县和安县整体以较高和高价值占比为主。以上四县均位于流域上游,是林地和草地的主要所在地,高森林覆盖率、优良的生态环境使得该县市高价值区占比高,生态效益好。安岳县、合川市、大足县、潼南县、铜梁县、中江县和遂宁县低价值分布占比高,盐亭县和梓潼县区域内以较低价值为主,没有较高价值区域。以上县市均位于流域中下游,地势较为平坦,是主要的人类活动区、耕作区,耕地面积占比大,从而降低了这些县市的 ESV。这也反映出流域中下游县市境内可提供的生态价值低,生态空间相对较少,下一步应合理配置土地资源,以维持区域生态安全。

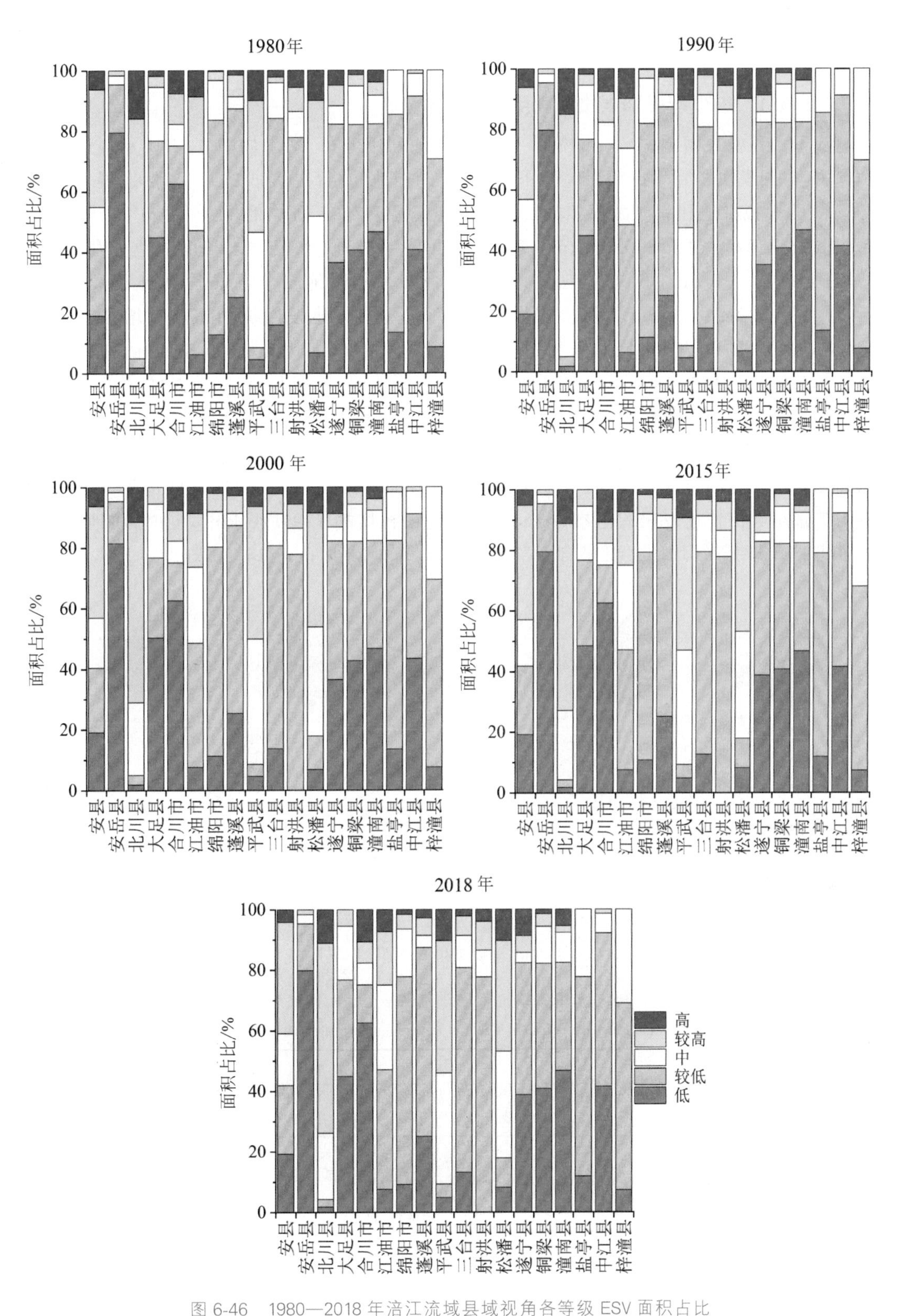

图 6-46　1980—2018 年涪江流域县域视角各等级 ESV 面积占比

Fig. 6-46　Percentage of ESV area by class in the Fu River Basin County Perspective, 1980—2018

6.5.5 流域生态系统服务价值模拟预测

6.5.5.1 2030年多情景土地利用结构模拟分析

基于4种发展情景的设定，模拟2030年土地利用分布，结果如图6-47所示，然后通过ArcGIS空间模块得到4种情景模拟下2030年的土地结构(见表6-24)。自然发展情景下，2030年的模拟耕地和草地面积相较2015年减少了297.65 km^2 和98.93 km^2。建设用地面积扩张迅速，增加了330.09 km^2，增幅47.91%。林地、水域与未利用土地分别增加了13.71 km^2、22.10 km^2 和38.50 km^2，面积变化较小。耕地安全情景下，耕地面积大幅扩张，增加了1 312.77 km^2，面积占比增幅6.37%。此外，建设用地面积略有增加，增加了33.58 km^2，林地、草地、水域和未利用土地分别减少了660.58 km^2、609.66 km^2、46.49 km^2 和21.79 km^2。生态保护情景下，保护生态用地(即林地、水域和草地)是最主要的目标，因而2030年的模拟林地面积增加了570.27 km^2，草地和水域分别增加了87.67 km^2 和27.50 km^2，建设用地面积亦增加了78.17 km^2。在此阶段，生态用地的增加主要来自于耕地和未利用土地的转入，分别减少了726.12 km^2 和29.66 km^2。快速发展情景下，建设用地的扩张是经济快速发展的基本标志，建设用地面积增加了94.20 km^2，同时，耕地面积增加了1 230.07 km^2，增加主要来自于草地的转出，草地减少了1 218.96 km^2。

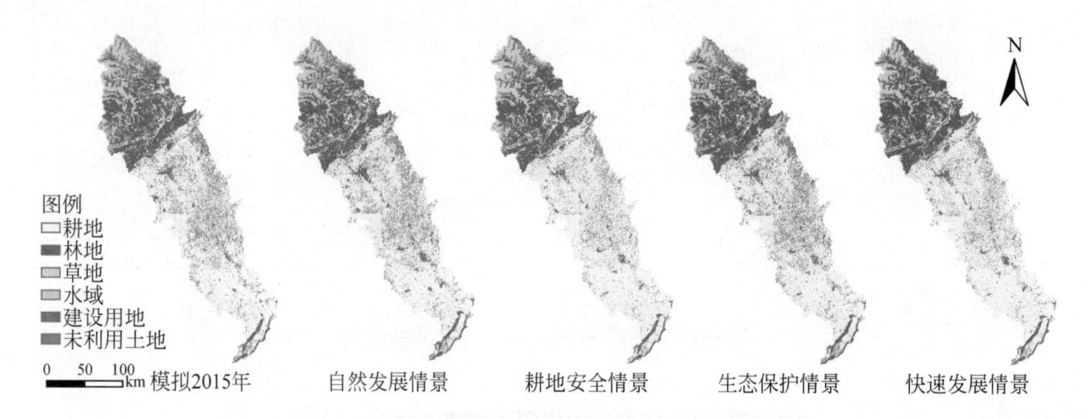

图6-47 2015年模型模拟图和2030年情景模拟图

Fig.6-47 2015 model simulation map and 2030 scenario simulation map

表6-24 2030年多情景模拟下涪江流域各土地利用类型面积及占比

Table 6-24 Area of each land use type in the Fu River Basin under the 2030 multi-case simulation

	耕地		林地		草地		水域		建设用地		未利用土地	
	面积/km^2	占比/%	面积/km^2	占比/%	面积/km^2	占比/%	面积/km^2	占比/%	面积/km^2	占比/%	面积/km^2	占比/%
自然发展情景	20 317.43	56.75	9 745.83	27.18	4 148.03	11.56	470.84	1.31	1 019.04	2.84	102.47	0.29
耕地安全情景	21 927.85	61.24	9 071.54	25.29	3 637.30	10.13	402.25	1.12	722.54	2.01	42.18	0.12
生态保护情景	19 888.96	55.55	10 302.39	28.73	4 334.63	12.08	476.24	1.33	767.13	2.14	34.32	0.10
快速发展情景	21 845.15	61.01	9 754.49	27.20	3 028.00	8.44	382.07	1.06	783.16	2.18	10.80	0.03

6.5.5.2　2030 年多情景 ESV 模拟分析

从流域的整体生态系统服务价值(见表 6-25)可以发现,4 种发展情景提供的 ESV 变化不同,与 2015 年 ESV 相比,自然发展情景下的 ESV 为 784.80 亿元,增加了 1.44 亿元。耕地安全情景下 ESV 为 740.31 亿元,减少了 43.05 亿元。生态保护情景下的 ESV 最高,服务价值 811.09 亿元,增加了 27.74 亿元。快速发展情景下的 ESV 为 751.40 亿元,减少了 31.96 亿元。自然发展情景下,调节功能将继续发挥优势,增加了 2.27 亿元。各地类的 ESV 占比变化(见图 6-48)显示,水域提供的 ESV 增加了 5.28 亿元,耕地和草地减少了 4.45 亿元,这一阶段水域成为维持流域生态服务供给的主要土地类型。耕地安全情景下,研究区土地生态系统提供各种服务的能力大幅降低,供给服务、调节服务、支持服务和文化服务分别减少了 1.98 亿元、31.4 亿元、7.68 亿元和 1.98 亿元。生态保护情景下,服务价值变化表现出与耕地安全情景下相反的趋势,供给服务、调节服务、支持服务和文化服务分别增加了 1.29 亿元、20.21 亿元、4.99 亿元和 1.24 亿元。除耕地服务价值减少外,林地、草地和水域分别增加了 24.88 亿元、1.91 亿元和 6.57 亿元,这表明以发展耕地侵占生态用地的模式会损害生态服务能力,抚育和发展生态用地对流域生态安全具有重大意义。快速发展情景下,食物生产服务和维持养分循环服务价值分别增加了 1.80 亿元和 0.08 亿元,供给服务、调节服务、支持服务和文化服务总体呈减少趋势,分别减少了 1.59 亿元、24.68 亿元、4.35 亿元和 1.33 亿元。各地类的服务价值占比变化中,耕地和林地的 ESV 分别增加了 9.50 亿元和 0.98 亿元,而草地和水域服务价值分别减少了 26.49 亿元和 15.92 亿元。建设用地的快速扩张侵占生态用地,导致流域提供各项生态服务功能的能力降低。

表 6-25　2030 年多情景模拟下涪江流域生态系统服务价值

Table 6-25　ESV in the Fu River Basin in 2030 under multiple scenario simulations　亿元

	供给服务			调节服务						支持服务	文化服务	总计
	食物生产	原料生产	水资源供给	气体调节	气候调节	净化环境	水文调节	土壤保持	维持养分循环	生物多样性	美学景观	
自然发展情景	47.43	26.38	−15.66	81.61	163.01	53.43	239.73	87.16	10.20	63.04	28.47	784.80
耕地安全情景	49.88	26.08	−19.79	80.14	152.77	49.63	221.57	84.37	10.27	58.87	26.53	740.31
生态保护情景	46.98	26.96	−14.50	83.65	170.63	55.77	245.67	89.91	10.33	65.94	29.75	811.09
快速发展情景	49.81	26.50	−19.75	81.47	157.55	50.74	221.07	86.06	10.38	60.40	27.18	751.40

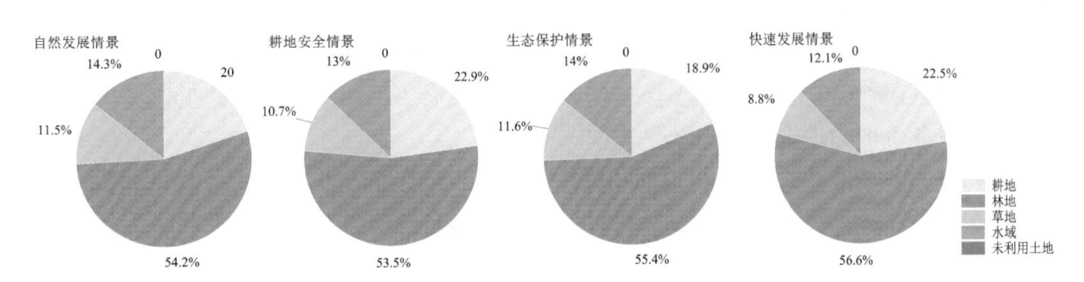

图 6-48　2030 年多情景模拟下涪江流域生态系统服务价值结构

Fig. 6-48　Structure of ESV in the Fu River basin under a multi-scenario simulation in 2030

6.6 本章小结

(1) 涪江流域水沙关系呈现出新的特性，基于涪江流域出口水文站 1980—2018 年的日径流、输沙率和 1980—2017 年的日降雨过程实测数据，采用 M-K 趋势检验法、双累积曲线法、集中度法、水沙关系曲线、水沙环路曲线、贡献率分析的差分法等多种方法，分别从多年尺度和洪水事件角度，分析水沙序列的时间变化特征和水沙关系的动态变化，最后揭示气象条件和人类活动两类驱动因素的贡献。结果表明：

首先，涪江流域的径流量和输沙量呈显著下降趋势，可分成 3 个阶段(1980—1997 年、1998—2012 年、2013—2018 年)。流域的"大水大沙"事件主要发生在 7、8、9 月，集中度较高。

其次，人类活动因素对于涪江流域的影响逐渐增大，流域水沙关系曲线中 a 呈显著上升趋势，b 显著下降趋势、C-Q 环路中顺时针环路呈下降趋势、逆时针环路呈上升趋势。

最后，气候因素和人类活动因素对流域水沙变化的贡献约为 1∶9，人类活动因素是涪江流域水沙变化的主要驱动因素。

(2) 定量分析其对气候和土地利用/覆被两类重要因素的时空响应，可为流域水资源管理及水土保持治理提供科学依据。采用双累积曲线和 Pettitt 突变检验法分析 1980—2018 年水沙序列的趋势、突变及集中特性，同时解译土地利用和覆被变化时空变化特征，基于 SWAT 模型，构建气候和土地利用单独及共同作用下的不同情景，从全流域和子流域两个尺度定量分析径流泥沙对气候和土地利用覆被变化的响应。主要结论如下：

首先，流域径流、输沙和降雨均呈现下降趋势；气象和水沙序列在 2000 年发生明显突变；径流和输沙的集中度呈上升趋势，大水大沙现象愈加明显。

其次，自 2000 年涪江流域实施退耕还林还草工程后，NDVI 呈上升趋势，植被得到恢复；由于地形、地质、土壤等空间异质性导致的水热条件差异，流域多年最大 NDVI 空间分布也具有区域差异性。

最后，构建的 SWAT 模型在流域适用性较好，但由于泥沙的"零存整取"现象，泥沙模拟性能略差于径流模拟。流域降雨和土地利用对径流变化的贡献约为 10∶1，同时二者对径流的作用呈非线性关系；降雨导致流域产沙增多，土地利用条件的变化对流域产沙几乎没有影响；流域上游未利用土地增加，加大了水土流失风险；下游城镇扩张增加了产水量，而河道两侧的退耕还林还草措施显著，则有效调蓄了径流。

(3) 流域的土地利用结构及其生态服务价值发生明显改变。基于 1980—2018 年 5 期遥感影像，构建生态系统服务价值评估模型并分析时空动态变化，采用 GeoSOS-FLUS 模拟自然发展情景、耕地安全情景、生态保护情景和快速发展 4 种情景下未来的土地利用变化及生态系统服务价值的演变趋势。结果表明：

首先，1980—2018 年，流域耕地面积减少、建设用地扩张。

其次，流域生态系统服务价值呈增加趋势，对生态系统服务价值的贡献顺序为林地＞耕地＞水域＞草地＞未利用土地。生态系统服务价值在空间上呈现上游高中下游低，下游地区大致呈现由中部向东西两侧递减趋势，流域西南部是低价值区。

最后，流域生态服务价值在自然发展情景、耕地安全情景、生态保护情景和快速发展情景下分别呈现增加、减少、增加和减少趋势。

第7章

镇江关流域水沙变化特征及驱动机制

岷江上游镇江关以上流域地处川西高原，山高水急，是典型的山区流域，在维持岷江上游水平衡、水生态及水环境中具有重要而又不可替代的作用。该流域是我国一个重要的大尺度、复合型生态过渡带和生态系统脆弱区(胡志斌，2004)。降雨的时空分布、地质地形和下垫面条件等要素在一定程度上影响次洪水过程，是引发洪水灾害的主要因素。近年来，随着地质活动、植被变化、人口增长等各种因素的变化，该流域的自然水循环和水环境受到较大压力。基于此，本章首先将采用分布式水沙模型 BPCC 对该流域进行径流和输沙量的模拟与分析，通过参数的自动优化实现对模型的率定、验证，同时将径流模拟结果与 HEC-HMS 模拟的结果进行对比。总结不同模型在该流域的参数取值规律，并对模型的适宜性进行评价。其次，自然条件(气候、地形地貌、地质活动等)和人类活动的长期作用，使得流域内的水沙条件发生了很大变化；因此，有必要对流域内的水沙条件进行趋势性分析，掌握洪水和泥沙在年内的输移规律，并分离出人为因素和气候因素对水文要素的影响，为岷江上游流域的长期规划、水资源优化配置及水土保持措施提供技术支持。

7.1 岷江镇江关以上流域自然地理概况

(1) 流域位置

镇江关以上流域是指岷江上游镇江关水文站的控制流域，下文中简称为镇江关流域。镇江关流域地处青藏高原东北缘、川西高原的主体部位，是岷江的发源地区，地跨 103°11'～103°54'E，32°9'～33°9'N，流域面积 4 486 km^2。流域内主要有漳腊河、小姓沟等支流；小姓沟长 120 km，流域面积大于 1 000 km^2，是岷江上游的主要支流。行政上主要流经松潘县，至流域出口镇江关处汇入岷江主流。

(2) 水文气象

流域的控制站是镇江关水文站，多年平均流量 55.0 m^3/s，最大流量 410.0 m^3/s，最小流量 9.2 m^3/s。流域内气候干燥，多年平均降水 570 mm，且蒸发量多于降水量。受高原地形影响，降水呈现明显的季节性分布特性。5—10 月为雨季，主要受来自低纬度的西南暖湿气流控制，雨量充沛，占全年降水的80%以上；11月至次年4月为干季，主要受来自北方和高原的冷高压控制，雨量极少。

气温受高程影响，山地立体气候明显，由低而高形成了由温带到寒带的季风气候垂直带谱。

(3) 地质地貌

镇江关流域地处青藏高原东缘的高山峡谷地带，地貌类型复杂多样，区间高山耸立、河流深切、河谷深邃、地表起伏巨大，高程差达2 500 m。

流域内多地质构造运动，剥蚀作用明显，坡面与谷地的侵蚀活动剧烈，地质环境脆弱，这也成为整个地区生态系统脆弱易变的主要原因。

由于该地区地质环境脆弱，加之雨季雨量充沛，所以一旦暴雨形成，行洪区坡陡沟窄，短时间内流量大增，山洪并发。特殊的地形地质条件往往会诱发崩塌、滑坡和泥石流等地质灾害，给居民生命财产带来巨大的损失。特别是汶川"5·12"大地震以后，情况更加恶化。

(4) 土壤植被及生态资源

流域内的植被类型主要是草地，占64.1%，森林和灌木各占18.5%和14.9%，农业用地仅占2.5%。受高程及气候垂直分布差异影响，土壤植被资源也呈现垂直带状分布的规律。

镇江关流域处于岷江源头区，具有涵养水源、保持水土的功能，是岷江上游生态屏障的重要组成部分。同时，松潘县是一个文化多元区，汉、藏、羌、回等多民族交融，经济发展滞后，农牧林为本区经济主体，水能资源主要以农业灌溉方式得以利用，区域内无大型水利工程。

该流域生态环境脆弱，由于多种自然因素(构造运动、侵蚀搬运)和人为因素(坡耕地、人口增长)的影响，导致环境进一步恶化、土地资源进一步退化。仙巍(2007)利用遥感和GIS技术及数理统计方法，建立了岷江上游松潘、黑水、茂、理、汶川等五县2000—2005年的生态环境状况指数模型。定量分析结果表明，松潘县生态环境质量指数在各县中处于最低，刚刚超过生态环境质量优级的最下限。

(5) 土壤资源

由于流域内河道比降大，土壤结构松散，对自然环境变化反应敏感(彭立，2007)。流域内的土壤质地主要是砂质黏壤土，占整个流域的43.6%。流域内的土壤厚度较薄，一般在41～60 cm。

7.2 镇江关以上流域空间数据

本书所采用数据的空间分辨率、格式及来源见表7-1。

表7-1 BPCC模型空间数据来源

Table 7-1 Spatial data sources of BPCC

数据	比例尺	格式	来　源
土地利用	1∶250 000	ERSI coverage	中国科学院地理科学与资源研究所
土壤类型	1∶1 000 000	ERSI coverage	中国科学院南京土壤研究所
NDVI	8 km×8 km	ERSI grid	NASA 戈达德航天中心

7.2.1　数字高程模型

镇江关流域 DEM 数据精度为 1∶50 000，水平分辨率为 25 m，垂直分辨率为 1 m。流域内的水文测站为镇江关站，具有 1956 年建站以来的长系列水文气象观测资料，松潘和马拉墩站具有 1958 年以来的长系列降雨和气候资料，DEM 和站点分布位置见图 7-1。

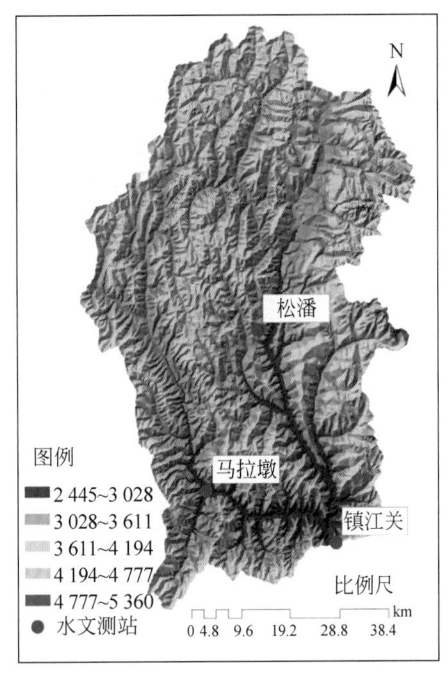

图 7-1　镇江关流域 DEM
Fig. 7-1　DEM of Zhenjiangguan basin

从图中可以直观地看出，镇江关以上流域高差大，地势起伏明显，高程跨度 2 445～5 360 m，属于典型的山区性河流。

采用 TUD-Basin 数字化河网提取模块 TOPAZ 和 Arc-Hydro 工具包分别提取数字河网，集水面积阈值选为 16 hm^2。根据前者提取的河网见图 7-2(a)，采用 Arc-Hydro 工具包的 Agree 算法提取的河网示意见图 7-2(b)。

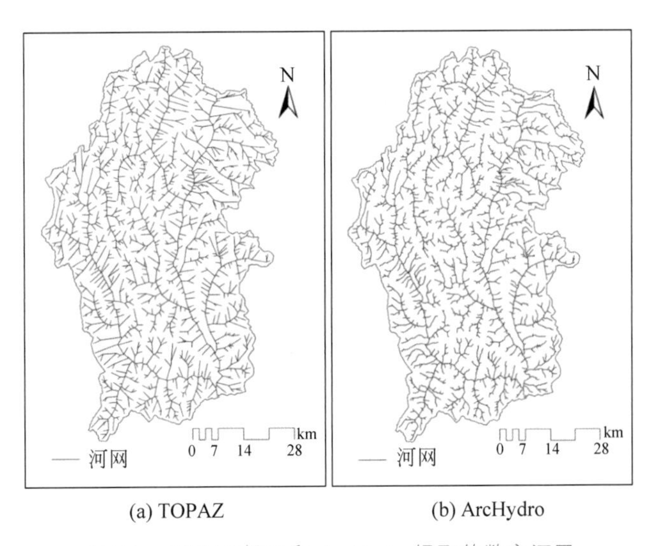

图 7-2　TOPAZ 提取和 ArcHydro 提取的数字河网
Fig. 7-2　(a) Digital river network extracted by TOPAZ and (b) Digital river network extracted by ArcHydro

7.2.2　土地利用方式资料

镇江关流域包含的土地利用方式共有 14 种(见图 7-3(a))，依照新旧码重分类关系将其重新归类为 6 种(见图 7-3(b))。新的土地利用方式所对应的基本参数见表 7-2。

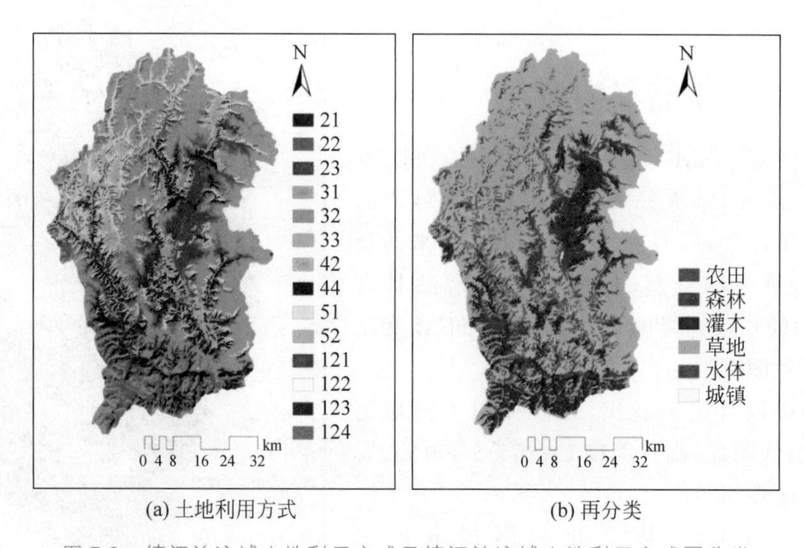

(a) 土地利用方式　　(b) 再分类

图 7-3　镇江关流域土地利用方式及镇江关流域土地利用方式再分类

Fig. 7-3　(a) Land use pattern and (b) re-classification of land use pattern in Zhenjiangguan Basin

表 7-2　流域土地利用类型新旧编码对照表

Table 7-2　Comparison table of old and new codes of watershed land use types

原分类		重分类		原分类		重分类	
编码	类别	类别	编码	编码	类别	类别	编码
121	山地旱地	农田	11	31	高覆盖度草地	草地	31
122	山地水田			32	中覆盖度草地		
123	坡地水田			33	低覆盖度草地		
124	坡地旱地			42	河渠	水体	41
21	林地	森林	21	44	水库坑塘		
23	疏林地			51	城镇用地	城镇	51
22	灌木林	灌木	22	52	农村居民点		

7.2.3　土壤类型资料

研究区域的土壤质地数据为 1∶100 万的 ESRI Shape 格式的分区土壤类型图，土壤数据库根据全国土壤普查办公室 1995 年编制并出版的《1∶100 万中华人民共和国土壤图》，采用了传统的"土壤发生分类"系统，根据第三章中所述的方法，将土壤发生分类转换成对土壤质地分类，分类前后的栅格图分别见图 7-4(a)和(b)。根据资料库中土壤深度数据制成土壤深度栅格图，见图 7-5。

表 7-3 给出了土壤水分运移参数的概化数据（Hydrology National Engineering Handbook，2007；王加虎，2006），表 7-4 为土壤质地分类中砂粒、粉砂粒及黏粒的百分含量和泥沙的中值粒径。

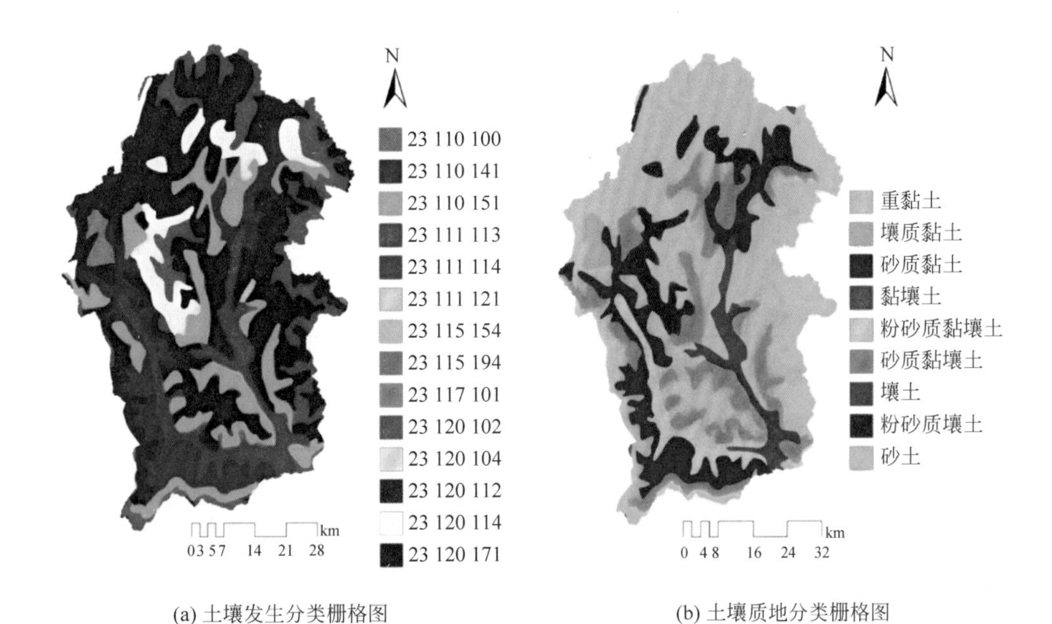

(a) 土壤发生分类栅格图　　(b) 土壤质地分类栅格图

图 7-4　土壤深度栅格图及土壤质地分类栅格图

Fig. 7-4　Classification of (a) pedogenesis and (b) soil texture

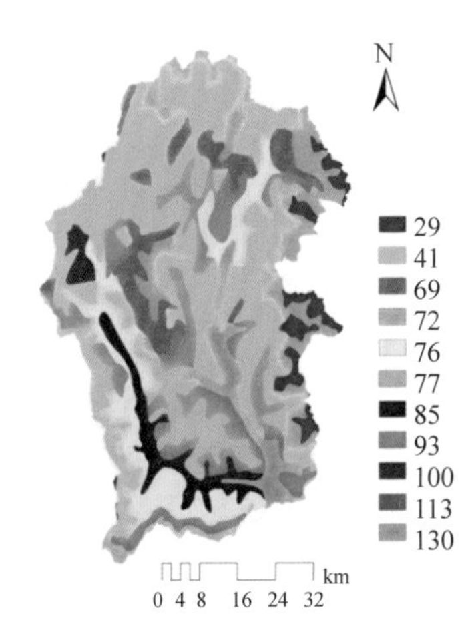

图 7-5　土壤深度栅格图

Fig. 7-5　Soil deep

表 7-3　土壤水分运移参数概化表

Table 7-3　Generalization table of soil moisture migration parameters

土壤质地分类	P_1 /cm	P_2 /cm	P_3 /cm	P_4 /cm	K_s /(cm/min)	a /1/cm	深度 /cm	面积 /km²	面积百分比/%
重黏土	0.28	70.03	0.66	0.27	1.0×10^{-5}	0.002	180	1 753.81	39.10
壤质黏土	0.31	177.74	0.81	0.11	1.5×10^{-3}	0.012	130	51.03	1.14
砂质黏土	0.31	179.48	0.82	0.10	2.4×10^{-3}	0.013	150	539.32	12.02
黏壤土	0.32	181.22	0.83	0.10	3.3×10^{-3}	0.015	220	1.45	0.03

续表

土壤质地分类	P_1 /cm	P_2 /cm	P_3 /cm	P_4 /cm	K_s /(cm/min)	a /1/cm	深度 /cm	面积 /km^2	面积百分比/%
粉砂质黏壤土	0.32	182.96	0.84	0.10	4.2×10^{-3}	0.017	140	188.01	4.19
砂质黏壤土	0.32	184.70	0.85	0.09	5.1×10^{-3}	0.018	110	660.09	14.71
壤土	0.32	186.44	0.86	0.09	6.0×10^{-3}	0.020	110	214.38	4.78
粉砂质壤土	0.30	217.06	0.89	0.09	3.3×10^{-2}	0.025	140	319.15	7.11
砂土	0.35	1617.93	1.68	0.04	6.0×10^{-1}	0.050	150	758.76	16.91

表 7-4 土壤的粒径成分及中值粒径

Table 7-4 Soil particle size composition and median particle size

土壤代码	砂/%	粉砂/%	黏粒/%	D_{50}/mm	面积/km^2	面积百分比/%
23110100	33.37	17.70	48.93	0.128	3.65	0.08
23110141	1.58	49.46	48.96	0.028	539.24	12.02
23110151	14.37	15.64	69.99	0.083	660.11	14.72
23111113	2.89	74.12	22.99	0.04	211.45	4.71
23111114	7.49	50.90	41.61	0.051	187.12	4.17
23111121	51.17	20.15	28.67	0.138	7.84	0.17
23115154	15.69	39.29	45.01	0.083	0.85	0.02
23115194	18.88	63.96	17.16	0.102	1.42	0.03
23117101	6.04	20.38	73.58	0.032	51.01	1.14
23120102	52.12	13.15	34.73	0.095	601.38	13.41
23120104	31.35	23.49	45.16	0.062	2.85	0.06
23120112	2.52	35.30	62.18	0.018	1 749.74	39.00
23120114	14.24	62.85	22.91	0.073	319.20	7.12
23120171	76.20	11.18	12.63	0.148	150.14	3.35

对于全流域的土壤侵蚀，选取同一中值粒径，根据面积加权平均的方法，得到全流域的同一中值粒径为 0.05 mm。

7.2.4 NDVI 和植被覆盖率资料

图 7-6 给出了镇江关流域 1996 年的 NDVI 值，并根据该流域年内 NDVI 的变化规律，将此 NDVI 数据延拓到其他月份。同样，将此遥感图像应用于其余年份，其前提假定为该流域短期内(3～10 年)植被变化不明显。

植被覆盖率资料由式 3-1 得出。

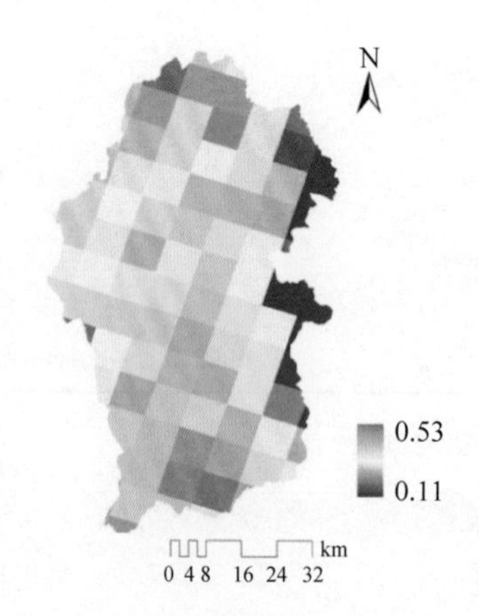

图 7-6 镇江关流域 1996 年 NDVI 值

Fig. 7-6 NDVI value of Zhenjiangguan watershed in 1996

7.3　气象及下垫面资料的空间展布

7.3.1　气象资料的空间展布

根据第2章所述降雨和温度的空间插值方法，图7-7(a)和(b)给出BPCC模型中降雨强度和气温的空间插值结果。

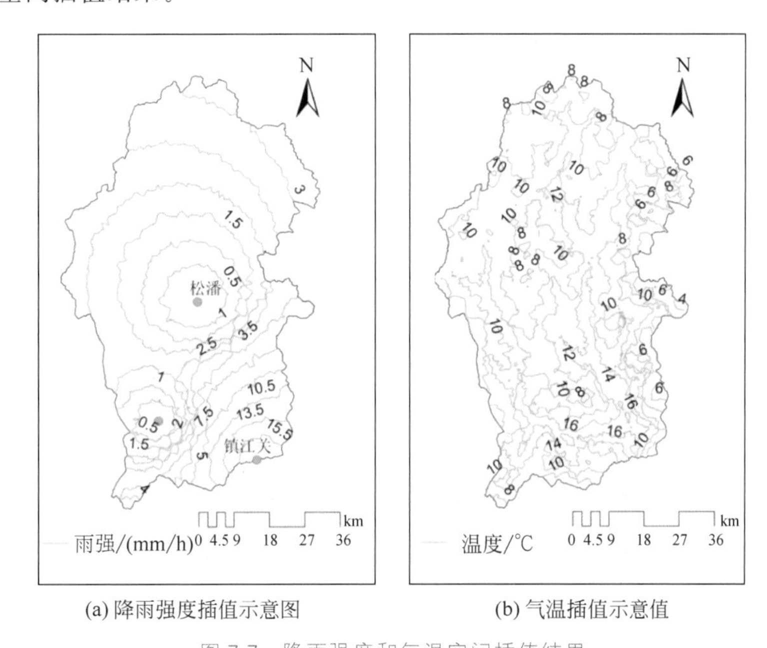

(a) 降雨强度插值示意图　(b) 气温插值示意值

图7-7　降雨强度和气温空间插值结果

Fig. 7-7　Spatial interpolation diagram of precipitation intensity and temperature

7.3.2　下垫面数据的空间展布

将土地利用、土壤类型、植被覆盖率、NDVI数据在空间展布，并统计落在折算圆面积内栅格数量最多的数值，以面积加权平均值作为该子流域的属性值。在时间尺度上，以正弦曲线函数反映植被覆盖率和NDVI两个参数在年内的变化，并展布到各个月份。

7.4　分布式水沙模型在镇江关流域的应用

7.4.1　率定和验证的技术路线

对于模型的率定，如3.4.1节所述，在人工试错法的基础上，采用基于牛顿迭代法的参数自动优化技术对模型参数进行率定和优选。模型验证通过对比水文过程线、Nash-Sutcliffe效率系数(E_{NS})和相关性系数(r^2)实现。因为模拟径流为日过程且时段短，样本数目较少，因此当地表径流的E_{NS}≥0.7，r^2≥0.8时，则认为率定后的参数符合要求。

7.4.2 径流参数的率定和模型验证

分别选取 1993-6-18—1993-7-11、2004-8-30—2004-9-16 和 2006-4-27—2006-5-30 等三个场次暴雨进行模型的率定，通过上文所述参数的率定过程使模型模拟值与实测值相吻合，得到用分布式水沙模型 BPCC 和半分布式模型 HEC-HMS 模拟的径流过程，示意图如图 7-8，图中雨强为流域的平均雨强。

将三个率定期的参数值取平均，应用于 1998-8-8—1998-9-11 和 2006-9-18—2006-9-15 两场降雨过程，对模型进行验证，验证结果见图 7-9。

表 7-5 给出了分布式水沙模型 BPCC 和半分布式模型 HEC-HMS 对镇江关流域径流过程率定和验证的参数结果。

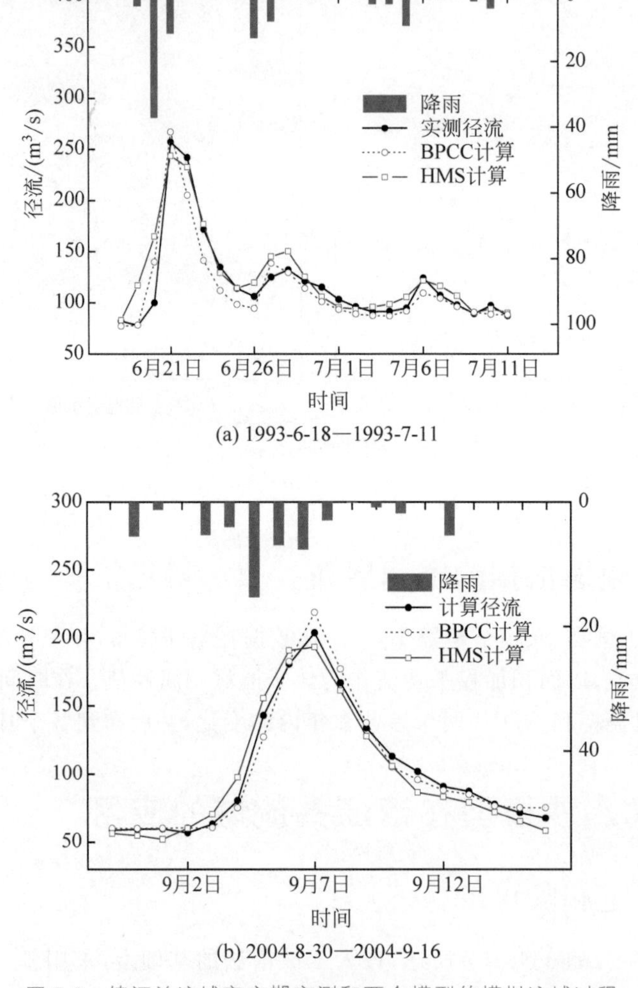

(a) 1993-6-18—1993-7-11

(b) 2004-8-30—2004-9-16

图 7-8 镇江关流域率定期实测和两个模型的模拟流域过程

Fig. 7-8 Periodic Measurement of Runoff Rate in Zhenjiangguan Basin and Simulation of Two Models

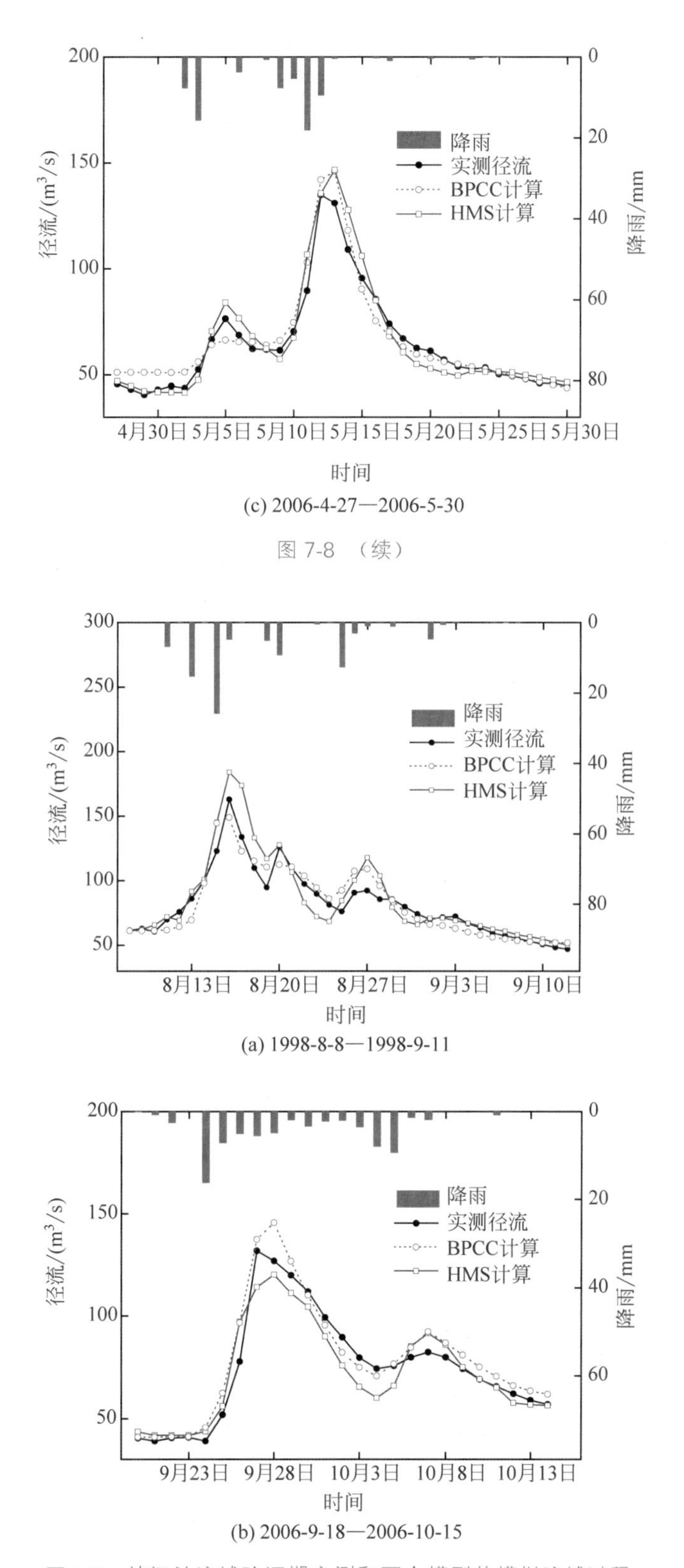

(c) 2006-4-27—2006-5-30

图 7-8 （续）

(a) 1998-8-8—1998-9-11

(b) 2006-9-18—2006-10-15

图 7-9 镇江关流域验证期实测和两个模型的模拟流域过程

Fig. 7-9 Field Measurement and Simulation of Two Models in Zhenjiangguan Basin during Validation Period

表 7-5 模型评价参数表

Table 7-5 Model evaluation parameter table

模拟期	时间段	BPCC 模型评价参数		HEC-HMS 模型评价参数	
		E_{NS}	r^2	E_{NS}	r^2
率定期	1993-6-18—1993-7-11	0.87	0.89	0.84	0.86
	2004-8-30—2004-9-16	0.97	0.98	0.96	0.96
	2006-4-27—2006-5-30	0.93	0.94	0.92	0.96
验证期	1998-8-8—1998-9-11	0.87	0.88	0.76	0.89
	2006-9-18—2006-9-15	0.92	0.95	0.89	0.91

由图 7-8、图 7-9 及表 7-5 可以看出，两个模型均达到模拟精度要求，取得了较好的模拟效果。图 7-8(b)为单场次洪水，此次过程中，BPCC 计算出的峰值更为接近实测值，涨水和退水过程亦更为接近实测值。图 7-8(a)为连续三次洪水过程，在三次洪水过程的峰值及涨退水模拟中，BPCC 有更好的表现，而 HEC-HM 模拟的径流过程则不稳定，图 7-9(a)和(b)也可得出这样的结论。

但是在图 7-8(c)的洪水过程中，BPCC 虽然对主洪水峰值、涨水、退水过程进行了更为准确地模拟，但却并未准确描述第一场小洪水，出现过于平缓的现象。分析其原因，主要在于未考虑前期土壤含水状况的影响，模型假定降雨初期具有统一的土壤含水量，当前期降水较少时，降水主要被土壤吸收并重新分布，形成基流，而并未直接以地表径流形式产出。HEC-HMS 模型则通过 CN 值的调整而考虑了前期土壤含水的影响，因此具有较好的表现。

7.4.3 模型参数的确定

(1) 分布式水沙模型 BPCC 的参数

分布式水沙模型 BPCC 经镇江关流域日径流过程的率定及验证后，最终模型各主要参数取值(范围)见表 7-6。

表 7-6 BPCC 模型主要参数率定结果

Table 7-6 Calibration results of main parameters of BPCC model

参数	描　述	取值(范围)	单位
K_s	饱和导水率	0.001～0.1	cm/min
H	表层土壤深度	29～130	cm
ε	混合区的深度	2.5	cm
n_{slope}	坡面糙率	0.05～0.45	—
a	基于负压势的导水率公式中的参数	0.01～0.03	1/cm
n_{stream}	沟道糙率	0.021～0.043	—
η	扩散波汇流系数	0.85	—

(2) 半分布式模型 HEC-HMS 的参数

HEC-HMS 模型中的主要参数见表 7-7。本书中，HEC-HMS 模型在镇江关流域共划分了 10 个子流域、9 条河道，表中列出了 10 个子流域、9 条河道的统计平均值。各个子流域的 CN 值和不透水面积值见表 7-8。

表 7-7 HEC-HMS 模型中率定参数

Table 7-7 Calibration parameters in the HEC-HMS model

子流域模块	参数物理意义	参　　数	数　　值
截留系数	SCS 法曲线数	CN	77.5
	初始损失	Initial	2.89 mm
	不透水面积	im	20.3%
传输系数	洪水滞时系数	tp	234.3 min
基流	洪峰系数	cp	0.9
	地下水初始流量	if	25～50 m^3/s
	地下水消退系数	Recession ratio	0.55
	消退阈值(与洪峰比例)	Threshold	0.15
河道汇流	马司京根系数	时段 K	17.3
		x	0.1

表 7-8 各子流域的特征参数

Table 7-8 Characteristic parameters of each sub-basin

子流域	CN	Imp/%	子流域	CN	Imp/%
W1	74.5	3.3	W6	81.5	3.5
W2	78.7	1.5	W7	72.0	2.4
W3	76.4	9.5	W8	78.5	2.6
W4	80.8	2.3	W9	79.3	3.9
W5	77.8	2.1	W10	75.6	1.6

(3) 模型优化的目标函数

以 2004-8-30—2004-9-16 场次洪水为例，图 7-10 给出了模型优化过程中目标函数 Z 的过程线。

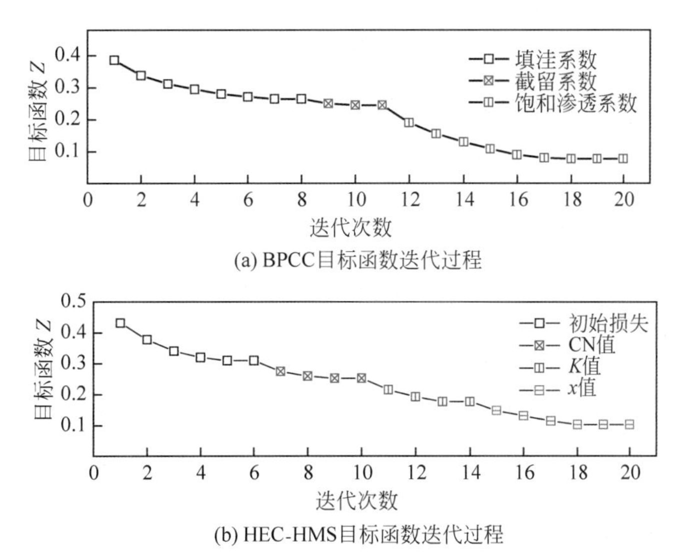

(a) BPCC目标函数迭代过程

(b) HEC-HMS目标函数迭代过程

图 7-10 参数自动优化过程中目标函数的迭代过程

Fig. 7-10 Iterative process of objective function in parameter automatic optimization

7.4.4 两个模型模拟结果评价

由图7-8和图7-9可以看出，分布式水沙模型BPCC和半分布式水文模型HEC-HMS的模拟结果与实测径流过程均能较好地吻合。由表7-5得出，两个模型的效率系数E_{NS}均在0.7以上，相关性系数r^2均在0.8以上，达到了模型模拟的要求，甚至达到0.98，精度较高。对于两个模型模拟的效果，下面做进一步研究。

(1) 径流特征值对比分析

流域主要径流特征值的模拟值与实测值对比见表7-9。

表7-9 两个模型模拟结果对比表

Table 7-9 Comparison table of simulation results of two models

模型	洪水场次	总雨量/mm	总蒸发量/mm	计算洪峰/(m^3/s)	实测洪峰/(m^3/s)	相对误差/%	计算径流深/mm	实测径流深/mm	相对误差/%
BPCC模型	1	95.1	18.7	266.5	257.0	3.7	52.7	55.0	−4.3
	2	91.9	11.4	149.0	163.0	−8.6	56.7	56.7	0.0
	3	56.7	8.6	208.3	204.0	2.1	35.4	35.0	1.0
	4	71.3	12.3	146.0	135.0	8.1	42.7	42.2	1.0
	5	76.4	11.5	145.7	132.0	10.4	37.9	36.0	5.5
HMS模型	1	95.1	19.6	243.5	257.0	−5.3	58.0	55.0	5.4
	2	91.9	11.3	184.1	163.0	12.9	59.5	56.7	5.0
	3	56.7	9.8	193.3	204.0	−5.2	34.1	35.0	−2.7
	4	71.3	14.5	146.7	135.0	8.7	43.1	42.2	2.0
	5	76.4	13.2	120.3	132.0	−8.9	35.0	36.0	−2.8

* 注：洪峰标号以率定和验证的洪水次序为准，1、2、3、4、5分别代表了1993-6-18—1993-7-11、2004-8-30—2004-9-16、2006-4-27—2006-5-30、1998-8-8—1998-9-11和2006-9-15—2006-9-18的洪水。

由表7-9可以看出，对于洪峰值的计算，两个模型基本上能将相对误差控制在10%以内，仅BPCC模型在第1次洪水模拟中的误差达到10.4%，HEC-HMS在第2次洪峰模拟中的误差达到12.9%，在洪水峰值计算中，两个模型模拟精度相近。对于径流深，BPCC模型的模拟精度优于HEC-HMS模型，第3次洪水模拟仅有0.7%的误差，第2、3、4次洪水模拟的径流深与实测值几乎无差别，而HMS模型模拟结果的误差在2%～5%。因此，在山区径流模拟过程中，BPCC对于水量平衡的控制亦好于HEC-HMS模型。

(2) 计算误差分析

选取所有场次洪水的137个样本点，从概率统计的角度进行分析。首先统计并计算BPCC模型和HEC-HMS模型模拟值与实际观测值差值的概率密度分布图(见图7-11)，横坐标Δ代表计算值与实测值的差值，纵坐标为概率密度。

由图7-11可以看出，模型计算值与实测值之间的差值基本集中在0附近，但在较大区域仍然有概率分布。为了更加清晰地表征两种模型的优劣，需要计算两差值序列的平均值和标准差。HEC-HMS计算值与观测值差值的平均值是1.8，BPCC为0.2，说明HEC-HMS模型的计算值系统性地偏大。同时，两个模型计算值误差的方差分别是11和9，说明

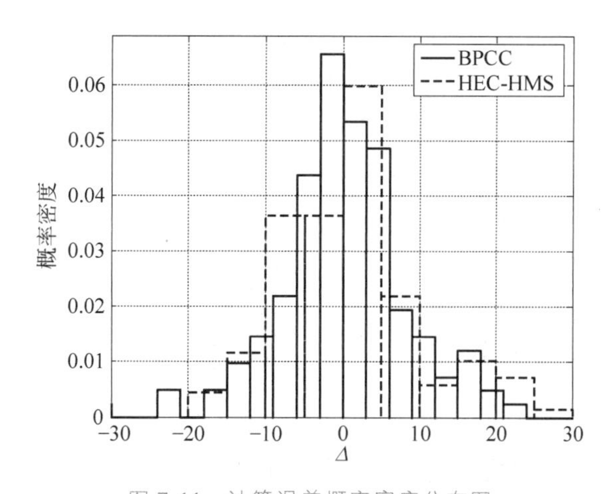

图 7-11　计算误差概率密度分布图

Fig. 7-11　Calculation error probability density distribution map

两个模型计算值的误差均比较离散，但前者比后者的模型性能更不稳定。所以，综合以上分析，BPCC 模型的计算结果要优于 HEC-HMS。

(3) 径流模拟相关系数

在对两个模型模拟结果的特征值进行比较及误差分析的基础上，对其进行相关性分析。见图 7-12。

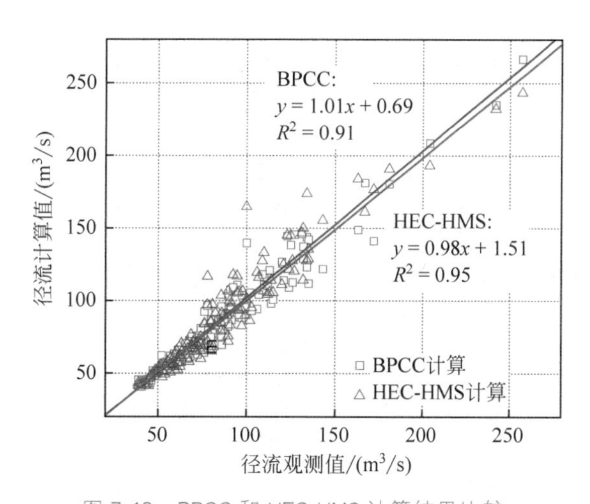

图 7-12　BPCC 和 HEC-HMS 计算结果比较

Fig. 7-12　Comparison of calculation results between BPCC and HEC-HMS

由图 7-12 可以看出，与 HEC-HMS 相比，BPCC 模型模拟结果与观测值的一元回归方程系数和相关系数相差不大，且接近于 1，说明两者与观测值均表现出较好的相关性。

7.5　镇江关流域基于 BPCC 的次降雨径流响应研究

7.5.1　不同时间精度下的次降雨径流过程模拟

同 3.5.1 节所述，时间精度主要是指降雨、温度等序列的时间间隔而非模型的计算步长。由于时间步长的降低需考虑时间序列的降尺度插值问题，为了消除数值插值等其他因素可能带来的误差影响，本书的最短时间步长仅取至 12 h。选取降雨和蒸散发的步长分别为 24 h、18 h 和 12 h，分别计算其径流过程，结果见图 7-13，洪峰流量、径流量及洪峰出现时间的统计值见表 7-10。

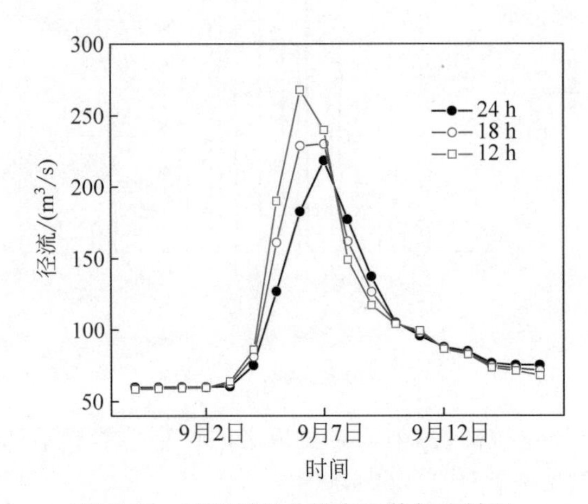

图 7-13 不同时间分辨率下的径流过程

Fig. 7-13 Runoff processes at different temporal resolutions

表 7-10 不同时间分辨率下洪水特征值统计表

Table 7-10 Statistical Table of Flood Eigenvalues at Different Time Resolutions

降雨精度	计算洪峰流量 /(m^3/s)	洪峰相对变化率/%	计算径流量/$10^8 m^3$	计算径流量变化率/%
24 h	218.6	0	1.57	0
18 h	230.2	5.3	1.63	3.8
12 h	268.0	22.6	1.67	6.4

由图 7-13 可以看出，随着时间分辨率的增加即降雨时间间隔的减小，洪水峰值流量增大，径流量亦呈现增加的趋势，洪峰提前。当时间间隔达到 12 h 时，洪峰提前一日到来。

这与在平原区 Clear Creek 流域的径流随降雨精度变化而变化的规律一致，即时间序列间隔越短，来水、退水过程愈迅急，且伴有洪峰提前、流量增大的特点。这与 BPCC 模型坡面饱和-非饱和土壤水分运移模型有关。当时间间隔短时，单位时间内的雨强增大，土壤达到饱和所需时间缩短，水分通过吸收、传递而产生的重分布减弱，径流出流速度加快，洪峰提前，同时蒸发和植被截留作用减小，径流流量增加；反之，洪峰推后，流量减小，径流形态矮胖。

同时，比较表 7-10 和表 7-11 可以发现，当时间间隔发生相同的变化率时，镇江关流域洪峰量、径流量及洪峰出现时间的变化较 Clear Creek 流域更大，说明山区径流过程对时间精度的变化更敏感，即降雨强度等对山区洪水过程的影响更为显著。

7.5.2 不同空间精度下的次降雨径流过程模拟

本章中，镇江关流域的数字地形、土地利用、土壤类型、植被覆盖参数等栅格数据按照空间精度，由高到低分别选取 25 m×25 m、100 m×100 m 和 200 m×200 m 等 3 种尺度计算其径流过程，见图 7-14，洪峰流量和径流量的统计值见表 7-11。

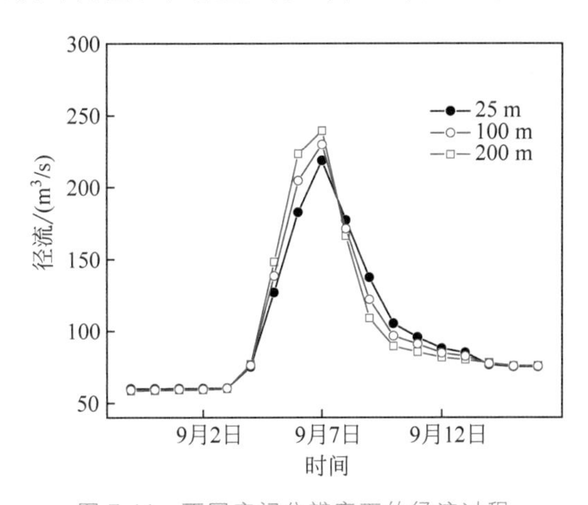

图 7-14　不同空间分辨率下的径流过程

Fig. 7-14　Runoff processes at different spatial resolutions

表 7-11　不同空间分辨率下洪水特征值统计表

Table 7-11　Statistical table of flood eigenvalue under different spatial resolutions

空间分辨率	计算洪峰流量/(m^3/s)	洪峰相对变化率/%	计算径流量/10^8 m^3	径流量相对变化率/%
25 m×25 m	218.6	0	1.57	0
100 m×100 m	229.9	5.2	1.58	0.6
200 m×200 m	239.4	9.5	1.59	1.3

由图 7-14 及表 7-11 可以看出，空间数据的分辨率对径流过程的影响较大，随着空间分辨率的减小即网格尺度的增大，洪峰流量增大，且洪峰有提前的趋势，但径流量增加不明显。同时，空间分辨率减小，模型运行时间缩短。

统计 3 种不同空间分辨率地形的坡面坡度、坡面集水面积、汇流河道及汇流河道坡度平均值的变化，结果见表 7-12。由表中可以看出，随着 DEM 网格尺度的逐渐增大，坡面面积增大，坡度减小，即坡面起伏变小，地形趋向平坦化。同时，汇流河道缩短，河道坡度显著增加。坡面和河道的综合变化使得洪峰流量增大，此结论与平原区 Clear Creek 流域的结果相一致。

表 7-12　不同分辨率下的地形特征值

Table 7-12　Terrain Eigenvalues at Different Resolutions

空间分辨率	源坡面面积	左坡面面积	右坡面面积	源坡面坡度	左坡面坡度	右坡面坡度	河道长度	河道坡度
平均值(面积/m^2、长度/m、坡度)								
25 m×25 m	711 450	1 002 523	1 014 764	0.341	0.411	0.412	1 688	0.111
100 m×100 m	737 123	1 012 714	1 022 089	0.338	0.410	0.411	1 660	0.116
200 m×200 m	780 481	1 052 347	1 062 180	0.330	0.406	0.410	1 682	0.117
平均值相对 25 m×25 m 分辨率的变化率/%								
100 m×100 m	3.6	1.0	0.7	−0.9	−0.2	−0.2	−0.5	4.5
200 m×200 m	9.7	5.0	4.7	−3.2	−1.2	−0.5	−1.5	5.4

7.5.3 不同下垫面条件下的次降雨径流过程模拟

采用3.5.3节中的极端假设方法，分析各土地利用方式对径流的影响，揭示短时期内次降雨-径流过程对下垫面条件变化的响应。假定仅有森林、灌木、草地、农田、城镇或水体中的一种作为该流域的土地利用方式，然后采用分布式水沙模型BPCC对上述6种工况与实际工况分别进行模拟。不同工况下的计算径流过程线见图7-15，洪水特征值见表7-13。

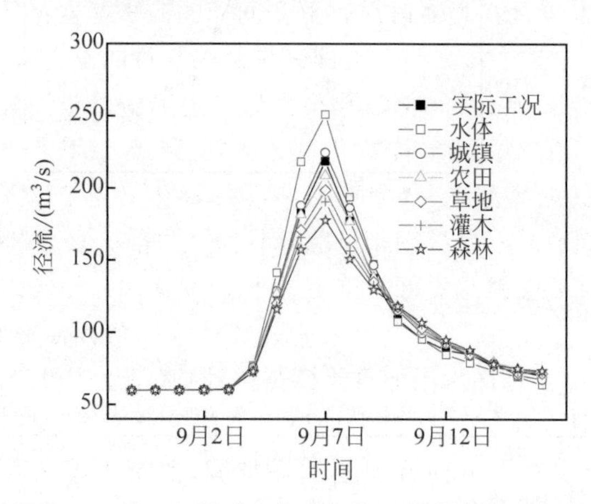

图7-15 单一土地利用方式条件下的流域径流过程
Fig.7-15 Watershed runoff process under single land use pattern

表7-13 单一土地利用方式条件下洪水特征值统计表

Table 7-13 Statistical table of flood eigenvalue under single land use pattern

土地利用方式	计算洪峰流量/(m^3/s)	洪峰相对变化率/%	计算径流量/亿 m^3	计算径流量变化率/%
实际工况	218.6	0.0	1.57	0.0
森林	177.4	−18.8	1.50	−4.5
灌木	190.8	−12.7	1.53	−2.5
草地	198.8	−9.1	1.54	−1.9
农田	208.8	−4.5	1.58	0.6
城镇	224.7	2.8	1.61	2.5
水体	251.0	14.8	1.65	5.1

由图7-15洪水过程线及表中的特征参数可以看出，不同土地利用方式能够在较大程度上影响流域的径流过程。分析计算结果的图表数据可以发现，森林能够有效减小洪峰流量，径流量亦减小4.5%。降雨初期，森林对降雨的有效拦截削减了穿透雨量，减小了洪峰。同时，镇江关地区地形陡峭，土层较薄，土壤对水分的再分配作用不明显，多数水分沿坡面在坡脚汇集至沟道。由于壤中流占总体径流的比例减小，基流没有得到及时补给，在整场降雨过程中，径流量将减小。灌木、草地、农田亦起到削减洪峰、减小径流量的作用，且植被越高大，这种作用越明显，即灌木的削峰减流作用强于草地，而草地强于农田。对于城镇来说，由于人造建筑及城市化的影响，植被和土壤的调水能力消失，洪峰流量增大，且径流量增加2.5%。较城镇而言，水体增加洪水灾害的作用更加明显，洪峰流量增加14.8%，径流量增加了5.1%。

7.6 镇江关流域水沙条件变化趋势

镇江关流域的降水时空分布不均，年际变化大，主要集中在夏季暴雨时期，成为引发自然灾害的主要因素之一。镇江关流域地质生态脆弱，遇极端天气易发生大规模洪水、泥石流等灾害。在全球气候变暖和区域社会经济发展的双重作用下，近年来镇江关流域的来水来沙条件发生显著改变。镇江关水文站的多年月水沙过程线及日过程统计特征值分别见图 7-16、表 7-14 和表 7-15。

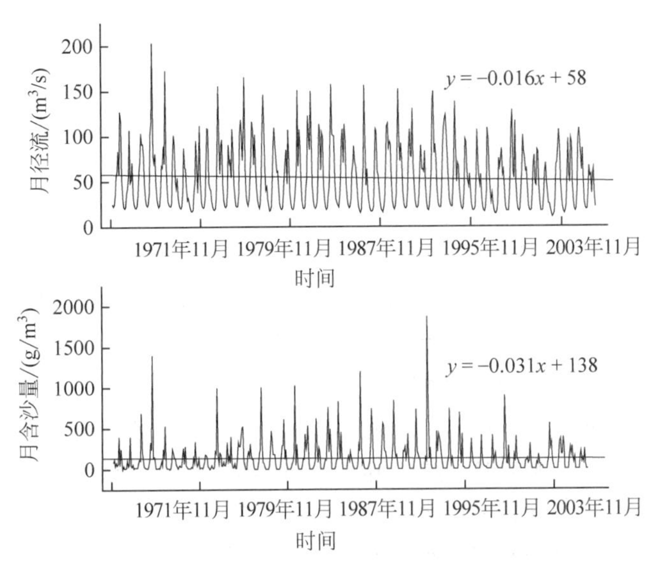

图 7-16 镇江关水文站月径流、含沙量过程线

Fig. 7-16 The monthly runoff and sediment concentration process line of Zhenjiangguan Hydrological Station

表 7-14 镇江关水文站多年流量统计表

Table 7-14 Statistical table of multi-year flow at Zhenjiangguan Hydrological Station

统计项目	被统计量名称	
	流量/(m^3/s)	年总径流量/亿 m^3
多年平均值(1956—2005 年)	55	17.43
最大值(1975 年)	410	22.82
最小值(2002 年)	9.2	10.17

表 7-15 镇江关水文站多年含沙量和输沙量统计表

Table 7-15 Statistical table of sediment concentration and sediment transport in Zhenjiangguan Hydrological Station

统计项目	被统计名称	
	含沙量/(kg/m^3)	年输沙量/万 t
多年平均值(1964—2005 年)	0.30	52.9
最大值(1992 年)	0.81	164
最小值(2002 年)	0.09	8.60

由图 7-16 和表 7-14、表 7-15 可以看出，径流的最大值发生在 1975 年，而最小值发生在 2002 年，流量呈现逐渐减少的趋势，含沙量的最大、最小值均发生在近年，泥沙输移亦有减少趋势。由于掌握流域水沙输移量的变化趋势对于流域管理和水资源规划具有十分重要的意义，因此本书将以小波理论对流域内 20 世纪 50 年代以来的径流和泥沙输移量变化规律进行分析。

7.6.1 观测数据处理

径流和泥沙资料来自流域水文站镇江关站，具有 1956 年以来的长系列观测资料。

为了消除由于季节性波动短期偏差引起的误差，首先将数据进行标准化处理。由于流域内旱季径流量(输沙量)小，与大流量(输沙量)相比，相同的数据差值造成的相对误差较大，因此为确保分析数据的有效性，可选取汛期即 5～10 月的月平均水沙输移量来代表该年水沙过程在整个时间序列中的分布情况，计算时域为 1964—2006 年。对水沙序列进行标准差标准化处理，公式为

$$R'_{ij}=\frac{R_{ij}-R_j}{\sigma_j} \tag{7-1}$$

式中，R'_{ij} 为第 i 年第 j 月的流量(输沙量)标准值，$R'_{ij}>0$ 说明月流量(输沙量)高于月平均值，反之则低于月平均值；R_{ij} 为实测第 i 年第 j 月的月平均径流量(输沙量，m^3/s)；R_j、σ_j 分别为各年第 j 月的月平均径流量(输沙量)和均方根。经标准化处理后的时间序列均值为 0，方差为 1，且与指标的量纲无关，能够消除径流序列中由于季节变化及短期误差造成的干扰。图 7-17 给出了月平均径流与输沙量系列的累计标准差，累计标准差的公式为

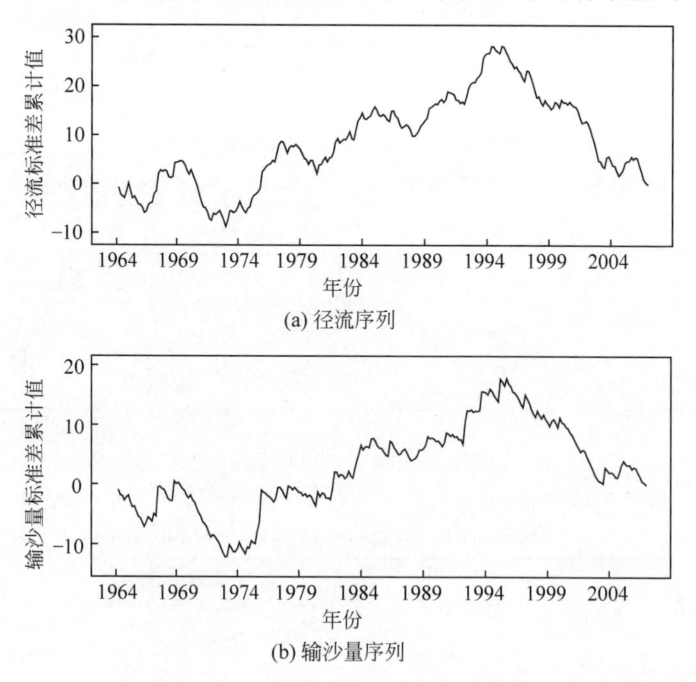

图 7-17 月时间序列标准差累计值

Fig. 7-17 Cumulative standard deviation of monthly time series

$$a_{ij}=\sum_{i=1}^{n}\sum_{j=1}^{m}R'_{ij} \tag{7-2}$$

式中，n 为时间序列的总年数，m 为每年的总月数。

累计标准差斜率的正负能够反映该序列的变化特性，斜率为正代表该月径流/输沙量大于长期平均值，反之则相反。观察图 7-16(a)和(b)，1964—1973 年、1995—2006 年的斜率为负，水沙输移量偏少，1974—1994 年的斜率为正，水沙输移量偏多；径流和含沙量的总体趋势一致，呈现出波动上升和波动下降的特点。下面将用小波理论对其演变趋势进行详细分析。

7.6.2　趋势检验方法

小波分析是 20 世纪 80 年代发展起来的一种对信号时频(王文圣，2002)局部化的分析方法，最早由 Kumar(1993)引入到水文领域，经过十几年的不断论证与发展，形成了系统的小波分析理论，并广泛应用于降水、径流、降水—径流关系、大尺度环流指数 SOI 的趋势性研究、植被影响及悬移质输移过程研究(XU Jianhua，2008；Yuan TIAN，2007；Zhang WanCheng，2007；DING WenRong，2007)。

1980 年，Morlet 基于 SFT 提出小波理论的概念。小波分析是时间窗和频率窗都可变化的时频局部化分析方法，能够有效分析时域和频域均随时间变化而变化的水文时间序列的长时期变化特性。多分辨率分析(multi-resolution analysis，MRA)是小波变化中的基本分析方法，利用小波变换来获得时间序列在不同水平(或者层次)上的低频成分和高频成分，通过对低频部分重构得到时间序列的趋势项，对高频部分重构得到时间序列的随机项，除去趋势项和随机项的影响后得到时间序列的周期项。本书采用与径流和输沙量形态相似的 Db3 小波作为母函数进行多尺度变换。

多分辨率分析从原始信号开始，分解为不同空间尺度下的低频和高频成分，每个成分能够在各自的空间用不同的算法单独处理。用 A_s 表示低频函数，W_s 表示高频成分，式中 s 表示尺度。设 A_s 是由基 $\{\phi_{k,s}:2^{s/2}\phi(2^s t-k);\ k\in\mathbf{Z}\}$ 所生成的空间，而 W_s 是由 $\{\varphi_{k,s}:2^{s/2}\varphi(2^s t-k);\ k\in\mathbf{Z}\}$ 所生成的空间。换句话说，任何函数 $x_s(t)\in A_s$ 和 $y_s(t)\in W_s$ 都能够分别表示为 $\phi_{k,s}(t)$ 和 $\varphi_{k,s}(t)$ 的线性组合。设：

$$x_{s+1}(t)\in A_{s+1}\Rightarrow x_{s+1}(t)=\sum_{k}a_{k,s+1}\phi_{k,s+1}(t) \tag{7-3}$$

由于多分辨率分析要求满足 $A_{s+1}=A_s+W_s$，从而有 $x_{s+1}(t)=x_s(t)+y_s(t)$，即：

$$\sum_{k}a_{k,s+1}\phi_{k,s+1}(t)=\sum_{k}a_{k,s}\phi_{k,s}(t)+\sum_{k}a_{k,s}\varphi_{k,s}(t) \tag{7-4}$$

将分解关系

$$\phi(2^{s+1}t-l)=\sum_{k}\{h_0[2k-l]\phi(2^s t-k)+h_1[2k-l]\varphi(2^s t-k)\} \tag{7-5}$$

代入式(7-4)，得到在分辨率 s 下所有基的方程为

$$a_{k,s}=\sum_{l}h_0[2k-l]a_{l,s+1},\quad w_{k,s}=\sum_{l}h_1[2k-l]a_{l,s+1} \tag{7-6}$$

方程右端相当于卷积以后进行 2 阶抽取。这些公式建立了任何尺度下尺度函数和小波函数系数与相邻高阶尺度系数之间的关系。重复该算法，可得到不同尺度下的信号成分。

此过程可形象地视为滤波器分解过程。同理，可以设计双通道滤波器，即二维小波尺度变换，产生两组参数，分别通过高通滤波器或低通滤波器得到序列的细节系数和近似系数。两组信号均在滤波器作用下以尺度 2 做降采样，将得到的近似系数继续进行变换，直至低频信号部分不能继续分解。此算法如图 7-18 所示，最多可将序列分解成 $\log_2 n$ 个频率级。

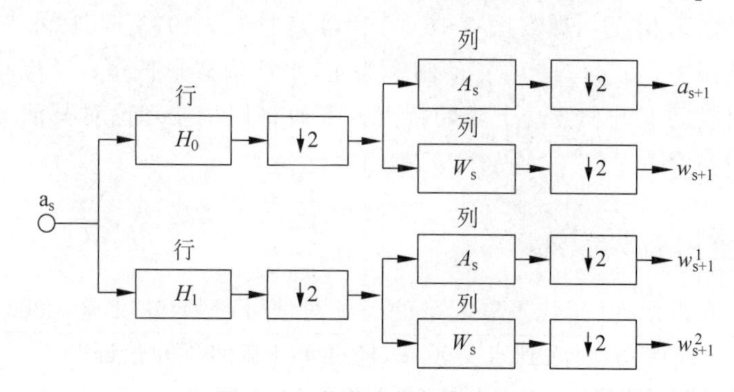

图 7-18 小波正交变换示意图
Fig. 7-18 Wavelet Transform Diagram

存在唯一的逆离散小波变换，使得原始函数能够根据不同尺度的分量完全恢复，即小波分解的重构算法，该算法是小波分解的逆算法。

7.6.3 水沙条件变化的趋势性研究

镇江关控制站的月径流/输沙量样本共有 258 个，最多可以分解至第 8 层。用 Db3 小波函数进行分辨率为 7 的快速小波分解，7 a 尺度下径流和输沙量的低频分支比较见图 7-19。

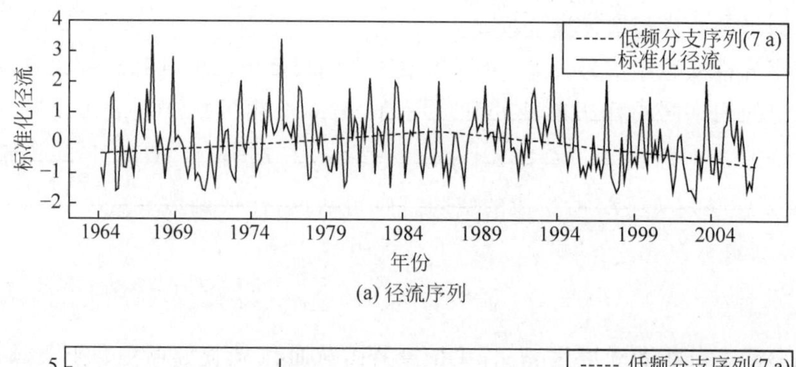

(a) 径流序列

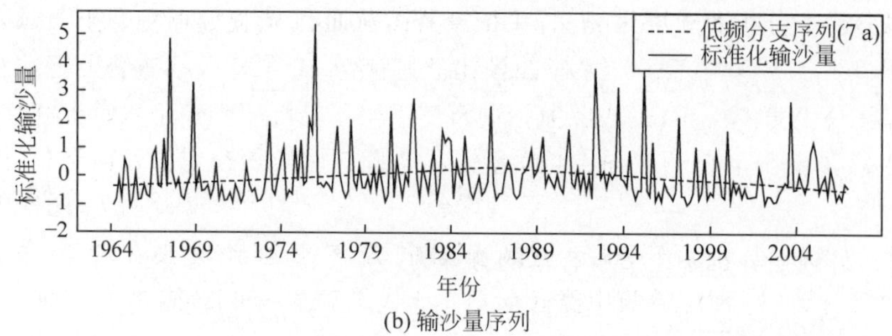

(b) 输沙量序列

图 7-19 月平均时间序列与低频分支序列
Fig. 7-19 Monthly mean time series and low frequency branch series

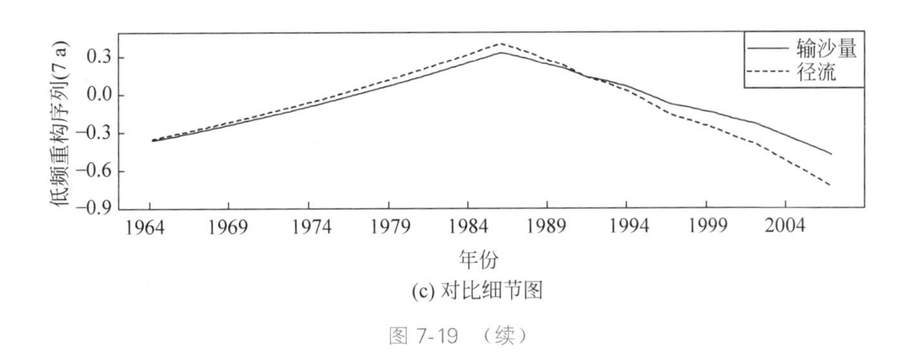

(c) 对比细节图

图 7-19 (续)

从图 7-19 可以看出，在 7 a 尺度下，镇江关月径流和含沙量在 1986 年出现明显的拐点。拐点之前的水沙呈上升趋势，之后则呈下降趋势，且径流的下降趋势更为明显，这种趋势为流域规划及重点关注问题提供了一定的指导路线。1986 年以前，流域内水土流失是主要问题，主要是前期人类对大自然的过度开发引起的。20 世纪 80 年代后期至今，国家先后启动了长江上游水土保持重点防治区治理工程(1989 年)、天然林保护工程(1998 年)、退耕还林林业重点生态工程(1999 年)以及四川省退耕还林规划，均有效地减少了坡耕地的水土流失，流域内的水土保持措施取得一定成效，使得这种矛盾有所缓和，因此应进一步加强该方面工作。但与此同时，该时期内的径流总量出现急剧减少的趋势，社会的日益发展与日益减少的水量供给将成为主要矛盾，尤其是近年来水量减小趋势更为明显，对下游都江堰灌区的水资源供给及配置提出了更严峻的挑战。

7.7 基于 BPCC 的镇江关流域气候波动和覆被变化对径流的影响

气候波动和覆被变化是引起流域径流和泥沙输移在较长时期内趋势性变化的最主要因素。土地利用/覆被变化(LUCC)影响流域内降雨的截留、下渗、蒸发等水文要素及其产汇流过程，从而对流域的水文过程产生直接的影响。在一定的条件下，土地利用/覆被变化对流域水量与水质造成的影响非常巨大，可能引发或加剧洪涝、干旱、河流与地下水位异常变化以及水质恶化(Rogers，1994)，加大洪涝灾害、水源地污染等事件发生的频率和强度。

对土地覆被变化在流域范围内引发的水文效应，目前的研究方法主要有传统的水文分析方法(实验流域法、时间序列分析法(韩淑敏，2007))、水文模型方法及模型试验与数值模拟相结合的方法。随着计算机技术的进步，研究流域水文过程及土地利用变化产生的水文效应的数值模型有了长足进步。集总式模型，如 HBV、CSC、CHARM、新安江、陕北模型等，模型参数的物理意义不强，且将整个流域视为一个单元而没有考虑参数的变化特性和流域的空间差异，适用于土地利用/覆被变化单一的小尺度流域。分布式水文模型能够更准确地描述水文循环的时空变化过程，能够有效地利用地理信息系统技术、遥感技术和测雨雷达技术提供的大量空间信息，及时地模拟人类活动或下垫面因素的变化对流域水文循环过程的影响(Refsgaard，1996)。陈军锋(2004)用 CHARM 模型和 SWAT 模型模拟了大渡河上游梭磨河流域气候波动和覆被变化对水文的影响，得出气候波动造成的径流变化占 3/5～4/5、由覆被变化引起的径流变化占 1/5 的结论。陈利群(2007)将 SWAT 和 VIC 模型应用于黄河源区，得出气候变化对黄河源区的径流影响在 95%以上的结论。

由于在建立分布式水文模型时对各种参数的影响机理尚难以完整描述，模型参数有很大的不确定性，致使模型的计算结果存在不确定性。其次，相对于影响径流的另一主要因素降雨而言，覆被变化对径流到底起到多大作用迄今并没有较为明确的结论。本书将通过参数敏感性分析消除模型中各参数的不确定性对计算结果的影响，并在此基础上对比分析了覆被变化与气候波动的作用效果。

7.7.1 模型率定与验证

第4章已对镇江关流域暴雨洪水过程进行了模拟，分析了洪峰径流对具有明确物理意义的时间、空间分辨率和下垫面条件等因素的响应，为流域的洪水预报提供科学依据。下面将选取典型代表年的日降雨—径流过程，进一步应用分布式水沙模型BPCC揭示和了解镇江关流域径流在不同年份的变化规律，分析径流和其他水文要素与气候、覆被等影响因子之间的相互关系。参数选取范围可参见表7-6。其中，降雨为日观测数据，可采用降尺度模型得到小时降雨过程，作为模型的降雨输入。

表7-16 日径流过程评价参数表

Table 7-16 Daily runoff process evaluation parameter table

模拟期	时间	E_{NS}	r^2
率定期	1993年	0.79	0.84
	1996年	0.81	0.84
	1998年	0.80	0.86
验证期	2000年	0.76	0.79
	2001年	0.72	0.80

将1993年、1996年、1998年作为率定期，2000年和2001年作为验证期，时间步长1 800 s，在人工试错法的基础对模型参数进行自动优化处理。采用Nash-Sutcliffe效率系数(E_{NS})、相关系数(R^2)判断模型率定和验证结果的精度。如果日地表径流的$E_{NS} \geqslant 0.5$，$R^2 \geqslant 0.6$，则认为率定后的参数符合要求。

率定期和验证期的日径流过程见图7-20和图7-21，图中雨强为流域的平均雨强，模型精度评价结果见表7-16。

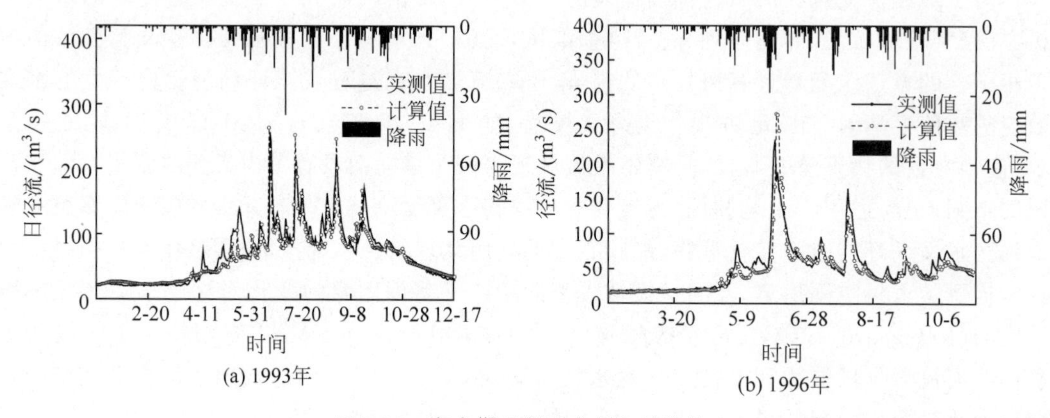

图7-20 率定期日径流实测和计算值

Fig.7-20 Measured and calculated daily runoff rate

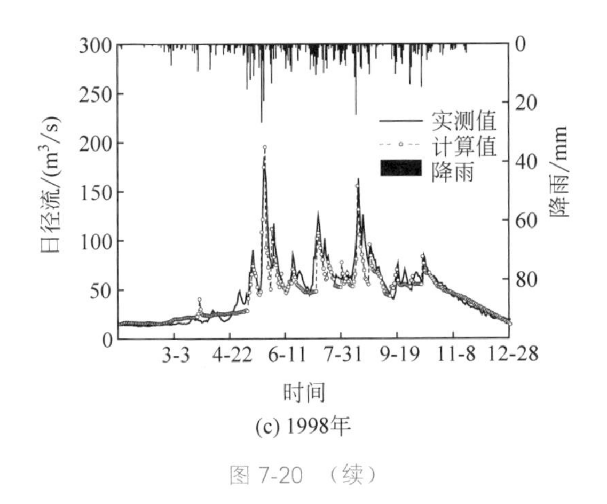

图 7-20 （续）

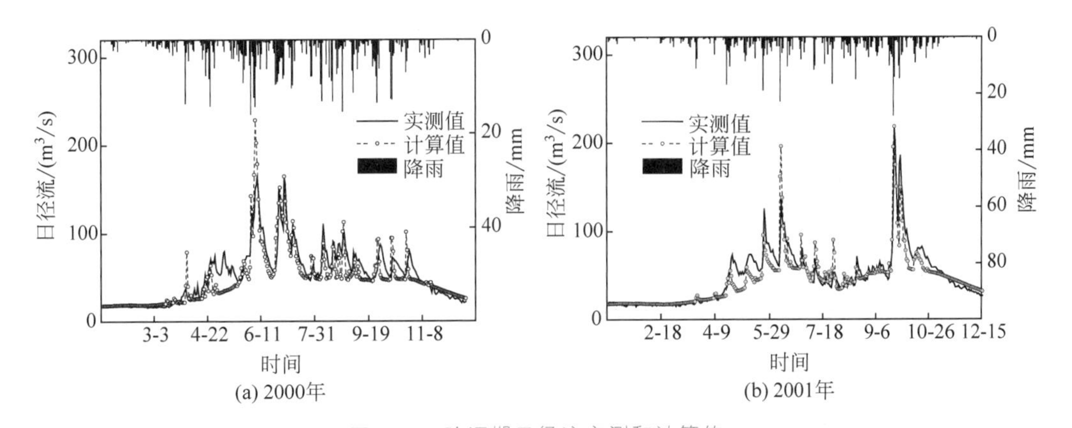

图 7-21 验证期日径流实测和计算值

Fig. 7-21 Measured and calculated daily runoff during validation period

从率定和验证的结果来看，模拟镇江关流域出口日流量过程的相关系数和效率系数均符合要求，模拟精度较高且变幅不大，说明模型的参数稳定。模拟结果合理有效也说明降雨在时间上的降尺度计算合理有效。

7.7.2 模型敏感参数分析

为消除各种参数变化对模型计算带来的误差，在实际论证覆被和气候变化对流域水文的影响时，需首先通过对模型参数的敏感性分析找出最敏感参数并加以优化，在固定优化参数的基础上进行下一步计算。BPCC 模型中与覆被相关的主要参数包括地表最大填洼量、冠层截留指数及土壤饱和渗透率。选取 1996 年序列进行参数的敏感性分析，采用扰动分析法（王中根，2007），即以最优参数为基准分别变化±15%、±30%，以考察模型输出年径流量 Q（主要考虑水量平衡）、Q_{max}（最大径流）、Nash-Sutcliffe 效率系数（E_{NS}）、相关系数（r^2）的变化情况。最优参数组合情况下计算的径流过程和实测值对比见图 7-21 所示，各参数变化后的径流过程分别见图 7-22(a)～(c)及表 7-17，表 7-19（为显示变化规律，图中仅列出参数变化±30%的结果）。

考虑流域土地利用/覆被变化对填洼的影响。当雨强超过土壤下渗能力时，净雨开始填

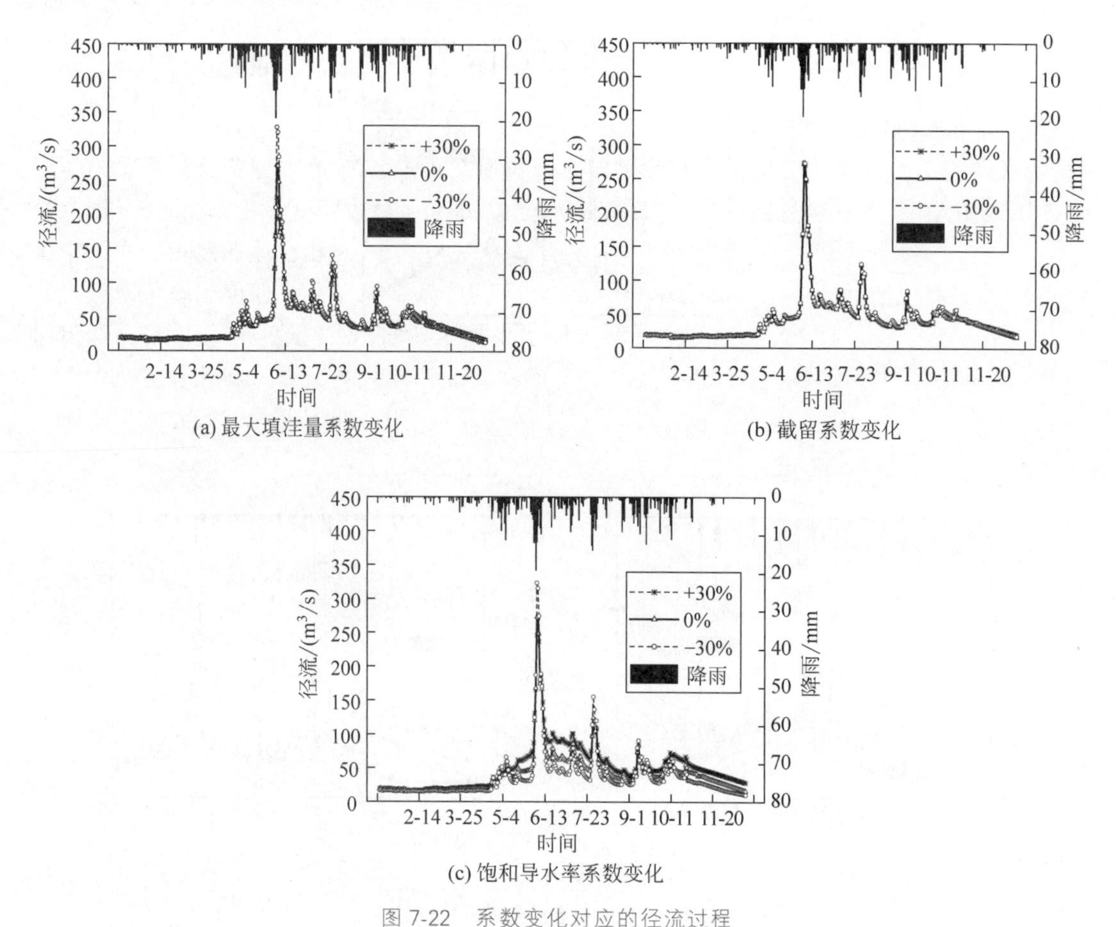

(a) 最大填洼量系数变化

(b) 截留系数变化

(c) 饱和导水率系数变化

图 7-22 系数变化对应的径流过程

Fig. 7-22 Runoff process corresponding to coefficient variation

注地表洼地，拦蓄的水量即为填洼量。流域地形、土地利用及覆被变化影响洼地的容积、数量、面积，从而影响填洼量(万荣荣，2004)。从图 7-22(a)和表 7-17 中可以看出，填洼系数主要影响的是峰值，填洼量愈小峰值愈大，即最大径流量愈大，但对径流总量的改变不显著。

表 7-17 填洼系数改变后的径流变化情况

Table 7-17 Change of runoff after changing filling coefficient

扰动	Q 变化/%	Q_{max} 变化/%	E_{NS} 值	r^2 值
+30%	−3.6	−17.7	0.80	0.83
+15%	−2.0	−9.3	0.80	0.84
0	0	0	0.81	0.84
−15%	2.6	10.4	0.78	0.84
−30%	5.0	20.2	0.74	0.85

降水经过林冠后，林冠拦截部分雨量，削减降雨动能，改变降雨分布格局，影响林下土壤水分配及营养物质的循环。同时，有学者研究认为，植被的截留作用只有在对地表径流速度产生影响的小暴雨过程中才表现出来(Calder，1993)。结合图 7-22(b)和表 7-18 看出，截留系数不属于敏感参数，不过在水量平衡研究中，截留起着不可忽视的作用。有研究发现，树

冠拦截10%～40%的雨量，一般为10%～20%，因地表覆被类型、密度、雨强、蒸发等多种因素而不同(万荣荣，2004)。本书中，植被最大截留量等于叶面积指数(LAI)乘以一个特定的存储值。虽然截留系数不是敏感参数，但是变化值较大时，仍能在一定程度上影响径流总量，因而是模型中重要的影响参数。

表7-18 截留系数改变后的径流变化情况

Table 7-18 Change of runoff after change of interception coefficient

扰动	Q变化/%	Q_{max}变化/%	E_{NS}值	r^2值
+30%	−0.9	−0.5	0.80	0.83
+15%	−0.3	−0.3	0.81	0.83
0	0	0	0.81	0.84
−15%	0.3	0.3	0.80	0.84
−30%	1.1	1.1	0.80	0.83

由图7-22(c)和表7-19很容易看出，饱和渗透率是影响计算精度最敏感的参数。饱和渗透率愈大，相应产生的壤中流和基流也愈大。由水量平衡可知，地表径流的峰值愈小，年径流量愈大。在饱和渗透率变化30%的情况下，总径流改变量可达21.3%，因此该参数是模型中最主要的影响参数。

表7-19 饱和渗透系数改变后的径流变化情况

Table 7-19 Change of runoff after change of saturated permeability coefficient

扰动	Q变化/%	Q_{max}变化/%	E_{NS}值	r^2值
+30%	21.3	−9.5	0.75	0.79
+15%	12.3	−4.5	0.79	0.82
0	0.0	0.0	0.81	0.84
−15%	−6.5	6.5	0.72	0.82
−30%	−12.9	18.3	0.61	0.78

7.7.3 覆被变化与气候波动的流域水文效应

气候与覆被状况(下垫面条件)是影响洪水径流的两个最主要因素，但多数研究只关注其中的一个影响因子。本书模拟了镇江关流域20世纪80年代以来的径流变化过程，同时研究了下垫面条件的变化与气候波动对径流的影响以及各自的贡献，初步揭示了该流域径流变化的基本规律。

BPCC模型中，与气候相关的因素包括降雨和温度，覆被条件包括土地利用方式、土壤属性和NDVI值(由于模型的这三种因素相互作用，所以本书将其综合考虑为覆被条件)。为了避免采用单一年份计算引起的偶然性，本书统计了1980—2003年镇江关流域的降雨、温度和NDVI值与1980年相比较的变化趋势，见图7-23。图7-24给出了1980年、2000年的土地利用方式，由于土壤属性变化不大，不考虑其对径流改变的作用。按照波动趋势所得到的24年后的结果见表7-20，表中将变幅记为F_i。

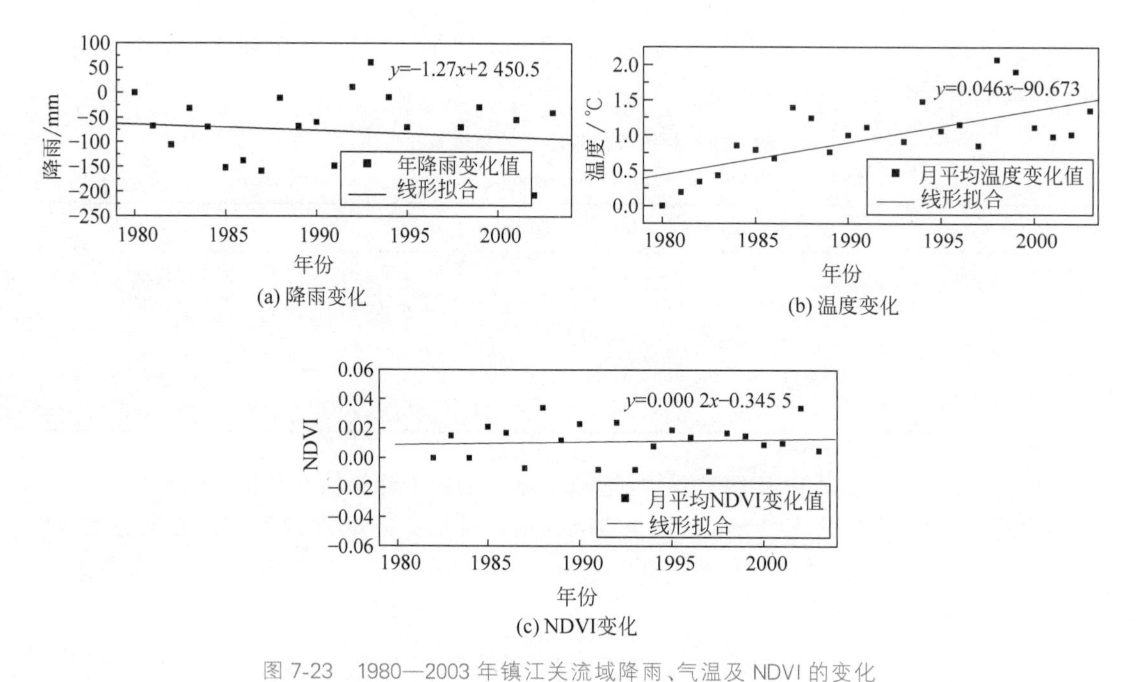

图 7-23 1980—2003 年镇江关流域降雨、气温及 NDVI 的变化

Fig. 7-23 Changes of Rainfall, Temperature and NDVI in Zhenjiangguan Watershed from 1980 to 2003

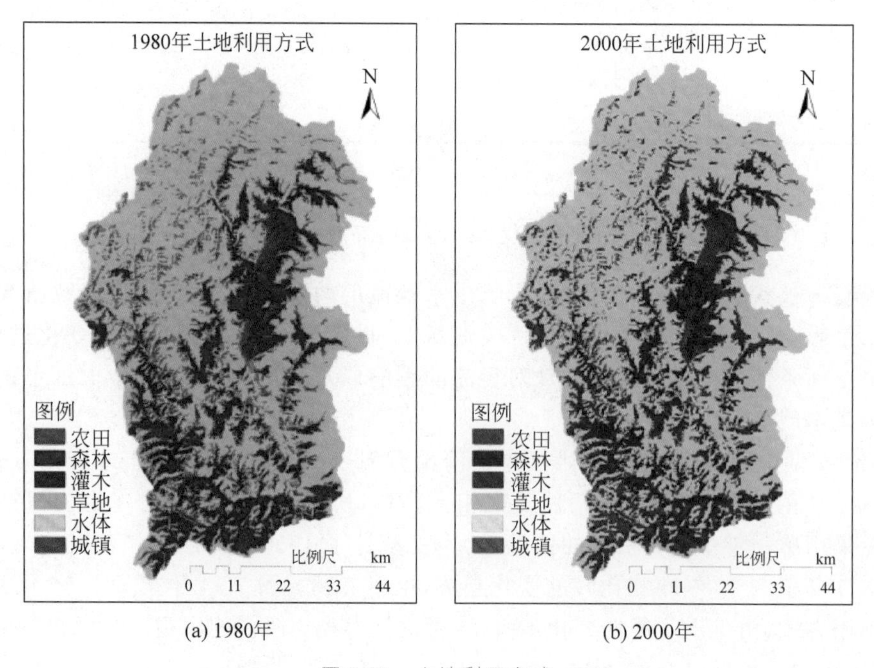

图 7-24 土地利用方式

Fig. 7-24 Landuse type

表 7-20　24 年波动前后各因子取值

Table 7-20　Factor values before and after 24-year fluctuations

变量	1980 年	24 年变化量	波动后取值	变幅 F_i/%
降雨/mm	734.6	−30.5	704.1	−4.2
平均温度/℃	5.87	1.10	6.97	18.7
NDVI	0.371	0.005	0.376	1.3

图 7-23 及表 7-20 的数据显示，1980—2003 年镇江关流域降雨有所减少，温度上升，植被覆盖增加。从图 7-24 中可以看出，土地利用中农田略有减少(0.1%)，草地向灌木和森林转变(约 1%)。说明经过 20 多年的森林保护和管理工作，覆被条件有所好转。

以 1980 年资料作为比较标准，按照趋势线计算出 24 年后的降雨量、温度及下垫面数据。首先计算每个因子变化后的径流过程，其次计算两种因子组合变化后的径流过程，最后计算三种因子共同变化后的径流过程。将每一种工况结果与 1980 年的径流过程进行比较，得到每种工况对径流深改变的“贡献率”和每种影响因子的“单位贡献率”，以此作为流域水文改变的定量化指标。采用上述方法的计算结果见表 7-21。

表 7-21　不同模拟工况下计算的流域径流深

Table 7-21　Watershed runoff depth calculated under different simulation conditions

模拟工况	1980 年	三种因子波动	降雨波动	气温波动	覆被波动	降雨气温波动	降雨覆被波动	气温覆被波动
模拟径流深 H_i/mm	401.9	369.1	389.0	387.0	396.7	374.2	384.0	381.9
径流深变化量 ΔH_i/mm		−32.8	−12.9	−14.9	−5.2	−27.7	−17.9	−20.0
不同工况的贡献率 $C_{i,H}=\Delta H_i/32.8$/%		100.0	39.3	45.4	15.9	84.5	54.6	61.0
三种因子的单位贡献率 $U_{i,H}=C_{i,H}/\lvert F_i\rvert$/%			9.4	2.4	12.2			

表 7-21 中的数据以 1980 年工况作为变化前的基数，以三种因子均发生波动的工况为变化后的结果，即 $\Delta H_0=-32.8$ mm。取各种组合工况的径流深变化量 ΔH_i 与 ΔH_0 绝对值的比值为该工况的“贡献率”，用以表述影响因子在相同时期内对径流的贡献。降雨、气温和覆被在单独改变工况下的“贡献率”与变幅(实际变化率)的绝对值的比值称为该影响因子的“单位贡献率”，用以表述影响因子在单位变幅条件下对径流的贡献。由表 7-21 得到以下结论：(1)岷江上游流域 1980—2003 年的 24 年间，降雨、气温和覆被变化的综合影响使径流深减少了 11.5%。(2)降雨、温度和下垫面等三种因素单独改变时对径流深变化的“贡献率”分别为 39.3%、45.4%和 15.9%，气温的贡献率较降水稍大，覆被的贡献率最小，说明 24 年来气温升高对流径流改变的作用最大，这和图 7-23 中各种因素的变化趋势所显示的气温变化率最大是相吻合的。(3)三种因素单独改变时对径流深变化的“单位贡献率”分别为 9.4%、2.4%和 12.2%，说明如果发生相同的变幅(波动率)，地表覆被对径流的影响最大。如果短时间内地貌不稳定发生突变(如地质灾害、森林火灾、人类砍伐森林开垦土地等大规模高强度的经济活动)，就会剧烈影响流域的径流过程，导致生态环境的恶化。(4)如果将降雨和温度看作是气候波动，覆被条件看作是人为因素，则气候波动和人为因素对径流量的贡献率分别为 84.5%和 15.9%，人为因素占到总体变化的近 1/6，说明人类的植被维护、退耕还林等工作改善了该流域的水文条件。

上述计算结果均是在没有发生大的自然变化或地质灾害的基础上得出的结论。2008年"5·12"大地震使得岷江上游覆被发生突变,流域的产流产沙特性及水流泥沙运动过程发生显著改变。目前,对于震后流域水文变化的评价指标和变化参数量化等问题尚无明确的定论,本书在流域产流及水流运动过程等方面的研究和成果对今后的相关工作提供了思路。

7.8 镇江关流域泥沙侵蚀模型研究

7.8.1 水土流失概况

近几十年来,气候和人为的综合因素对该流域的水沙产输条件产生了深刻影响。气候变化主要作用于流域径流:由于气温升高,降水量逐渐减少,流量亦随之减少,年径流量由1975年的22.82亿m^3减小到2002年的10.17亿m^3。而人为因素主要是对土壤侵蚀的影响:由于在1958年之后的30年时间里,人类大规模砍伐森林、开垦陡坡、过度放牧等,使得流域内植被覆盖率急剧降低,土壤流失随之增加;至20世纪80年代中期,开始实施水土保持措施,植被覆盖情况有所好转,土壤流失速率亦有所减缓。但是,从1985年和1997年两次遥感调查水土流失资料的分析来看,松潘县侵蚀面积增加了520.22 km^2,增长率为19.18%(姚建,2004),并且侵蚀强度增大,由以微度侵蚀为主向以微、中、轻度侵蚀为主转变,土壤流失有可能在继续加剧。下文将采用与泥沙模型相耦合的BPCC模型对流域年内泥沙输移过程进行模拟,掌握泥沙输移规律,为流域水土保持工作提供决策思路。

7.8.2 模型率定与验证

采用BPCC模型,在径流模拟达到最优后的基础上建立泥沙侵蚀模型,并对泥沙参数进行率定。根据镇江关流域不同种类土壤的粒径组成及分布情况,统计得到悬移质中值粒径为0.05 mm,通过调整率定系数,使模拟值逼近观测过程值。泥沙率定期为1993年、1996年和1998年,验证期为2000年和2001年,率定期和验证期的日平均泥沙浓度和日输沙率过程见图7-25～图7-29。

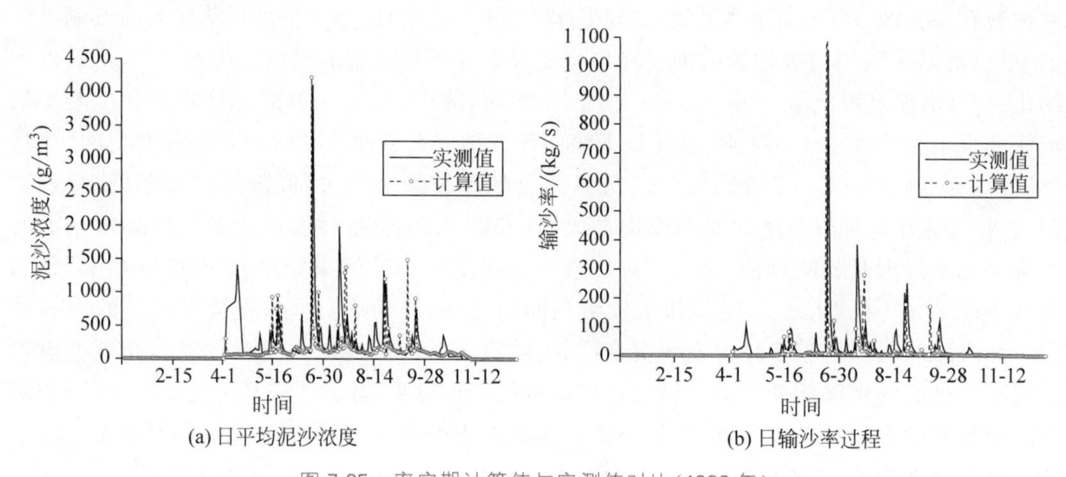

(a) 日平均泥沙浓度　　(b) 日输沙率过程

图7-25 率定期计算值与实测值对比(1993年)

Fig. 7-25 Comparison between calibration and measured values (1993)

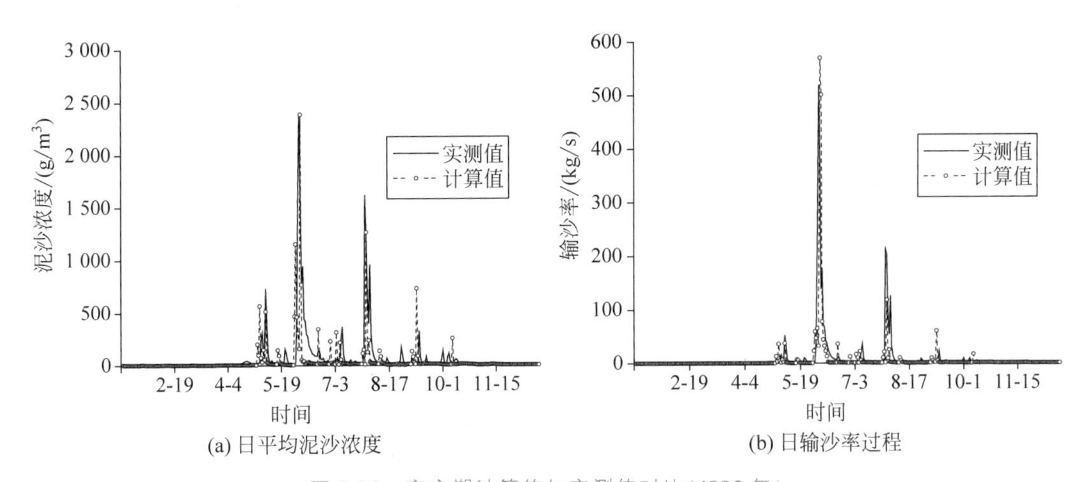

(a) 日平均泥沙浓度　　(b) 日输沙率过程

图 7-26　率定期计算值与实测值对比(1996 年)

Fig. 7-26　Comparison between calibration and measured values (1996)

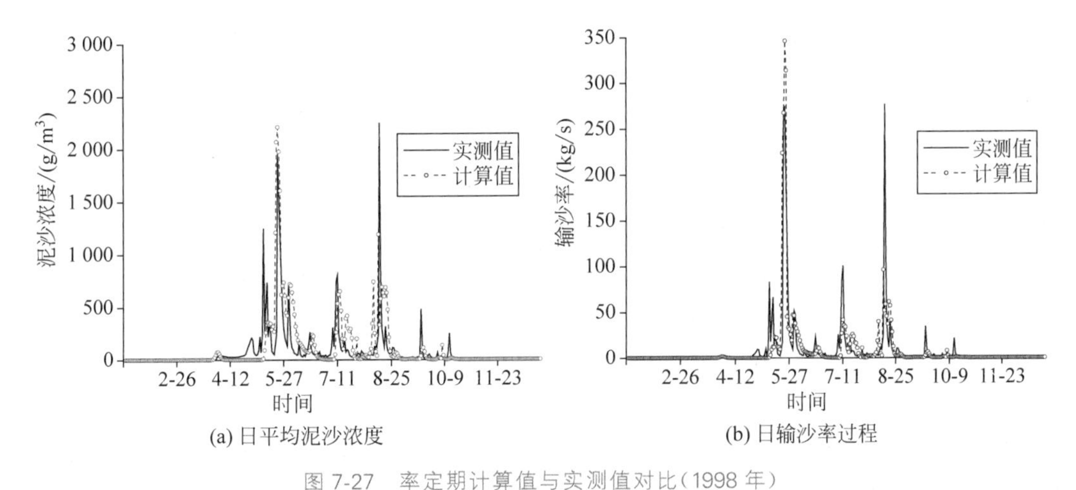

(a) 日平均泥沙浓度　　(b) 日输沙率过程

图 7-27　率定期计算值与实测值对比(1998 年)

Fig. 7-27　Comparison between calibration and measured values (1998)

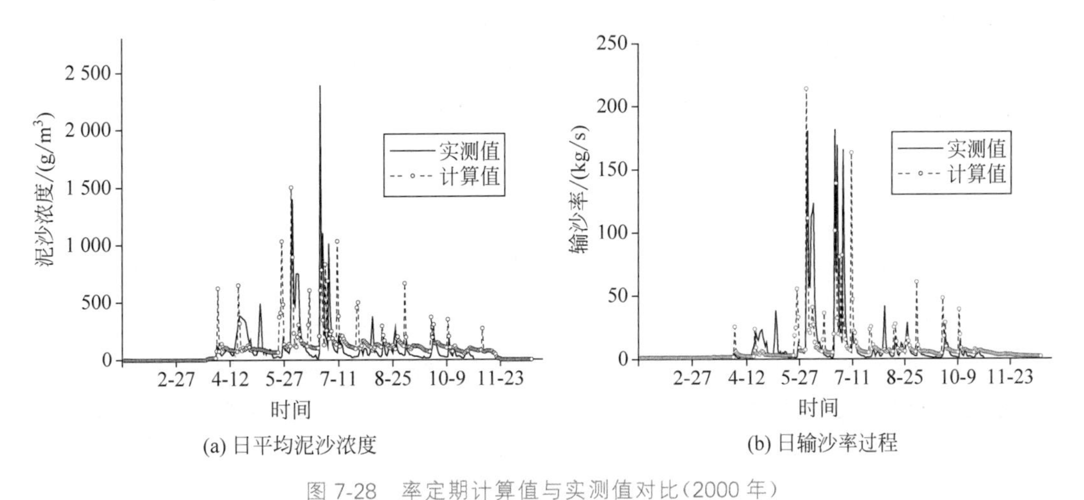

(a) 日平均泥沙浓度　　(b) 日输沙率过程

图 7-28　率定期计算值与实测值对比(2000 年)

Fig. 7-28　Comparison between calibration and measured values (2000)

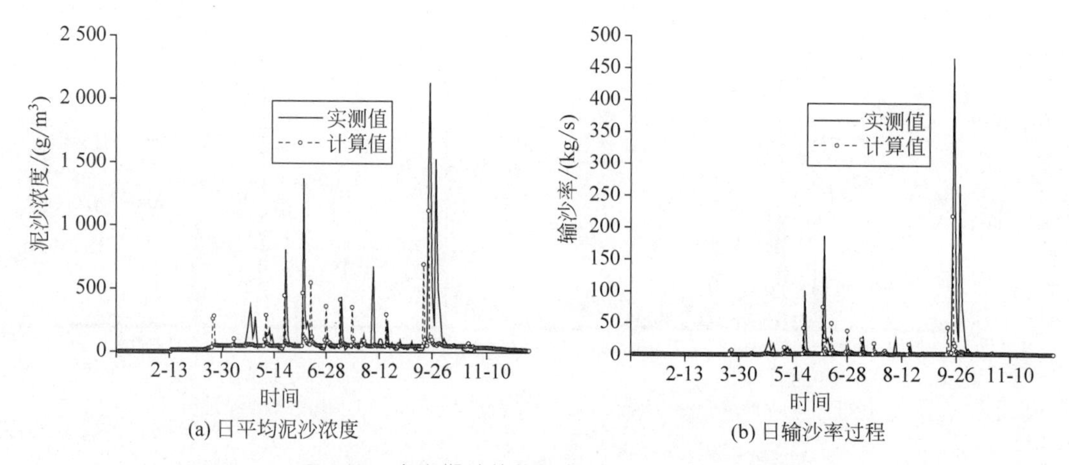

(a) 日平均泥沙浓度　　(b) 日输沙率过程

图 7-29　率定期计算值与实测值对比(2001 年)

Fig. 7-29　Comparison between calibration and measured values (2001)

从率定和验证的结果来看,模拟的泥沙浓度过程和输沙率过程比较接近实测值序列,但是个别峰值出现较大差异。误差因素主要包括以下两个方面:(1)受计算径流峰值的影响。如 1998 年 8 月初的泥沙浓度峰值,由于计算径流较小(实测降雨和径流相关度不高所致),导致计算的泥沙浓度与实测值相比偏小。(2)模型受“沙源不受限”这一假定的影响。一般来说,某一断面的泥沙含量与多种因素有关,包括上游流域坡面的泥沙来源(主要受植被和土壤质地等因素影响)、河道及河岸的可侵蚀程度、河道水流条件的改变、雨强等。由于产沙来源的多样性及输沙过程的多变性,多数泥沙模型至今均不能考虑到所有因素,所以一般都会做一些合理性假设。其中一个重要的假设就是沙源不受限制(Baolin Su,2003),即在空间尺度上,泥沙来源并不因地表植被土壤等条件的改变而有所增减,在时间尺度上也不因最近一次洪水的侵蚀而有任何减少,这和实际情况明显不符。实际上,如果泥沙松散尤其是耕作期后,很小的雨量也可能携带坡面上的大量泥沙进入河道而产生较大的含沙量,而冲刷后的地表即使遭遇更强降雨泥沙侵蚀亦可能减小,河道含沙量随之减少。例如,1993 年 4 月的实测含沙量高,极有可能是由于春种期泥土被耕翻结构松散所致;2000 年 6—7 月初的两次洪峰,由于第一次洪峰将坡面和沟道上松散的泥沙冲走,使得第二次同样大小洪水的含沙量很小。如何利用合理的计算方法对泥沙来源加以限制,至今仍是泥沙数值模拟计算过程中的难题。

7.8.3　镇江关流域的年径流量和年输沙量

分别统计每个年份计算时段内实测和计算的年径流量和年输沙量,见图 7-30。总体而言,各个计算时段内径流总量和输沙总量的计算值与实测值能够较好地吻合,说明水沙模型的耦合计算合理有效。悬移质输沙量的计算精度受水文过程(雨强、径流过程等)和泥沙侵蚀输移过程(植被和土壤地质、细沟和河道的可侵蚀程度等)的综合影响。由图 7-30 看出,径流量的计算值较实测值稍小,输沙量亦如此(2000 年除外)。若不考虑径流模拟值偏小的影响,输沙量的计算精度将有所提高,从而说明泥沙侵蚀/输移模块的合理性和有效性。由于水文过程的复杂性和侵蚀输沙过程的多变性,本书中并未定量分析两者对输沙量的影响。

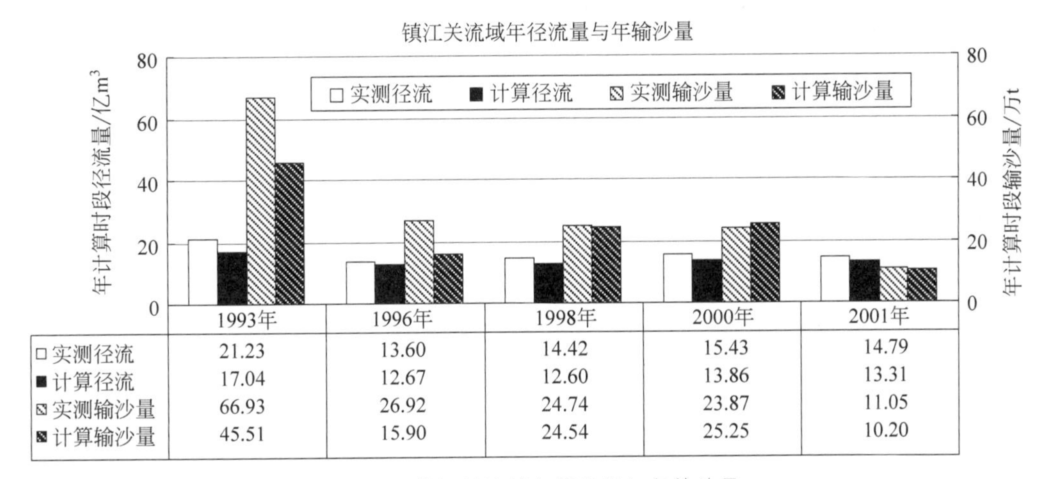

	1993年	1996年	1998年	2000年	2001年
□实测径流	21.23	13.60	14.42	15.43	14.79
■计算径流	17.04	12.67	12.60	13.86	13.31
▧实测输沙量	66.93	26.92	24.74	23.87	11.05
▩计算输沙量	45.51	15.90	24.54	25.25	10.20

图 7-30　镇江关流域年径流量与年输沙量

Fig. 7-30　Annual runoff and annual sediment transport in Zhenjiangguan Basin

观察径流量和输沙量的变化趋势可发现，1993—2001 年的径流量和输沙量均表现出减少趋势，且输沙量比径流量的减少更为显著。例如，2001 年的径流量比 1996 年稍大，而输沙量却减少了 59%，说明泥沙输移量对流域环境变化的反应更为敏感。该时期内，镇江关流域并未修建大型水利枢纽工程，河道输沙特性亦未发生重大改变，因此影响泥沙输移量的因素主要集中在坡面上。降雨和植被条件是影响坡面产沙的两个最主要因素。对于降雨，雨强雨量增大，对地表的击打作用增大，同时坡面流对泥沙的侵蚀输移作用增强，泥沙产生及输移量加大；地表植被可以直接屏蔽和保护土壤，同时根系可以抓紧、牢固地表，起到固沙及涵养水源的作用。图 7-23(b)和(c)为 1980 年以来镇江关流域降雨及植被覆盖率的变化趋势图，可以看出，近年来流域内的降雨迅速减少，而 NDVI 呈现出逐渐增加的趋势。前者主要受流域气象条件影响，后者说明近年来四川省天然林保护工程及退耕还林工程等水土保持工作取得了一定的进展和成效。这也为今后泥沙治理从沟道转向坡面提供了指导思路。

2008 年"5・12"汶川大地震震后的地表覆被发生突变，需要对岷江上游流域的产水产沙过程变化趋势进行研究，本书的相关工作对今后的研究奠定了基础。

7.8.4　覆被变化与气候波动的流域产沙效应

依照 7.7.3 节的情景模拟方法，以 1980 年输沙资料作为比较标准，按照趋势线计算出 24 年后的降雨量、温度及下垫面数据。首先计算每个因子变化后的径流过程，其次计算两种因子组合变化后的径流过程，最后计算三种因子共同变化后的径流过程，将每一种工况结果与 1980 年径流过程比较，得到每种工况对径流深改变的"贡献率"和每种影响因子"单位贡献率"，以此作为流域输沙改变的定量化指标。采用上述方法的计算结果见表 7-22。

表 7-22 中的数据以 1980 年工况作为变化前的基数，以三种因子均发生波动的工况为变化后的结果，即 $D_0=-476.7\times10^6$ kg。取各种组合工况的径流深变化量 ΔD_i 与 D_0 绝对值的比值为该工况的"贡献率"，用以表述影响因子在相同时期内对径流的贡献；降雨、气温和覆被在单独改变工况下的"贡献率"与变幅(实际变化率)的绝对值的比值称为该影响因

表 7-22 不同模拟工况下计算的流域产沙量

Table 7-22 Basin sediment yield calculated under different simulation conditions

模拟工况	1980 年	三种因子波动	降雨波动	气温波动	覆被波动	降雨气温波动	降雨覆被波动	气温覆被波动
模拟产沙量 $D_i/10^6$ kg	767	290.3	52.7	570.4	650.7	383.7	483.1	468.1
产沙变化量 $\Delta D_i/10^6$ kg		−476.7	−214.3	−196.6	−116.3	−383.3	−283.9	−298.9
不同工况的贡献率 $C_{i,D}$/%		100	45	41.2	24.4	80.4	59.6	62.7
三种因子的单位贡献率 $U_{i,D}$/%			10.7	2.2	18.8			

子的"单位贡献率",用以表述影响因子在单位变幅条件下对径流的贡献。由表 7-22 得到以下结论:(1)岷江上游流域从 1980—2003 年的 24 年间,降雨、气温和覆被变化的综合影响使产沙量减少了 62.2%。(2)降雨、温度和下垫面等三种因素单独改变对产沙量变化的"贡献率"分别为−214.3%、−196.6%和−116.3%,降水的贡献率较气温稍大,覆被的贡献率最小,说明 24 年来降水变化对径流改变的作用最大。(3)3 种因素单独改变对径流深变化的"单位贡献率"分别为 10.7%、2.2%、18.8%,说明如果发生相同的变幅(波动率),地表覆被对径流的影响最大。如果短时间内地貌不稳定发生突变(如地质灾害、森林火灾、人类砍伐森林开垦土地等大规模高强度的经济活动),就会剧烈影响流域的径流过程,导致生态环境的恶化。(4)如果将降雨和温度看作是气候波动,覆被条件看作是人为因素,则气候波动和人为因素对径流量的贡献率分别为 80.4%和 24.4%,人为因素与气候变化对产沙量的贡献比为 1∶3,说明人类的植被维护、退耕还林等工作改善了该流域的产沙条件。同时,与径流结果对比,人为因素与气候变化对产沙量的贡献比为 1∶5,说明产沙量相较于径流量而言,对人类活动的响应更加敏感。若流域内的覆被发生突变,流域的产流产沙特性及水流泥沙运动过程将发生显著改变。本书在流域产流及水流运动过程等方面的研究和成果对今后的相关工作提供了思路。

7.9 本章小结

本章用 BPCC 模型对岷江上游镇江关流域的典型代表洪水进行了降雨—径流—产沙模拟,对镇江关流域的水沙变化趋势、气候波动和人类活动对流域水沙要素的影响及年内泥沙输移特性等方面进行了更为深入的研究,结论如下:

(1) 在人工粗调的基础上,基于单一变量梯度法对模型进行自动优化,得出各参数的取值范围。模拟结果表明,两个模型均能较好地模拟镇江关流域的场次洪水过程,达到了模型的精度要求。

(2) 基于 BPCC 模型,分析镇江关流域模型时间序列分辨率、空间数据分辨率和下垫面条件等因素对流域径流的影响,得到如下结论:

降雨时间分辨率对径流模拟具有重要影响,随降雨时间步长的增加,洪峰流量和径流量急剧减小,同时洪峰出现时间延后。随数字地形、土地利用、土壤类型、植被覆盖参数等栅格数据分辨率的降低,流域坡面坡度、沟道路径、水文模拟单元发生变化;较平原区而言,洪峰增加幅度更大，径流量亦有少量增加，洪峰有提前趋势。森林能够有效削减洪峰流量，起到减小洪水灾害的作用，且森林的增加使得洪水时段内的径流量减小，这与山区地形和土壤状况有密切联系。随着植被高度的降低，土地利用从森林变为灌木、草地、农田时，各个类型的削峰减灾作用依次减小。当城镇和水体增加时，地面雨强增加、峰值加大、退水迅急，洪水过程呈现陡涨陡落的特点。

(3) 基于分布式水沙模型 BPCC，对镇江关流域的水沙变化趋势、气候波动和人类活动对流域水文要素的影响及年内泥沙输移特性等方面进行了更为深入的研究，得到如下结论：

基于多分辨率分析的小波理论，对镇江关流域自 20 世纪 50 年代以来的径流和泥沙输移率进行了趋势性分析。以 1986 年为界，之前 30 年流域内的泥沙侵蚀量呈上升趋势，主要是人类对大自然的过度开发造成，因此该时段内的主要矛盾是水土流失问题。20 世纪 80 年代以来的水土保持措施取得一定成效，使得这种矛盾有所缓和。水量呈现出减少趋势，且 1986 年以后这种趋势更为明显。社会发展与日益减少的水量供给将成为主要矛盾，对下游都江堰灌区的水资源供给及配置提出了更严峻的挑战。

为了定量研究气候波动和土地利用/覆被变化引起的流域水沙效应，本书检验了 BPCC 模型在年径流和年产输沙过程模拟中的适宜性并对覆被参数进行敏感性分析。以此为基础，根据 1980—2003 年降雨、温度和 NDVI 的实际变化趋势，计算三个影响因子单独和组合变化前后的径流深。提出用“贡献率”和“单位贡献率”作为各因子在一定时间内和一定变幅下对流域水文要素影响的指标。结果表明，24 年间三种因子的综合影响使流域径流减少 11.5%；各因子单独作用的“贡献率”分别为 39.3%、45.4%和 15.9%，“单位贡献率”分别为 9.4%、2.4%和 12.2%；组合工况结果显示，气候波动(降雨和气温)与人为因素(覆被变化)的贡献率之比约为 5∶1。以径流模拟为基础，建立了镇江关流域的泥沙输移日过程模型，并对其典型年的水沙动态过程进行研究，计算分析三个影响因子单独和组合变化前后的输沙量。结果表明，24 年间三种因子的综合影响使流域径流减少 62.2%；各因子单独作用的“贡献率”分别为－214.3%、－196.6%和－116.3%，“单位贡献率”分别为 10.7%、2.2% 和 18.8%；组合工况结果显示，气候波动(降雨和气温)与人为因素(覆被变化)的贡献率之比约为 3∶1。径流结果显示，模型在洪水峰值拟合及地下水出流模拟两方面有明显的优越性。泥沙输移计算过程中，将计算的沟道悬移质浓度和输沙率过程线与实测资料进行对比，结果令人满意。岷江上游地区的径流和输沙量均显示出下降的趋势，而输沙量下降速率更快，说明泥沙对周围环境变化更为敏感。流域内降雨的逐渐减少和水土保持工作的开展是泥沙输移量锐减的主要因素，今后的水土保持工作应注重坡面治理。

本书基于物理机制的分布式水文及泥沙侵蚀模型的建立和应用，对流域土壤侵蚀和非恒定流输沙计算的发展奠定了基础，为研究下游紫坪铺水库、都江堰枢纽区的来水来沙条件变化提供了有力的科学工具，同时为探讨岷江上游地震后覆被突变对流域产流产沙特性及水流泥沙运动过程的影响奠定了基础。

第 8 章

新型降水观测技术在分布式模型中的新进展

确切地掌握降雨量的空间分布，是使分布式水文模型发挥优势的重要条件。传统的定点测雨和定点气象站数据能够提供较为精确的降雨数据，但很难描述复杂多变的降雨空间分布，提供流域或区域的面雨量，以及实时跟踪暴雨中心走向和空间变化的能力。利用雨量站数据提供空间插值主要存在两个问题，一是雨量站网的密度；二是空间插值方法的选取。此外，降雨的空间变化还要受全局及地域的地形影响，如受山地气候控制的流域，由于地形效应，降雨在空间分布上具有更大的差异性(Mukhopadhyay et al.,2003)。雷达测雨、遥感和再分析降雨是近年来逐步发展起来的测雨技术，能够提供降雨样式及其空间分布的更详尽信息，逐步成为有效的降雨数据来源，随着测量技术及数字分析技术的进一步发展和完善，在分布式水文模型、水资源管理及洪水预报等方面，这些测雨技术必将得到越来越多的应用。

8.1 雷达降雨在分布式水沙模型中的应用

8.1.1 雷达测雨技术的发展

自 20 世纪 40 年代末开始，水文学家开始利用雷达估测降雨技术进行水文学的研究。20 世纪 60 年代前后，美国先后试验了多种多普勒雷达，如 JAL、AFGL、NSSL 等。20 世纪 80 年代后期开始建设新一代天气雷达网 NEXRAD。现在，美国已安装了 140 多台新一代雷达，可覆盖全美国，提供时段小至 5 min 和空间分辨率小于 1 km^2 的雨量估计值(芮孝芳，2004)。NEXRAD 以其先进的雷达技术、强有力的探测能力、丰富的雷达产品、快速的数据传输、友好的用户界面而享誉世界，并已从业务应用中获得了巨大社会效益和经济效益(张利平，2008)。2006 年至今，爱荷华大学、普林斯顿大学等联合开发并不断完善的网络信息平台 Hydro-NEXRAD，为水文工作者提供了一种便捷有效的降雨源数据。

欧洲一些国家亦十分注重雷达网的建设及雷达降雨估计在水文中的应用。目前，泰晤士流域洪水预警中心就采用了英国水文研究所开发的实时降雨及洪水预报系统，该系统由河流预报系统(RFFS)和水文雷达系统(HYRAD)共同组成。1993年，欧盟制定了一个发展高级天气雷达网的5年联合研究计划，即COST75行动，强调雷达技术的转变；而1999年开始至2004年结束的COST-717联合计划中又增加了一部分，即评价、验证雷达信息在水文模型模拟中的作用(张利平，2008)。

天气雷达在我国的应用可以追溯到20世纪60年代，在半个世纪的发展历程中，信息处理和显示技术经历了从模拟到数字两个阶段。截至1998年，我国统一布设的雷达共计55部，其中带有多普勒功能的8部(赵恒轩，1999)。目前，我国新一代天气雷达的建设已从信息数字处理的第二阶段步入第三阶段，即雷达网络化后的信息融合与智能处理。截至2004年年底，我国已建成由126个雷达组成的新一代天气雷达网络，成为美国之后第二个具有先进雷达网的国家(中国气象局网站)。我国第一部全相干多普勒天气雷达已在安徽落成，长江三峡区间和黄河小浪底—花园口区间等重点防洪地区建成了测雨雷达系统，宜昌天气雷达CINRAD/SA于2001年建成，探测半径为230 km^2，可实时测取三峡库区降雨信息，全国性的测雨雷达系统也在筹建之中。我国新一代雷达网的逐步完善、高分辨率的降雨数据资源的及时获取及水文事业自身的蓬勃发展，为水文工作者与气象工作者提供了更多发展的机遇，也提出了更高的要求与挑战。两个领域的科研人员可以互相合作，充分认识水文中所存在问题的关键与天气雷达的特点，通过大量而系统的试验研究，以期充分发挥气象雷达的优势，更准确地测量到降雨信息，并将其应用到水文学中，发挥重要的作用。

8.1.2　雷达降雨估计在水文中的应用

很多学者将雷达降雨应用到水文模型中，对比雷达降雨与雨量站降雨两种降雨输入的模拟结果，得出不同的结论。Bedient等(2000)采用HEC-1模型对三场暴雨产生的径流过程进行了模拟，指出雷达降雨的应用能够显著提高模拟精度；Bedient等(2003)在之前工作的基础上，进一步开发了休斯敦基于水文预报的洪水预警系统，充分肯定并应用雷达降雨；Jayakrishna等(2005)采用SWAT模型进行了月径流过程模拟，得出以雷达降雨为输入得到的径流过程更接近观测值的结论；Kalin等(2006)采用SWAT模型，以雨量站和雷达测雨为输入，对模型的地表径流、地下径流和流域出口径流过程进行了率定和验证，指出除雨量站测雨以外，雷达可以做为一种有效可靠的降雨输入；Di Luzio等(2004)亦用SWAT模型以雷达降雨为输入对24场暴雨过程进行模拟，以小时为计算步长；Neary等(2004)利用HEC-HMS模型模拟了Tennessee两个流域的径流过程，指出与雨量站降雨相比，雷达降雨的应用对模型精度并未有任何提高。我国近年来也开始了将雷达用于测雨及水文研究领域的相关研究。刘晓阳等(2002)在流域水文模型TOPOMODEL中，用天气雷达联合雨量计估测的降水作为降水输入，模拟了水库入库的流量；李致家等(2004)采用1998年6月和7月阜阳雷达站的测雨资料，利用新安江模型对史灌河流域蒋家集站径流过程进行模拟，并与雨量计观测降雨模拟的径流过程对比；许继军等(2008)以宜昌站天气雷达降雨为输入，利用分布式水文模型GBHM对三峡库区降雨径流过程进行了模拟。但是，这些研究与欧美一些国家相比还存在一定差距。

8.1.3 新一代天气雷达

美国国家气象局（National Weather Service，NWS）提供的新一代降雨雷达（next generation weather radar，WSR-88D）已在水文气象学、气候学（Krajewski and Smith，2002）、天气预测（Grecu and Krajewski，2000）和洪水预报（Young，2000）中得到了广泛应用。目前，根据处理方式、校验方法及数据质量等，可以将 NEXRAD 降雨划分为四个发展阶段（Xie，2005）。第 1 阶段的雷达产品被称为数字降雨序列（digital precipitation array，DPA），也被称为小时数字降雨（hourly digital precipitation，HDP）。由于雷达直接测量得到的是雷达反射因子 Z，需要通过 Z-R（reflectivity-precipitation）的关系将其转换为栅格点降雨。这类方法利用雷达回波的统计特征和降水直接建立关系，确定降水强度，估计降水分布。第 2 阶段的产品是将 HDP 与小时雨量站降雨相结合并进行实测误差纠正之后，作为某一特定的雷达测站观测值，因此第 2 阶段雷达降雨比第 1 阶段产品在一定程度上具有优越性。在第 2 阶段雷达产品的基础上，第 3 阶段的雷达产品将控制整个河流预报中心（river forecast center，RFC）的多个雷达测站数据相结合，并为每一个水文降雨分析工程（hydrologic rainfall analysis project，HRAP）单元预测降雨。与由单一雷达测站产品相比，第 3 阶段雷达产品是一个流域的概念，需要在更大范围空间中提供降雨估计，也是美国国家气象局为河流预测中心专门提供的产品。将第 3 阶段雷达产品栅格化并覆盖整个美国大陆，就成为第 4 阶段雷达产品。

目前，在水文气象学中，应用较为广泛的是第 3 阶段的雷达产品（Young，2000）。由于能够得到地面多个点雨量站观测数据的修正，第 3 阶段雷达产品能够为各个 RFC 提供高质量的气象控制数据。美国国家气象中心（National Weather Center，NWC）提供了多种形式的第 1、3 阶段雷达产品及多传感降雨估计（multisensor precipitation estimated，MPE）。这些数据多为 XMRG 格式的压缩文件，可提供 4 km×4 km 精度的小时降雨数据。同时，美国国家气候数据中心（National Climate Data Center，NCDC）还提供了多种第 2 阶段雷达数据。但是，目前这些雷达数据并未得到充分的利用。主要的障碍在于：第一，如何有效管理逐层压缩的二进制数据（先将小时数据压缩为日降雨，而后日降雨压缩包再次压缩为月降雨）涉及数据的存储、压缩及备份。第二，对于水文学者与水文气象学者而言，第 3 阶段产品不适宜在水文学中应用，因为它以 HRAP 为投影坐标，因此很难被常用的地理空间产品（如 ArcGIS 等）读取。此外，第 3 阶段雷达产品建立在流域概念之上而非以雷达测站为概念。第三，一般提供的雷达数据为多年、多测站的数据库序列，缺乏数据的单一分类及数据查询索引，且复杂数据提取及管理技术尚不完善。这些障碍在一定程度上阻碍了雷达降雨产品在水文领域的应用。基于此，很多学者利用不同的处理技术和方法，将雷达降雨数据转换为水文易于识别的数据（Zhang，2010），并应用于水文过程的模拟。

8.1.4 雷达降雨估计的误差来源

虽然 NEXRAD 测雨能够有效捕捉降雨的空间分布信息，与点测站降雨相比具有明显的优势，但是在数据精度方面尚有待进一步改善。一般来说，其误差来源分为以下几个方面。首先，降雨不能直接由雷达测出，而是由雷达反射因子 Z 和降雨的关系 Z-R 得出，由此对数据精度带来很大的不确定性。其次,雷达反射因子 Z 是表面面积的函数而不是体积函数,因此不能体现雨滴在下降过程中的数量及体积变化。其他误差因素,如地面反射及辐射波在地表的不规则传播、波束在空中的不规则传递及过辐射和非气象条件造成的波反射等,均在一定程度上增加了雷达数据精度的不确定性。因此,虽然 NEXRAD 能够提供更为丰富的空间信息,但与雨量站降雨相比,数据误差大、可靠度较低。

8.2 Hydro-NEXRAD 在水文模型中的应用

8.2.1 数据来源

针对 NEXRAD 在水文应用中所存在的问题,The University of Iowa、Princeton University、National Climate Data Center 及 Unidata Program Center 联合开发了雷达数据网络信息平台 Hydro-NEXRAD,将雷达数据进行一系列处理,包括数据修正、坐标转换、地理参考系统转换、格式转换与 GIS 串接等,进而方便水文工作者使用。其探讨的主要内容在于(Krajewski,2007):(1)有效存储及快速读取第 2 阶段雷达降雨数据;(2)实现数据灵活存储的相关结构数据库建设;(3)以流域为中心的元数据;(4)实现第 2 阶段数据可信度控制;(5)单元雷达—降雨估计的系列算法;(6)产生和传播最终产品的系列工具;(7)向用户提供友好的图形工作界面;(8)实现工作系统的流程化。

目前,Hydro-NEXRAD 从全国 140 个多普勒雷达测站(WSR-88D)中选取 40 个典型站点,150 TB 的数据库中存储了 100 个雷达年的第 2 阶段雷达数据,其数据精度与覆盖 HRAP 栅格的小时累积降雨相匹配(Reed and Maindment,1999)。Hydro-NEXRAD 具有友好的网络用户界面,用户可根据自己的需求选取计算流域、雷达、网格形式、计算时间、算法、文件形式等变量。计算流域按照 USGS 水文单元划分方法,共提供 2 位、4 位、6 位、8 位等 4 种级别的流域单元代码。用户可在 40 个多普勒雷达测站中选取覆盖计算流域的测站,计算流域的雷达覆盖如图 8-1 所示。Hydro-NEXRAD 提供了 LDAS、HRAP、S-HRAP、

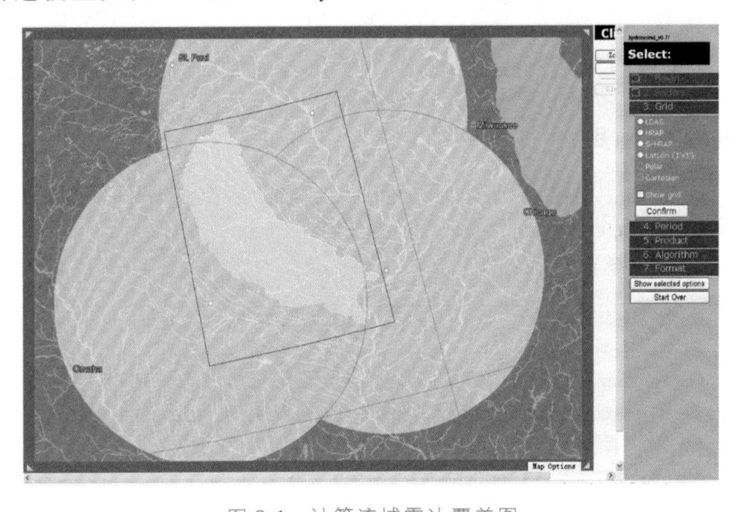

图 8-1 计算流域雷达覆盖图

Fig. 8-1 Calculation of radar coverage map of watershed

LatLon(1′×1′)等4种格式的栅格文件,2004年1月2日至2008年6月9日的15 min、1 h、1 d的降雨数据,Quick Look、Hi-Fi、Pesudo NWS PPS等3种算法以及ASCII及ArcASCII等2种数据格式。本书所采用的Hydro-NEXRAD工作变量见表8-1。

表8-1 Hydro-NEXRAD所选取的工作变量

Table 8-1 Work variables selected by Hydro-NEXRAD

项　目	内　容
计算流域	HUC：070802
多普勒雷达	KARX(La Crosse,WI),KDMX(Des Moines,IA),KDVN(Davenport,IA)
栅格格式	LatLon(1′×1′)
计算时间	2008.5.1—2008.6.30；步长：1h
算法选取	Quick Look
文件格式	ArcACSII

8.2.2 Hydro-NEXRAD与水文模型的耦合算法

若将Hydro-NEXRAD网络信息平台得到的数据应用于水文模型的降雨-径流模拟,需要将各个时间段降雨栅格(raster)的ArcASCII格式文件(浮点型)转换为多边形的shape文件,shape文件的每一个多边形面积都对应于原始ArcASCII文件中的"单元"面积。由于数据量大,需要对其进行批处理和格式转换。本书采用C#语言编制算法,并使用ArcGIS公共函数实现转换过程。

C#是微软最新提出的面向对象的编程语言,根据Java提炼而成。C#利用资源回收减轻内存负担,增强了开发者的效率,提高了开发者所需要的强大性和灵活性,同时也致力于消除编程中可能导致严重结果的错误。C#能够灵活地调用ArcGIS标准库函数,使用简便,可操作性强。ArcGIS的公共函数是一组函数或者类,应用程序或者插件都可以调用,通常是一个独立的动态库(DLL)。具体算法为:

(1) 建立临时的ArcASCII文件,用于建立栅格数据库。要求该文件的覆盖范围需和计算流域一致,并使用位运算为文件赋值,遵循"不与周围四个相邻栅格数值相同"为原则(图8-2举例说明)。若文件已存在数据集,则删除旧数据集。

1	0	1	0
0	1	0	1
1	0	1	0
0	1	0	1

图8-2 栅格赋值规则举例

Fig.8-2 Examples of grid assignment rules

(2) 使用ArcGIS标准函数,将ArcASCII数据文件转换为ArcGIS能够直接读取的栅格文件,进而将该栅格文件转化为shape文件,执行代码如下:

```
ESRI.ArcGID.ConversionTools.ASCIIToRaster      //ArcASCII 转换为栅格文件
outputPolygons = conversionOp.RasterDataToPolygonFeatureData((IGeoDataset) dataset,
outputWorkspace,
Path.GetFileNameWithoutExtension(name), false);
```

(3) 流域边界处理。由于Hydro-NEXRAD数据平台以美国水文单元编码规则(HUC)

确定降雨文件的覆盖范围，而Clear Creek流域是位于HUC：070802流域内部的子流域，因此需确定栅格文件的边界范围。这涉及雨量栅格和Clear Creek流域相交处的处理，需要将与流域没有任何面积交集的栅格剔除，而仅保留流域内部或与流域边界相交的栅格，得到覆盖流域面积的shape文件。

```
while ((subBasin = cursor.NextFeature()) != null) {           //找到每一个流域
int oid = (int)subBasin.get_Value(oidIndex);                  //找到流域代码
     string [ ] gridCodes = GetGridCellsIntersectingBasin ( subBasin, grid, StateData.
HydroNEXRADSiteCodeFieldName);                                //找到网格代码
    basinToGridCodeRelations.Add(new GridCellsIntersectingBasin(oid, gridCodes)); //建立关联
}
```

(4) 给shape属性表赋值，使得每个多边形面积内的值等于于Hydro-NEXRAD数据平台中ArcASCII文件所对应栅格的雨量值，得到每个多边形在时间上的雨强序列，使用的代码为：

```
//在网格中使用新的特征位置代替位置代码域
while((feature = updateCursor.NextFeature()) != null) {//迭代查找新的特征
                    siteCode = sb.ToString().PadLeft(8);
                    feature.set_Value(scFieldIndex, siteCode);
                    updateCursor.UpdateFeature(feature); }
```

(5) 输出每个多边形对应的降雨序列，并单独保存为数据文件(.dat)，导入Access数据库，作为BPCC模型的降雨输入。多边形尺寸同ArcASCII文件中所描述的栅格尺寸一致，为1′×1′(例如，经纬度分别为−91.81°和41.73°时，1′×1′对应的栅格尺寸为1.387 km×1.862 km)，因此由TOPAZ提取的子流域(坡面)面积远远小于降雨栅格面积，所以每个降雨栅格覆盖多个子流域。对于每个子流域而言，选取最多覆盖其面积的栅格降雨作为该子流域的降雨输入。

8.3 BPCC结合Hydro-NEXRAD在Clear Creek流域的应用

8.3.1 雷达降雨序列误差分析

本章选取美国中部地区Clear Creek(HUC-10：0708020904)流域作为研究区。该流域位于美国爱荷华州中东部地区(见图8-3)，流经爱荷华县和约翰逊县的大部分地区，直接汇入Iowa River，地跨91°33'39"～92°1'8"W，30°39'10"～31°46'4"N。从流域的数字高程模型DEM中可以看出(见图8-3，高程单位为ft(1 ft=0.304 8 m)，水平单位为m)，从河源处至与Iowa River的交汇口处，高程差约为90 m，主河道长40 km，河流平缓河道坡度变化不大，属于美国中部典型的平原耕作区地形。由于其下游Iowa River直接流经Iowa City，因此该流域对下游城市的防洪具有十分重要的意义。

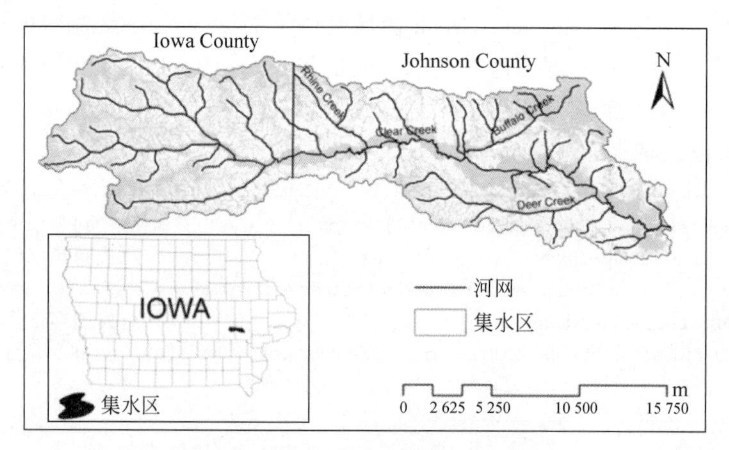

图 8-3 Clear Creek 流域位置示意图
Fig.8-3 Clear Creek basin location map

(1) 地质地貌

Clear Creek 流域属半丘陵地貌，系平原灌溉区。地势由西北向东南成条带逐级下降，构成东高西低的地貌，河谷地段平坦，几乎无冲积堆积地貌。Iowa 县地势稍高，境内大致可分为丘陵低山区和丘陵地貌。Johnson 县地势稍低，境内主要为丘陵及平原区，地势平缓，河谷略见开阔。

(2) 水文气象

Clear Creek 流域面积 265 km^2，地处中部大陆，气候特点为冬冷夏热，春季多雨水。夏季主要受来自墨西哥湾的温暖湿润气流影响，而冬季则受来自北部的加拿大寒冷干燥气流影响。多年平均气温为 10 ℃，多年最高气温为 29 ℃，发生在 7 月，多年最低气温为 −13 ℃，发生在 1 月。温度上升期持续约 180 d。

Clear Creek 流域多年平均降雨约 889 mm，夏季多有对流雷雨，冬季降雪明显。Clear Creek 流域多年平均径流总量 19.56 亿 m^3，多年平均流量 62.5 m^3/s，最小流量 8.9 m^3/s，最大流量 2 700 m^3/s。由于融雪贡献，多年月平均最大径流量发生在 6 月，最小径流量则发生在 2 月。

流域内水文测站为 Clear Creek Near Oxford 站和 Clear Creek Near Coralville，具有 15 min 或 30 min 时间间隔的水文气象观测资料，CC00、OXF01 和 ICY01 具有 15 min 的降雨资料（站点分布位置见图 8-4）。

(3) 土壤植被及生物资源

Clear Creek 土壤类型以砂质壤土居多，占到全流域的 70%，其次为黏壤土、砂土和重黏土，分别占 16%、10%和 4%。

过去的 175 年里，流域内的主要土地利用形式从天然草地和森林逐步转变为农垦耕地及牧草。开始主要的耕作物种为玉米，有时玉米单独种植，有时与燕麦或牧草轮流种植。20 世纪 70 年代，该地区引入大豆，并呈现出逐年上升的趋势。至今，玉米—大豆已成为主要的农作物循环耕作模式，且两种作物所占比例相当，占到了总流域面积的 60%。同时牧草田和干草田占据总流域面积的 20%，其余城市和公路面积占到了 13%，河道等水体面积占 7%。虽然农业仍然是该地区的主要特点，但人口迅速增加亦将对该地区的发展带来重要影响。

（4）水土流失情况

美中西部地区土壤高度开垦，富含营养物质，且由于反复耕作，松散的地表土裸露在外，极易受到暴雨侵蚀。据统计，自人类居住并开始农业耕作活动以来，Iowa 州内近一半的表层土被流水侵蚀带走（Pimental，1995）。富含养分及有机物质的细土粒被带走（Rhoton，1979），而留下粗砂和无营养价值的土壤（Craft，1992）。

由于气候、土壤类型、土地利用方式及高度耕作等多方面因素的影响，Clear Creek 流域水土流失较严重。Aksoy（Aksoy，2005）等基于经验公式建立了该流域的通用土壤侵蚀方程 USLE；Nearing（Nearing，1989）建立了基于物理基础的土壤侵蚀预测模型（water erosion prediction project，WEEP），利用质量守恒定律计算土壤侵蚀；Wilson（2007）建立了 Clear Creek 上游 South Amana 流域的农业非点源污染模型系统（annualized agricultural non-point source pollution system，AnnAGNPS），在流域尺度上评价水文、土壤及污染侵蚀，取到了较好的效果。计算结果显示，该流域 10 年平均的年侵蚀量为 1.5 万 t，侵蚀模数为 588 t/km^2。

由 Hydro-NEXRAD 降雨数据与 BPCC 的耦合算法得到 Clear Creek 流域的雷达降雨空间分布及雨量序列（雷达栅格和雨量站点位置见图 8-4）。将雨量站所在位置处栅格对应的雷达降雨序列与雨量站观测值进行对比，并进行误差分析。

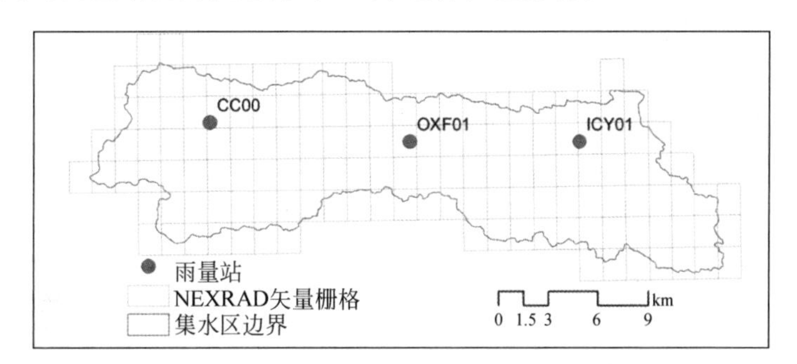

图 8-4 雨量站，Hydro-NEXRAD 栅格及流域边界

Fig. 8-4 Rainfall station, Hydro-NEXRAD grid and basin boundary

选取 2008 年 4 月 1—30 日之间 OXF01 雨量站及由 Hydro-NEXRAD 矢量栅格对应的小时降雨序列进行统计分析。将雨量站降雨观测值和 Hydro-NEXRAD 所在栅格降雨估测值的过程线进行比较，见图 8-5。

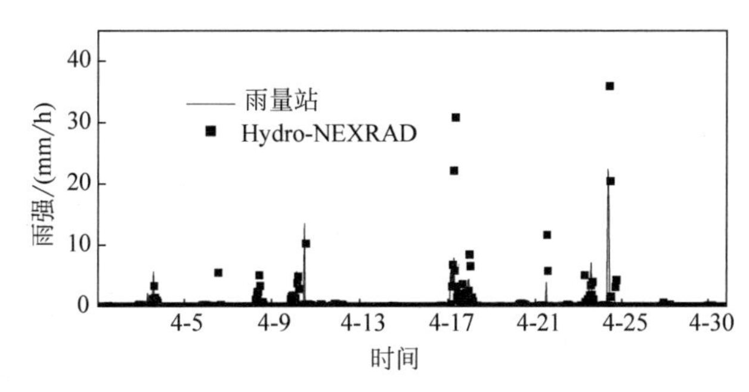

图 8-5 雨量站与 Hydro-NEXRAD 小时降雨观测值对比

Fig. 8-5 Comparison of hourly rainfall observation values between rainfall station and Hydro-NEXRAD

用雨量站降雨观测值对 Hydro-NEXRAD 估测值进行量化评价的参数体系(Zhang,2010)如下所述。

(1) 条件系数(detection condition)

降雨条件下 Hydro-NEXRAD 估计值相对于雨量站观测值的条件系数,这里降雨值大于某一阈值则视为降雨条件:

$$D_{\text{rain}} = P(\hat{z} \geqslant \text{threshold} \mid z \geqslant \text{threshold})$$
$$= \frac{\sum_{i=1}^{L} \varphi(\hat{z} \geqslant \text{threshold} \cap z \geqslant \text{threshold})}{\sum_{i=1}^{L} \varphi(z_i \geqslant \text{threshold})} \times 100 \tag{8-1}$$

其中,D_{rain} 为 NEXRAD 观测到降雨的成功率;z_i 为雨量站降雨观测值;$\hat{z}$ 为雷达测站雨量观测值;$i=1,2,\cdots,L$(L 为降雨样本总数);如果表述为真则 $\varphi(t)=1$,否则 $\varphi(t)=0$。本书中,阈值选取雨量站降雨观测中的最小观测值 0.0037 mm。

同理,NEXRAD 观测到不降雨的成功率公式 $D_{\text{no-rain}}$ 为

$$D_{\text{no-rain}} = P(\hat{z} < \text{threshold} \mid z < \text{threshold})$$
$$= \frac{\sum_{i=1}^{L} \varphi(\hat{z} < \text{threshold} \cap z < \text{threshold})}{\sum_{i=1}^{L} \varphi(z_i < \text{threshold})} \times 100 \tag{8-2}$$

(2) Pearson 关系系数(ρ)

雨量站降雨观测值与 Hydro-NEXRAD 降雨估计值的 Pearson 相关系数(ρ):

$$\rho = \frac{1}{L-1} \sum_{i=1}^{L} \left(\frac{\hat{z}_i - \overline{\hat{z}_i}}{Sz}\right) \left(\frac{z_i - \overline{z_i}}{Sz}\right) \tag{8-3}$$

若 $\rho>0$,则表明两个变量是正相关,即一个变量的值越大,另一个变量的值也会越大;若 $\rho<0$,则表明两个变量是负相关,即一个变量的值越大,另一个变量的值反而会越小。ρ 的绝对值越大表明相关性越强,要注意的是这里并不存在因果关系。若 $\rho=0$,则表明两个变量间不是线性相关。

(3) 平均绝对误差 MAE(mean absolute error):

$$\text{MAE} = \frac{\sum_{i=1}^{N} (z_i - z_i)}{N} \tag{8-4}$$

其中,N 为雨量站降雨观测值与 Hydro-NEXRAD 降雨估测值均不为 0 时的样本数。

(4) 相对平均绝对误差 RMAE(relative mean absolute error):

$$\text{RMAE} = \frac{\text{MAE}}{\sum_{i=1}^{N} z_i / N} \times 100 \tag{8-5}$$

以上为用雨量站降雨观测值评价 NEXRAD 降雨估测值的参数体系。D_{rain} 和 $D_{\text{no-rain}}$ 分别用以表述 NEXRAD 识别降雨和非降雨事件的能力,两者数值越大说明识别能力越强。ρ 为雨量站降雨观测值评价 NEXRAD 降雨估测值之间的相关系数,值越大,相关性越强。

MAE用以衡量两者之间的偏差，值越小，两者越接近。RMAE为单位尺度下的MAE，用以比较不同尺度下的MAE。

本书采用三个测站的15 min降雨资料对Hydro-NEXRAD的1 h降雨估计值进行评价。首先将15 min降雨资料在时间上求取平均值，得到1 h的降雨序列。参数体系的计算结果如表8-2。

表8-2　雨量站与Hydro-NEXRAD小时降雨观测值对比参数评价

Table 8-2　Comparison parameter evaluation of hourly rainfall observation between rainfall station and Hydro-NEXRAD

测站	D_{rain}/%	$D_{no\text{-}rain}$/%	$D_{rain}+D_{no\text{-}rain}$/%	ρ	MAE/mm	RMAE/%
OXF01	64.0	75.4	139.4	0.21	2.75	135.3
CC00	64.3	81.6	145.9	0.17	2.64	154.9
ICY01	70.1	74.1	144.2	0.26	2.17	136.5

由表8-2看出，雷达数据对于降雨事件的分辨能力较好，降雨分辨力达60%以上，无雨分辨力优于有雨分辨力，达70%以上；相关系数小，在20%左右；平均误差和相对误差体现降雨总量之间的差值，雷达估测值普遍大于雨量站实测降雨量，二者之间的相对误差在135%～150%。

总体而言，通过小时降雨序列的统计分析，二者存在较大误差，可能与时间步长过短有关。因此，本书对日过程雨量站实测降雨量与对应的雷达估测降雨量进行了进一步评价分析，过程线对比见图8-6，评价体系参数见表8-3。

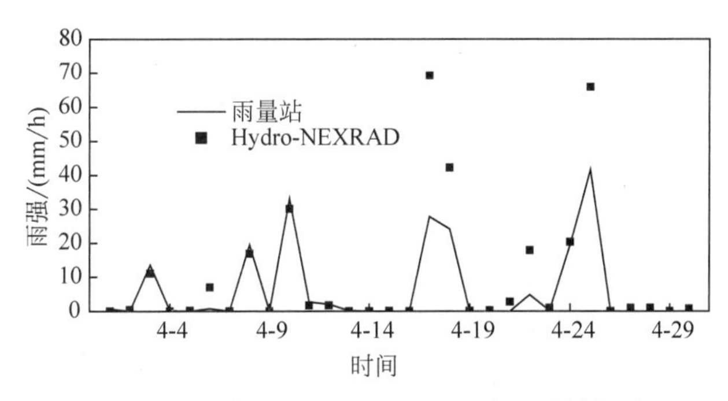

图8-6　雨量站与Hydro-NEXRAD日降雨观测值对比

Fig.8-6　Comparison of daily rainfall observation values between rainfall stations and Hydro-NEXRAD

表8-3　雨量站与Hydro-NEXRAD日降雨观测值对比参数评价

Table 8-3　Comparison parameter evaluation of daily rainfall observation between rainfall station and Hydro-NEXRAD

测站	D_{rain}/%	$D_{no\text{-}rain}$/%	$D_{rain}+D_{no\text{-}rain}$/%	ρ	MAE/mm	RMAE/%
OXF01	92.9	44.4	137.3	0.95	8.21	69.9
CC00	80.0	55.6	135.6	0.91	8.84	60.3
ICY01	100.0	53.3	153.3	0.91	7.86	67.8

由表8-3可以看出，日降雨量过程的评价体系中的参数较小时，降雨评价参数要好很多，说明在较大时间尺度范围内，NEXRAD具有较高的可靠度。分析降雨和非降雨的识别

参数 D_{rain} 和 $D_{\mathrm{no\text{-}rain}}$，可以看出 NEXRAD 能够较为准确地识别降雨事件，但是对于小雨或无雨事件判别能力较低，这与 NEXRAD 测量空气湿度而非降到地面的雨有关。对于降雨事件，雷达对中雨识别能力好，而大雨雨量明显高于雨量站测雨。

由于当前认知水平及技术手段的限制，获得真实的降雨值仍存在一定的困难，一般将雨量站降雨视为"地面真实值"。建立在这种假设基础上，本书将利用雨量站降雨来对雷达降雨进行校正。

8.3.2 雷达降雨序列校正

8.3.2.1 雷达降雨数据校正

雷达联合雨量计校准有很多方法(张培昌，2000；程明虎，2005)，李建通(2000)认为最优化插值法的插值系数与站点的空间分布有关，Kalinga(2006)采用目标统计分析(statistical objective analysis)对雷达估测值进行校准，得到降雨的空间分布场。由于仅考虑了雨量站点和雷达观测值的对比，而未从流域尺度上考虑其对水文模拟的影响，Winchell(1998)认为雷达降雨的不确定性对水文模拟的影响尚未形成系统理论，需要得到进一步重视。事实上，若雨量站观测值与雷达估测值之间相关性过低，或雨量站稀疏或分布不均，仅采用雨量站校正的方法，将会带来很大的误差，甚至破坏雷达估测降雨的空间分布结构。Borga(2002)认为有必要借助水文模型的径流过程对雷达数据进行修正，Hossain(2004)对水文模型中应用雷达数据时的不确定性参数进行了敏感性分析，认为有必要采用水文模型对雷达数据进行校正。

但是，将雷达数据应用于水文模型，往往无法区分模拟结果的偏差是由于雷达数据的不确定性，还是由于水文模型本身的不完善所造成的。本书认为，对于分布式水文模型，在仅降雨输入不同而模型参数均不变的情况下，由于模型本身造成的系统误差可以忽略。因此，本书将首先利用雨量站点修正雷达数据，然后借助分布式水文模型的径流模拟来评价雷达数据的可靠性和适用性。

利用雨量站点对雷达数据修正，需确定平均校准因子，采用多点平均和面平均两种方法依次进行确定。多点平均法(许继军，2008)主要侧重雷达观测在时间尺度上的雨量平衡，通过比较各雨量站点观测值与对应网格点的雷达估测值来确定平均校准因子：

$$P_{\mathrm{fp}}=\frac{1}{M}\sum_{j=1}^{M}\left[\frac{1}{N}\sum_{k=1}^{N}\left(\sum_{t=1}^{T}P_{\mathrm{g}}(j,k,t)\Big/\sum_{t=1}^{T}P_{\mathrm{r}}(j,k,t)\right)\right] \tag{8-6}$$

其中，P_{fp} 为时间尺度上的点平均校准因子；N 为雨量站点数；M 为降雨场次数；$\sum_{t=1}^{T}P_{\mathrm{g}}(j,k,t)$ 表示第 j 场降雨时第 i 个雨量站点的实测总雨量；$\sum_{t=1}^{T}P_{\mathrm{r}}(j,k,t)$ 则表示对应于第 i 个站点的栅格内雷达总估测雨量；T 为该场降雨的总时长。本书中，由于降雨前期的雷达估测值与雨量站观测值相近，而降雨后期相差显著(见图 8-6)，因此本书将降雨时段分为降雨前后两个时期，进行校准因子的计算。

面平均法侧重雷达降雨在空间尺度上的雨量平衡，通过对雨量站点观测值空间插值，将平均的区域扩展到流域面整体。由于雷达观测一般能获得流域面整体的降雨信息，因此可以将雷达观测与观测站点空间插值后的流域面降雨之和进行比较，进而来确定平均校准因子，其计算公式如下：

$$P_{fa}=\frac{1}{M}\sum_{j=1}^{M}\left[\frac{1}{A}\sum_{i=1}^{A}\left(a(i)\cdot\left(\sum_{t=1}^{T}P_{g}(j,i,t)\Big/\sum_{t=1}^{T}P_{r}(j,i,t)\right)\right)\right] \tag{8-7}$$

其中，P_{fa} 为空间尺度上的面平均校准因子；A 为流域的总面积；$a(i)$为每个网格的面积，本书中雷达数据的栅格面积为 $1'\times1'$，远远大于 BPCC 模型中每个降雨单元覆盖的面积(即坡面单元的面积)，因此这里 $a(i)$取值为 BPCC 模型各坡面单元面积；$P_{g}(j,i,t)$表示第 j 场降雨、t 时刻时网格 i 的雨量值，该值是对有限个雨量站点的实测值进行空间插值所得，插值方法为距离平方反比法(见第 2 章)；$P_{r}(j,i,t)$则是覆盖坡面单元的雷达网格对应的估测雨量值。

8.3.2.2　校正后的雨量分布

采用点平均法将雷达数据进行修正，降雨前期多点平均校准因子 P_{fp1} 为 1.20，降雨后期多点平均校准因子 P_{fp2} 为 1.90。以 CC00 测站为例，修正前后的雷达数据序列对比见图 8-7。

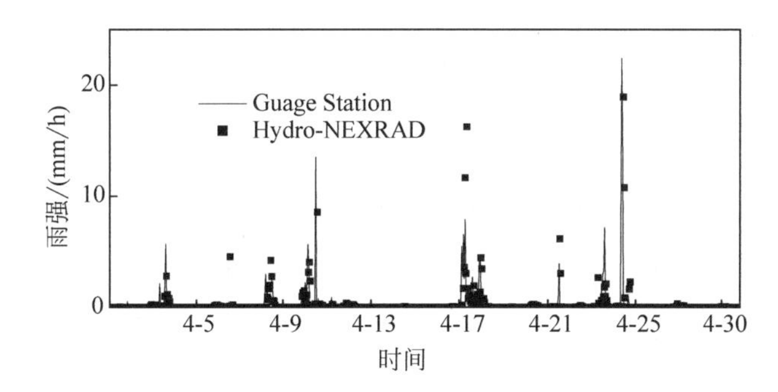

图 8-7　雨量站与 Hydro-NEXRAD 修正后小时降雨观测值对比

Fig. 8-7　Comparison of hourly rainfall observation values between rainfall station and Hydro-NEXRAD after correction

在点平均因子修正的基础上，采用面平均法继续将雷达数据进行修正。面平均校准因子 P_{fa} 为 1.05，修正因子较小，说明对于 Clear Creek 流域，雨量站的布设比较合理，能够反映降雨的空间信息。雨量站降雨和雷达降雨在流域内的空间分布见图 8-8。

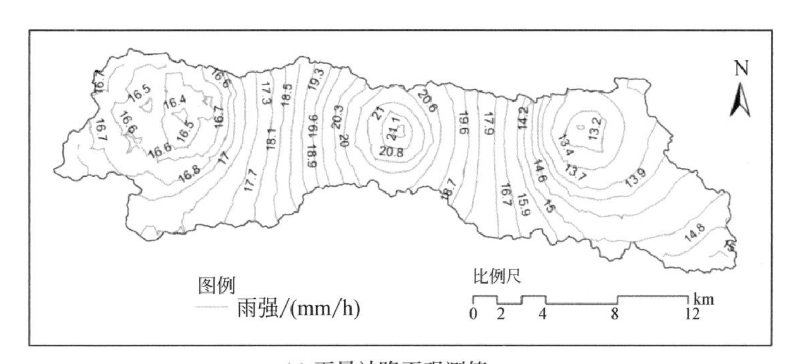

(a) 雨量站降雨观测值

图 8-8　雨量站与修正后的 Hydro-NEXRAD 降雨空间分布

Fig. 8-8　Rainfall station and corrected Hydro-NEXRAD rainfall spatial distribution

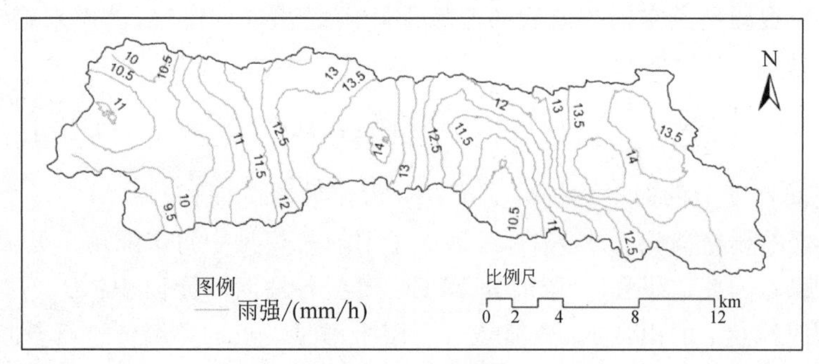

(b) 雷达降雨观测值

图 8-8 （续）

8.3.3 结合 Hydro-NEXRAD 的 BPCC 模型的检验

选取 Clear Creek 流域与分布式模型 BPCC，对雷达数据校准因子进行修正。在模型计算中，在保证气象、下垫面、土壤条件及模型计算参数等保持一致的基础上，考虑两种降雨条件：第一，由雨量站观测值通过空间降雨插值得到的降雨分布场；第二，将雷达数据分别除以多点平均校准因子和面平均校准因子后得到的降雨空间分布场。Clear Creek 流域小时径流过程实测值与两种计算工况下模型计算值的对比过程线见图 8-9。

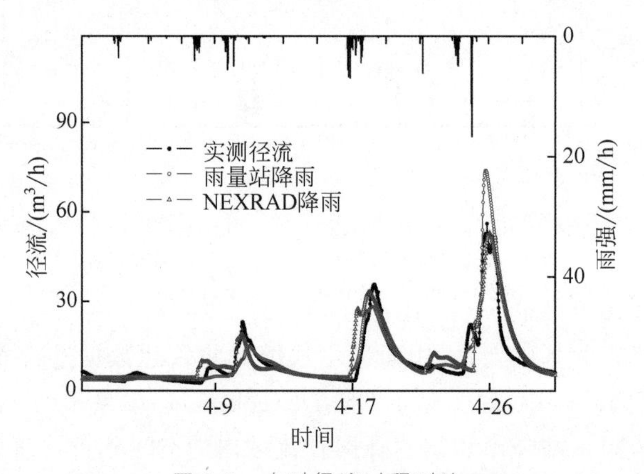

图 8-9 小时径流过程对比

Fig. 8-9 Comparison of hourly runoff processes

由图 8-9 可以看出，利用雨量站降雨计算所得径流过程与实测值相关性较好，E_{NS} 和 R^2 分别为 0.73 和 0.80，但是对洪峰的模拟不精确，第一和第二个洪峰较实测值偏小，而第三个洪峰流量明显高于观测值。将雷达估测通过点平均和面平均校准因子校正后的降雨场作为模型的输入，其模拟径流过程与观测结果吻合程度较好，E_{NS} 和 R^2 分别为 0.79 和 0.81，三个洪峰流量均接近实测值。计算两种工况下的径流量，比实测值分别高出 0.74% 和 0.93%，表明两种计算结果合理，且从水量平衡角度说明雷达修正的合理性。总体而言，以雨量站实测数据的空间插值降雨分布场作为模型的输入，与采用点平均校准因子和面平均校准因子修正后的雷达降雨分布场作为模型输入相比，结果接近。一方面，这说明利用雨量站确定的雷达降雨在时间尺度和空间尺度上的校准因子是可行的；另一方面，也说明分布式水文模型本身具有一定的确定性。

8.4 遥感降水数据集在分布式模型中的应用

因为降水时空变异性对水文行为和水资源可用性有显著影响，所以已被确定为驱动和校正水文模型最重要的气象参数(Roth & Lemann，2016)。以往的研究表明，减少降水数据的不确定性对稳定模式参数化和校准具有相当大的影响(Cornelissen et al.，2016)。然而，准确描述流域降雨输入的时空变异性具有严重的局限性(Liu et al.，2017)，并且降水数据的访问限制通常会给水文建模带来巨大挑战(Zambrano-Bigiarini et al.，2017)。

通常，水文学家将地面雨量站的观测值(Gauge)视为真实降雨量(Musie et al.，2019)，并使用多个 Gauge 的空间插值代表流域/子流域的降雨场(Belete et al.，2019)。理想情况下，如果雨量站的位置密度合理、分布均匀，该方法描述的空间降水变化具有较高的可信度(Duan et al.，2016)。然而，在偏远或发展中地区，气象站通常稀少且分布不规则，导致降雨场插值产生较高的不确定性。在其他情况下，当数据观测意外丢失时，数据质量可能不可靠(Sun et al.，2018)。上述限制导致基于地面雨量站的降水测量在驱动和校正水文模型时面临很大的不确定性。

在过去的几十年里，开源降水产品(open-source precipitation products，OPPs)为检测降水时空变异性提供了一种很有前景的选择(Jiang et al.，2019)。各种研究已经证明了不同 OPP 之间的准确性差异，以及同一 OPP 在不同地区之间的准确性差异(Lu et al.，2019)。Sun et al. (2018)评估和比较了 29 个不同时空分辨率的 OPPs 在描述全球降水能力方面的优缺点。与大多数空间分辨率为 0.25°～ 0.5°的产品不同，基于遥感的降水产品 CHIRPS (climate hazards group infra-red precipitation with station)提供 0.05°的空间分辨率(Funk et al.，2015)，相当于每 30.25 km^2 布设一个雨量站。这一特性使得近年来 CHIRPS 得到了广泛的应用和一致的赞赏。Duan Z et al. (2019)评价了三种降水产品在埃塞俄比亚的适用性，发现 CHIRPS 表现最好；Lai et al. (2019)在中国北江流域分别使用了 PERSIANN-CDR 和 CHIRPS 驱动水文模拟，确定 CHIRPS 的表现明显优于 PERSIANN-CDR。CPC-Global(climate prediction center gauge-based analysis of global daily precipitation)是美国国家海洋和大气管理局(NOAA)气候预测中心(CPC)发布的统一降水分析产品(Xie et al.，2007)，包含了从 WMO 全球电信系统、合作观测网和其他国家气象机构收集的共计 3 万余个雨量站的实测数据。该产品使用最优插值目标分析技术生成分布均匀的降水栅格，被认为是相对准确的。Tian et al. (2010)以 CPC 作为参考数据评价 GSMaP 在美国的适用性；Beck et al. (2017b)使用 CPC 来修改他们构建的 MSWEP 数据产品。不同降水数据集在精度和时空格局上存在显著差异，说明数据集选择对科研人员和决策者的重要性。

水文模型或降雨径流模型是了解水文过程和帮助水资源运行决策者的重要工具(Yan et al.，2016)。最常用的水文模型已被证明可以有效地纳入雨量站的数据，而开放获取的降水数据也不断得到改善，并被用于不同的模块，以评估其模拟流域径流的性能(Solakian et al.，2019)。在所有现有的各种水文模型中，SWAT(soil & water assessment tool)模型被科学界和其他对流域水文研究和管理感兴趣的人广泛使用(Qiu et al.,2019)。全球知名的学术期刊中,超过 4 000 篇(SWAT 文献数据库,1984—2020 年)经过同行评审的论文使用 SWAT 建模结果来支持他们的科学研究。此外,一个新版本(SWAT+)的模型目前正在开发中,它将为流域内的交互和过程提供更灵活的空间表示(Jin et al.,2018)。如上所述,许多研究人员一致认为,设计精确的流域模型需要对时间和空间降水变异性的真实描述。Huang et al.(2019)使用小时、次日和日尺度降水数据模拟了德国 Baden-Württemberg 州的径流,发现较高的降雨时间分辨率和模式性能之间存在正相关关系。因此,SWAT 模型若基于缺乏准确性的降水分布数据模拟流域的水文过程,这无疑是错误且不可靠的。例如,Lobligeois et al.(2014)使用雨量站实测(55 万 km^2 范围内的 2 500 个站点)和空间分辨率为 1 km 的天气雷达网络数据来模拟法国的径流,他们的结果清楚地表明,更高分辨率的雷达数据显著提高了模拟精度。

迄今为止,基于地面观测和遥感估算的降水资料对径流模拟精度的影响还没有被很好地理解,特别是当数据涵盖各种时间和空间分辨率时。因此,本书旨在阐明这些未知因素。更重要的是,水文模型将描述内部水文过程,随后对水平衡成分提出独特的解释。然而,对比时间和空间分辨率对水文过程或水平衡成分的影响方面进行的研究非常有限。由于对水循环的内部过程没有透彻的了解,水文模型可能会高度误导并促进不恰当的管理决策。因此,有必要利用开放获取的降水数据集进行水文模拟,才能最大限度地解决这个问题。Bai & Liu(2018)利用 HIMS 模型模拟了青藏高原黄河和长江源区由 CHIRPS、CMORPH、PERSIANN-CDR、TMPA 3B42 和 MSWEP 驱动的径流。他们的结果表明,参数校准显著地抵消了不同降水输入对径流模拟的影响,导致蒸发和地下水储存估计的巨大差异。他们的研究有助于加深我们对降水数据和水文模型参数如何影响水平衡成分的理解。然而,在不同降水输入的影响下,水平衡成分的变化证据尚未得到充分研究。本章旨在验证 CPC-global 和 CHIRPS 精确模拟流域径流的能力,并分析不同的 OPP 特征对水文过程模拟的影响。

8.4.1 数据来源

本章收集了 1997—2018 年北碚水文站(嘉陵江流域出口)的日观测流量。利用中国气象数据网提供的嘉陵江内部及周边 20 个气象站的逐日气象记录,包括降水、气温、相对湿度、日照时数、风速等。建立气象数据库所需的太阳辐射数据采用日照时数(n)计算,计算方法采用 FAO-56 Penman-Monteith 方法中的太阳辐射(R_s)指数计算法。为了简便,基于观测的降水数据在下文中简称 Gauge。

CHIRPS 产品提供了 1981 年至今 50°N ～ 50°S 准全球覆盖范围内 0.05°空间分辨率的每日降水数据。最新的 2.0 版数据集于 2015 年 2 月完成发布,并以每周的频率保持更新。CHIRPS 的产品是多种数据集的集合:来自联合国粮农组织(the Food and Agriculture Organization of the United Nations,FAO)和全球气候网络(the Global Historical Climate Network,CHCN)的每月降水数据建立的 CHPclim 模型(climate hazards group precipitation climatology);该数据结合 CPC 和 NOAA 国家气象数据中心(National

Climate Data Center，NCDC）提供的冷云持续时间（cold cloud duration）信息，TRMM 3B42 Version 7 数据和 NOAA 气象预测模型（climate forecast system，CFS）数据产品建立 CHIRP 数据。再使用多个数据源的雨量站数据校正偏差，最终生成 CHIRPS 数据。更多关于 CHIRPS 的详细信息可以在 Funk 等（2015）的文章中找到。本书使用 1999—2018 年每个子流域的日平均 CHIRPS 数据作为 SWAT 输入，并将该模型简称为 CHIRPS 模型。

CPC-Global 是国家海洋和大气管理局（National Oceanic and Atmospheric Administration，NOAA）正在进行的 CPC 统一降水项目的第一个产品。本产品提供 1998 年至今全球陆地 0.5°空间分辨率的日降水数据。CPC-Global 的每日降水数据可从其网站下载。该数据集综合 CPC 现有的所有信息源，利用最优插值目标分析技术（optimal- interpolation objective analysis technique），建立一套数量一致、质量提高的统一降水产品。CPC-Global 产品包括来自 GTS（the WMO Global Telecommunication System）、COOP（cooperative observer network）和其他国家气象机构（national meteorological agencies，NMAs）（Sun et al.，2017）的 3 万个站点的源测量数据。为了简洁，CPC-Global 数据在后文中简称为 CPC，对应的 SWAT 模型称为 CPC 模型。

在 SWAT 模型中，所有的气象数据根据“最近距离”原则分配给子流域。因此，对于 Gauge 观测，SWAT 子流域将读取最接近其质心的气象站的降水记录。类似地，对于 OPPs 的栅格数据，子流域将读取最接近其中心网格的降水观测数据。利用该方法，被包含在同一子流域的高分辨率 CHIRPS 栅格数据会被最靠近中心的栅格覆盖，从而降低了有效分辨率。为了将 CHIRPS 的空间分辨率和 SWAT 模型在使用其他两种产品时的有效性结合起来，本书选择了嘉陵江的 400 个子流域，使有效 CHIRPS 的数量是 Gauge 和 CPC 的 20 倍左右。需要注意的是，本书中所有的降水统计都是基于子流域尺度的，这确保了 SWAT 模型中降水数据的正确分类。

8.4.2 OPPs 在不同时间尺度上的评估

8.4.2.1 月尺度评估

图 8-10 显示了流域月降水时间序列（Gauge、CHIRPS 和 CPC）的比较。需要注意的是，图 8-10 中的时间序列表示的是整个流域的平均值，计算方法如下：首先根据最近距离原则将原始点或栅格格式的降雨记录分配给每个 SWAT 模型子流域，然后利用加权平均法将子流域面积在空间上合成为一个时间序列。从图 8-10 可以看出，Gauge 观测到的雨季（特别是 7 月）的降雨值高于 CHIRPS 和 CPC。CHIRPS 与 Gauge 记录之间的 CC 值为 0.97，CPC 与 Gauge 记录之间的 CC 值为 0.98（$P<0.01$，极显著正相关）。高 CC 值显示了两个 OPPs 和 Gauge 记录在月尺度上的高度线性相关关系，表明 CHIRPS 和 CPC 产品在描述 JRW 月降水变化方面与 Gauge 记录同样有效。

三次降水记录的箱形图如图 8-11 所示。值得注意的是，7 月是全年降水的最大贡献者，也是全年洪峰计算的最大贡献者。从 7 月的结果来看，与 Gauge 记录相比，CHIRPS 产品中值大，最大值小，最小值大，而三个 CPC 值都小于 Gauge 值。这些特征可能导致不同的水文模型在洪峰模拟时呈现显著差异。Gauge-CHIRPS 和 Gauge-CPC 的 STD_n 值分别为

1.06 和 0.94。Gauge-CHIRPS 和 Gauge-CPC 的 RSR 值分别为 0.27 和 0.22。这些统计数据表明，与 Gauge 记录相比，CHIRPS 和 CPC 估计都能够提供同样有效的降水值。然而，Gauge-CHIRPS 和 Gauge-CPC 的 PBIAS 值分别为 9.58% 和 − 6.70%，表明与 Gauge 记录相比，CHIRPS 产品被高估，CPC 产品被低估。其中，CHIRPS 产品的高估主要发生在 4—9 月，这是 JRW 雨季；而在旱季，即 10 月至次年 3 月，CHIRPS 的估计与 Gauge 的记录密切一致。相比之下，CPC 对雨季的估计与 Gauge 的记录相符，但旱季的降雨量被低估了。

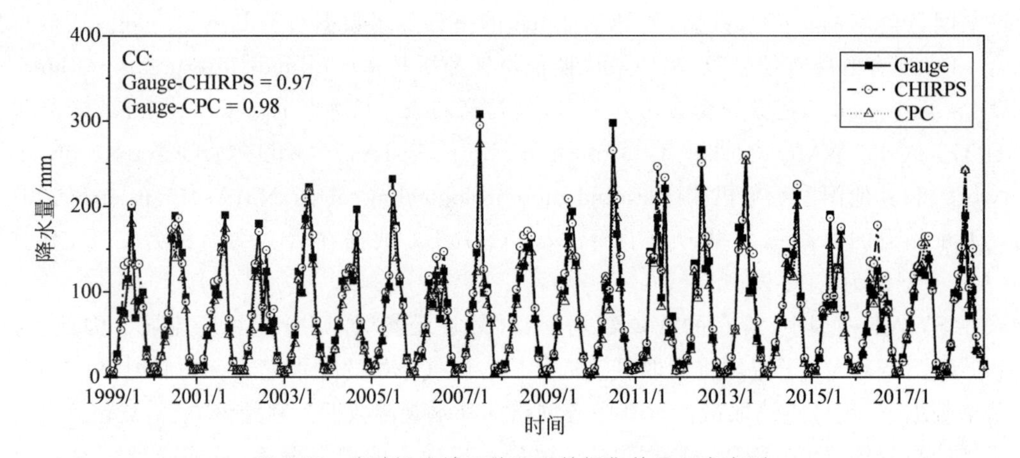

图 8-10 嘉陵江流域三种不同数据集的月尺度序列

Fig. 8-10 Time series of three different precipitation records at monthly scale in JRW

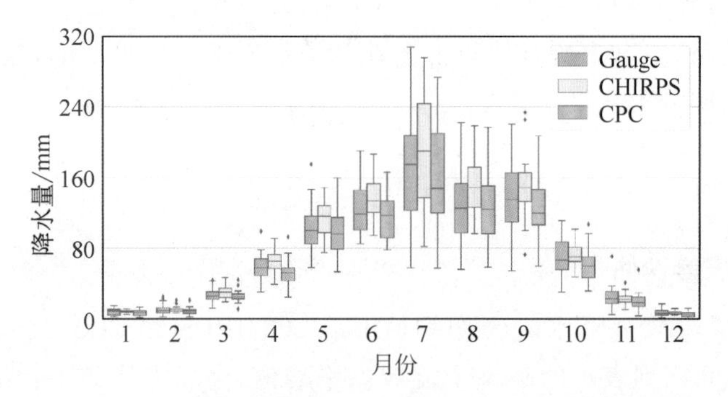

图 8-11 嘉陵江流域三种不同数据集的月尺度箱型图

Fig. 8-11 Box Diagrams of three different precipitation records at monthly scale in JRW.

8.4.2.2 日尺度评估

强度和频率是描述日尺度降雨特征的最关键参数(Azarnivand et al.,2019；Wen et al.,2019)。图 8-12 中的散点图描述了北碚水文站(NO. 411)的 OPPs 和 Gauge 记录在日尺度上的降水强度对比。根据图 8-12，CHIRPS 的 95% 线性回归估计与水平轴的夹角 >45°(1∶1 线)，表明相对于 Gauge 记录，CHIRPS 高估了降水。CPC 的估计结果恰恰相反。更具体地说，图 8-12(b)表明，与 Gauge 记录相比，CHIRPS 的估计倾向于高估小雨的降水，低估大雨的降水。同时，CPC 产品低估了小雨和大雨。统计上，CHIRPS 与 Gauge 记录之间的 CC、STD_n 和 RSR 值分别为 0.53、1.14 和 1.04，CPC 与 Gauge 产品之间的 CC、STD_n 和

RSR 值分别为 0.64、0.87 和 0.80。在日尺度上，与月尺度相比，OPPs 和 Gauge 产品的一致性明显下降。上述指标表明 OPPs 的估计和 Gauge 的一致性已丧失，而 CPC 相对于 CHIRPS 表现出更好的性能。

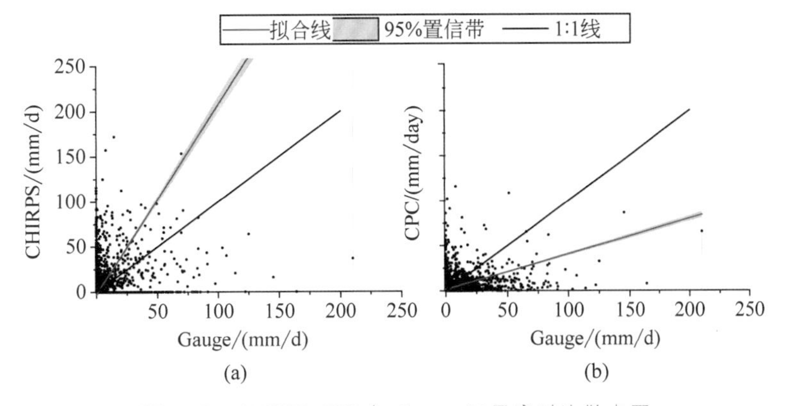

图 8-12　CHIRPS、CPC 与 Gauge 日尺度对比散点图

Fig. 8-12　Scatter plot of the OPPs records comparing with Gauge records at daily scale

三种降水产品的日累积降水强度频率如图 8-13 所示。请注意，在图的右侧，50 mm/d 的分界将横轴划分为降雨强度的两段，以便更清晰地描绘三种产品的频率趋势。三种产品对 0.1～ 25 mm/d 降水强度的发生概率较高，分别为 87%、94% 和 98%。而降水强度>100 mm/d 分别为 99.70%、99.73% 和 99.99%，表明该区域潜在的极端降水事件上限值。CPC 产品未能检测到极端暴雨事件。

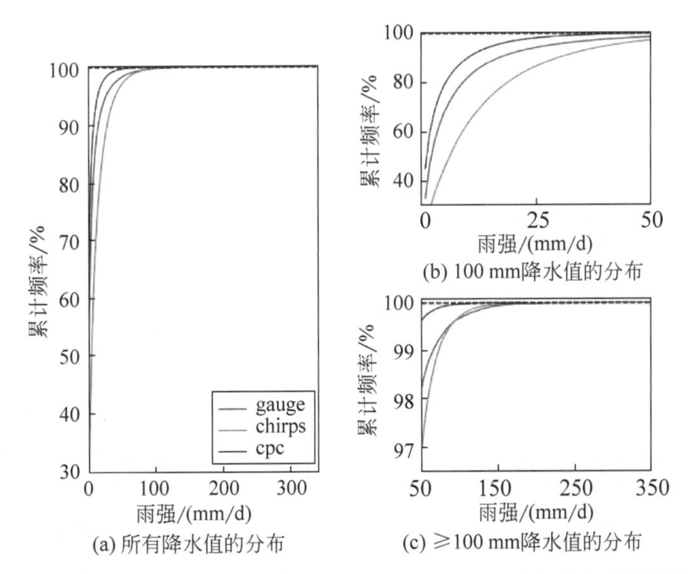

图 8-13　JRW 三种降水产品(Gauge、CHIRPS、CPC)日降水强度的累积频率

Fig. 8-13　Cumulative Frequencies of daily precipitation intensity for the three precipitation products (Gauge, CHIRPS, CPC) in JRW

表 8-4 为两个 OPP 对 0.1～50 mm，50 mm 和>50 mm 降雨强度的识别能力评价；降雨强度在 0.1～50 mm 的 CPC 和 CHIRPS POD 值分别为 83.53% 和 27.29%，表明 CPC 产品具有较强的降雨开始捕捉能力。降雨强度>50 mm 时，CPC 的 POD 值降至 9.42%，

对暴雨的捕捉能力较差，而 CHIRPS 产品的 POD 值较高，为 18.12%。此外，两种 OPP 的 FAR 分数在 44% ~ 66%，表明其对暴雨值的检测能力较低。

表 8-4 不同降雨强度的 POD 和 FAR 值

Table 8-4 POD and FAR values for different rainfall intensities %

	>0.1mm		≥50mm	
	POD	FAR	POD	FAR
CHIRPS	27.29	54.12	18.12	65.56
CPC	83.53	46.76	9.42	44.71

8.4.3 OPPs 在不同空间尺度上的评估

三种产品对所有分区子流域长期平均年降水量的空间变化如图 8-14 所示。三种产品的降水值从 JWR 的上游到下游呈现明显的上升趋势。降水在空间上的移动格局与地形变化高度相关(如图 8-14 所示)，表明整个区域的气象和水文变量都潜在地受到流域景观改变的影响和响应。需要注意的是，在图 8-14(a)中，所有的子流域被划分为几个区域，每个区域的降雨量都是相同的，而相邻区域之间的降雨量发生了突变。在图 8-14(c)中，相邻子盆地之间的过渡比 Gauge 观测到的过渡更平滑。在图 8-14(b)中，CHIRPS 产品显示了相邻子盆地之间最平稳的降水过渡，说明了高分辨率 CHIRPS 产品的优势。在本书中，将 20 个雨站、411 个 CHIRPS 网格和 76 个 CPC 网格的降水记录划分为 SWAT 子流域，导致三种产品降雨空间分布的连续性或平滑性存在差异。与 Gauge 观测值相比，CHIRPS 估算的总体降水值相对较高，而 CPC 估算的降水值相对较低。

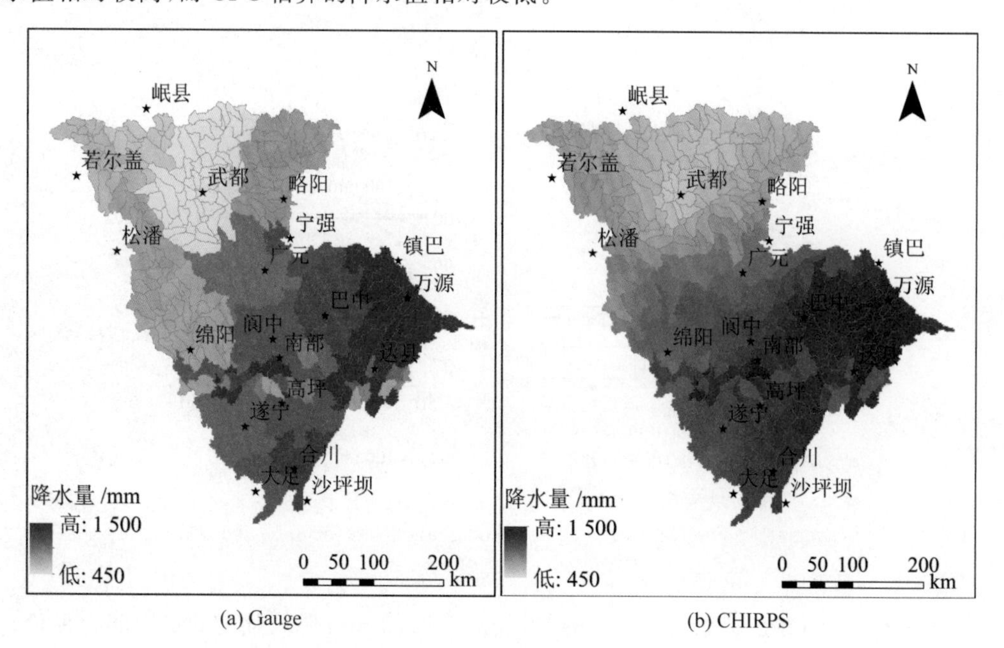

(a) Gauge　　(b) CHIRPS

图 8-14 在子流域尺度上年降雨量的空间分布

Fig. 8-14 Spatial variation of annual precipitation at sub-basin scale for (a) Gauge; (b) CHIRPS; (c) CPC

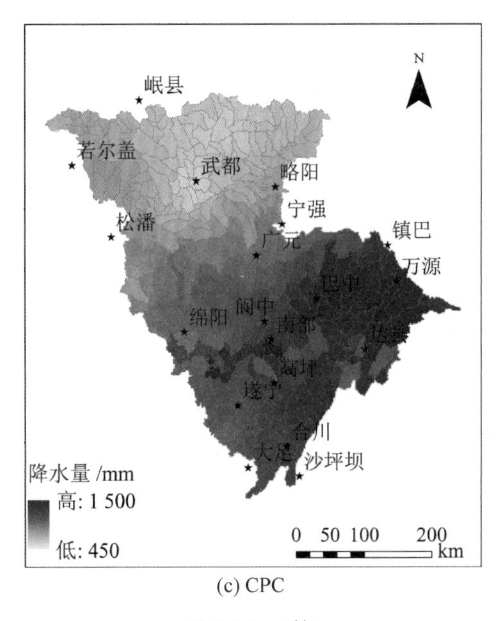

(c) CPC

图 8-14 （续）

CHIRPS 与 Gauge 的降水空间分布的 CC、STD_n 和 RSR 值分别为 0.89、0.96 和 0.55，CPC 与 Gauge 的降水空间分布的 CC、STD_n 和 RSR 值分别为 0.82、0.87 和 0.62。这些统计结果表明，CHIRPS 和 CPC 方法都能较好地描述 JRW 地区降水的空间分布，其中 CHIRPS 方法表现较好。图 8-15 显示了每个子盆地在月或日尺度上的 Gauge 和 OPP 之间的相关系数。总体而言，月尺度的 CC 值(0.7～1)相对于日尺度的 CC 值(0.5～0.7)较大。从空间上看，月尺度上青藏高原与青藏高原之间 CC 值较高的区域主要分布在降水量相对偏少或偏多的地区，如武都、万源等。然而，与 Gauge 和 CHIRPS 相比，CC 值在中雨地区(如遂宁)的相关性较小。但在日尺度上，除东南地区的个别子流域外，Gauge 与 CPC 的相关性高于 Gauge 与 CHIRPS。

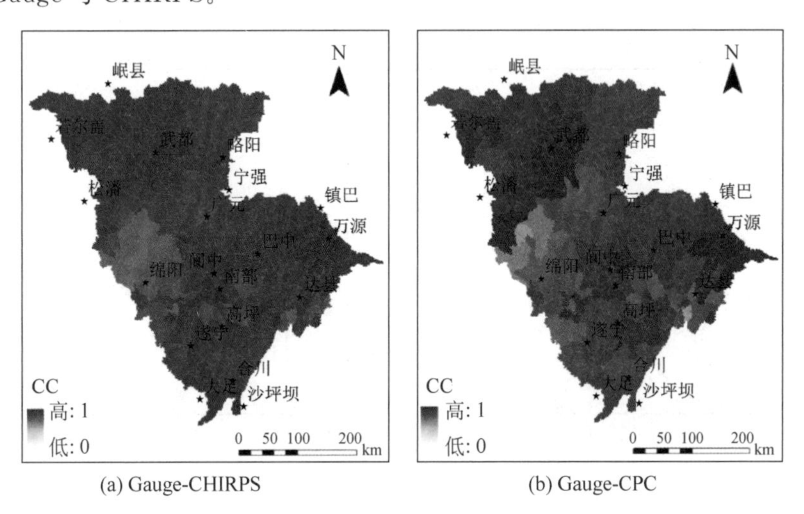

(a) Gauge-CHIRPS　　(b) Gauge-CPC

图 8-15　月尺度和日尺度的相关性空间分布

Fig. 8-15　Spatial variation of CC values of the precipitation between

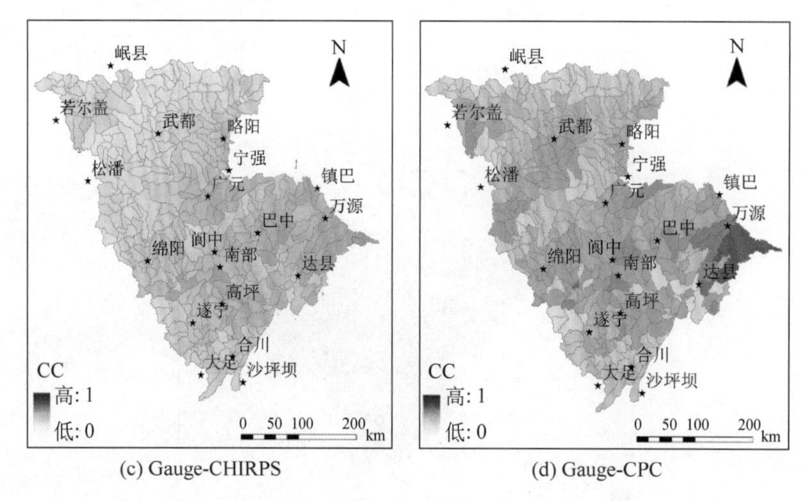

图 8-15 （续）

8.5 不同降水产品驱动 SWAT 模型径流模拟的表现

8.5.1 月尺度上的模拟性能

OPPs 在驱动模型时忽略地形差异，这可能会增加水文模拟的潜在系统误差（Tuo et al.，2016）。因此，本书使用高程带对不同高程的降水进行归一化。在此过程中，SWAT 模型在校准和验证期间使用的月观测径流和模拟径流如图 8-16 所示。结果表明，三种降水输入均能成功模拟北碚站的流量记录，模拟洪水涨落过程与实测洪水涨落过程基本一致。基于 Moriasi et al.（2007）设计的模型性能分级方案，三种降水数据集驱动的 SWAT 模型均在模拟期和验证期达到了“极好”性能评价，除了 CPC 在验证期因为 PBIAS 略有增加（10.8%）而获得“较好”的评价外。Gauge 模型模拟性能最好，CC 最高（校准期 0.93，验证

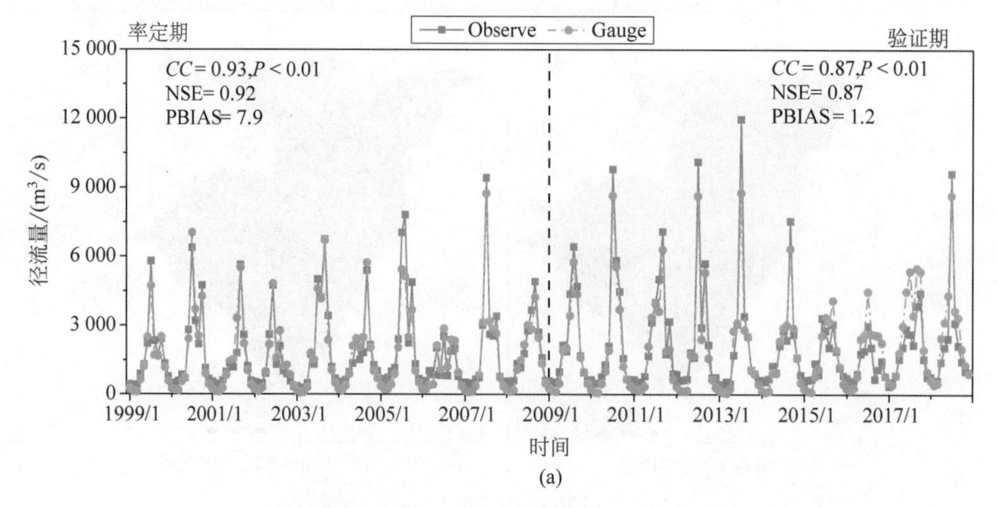

图 8-16 Gauge、CHIRPS 和 CPC 作为降水输入分别在月尺度上模拟嘉陵江的径流的时间序列

Fig. 8-16 Observed and simulated discharges at the outlet of JRW at monthly scale using precipitation inputs of Gauge, CHIRPS and CPC, respectively.

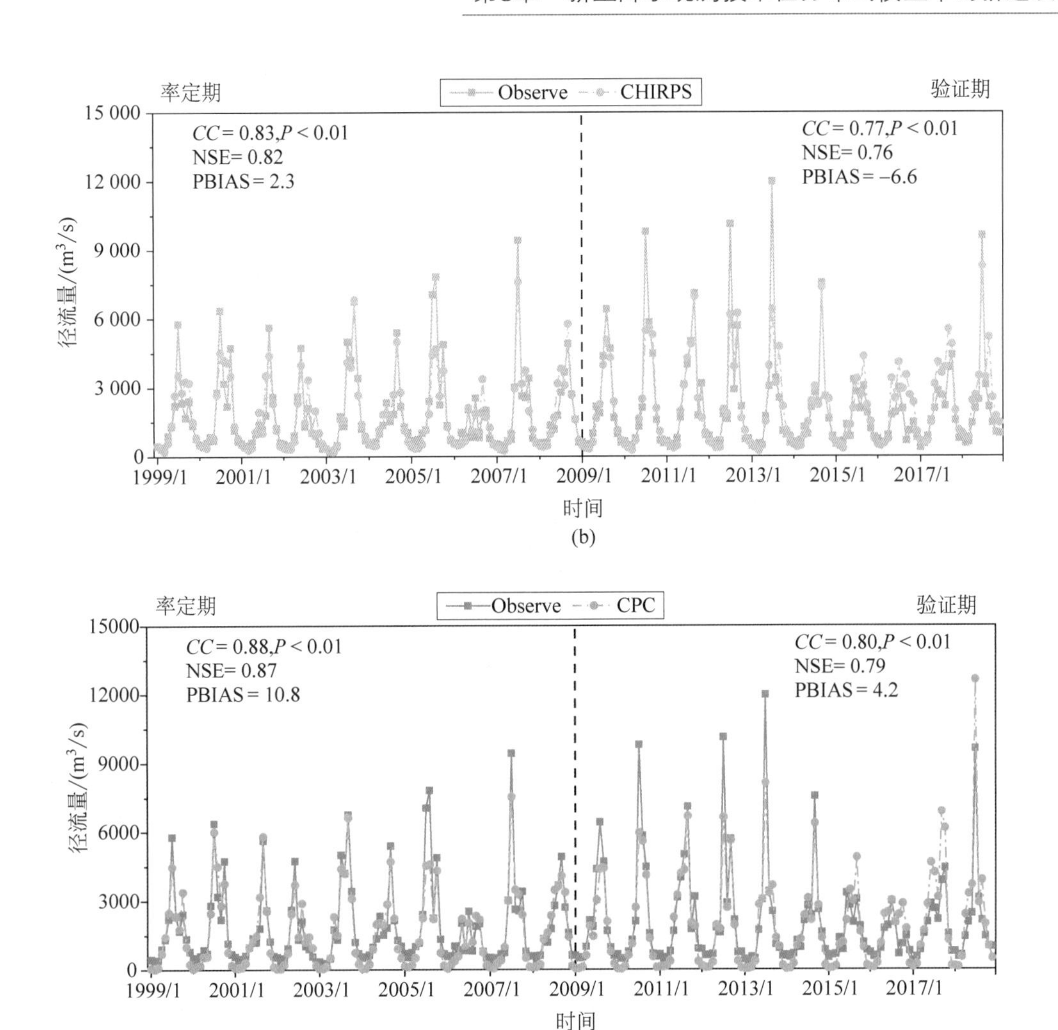

图 8-16 （续）

期 0.87)，NSE 最高(校准期 0.92 和验证期 0.87)，RSR 最低(校准期 0.28 和验证期 0.36)。三种降水数据集中，CHIRPS 的不确定性最低($p-$factor=77%，$r-$factor=0.68)，Gauge 的不确定性略高于 CHIRPS($p-$factor=77%，$r-$factor=0.74)，但是 CPC 产生了高度的不确定性($p-$factor=59%，$r-$factor=0.74)，不能达到最好水平。与使用 Gauge 输入的模型相比，两种 OPPs 模型倾向于低估主要发生在汛期(6—8 月)的峰值流量，这是导致 NSE 值较低的主要原因。Gauge 模型展示了最好的性能，这可能反映了其在洪水季节监测高峰降雨的强大能力(见图 8-11)。请注意，在图 8-11 中，CHIRPS 与 Gauge 相比在洪水季节检测到更多的小雨。这一特征为描述基流和中等洪水(如 2003 年和 2014 年的洪水)提供了最佳性能。结果表明，CHIRPS 模型实现了最佳的基流模拟；虽然高估了小雨强降水，但明显高估了小雨产生的径流(Q_{surf}<6 000 m^3/s)，这也导致了其最终性能的偏差。CPC 在验证期内的 2017 年和 2018 年均出现显著高估，虽然接近于 CHIRPS 的估计结果，但明显偏离了之前低估降水和径流的趋势。

在子流域尺度上模拟 WYLD 的空间变化(如图 8-17 所示)时，Gauge 和 CHIRPS 模式的一致性略好于 CPC 模式，这可能说明了 CHIRPS 模式在模拟降水方面的高分辨率优势。此外，WYLD 的分布格局与相应的降水分布高度一致（见图 8-14）。对于 Gauge、CHIRPS 和 CPC 产品的降水，WYLD 与降水的空间相关性分别达到 0.85、0.84 和 0.91。与 Gauge 模拟相比，CHIRPS 高估了 WYLD，CPC 低估了 WYLD。Gauge-CHIRPS 和 Gauge-CPC 的 PBIAS 值分别为 5.85%和−5.38%。

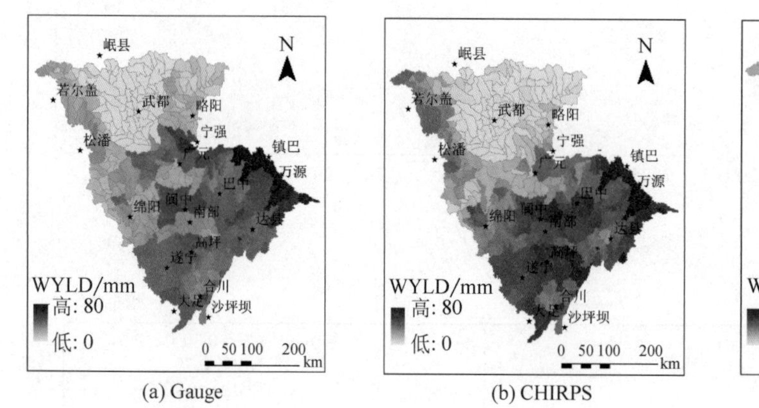

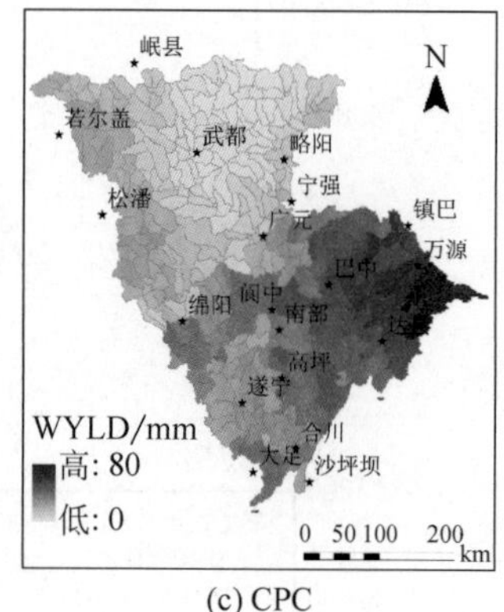

(a) Gauge (b) CHIRPS (c) CPC

图 8-17 Gauge、CHIRPS 和 CPC 作为降水输入分别在月尺度上模拟嘉陵江的径流的空间分布

Fig. 8-17 Spatial variation of water yield at monthly scale for all sub-basins calculated with precipitation inputs.

8.5.2 日尺度上的模拟性能

如图 8-18 所示，三种降水输入也成功地驱动模型在日尺度上复制了北碚站的径流记录，Gauge、CHIRPS 和 CPC 模型的性能评价分别为“较好”“可信”和“可信”。与月尺度不同，日尺度的 Gauge 模型在三种模型中具有较低的不确定性。Gauge、CHIRPS 和 CPC 的

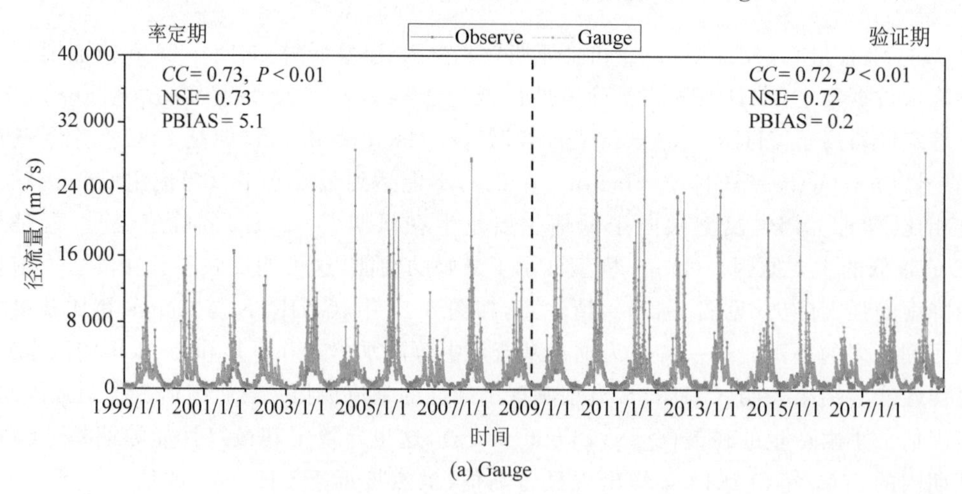

(a) Gauge

图 8-18 Gauge、CHIRPS 和 CPC 作为降水输入分别在日尺度上模拟嘉陵江的径流的时间序列

Fig. 8-18 Observed and simulated discharges at the outlet of JRW at daily scale using precipitation inputs of Gauge, CHIRPS and CPC, respectively.

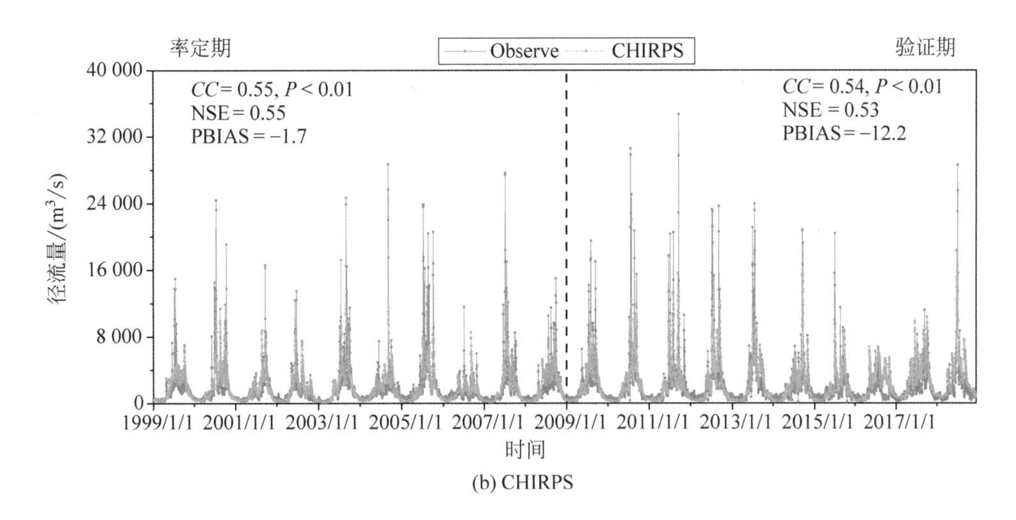

(b) CHIRPS

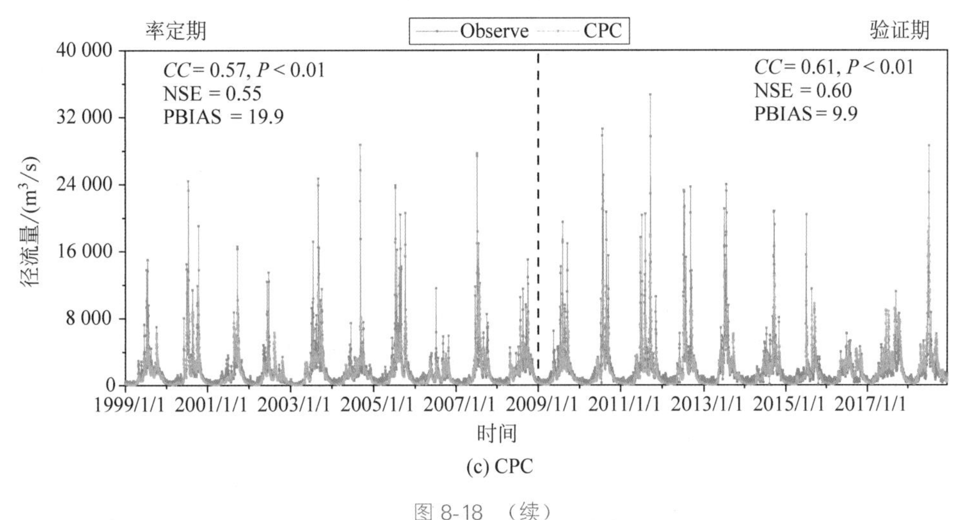

(c) CPC

图 8-18 （续）

p-factor 分别为 89%、70%和 54%，r-factor 分别为 0.81、0.43 和 0.43。总体而言，在月度尺度上，Gauge 和 CHIRPS 的不确定性较对应模型显著降低，而 CPC 的不确定性增加。三种产品描述峰值流量的性能都不是很好，其中 Gauge 模型表现最好。峰值流量通常是由极端降水事件引起的，如强度为＞80 mm/d 的降水事件。如图 8-12 和 8-13 所示，与 Gauge 观测值相比，CHIRPS 和 CPC 都低估了强降雨强度。相反，CHIRPS 模型在模拟基流方面表现最好，因为 CHIRPS 往往比 Gauge 和 CPC 捕捉到更高的小雨值。

各子流域日尺度 WYLD 的空间变化如图 8-19 所示。三组降水数据日尺度和月尺度的空间变化基本一致。在日尺度上，Gauge、CHIRPS 和 CPC 的日和月 WYLD 空间变化之间的 CC 值分别为 0.98、0.99 和 0.97。与逐月尺度的结果相似，日尺度上 WYLD 与降水的空间格局高度相关。Gauge、CHIRPS 和 CPC 的 WYLD 与降水之间的 CC 值分别为 0.83、0.84 和 0.92，甚至高于月尺度。CHIRPS 与 Gauge 的 CC、STD_n 和 RSR 值分别为 0.92、1.06 和 0.46，CPC 与 Gauge 的 RSR 值分别为 0.81、0.94 和 0.66。

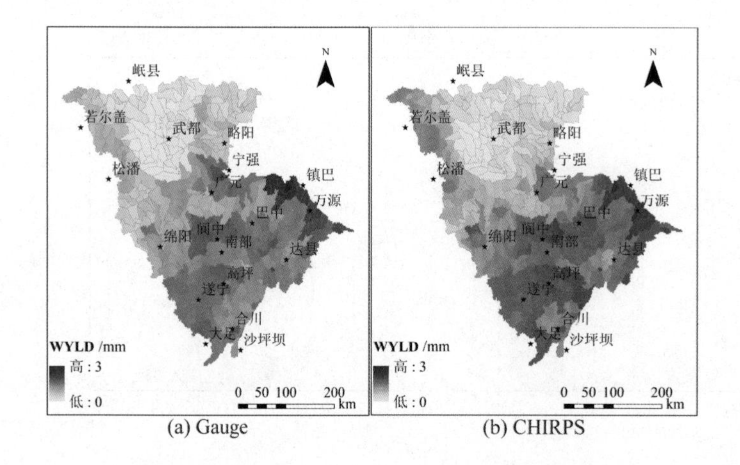

(a) Gauge (b) CHIRPS

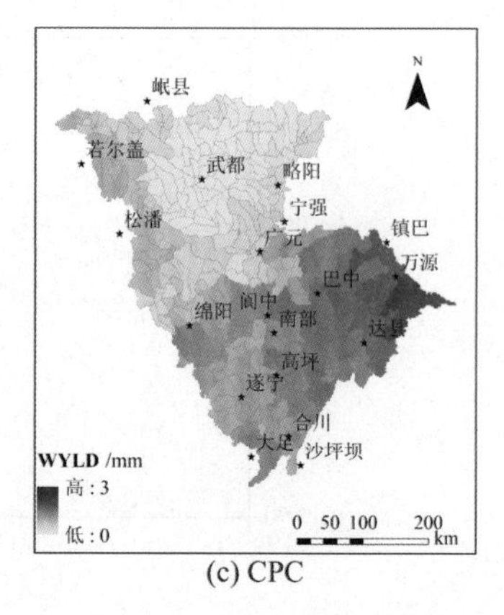

(c) CPC

图 8-19 Gauge、CHIRPS 和 CPC 作为降水输入分别在日尺度上模拟嘉陵江的径流的空间分布
Fig. 8-19 Spatial variation of water yield at daily scale for all sub-basins calculated with precipitation inputs.

8.5.3 不同量级降水事件的降水产品比较

在上述结果中，与 Gauge 产品相比，CHIRPS 倾向于高估小雨的强度和频率，而低估暴雨，这与 Gao et al. (2018)报道的结果一致。然而，CPC 倾向于低估小雨和大雨的强度和频率，但小雨更容易被低估。这些结果与 Ajaaj 等人(2019)的报告一致。不同量级降雨强度的捕捉差异可能潜在地影响水文过程和预报。由式 3-30 可知，流域的 WYLD 与降水量成正比，即强降雨往往会产生大量的水流。Duan J et al. (2019)通过坡面试验发现，极端降水事件与正常降水事件的径流系数存在显著差异，前者产生的径流和泥沙比后者多得多。Solano-Rivera et al. (2019)在 San Lorencito 源头集水区进行实验，发现极端事件之前的降雨—径流动力学主要与前因条件有关。极端洪水事件后，前期条件对降雨—径流过程没有影响，降雨对径流流量有显著影响。评价指标 NSE 性能主要由峰值流量决定。因此，在时间和空间尺度上识别不同降雨事件的强度是至关重要的。在此基础上，分析不同强度降雨事件的时空分布特征。通过识别所有子流域的编号来实现空间尺度维数(见图 8-20)，时间维度为整个研究期间按不同量级分类的降雨事件场次(见图 8-21)。

总体而言，从图 8-21 可以看出，CPC 倾向于捕捉更多的降水强度在 0.1～50 mm/d 的小雨事件(LR)，而 CHIRPS 则倾向于捕捉更多的降水强度在 50～100 mm/d 的中雨事件(MR)。而 Gauge 和 CHIRPS 观测到更多降水强度大于 100 mm/d 的强降水事件(HR)。据此，三种产品的年总降水量排序为 CHIRPS (956.4 mm)＞Gauge(872.8 mm)＞CPC(814.3 mm)。即使具有探测 MR 和 HR 事件的优势，CHIRPS 模拟洪水事件的能力也不如 Gauge。可能的原因有：(1)CHIRPS 检测到的 HR 事件在时间尺度上更分散，导致洪峰值分散；(2)CHIRPS 检测到的高频率 MR 导致 SWAT 模型中的参数集倾向于获得较低的径流系数，以避免 PBIAS 的较大系统偏差。

CPC 估计的 60%被检测为 LR，无法驱动 SWAT 模型捕捉小流量产流，特别是相当于基流的流量。因此，CPC 模型的 CC 值相对较低。造成这种现象的一个潜在原因可能是

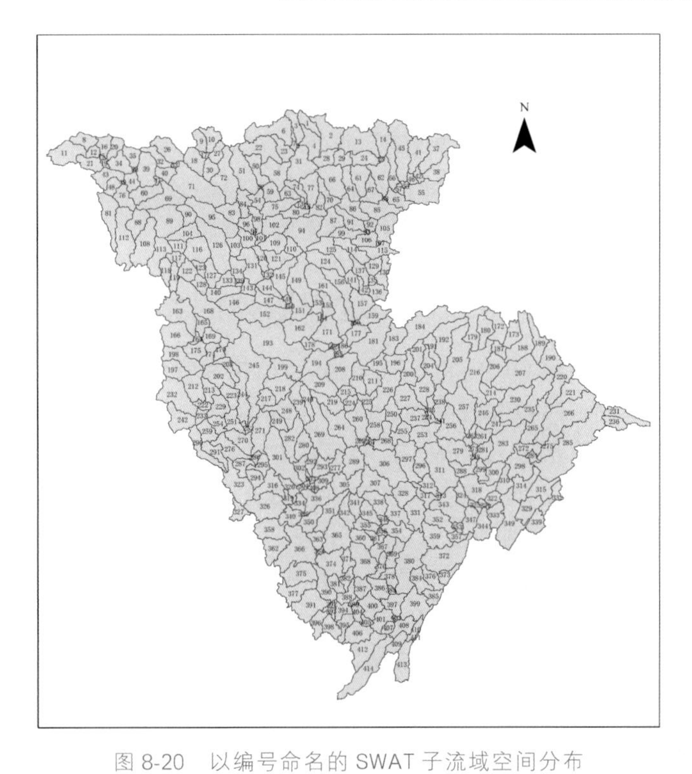

图 8-20　以编号命名的 SWAT 子流域空间分布

Fig. 8-20　Spatial distribution of sub-basins in SWAT, named by Numbers.

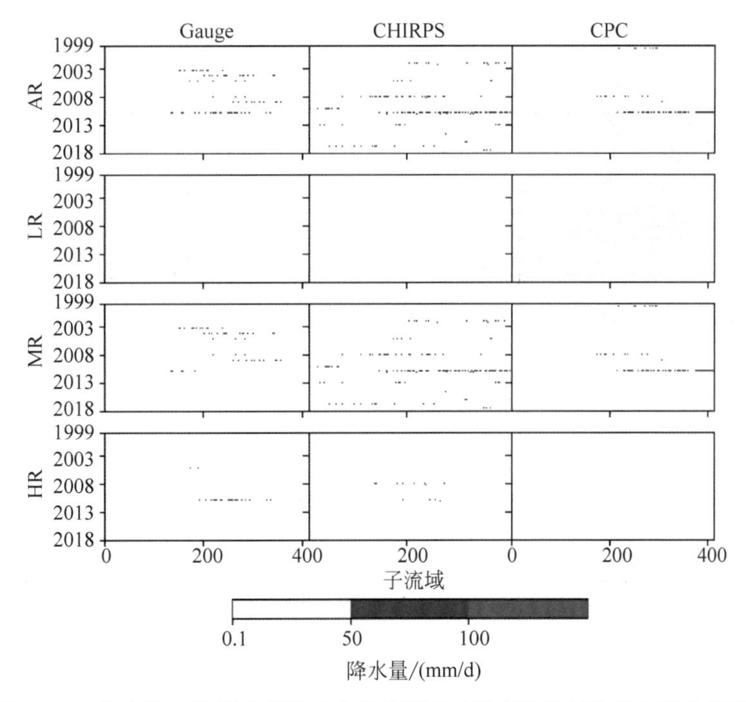

图 8-21　整个研究期间三类降水产品检测到的所有子流域的洪水事件记录
其中 AR、LR、MR、HR 分别代表降雨(＞0 mm/d)、小雨(0.1～50 mm/d)、中雨(50～100 mm/d)和暴雨(＞100 mm/d)

Fig. 8-21　Full records of flood events occurred throughout the study period and all sub-basins detected by three precipitation products

LR 事件期间的降雨在初始和损失后的过程中很容易流失，导致 WYLD 很低甚至没有。此外，CHIRPS 误报 MR 事件的概率较高，这与 Zambrano-Bigiarini 等人(2017)报道的结果一致。因此，CHIRPS 中存在大量的错误峰，就像它在日尺度上的对降水的描述一样，与 Gauge 的相关性非常低。错误的降水峰值往往产生错误的径流峰值。虽然 SWAT 可以在一定程度上修复峰值位置偏差，但 CC 值不可避免地会降低。

8.5.4 降水产品差异对水文过程模拟的影响

上述研究结果表明，使用 OPPs 和 Gauge 输入，模拟和观测的径流过程可以在月尺度和日尺度上成功匹配。然而，模拟和观测的径流的一致性并不保证三个模型具有相同的水文过程。例如，对于所有的降水输入，SWAT 模型校准的参数并不相同，这意味着 SWAT 建模期间的内在过程也不同。因此，研究人员和决策者充分了解不同降水产品在模拟水文过程中的好处和局限性是至关重要的。

根据 SWAT 模型的水量平衡方程(式 3-29)，WYLD 等于 Q_{surf}、Q_{lat} 和 Q_{gw} 的和，其中 Q_{gw} 可分为浅层基流(GW_Q)和深层基流(GW_Q_D)。假设土壤含水量 W 和从土壤剖面进入包气带的水量 W_{seep} 在水文年尺度保持不变，则可将水量平衡方程修正为 $P=Q_{surf}+ET+Q_{lat}+Q_{gw}$。据此计算嘉陵江各子流域的数量平衡过程。从图 8-22 和表 8-5 可以明显看出，三种模型的水量平衡组分存在显著差异。三种产品的 ET 均在 50%以上，流域产流系数约为 0.45，但是，Gauge 的主要成分为 SURQ 和 LATQ，分别占 25.92%和 16.72%；CHIRPS 的主要成分是 SURQ，占 34.80%，CPC 的主要成分是 LATQ，占 33.62%。从空间上看，地表流量由上游向下游增加。

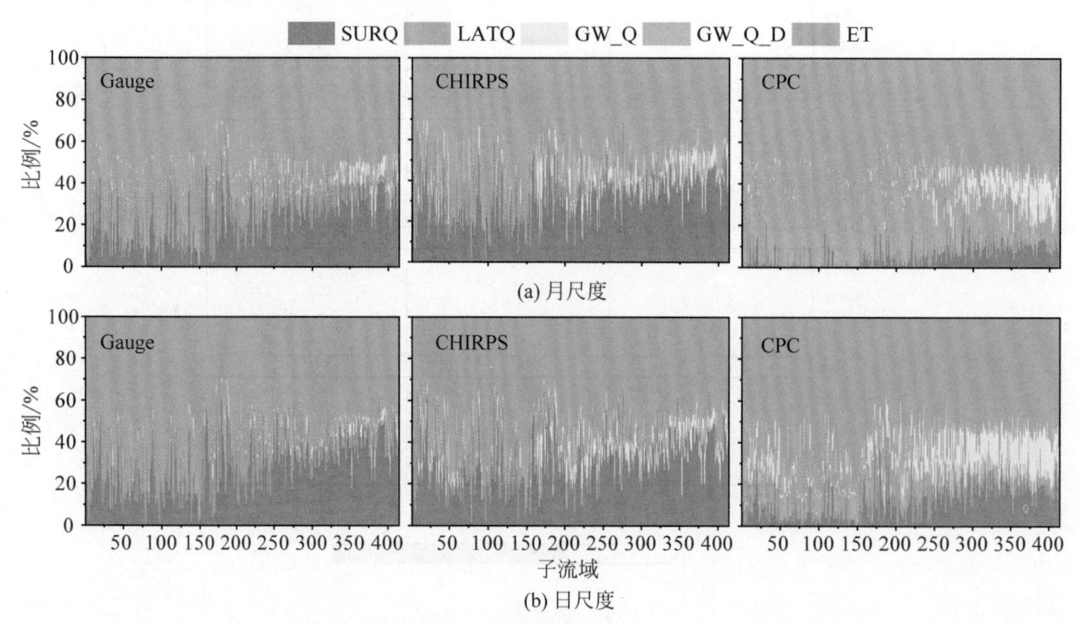

图 8-22 基于 SWAT 模拟的子流域的水量平衡组分

(其中 SURQ 表示地表径流 - Q_{surf}；LATQ 表示横向流 - Q_{lat}；GW_Q 为浅含水层基流；GW_Q_D 为深含水层基流，GW_Q 与 GW_Q_D 之和为 Q_{gw}；ET 为实际蒸散发 ET)

Fig.8-22 Water balance components for all sub-basins derived from SWAT models

表 8-5　JRW 三个模型的水量平衡分量

Table 8-5　Summarization of water balance components of the three models for the whole JRW

Time scale	Datasets	Statistics	SURQ	LATQ	GW_Q	GW_Q_D	ET	Summation
Monthly	Gauge	Average	4 500.00	2 977.22	299.07	60.61	9 076.60	16 913.50
		Percentage	26.61%	17.60%	1.77%	0.36%	53.66%	
	CHIRPS	Average	6 068.35	773.24	949.56	140.79	9 046.83	16 978.78
		Percentage	35.74%	4.55%	5.59%	0.83%	53.28%	
	CPC	Average	1 087.19	5 577.20	583.45	30.15	8 694.40	15 972.40
		Percentage	6.81%	34.92%	3.65%	0.19%	54.43%	
Daily	Gauge	Average	5 544.88	1 856.00	244.94	48.29	9 309.37	17 003.48
		Percentage	32.61%	10.92%	1.44%	0.28%	54.75%	
	CHIRPS	Average	6 202.63	834.78	1 167.37	59.75	10 434.58	18 699.11
		Percentage	33.17%	4.46%	6.24%	0.32%	55.80%	
	CPC	Average	2 493.11	2 302.28	1 709.95	88.66	9 384.90	15 978.90
		Percentage	15.60%	14.41%	10.70%	0.55%	58.73%	

上述水量平衡分量规律可主要归因为两个原因。首先，上述水文组分比例的差异主要受模型参数的控制。例如，ESCO 是直接影响土壤最大蒸发量的土壤蒸发补偿因子；该值越小，最大蒸发量越大。SWAT 模型利用较高的 ESCO 间接提高了 WYLD，从而降低了 ET 值。在本书中，Gauge、CHIRPS 和 CPC 的 ESCO 值分别为 0.879～1、0.775～1 和 0.914～1。研究期间 ET 总量分别为 8 153.94 mm、8 161.22 mm 和 7 806.84 mm。显然，CPC 模式通过使用较高的 ESCO 参数降低了其相应的 ET，因此降水输入的不足将被较少的蒸发抵消。这一结果与 Bai & Liu(2018)在青藏高原的黄河和长江流域的源区进行的研究结果一致。他们进一步得出结论，不同降水输入对径流模拟的影响在很大程度上被参数校准所抵消，导致蒸发和蓄水量估算存在显著差异。

其次，降水特征对流域水文过程也有显著影响。大量研究表明，降雨强度是流域水文过程的关键因素(Zhou et al.，2017；杜等人，2019；Zhang et al.，2019)。Redding & Devito (2010)的研究表明，壤中流的发生主要由降雨强度决定。当降雨强度大于表层土壤入渗率时，降雨主要形成地表径流。降雨强度在表土与基岩入渗率之间时，降雨主要形成壤中流。当降雨强度小于基岩的入渗率时，降雨会渗入地下水。在本书中，CHIRPS 记录的降水主要分布在 25～100 mm/d，而 CPC 记录的降水主要分布在 0.1～25 mm/d。这可能是与 Gauge 模型相比，CHIRPS 高估了地表径流的比例，CPC 高估了侧流的比例的原因。此外，流域上游区域降水检测值较低，而当径流在流域下游汇合时，由于降水强度较大，地表径流增加 (见图 8-17)。上述参数与 OPP 的差异表明，即使单一变量产生相同的结果，也可能会扭曲模拟模型的水文过程。多目标率定是一种能有效减少标定过程中主观性和过拟合的方法。Tuo et al. (2018)使用 WYLD、雪水当量(snow water equivalent，SWE)，将 WYLD 和 SWE 结合作为目标对 SWAT 模型进行率定，最终发现只有多目标过程的结果才能同时提供可接受的 WYLD 和 SWE 模拟结果。他们的结论表明，多目标率定是降低模型不确定性的一种潜在方法。

8.6 本章小结

(1) 雷达降雨能够有效获取降雨的空间分布,减小由于降雨输入信息不充分对洪水预报带来的不确定性影响,提高洪水预测的精度,因此越来越多地被应用于水文领域。但与雨量站降雨相比,数据误差大,可靠性低,当在水文领域实际应用时,需要对其进行一定的误差评估和修正。在此基础上,将其应用于分布式模型,主要的结论如下:

首先,针对 Hydro-NEXRAD 提供的雷达数据编制算法,实现其与分布式水沙模型 BPCC 的耦合计算。其次,采用雨量站观测降雨,选取参数评价体系,对 Clear Creek 流域的雷达数据的可靠度进行评价。雷达降雨估计值与雨量站降雨观测值的小时过程和日过程的评估参数表明,雷达数据对于降雨事件的识别能力较好,但相关系数低,总雨量值偏大,且在降雨后半时期更为显著。

最后,选用基于点雨量站测量值的点平均和面平均校准因子分别对雷达估测降雨场进行时间尺度和空间尺度上的修正,并将其应用于分布式水文模型,通过径流模拟结果与观测值的比较,进一步评价雷达数据的可靠性和适用性。计算结果表明,雷达数据能较好地与分布式水文模型相匹配,且较为准确地再现降雨—径流过程,较好地发挥了其在降雨空间分布变化方面的优势,同时,验证了 BPCC 模型本身的确定性和稳定性。本书初次将 Hydro-NEXRAD 提供的雷达数据应用于分布式水文模型,为提高流域洪水预报精度提供了新途径,对今后的雷达信息开发及相关验证工作提供了新思路。

(2) 地面降水观测的稀疏性和不均匀性给水文模型的建立带来了巨大的挑战。在本章研究中,通过统计比较不同的降水产品及其驱动水文模型的性能,对 Gauge、CHIRPS 和 CPC 进行了评估,进一步分析不同降水数据集对降水特征描述的差异在模型水文过程模拟中的潜在影响。主要结论总结如下:

两种遥感降水数据集在月尺度上的时间变化上和地面观测降水数据高度一致,但在日尺度上存在显著差异。CHIRPS 的特点是小雨估计过高,大雨估计过低,误报概率高。CPC 通常会低估所有量级的降雨量。总体上,CHIRPS 更适合作为 Gauge 的备选输入,CPC 具有较高的不确定性。两种 OPPs 都能令人满意地再现嘉陵江出口的径流过程,但性能略低于 Gauge 模型。在时间尺度上,OPPs 在捕获洪峰方面表现较差,但在描述其他水文特征方面表现较好,如涨落过程和基流。在空间尺度上,CHIRPS 具有高分辨率的优势,可以获得平滑、分布式的降水和径流。

基于不同的降水输入驱动 SWAT 模型,即使径流输出一致,水平衡分量仍可能存在显著差异。不同的降水探测方法导致水分平衡组分的时空变化。高估降雨量的 CHIRPS 倾向于产生更多的地表径流,而低估降雨量的 CPC 则产生更多的侧向流。降水的空间格局导致地面流量由上游向下游呈增加趋势。仅使用径流模拟精度来评估降水产品将掩盖这些产品之间的不同之处。水文模型通过调整校准参数来改变水文机理,因此在分析不同的水文过程组分时,需要以研究对象为校准目标,以保证模拟结果的可靠性。

参 考 文 献

蔡强国，刘纪根，2003. 关于我国土壤侵蚀模型研究进展[J]. 地理科学进展，(3)：142-150.

蔡强国，袁再健，程琴娟，等. 2006. 分布式侵蚀产沙模型研究进展[J]. 地理科学进展，25(3)：48-53.

车振海，1995. 试论土壤渗透系数的经验公式和曲线图[J]. 东北水利水电，(9)：17-19.

陈海生，曹瑛杰，2008. 基于地统计和 GIS 的河南省降水量和蒸发量空间变异性分析[J]. 河南大学学报(自然科学版)，38(2)：160-165.

陈军锋，李秀彬，张明，2004. 模型模拟梭磨河流域气候波动和土地覆被变化对流域水文的影响[J]. 地球科学，34(7)：668-674.

陈力，刘青泉，李家春，2001. 坡面降雨入渗产流规律的数值模拟研究[J]. 泥沙研究，(4)：61-67.

陈利群，刘昌明，2007. 黄河源区气候和土地覆被变化对径流的影响[J]. 中国环境科学，27(4)：559-565.

陈肖敏，郭平，彭虹，等. 2016. 子流域划分对 SWAT 模型模拟结果的影响研究[J]. 人民长江，47(23)：44-49.

陈真，2019. 大理河流域降雨及土地利用对水沙变化的影响研究[D]. 郑州：郑州大学.

程艳，敖天其，黎小东，等. 2016. 基于参数移植法的 SWAT 模型模拟嘉陵江无资料地区径流[J]. 农业工程学报，32(13)：81-86.

仇开莉，2014. 沱江流域(内江段)农田土壤有机碳特征及固持能力测算[D]. 成都：成都理工大学.

戴明龙，黄燕，李中平，2008. 水库群溃坝洪水计算[J]. 人民长江，(17)：58-60.

窦小东，彭启洋，张万诚，等. 2020. 基于情景分析的 LUCC 和气候变化对南盘江流域径流的影响[J]. 灾害学，35(1)：84-89.

杜艳秀，邵怀勇，李波，2015. MODIS 数据研究沱江流域植被 NDVI 对气候因子的响应[J]. 环境科学与技术，38(S1)：368-372.

冯铁忱，吴群英，1999. 1998 年长江流域洪水灾情[J]. 人民长江，30(2)：28-29.

符素华，张卫国，刘宝元，等. 2001. 北京山区小流域土壤侵蚀模型[J]. 水土保持研究，8(4)：114-120.

付艳玲，2011. 近 50 年来黄河中游典型流域水沙变化趋势分析[D]. 咸阳：西北农林科技大学.

傅抱璞，1981. 论陆面蒸发的计算[J]. 大气科学，(1)：23-31.

高鹏，穆兴民，王炜，2010. 长江支流嘉陵江水沙变化趋势及其驱动因素分析[J]. 水土保持研究，17(4)：57-61+66.

巩杰，徐彩仙，燕玲玲，等. 2019. 1997—2018 年生态系统服务研究热点变化与动向[J]. 应用生态学报，30(10)：3265-3276.

郭庆超，2006. 天然河道水流挟沙能力研究[J]. 泥沙研究，(5)：45-51.

郭荣芬，罗燕，唐盛，2015. "2014.5.10"云南怒江州福贡泥石流成因分析[J]. 灾害学，30(1)：102-107.

郭文献，豆高飞，李越，等. 2019. 近 50 年嘉陵江水沙通量演变特征分析[J]. 水电能源科学，37(4)：59-62+75.

郭星，王会儒，陈国鹏，2014. 白龙江干旱河谷脆弱生态区立地类型与造林树种配置[J]. 安徽农业科学，42(14)：4293-4295+4357.

韩继冲，喻舒琳，杨青林. 等. 2019. 1999—2015 年长江流域上游植被覆盖特征及其对气候和地形的响应[J]. 长江科学院院报，36(9)：51-57.

韩淑敏，谢平，朱勇，2007. 土地利用/覆被变化的水文水资源效应研究评述[J]. 水科学研究，1(1)：43-49.

郝芳华，陈利群，刘昌明，等. 2003. 降雨的空间不均性对模拟产流量和产沙量不确定的影响[J]. 地理科展，(5)：446-453.

郝芳华，程红光，杨胜天，2006. 非点源污染模型[M]. 北京：中国环境科学出版社：45.

郝芳华，张雪松，程红光，等. 2003. 分布式水文模型亚流域合理划分水平刍议[J]. 水土保持学报，(4)：

75-78.

郝振纯，李丽，王加虎，等. 2010. 分布式水文模型理论与方法[M]. 北京：科学出版社.

胡思，曾祎，王磊，等. 2019. 长江流域极端降水的区域频率及时空特征[J]. 长江流域资源与环境，28(8)：2008-2018.

胡云华，冯精金，王铭烽，等. 2016. 气候及下垫面变化对嘉陵江流域径流与输沙的影响[J]. 中国水土保持科学，14(4)：75-83.

胡志斌，何兴元，江晓波，等. 2004. 岷江上游典型时期景观格局变化及驱动力初步分析[J]. 应用生态学报，15(10)：1797-1803.

黄生志，杜梦，李沛，等. 2019. 变化环境下降雨集中度的变异与驱动力探究[J]. 水科学进展 30(4)：496-506.

冀会珍，2014. 河道采砂水土流失危害与防治措施[J]. 山西水利，(8)：3＋5.

江志红，丁裕国，陈威霖，2007. 21世纪中国极端降水事件预估[J]. 气候变化研究进展，3(4)：202-207.

姜晓峰，王立，马放，等. 2014. SWAT模型土壤数据库的本土化构建方法研究[J]. 中国给水排水，30(11)：135-138.

金鑫，郝振纯，张金良，2006. 水文模型研究进展及发展方向[J]. 水土保持研究，(4)：197-199＋202.

金鑫，2007. 黄河中游分布式水沙耦合模型研究[D]. 南京：河海大学.

景可，焦菊英，李林育，2010. 长江上游紫色丘陵区土壤侵蚀与泥沙输移比研究——以涪江流域为例[J]. 中国水土保持科学，8(5)：1-7.

孔锋，史培军，方建，等. 2017. 全球变化背景下极端降水时空格局变化及其影响因素研究进展和展望[J]. 灾害学，32(2)：165-174.

黎铭，张会兰，孟铖铖，2019. 黄河皇甫川流域水沙关系特性及关键驱动因素[J]. 水利水电科技进展，39(5)：27-35.

黎志恒，文宝萍，贾贵义，等. 2015. 甘肃省白龙江流域滑坡分布规律及其主控因素[J]. 兰州大学学报(自然科学版)，51(6)：768-776.

李朝月，方海燕，2020. 泰国蒙河流域水沙变化趋势及影响因素[J]. 应用生态学报，31(2)：590-598.

李辉，周启刚，李斌，等. 2021. 近30年三峡库区生态系统服务价值与生态风险时空变化及相关性研究[J]. 长江流域资源与环境，30(3)：654-66.

李建通，杨维生，郭林，等. 2000. 提高最优插值法测量区域降水量精度的探讨[J]. 大气科学，24(2)：263-270.

李进，陈良华，李波，等. 2013. 金沙江流域强降水天气特征分析[J]. 人民长江，44(19)：36-39.

李硕，孙波，曾志远. 等. 2004. 遥感和GIS辅助下流域养分迁移过程的计算机模拟[J]. 应用生态学报，15(2)：278-282.

李晓冰，2009. 关于建立我国金沙江流域生态补偿机制的思考[J]. 云南财经大学学报，25(2)：132-138.

李义天，尚全民，1998. 一维不恒定流泥沙数学模型研究[J]. 泥沙研究，(1)：81-87.

李永山，贾晓鹏，马启民，等. 2019. 孔兑沙漠小流域高含沙洪水水沙关系特征及其指示意义——以毛布拉孔兑苏达尔沟为例[J]. 干旱区资源与环境，33(3)：92-97.

李勇，何金海，姜爱军，等. 2007. 冬季西太平洋遥相关型的环流结构特征及其与我国冬季气温和降水的关系[J]. 气象科学，27(2)：119-125.

李运刚，胡金明，何大明，等. 2013. 1960—2007年红河流域强降水事件频次和强度变化及其影响[J]. 地理研究，32(1)：64-72.

李致家，刘金涛，葛文忠. 等. 2004. 雷达估测降雨与水文模型的耦合在洪水预报中的应用[J]. 河海大学学报(自然科学版)，32(6)：601-606.

李朱，2020. 长江经济带发展战略的政策脉络与若干科技支撑问题探究[J]. 中国科学院院刊，35(8)：1000-1007.

林浩，吴丽君，曾艳，等. 2020. 涪江中游不同林分土壤水分-物理性质研究[J]. 绵阳师范学院学报，39(8)：

74-81.
刘昌明，李道峰，田英，等. 2003. 基于DEM的分布式水文模型在大尺度流域应用研究[J]. 地理科学进展，22(5)：437-445.
刘成，何耘，刘桉，2017. 河流输沙量变化的主要驱动因素[J]. 水利水电科技进展，37(1)：1-7.
刘凤莲，陈植华，2005. 流域水文模型发展展望[J]. 细致灾害与环境保护，16(1)：71-74.
刘红英，2012. 降水变化和人类活动对北洛河上游水沙特性的影响研究[D]. 咸阳：西北农林科技大学.
刘家宏. 2005. 黄河数字流域模型[D].
刘尚武，张小峰，许全喜，等. 2020. 近50年来金沙江流域悬移质输沙特性研究[J]. 泥沙研究，45(3)：30-37.
刘小平，黎夏，叶嘉安，等. 2007. 利用蚁群智能挖掘地理元胞自动机的转换规则[J]. 中国科学，(6)：824-834.
刘晓婉，许继军，韩志明，2016. 金沙江流域降水空间分布特征及变化趋势分析[J]. 人民长江，47(15)：36-44.
刘晓阳，毛节泰，李纪人，等. 2002. 雷达联合雨量计估测降水模拟水库入库流量[J]. 水利学报，(4)：51-55.
刘彦，张建军，张岩，等. 2016. 三江源区近数十年河流输沙及水沙关系变化[J]. 中国水土保持科学，14(6)：61-69.
刘振兴，1956. 论陆面蒸发量的计算[J]. 气象学报，(4)：337-344.
卢璐，王琼，王国庆，等. 2016. 金沙江流域近60年气候变化趋势及径流响应关系[J]. 华北水利水电大学学报(自然科学版)，37(5)：16-21.
卢雅婷，张小峰，2019. 金沙江流域1957—2015年降水特征变化分析[J]. 中国农村水利水电，(9)：22-27+32.
吕振豫，2017. 黄河上游区人类活动和气候变化对水沙过程的影响研究[D]. 北京：中国水利水电科学研究院.
梅启俊，1985. 涪江[J]. 中国水利，(10)：35-36.
孟铖铖，2019. 嘉陵江流域径流时空变化特征及其驱动因素研究[D]. 北京：北京林业大学.
穆兴民，张秀勤，高鹏，等. 2010. 双累积曲线方法理论及在水文气象领域应用中应注意的问题[J]. 水文，30(04)：47-51.
牛志明，解明曙，孙阁，等. 2001. ANSWER2000在小流域土壤侵蚀过程模拟中的应用研究[J]. 水土保持学报，(3)：56-60.
彭立，苏春江，徐云，等. 2007. 岷江上游生态环境现状、存在问题及治理对策[J]. 江西农业大学学报(社会科学版)，6(1)：80-84.
祁伟，曹文洪，郭庆超，等. 2004. 小流域侵蚀产沙分布式数学模型的研究[J]. 中国水土保持科学(1)：16-22.
秦鹏程，刘敏，杜良敏，等. 2019. 气候变化对长江上游径流影响预估[J]. 气候变化研究进展，15(4)：405-415.
秦耀民，胥彦玲，李怀恩，2009. 基于SWAT模型的黑河流域不同土地利用情景的非点源污染研究[J]. 环境科学学报，29(2)：440-448.
冉宁，2018. 基于SWAT模型的涪江流域面源污染研究[D]. 武汉：武汉大学.
芮孝芳，黄国如，2004. 分布式水文模型的现状与未来[J]. 水利水电科技进展，24(2)：55-58.
师长兴，2008. 长江上游输沙尺度效应研究[J]. 地理研究，27(4)：800-810.
史雯雨，张智涌，李增永，2016. 金沙江流域近55a降水时空分布特征及变化趋势[J]. 人民长江，47(18)：39-43.
宋宗水，1988. 白龙江流域水土流失原因及其前景[J]. 林业经济问题，(4)：30-32+64.
孙丹，薛峰，周天军，2013. 不同年代际背景下南半球环流变化对中国夏季降水的影响[J]. 气候与环境研究，18(1)：51-62.

孙福宝,2007.基于 Budyko 水热耦合平衡假设的流域蒸散发研究[D].北京：清华大学.
孙士型,陈良华,向永龙,等.2009.金沙江流域面雨量的气候特征[J].高原山地气象研究,9(S1)：7-10.
汤立群,1996.流域产沙模型的研究[J].水科学进展,(1)：47-53.
唐莉华,张思聪,2002.小流域产汇流及产输沙分布式模型的初步研究[J].水力发电学报,(S1)：119-127.
陶云,唐川,2012.人类活动和降水变化对滑坡泥石流中长期演变的影响[J].高原气象,31(5)：1454-1460.
田清,2016.近 60 年来气候变化和人类活动对黄河、长江、珠江水沙通量影响的研究[D].上海：华东师范大学.
童成立,张文菊,汤阳,等.2005.逐日太阳辐射的模拟计算[J].中国农业气象,26(3)：165-169.
万荣荣,杨桂山,2004.流域土地利用/覆被变化的水文效应及洪水响应[J].湖泊科学,16(3)：258-264.
王鸽,韩琳,唐信英,等.2012.金沙江流域植被覆盖时空变化特征[J].长江流域资源与环境,21(10)：1191-1196.
王光谦,李铁健,2008.流域泥沙动力学模型[M].北京：中国水利水电出版社.
王国庆,李迷,金军良,等.2012.涪江流域径流变化趋势及其对气候变化的响应[J].水文,32(1)：22-28.
王会军,薛峰,2003.索马里急流的年际变化及其对半球间水汽输送和东亚夏季降水的影响[J].地球物理学报,46(1)：18-25.
王力,2005.林地土壤水分运动研究述评[J].林业科学,41(2)：147-153.
王渺林,郭丽娟,朱辉,2006.涪江流域气候及径流变化趋势[J].人民长江,37(12)：44-46.
王小军,蔡焕杰,张鑫,等.2009.皇甫川流域水沙变化特点及其趋势分析[J].水土保持研究,16(1)：222-226.
王兴奎,邵学军,李丹勋,2002.河流动力学基础[M].北京：中国水利水电出版社.
王旭,马伯文,李丹,等.2020.基于 FLUS 模型的湖北省生态空间多情景模拟预测[J].自然资源学报,35(1)：230-42.
王延贵,胡春宏,刘茜,等.2016.长江上游水沙特性变化与人类活动的影响[J].泥沙研究,(1)：1-8.
王彦明,李双林,罗德海,等.2010.亚洲季风区气候对北大西洋年代际振荡冷暖位相的对称和非对称响应[J].中国海洋大学学报(自然科学版),40(6)：19-26.
王中根,夏军,刘昌明,等.2007.分布式水文模型的参数率定及敏感性分析探讨[J].自然资源学报,22(4)：649-655.
吴创收,杨世伦,黄世昌,等.2014.1954—2011 年间珠江入海水沙通量变化的多尺度分析[J].地理学报,69(3)：422-432.
吴桂炀,陈杰,陈启会,等.2019.金沙江流域近 50 年气象水文干旱时空变化特征[J].人民长江,50(11)：84-90.
吴庆贵,邹利娟,吴福忠,等.2012.涪江流域丘陵区不同植被类型水源涵养功能[J].水土保持学报,26(6)：254-258.
吴秋洁,2019.近 55 年西南地区干旱气候特征及成因分析[D].成都：成都信息工程大学.
吴志杰,何国金,黄绍霖,等.2017.南方丘陵区植被覆盖度遥感估算的地形效应评估[J].遥感学报,21(1)：159-167.
吴志勇,徐征光,肖恒,等.2018.基于模拟土壤含水量的长江上游干旱事件时空特征分析[J].长江流域资源与环境,27(1)：176-184.
仙巍,邵怀勇,2007.基于遥感与 GIS 的岷江上游生态环境质量研究[J].湖北农业科学,46(2)：232-235.
谢高地,鲁春霞,成升魁,2001.全球生态系统服务价值评估研究进展[J].资源科学,23(6)：5-9.
谢高地,张彩霞,张昌顺,等.2015.中国生态系统服务的价值[J].资源科学,37(9)：1740-1746.
熊鹰,2021.基于价值当量因子分析的四川省农业生态系统服务价值评价研究[J].中国农学通报,37(2)：154-160.
徐丽宏,时忠杰,王彦辉,等.2010.六盘山主要植被类型冠层截留特征[J].应用生态学报,21(10)：2487-2493.

徐全喜，石国钰，陈泽方，2004. 长江上游近期水沙变化特点及其趋势分析[J]. 水科学进展，15(4)：420-426.

徐新良，刘纪远，曹明奎，等. 2007. 近期气候波动与 LUCC 过程对东北农田生产潜力的影响[J]. 地理科学，27(3)：318-324.

徐新良，庄大方，张树文，2002. 基于 3S 技术的土地利用/土地覆盖变化野外采样框架设计——以东北地区黑龙江省为例[J]. 遥感技术与应用，27(3)：135-139+177.

徐勇，孙晓一，汤青，2015. 陆地表层人类活动强度：概念、方法及应用[J]. 地理学报，70(7)：1068-1079.

许丁雪，吴芳，何立环，等. 2019. 土地利用变化对生态系统服务的影响——以张家口-承德地区为例[J]. 生态学报，39(20)：7493-7501.

许继军，蔡治国，刘志武，等. 2008. 基于分布式水文模拟的三峡区间洪水预报(Ⅱ)-雷达测雨应用[J]. 水文，28(2)：18-22.

许炯心，孙季，2007. 长江上游重点产沙区产沙量对人类活动的响应[J]. 地理科学，(2)：211-218.

许炯心，孙季，2004. 水土保持措施对流域泥沙输移比的影响[J]. 水科学进展，(1)：29-34.

许炯心，2006. 降水—植被耦合关系及其对黄土高原侵蚀的影响[J]. 地理学报，61(1)：57-65.

许钦，任立良，2007. 考虑水土保持措施的分布式水文泥沙耦合模型研究[J]. 水利学报，(S1)：475-481.

许全喜，陈松生，熊明，等. 2008. 嘉陵江流域水沙变化特性及原因分析[J]. 泥沙研究，(2)：1-8.

燕文明，刘凌，2006. 长江流域生态环境问题及其成因[J]. 河海大学学报(自然科学版)，34(6)：610-613.

阳含熙，1963. 植物与林地植物的指示意义[J]. 植物生态学与地植物学丛刊，1(Z1)：24-30.

杨桂莲，郝芳华，刘昌明，等. 2003. 基于 SWAT 模型的基流估算及评价——以洛河流域为例[J]. 地理科学进展，(5)：463-471.

杨桂山，徐昔保，李平星，2015. 长江经济带绿色生态廊道建设研究[J]. 地理科学进展，34(11)：1356-1367.

杨胜天，刘昌明，王鹏新，2003. 黄河流域土壤水分遥感估算[J]. 地理科学进展，22(5)：454-462.

杨顺，黄海，田尤，2017. 涪江上游泥石流灾损土地特征及典型流域淤积危险性研究[J]. 长江流域资源与环境，26(11)：1928-1935.

杨维鸽，代茹，张雁，等. 2019. 2000—2015 年长江干流水沙变化及成因分析[J]. 中国水土保持科学，17(1)：16-23.

杨扬，张建云，戚建国，等. 2000. 雷达测雨及其在水文中应用的回顾与展望[J]. 水科学进展，(1)：92-98.

姚建，2004. 岷江上游生态脆弱性分析及评价[D]. 成都：四川大学.

姚文艺，焦鹏，2016. 黄河水沙变化及研究展望[J]. 中国水土保持，(9)：55-63+93.

姚治君，姜丽光，吴珊珊，等. 2014. 1956—2011 年金沙江下游梯级水电开发区降水变化特征分析[J]. 河海大学学报(自然科学版)，42(4)：289-296

叶寒，2014. 涪江流域悬移质泥沙数理统计分析[J]. 科技致富向导，(12)：268-269.

尹雄锐，夏军，张翔，等. 2006. 水文模拟与预测中的不确定性研究现状与展望[J]. 水力发电，(10)：27-31.

游惠明，韩建亮，潘德灼，等. 2019. 泉州湾河口湿地生态系统服务价值的动态评价及驱动力分析[J]. 应用生态学报，30(12)：4286-4292.

袁瑞强，王亚楠，王鹏，等. 2018. 降水集中度的变化特征及影响因素分析——以山西为例[J]. 气候变化研究进展，14(1)：11-20.

张超，2008. 非点源污染模型研究及其在香溪河利用的应用[D]. 北京：清华大学.

张丹，梁康，聂茸，等. 2016. 基于 Budyko 假设的流域蒸散发估算及其对气候与下垫面的敏感性分析[J]. 资源科学，38(6)：1140-1148.

张光斗，1999. 1998 年长江大洪水[J]. 人民长江，30(7)：1-3.

张杰，周寅康，李仁强，等. 2009. 土地利用/覆盖变化空间直观模拟精度检验与不确定性分析——以北京都市区为例[J]. 中国科学(D 辑：地球科学)，39(11)：1560-1569.

张利平，赵志朋，胡志芳. 等. 2008. 雷达测雨及其在水文水资源中的应用研究进展[J]. 暴雨灾害，27(4)：373-377.

张培昌,杜秉玉,戴铁丕,2000.雷达气象学[M].北京:气象出版社.

张瑞瑾,1989.河流泥沙动力学[M].北京:水利电力出版社.

张为,2006.水库下游水沙过程调整及对河流生态系统影响初步研究[D].武汉:武汉大学.

张晓晓,张钰,徐浩杰,2014.1961—2010年白龙江流域气温和降水量变化特征研究[J].水土保持研究,21(4):238-245.

张馨文,黄河,2016.小河坝水文站浊度与含沙量比测的分析研究标准[J].中国标准化,(15):248-249.

张信宝,文安邦,2002.长江上游干流和支流河流泥沙近期变化及其原因分析[J].水利学报,(4):56-59.

张雪松,郝芳华,程红光,等.2004.亚流域划分对分布式水文模型模拟结果的影响[J].水利学报,(7):119-123+128.

张瑜英,李占斌,2006.土壤水蚀分布式预报模型研究述评[J].中国水土保持,(12):28-30+56.

张玉斌,郑粉莉,贾媛媛,2004.WEPP模型概述[J].水土保持研究,11(4):146-149.

张志强,王礼先,余新晓,等.2001.森林植被影响径流形成机制研究进展[J].自然资源学报,16(1):79-84.

赵东,郑强民,2006.金沙江水沙特征及其变化分析[J].水利水电快报,27(14):16-19.

赵恒轩.1999.90年代天气雷达监测网建设与发展[J].成都气象学院学报,24(3):252-260.

赵剑波,2017.绵阳市涪江流域水环境生态补偿应用探析[D].绵阳:西南科技大学.

赵玉,穆兴民,何毅,等.2014.1950—2011年黄河干流水沙关系变化研究[J].泥沙研究,(4):32-38.

周贵云,刘瑜,邬伦,2000.基于数字高程模型的水系提取算法[J].地理学与国土研究,16(4):77-81.

周亮广,戴仕宝,2015.近60年来淮河流域强降雨时空变化特征[J].南水北调与水利科技,13(5):847-852.

周雅琴,韩志刚,2017.近64年重庆地区夏季高温分析[J].安徽农业科学,45(33):189-191.

周玉荣,于振良,赵士洞,2000.我国主要森林生态系统碳贮量和碳平衡[J].植物生态学报,24(5):518-522.

朱林富,谢世友,杨华,等.2017.基于MODIS EVI的重庆植被覆盖变化的地形效应[J].自然资源学报,32(12):2023-2033.

朱玲玲,陈翠华,张继顺,2016.金沙江下游水沙变异及其宏观效应研究[J].泥沙研究,(5):20-27.

朱玲玲,许全喜,董炳江,等.2021.金沙江下游溪洛渡水库排沙效果及影响因素[J].水科学进展,32(4):544-555.

朱楠,2017.基于SWAT模型的土地利用及气候变化的水沙响应[D].北京:北京林业大学.

朱益民,杨修群,2003.太平洋年代际振荡与中国气候变率的联系[J].气象学报,61(6):641-654.

左大康,王懿贤,陈建绥,1963.中国地区太阳总辐射的空间分布特征[J].气象学报,33(1):78-96.

左玲丽,彭文甫,陶帅,等.2021.岷江上游土地利用与生态系统服务价值的动态变化研究[J].生态学报,41(16):6384-6397.

AICH V, ZIMMERMANN A, ELSENBEER H, 2014. Quantification and interpretation of suspended-sediment discharge hysteresis patterns: how much data do we need? [J]. Catena, 122(12): 120-129.

AJAAJ A A, MISHRA A K, KHAN A A, 2019. Evaluation of satellite and gauge-based precipitation products through hydrologic simulation in tigris river basin under data-scarce environment [J]. Journal of hydrologic engineering, 24(3): 05018033.

AKSOY H, KAVVAS M L, 2005. A review of hillslope and watershed scale erosion and sediment transport models [J]. Catena, 64(2-3): 247-271.

ALLEN R G, PEREIRA L S, RAES D, et al. 1998. Crop evapotranspiration-guidelines for computing crop water requirements-FAO irrigation and drainage paper 56 [M]. Rome: FAO: 15-27.

ARIAS-ARÉVALO P, MARTIN-LÓPEZ B, GÓMEZ-BAGGETHUM E, 2017. Exploring intrinsic, instrumental, and relational values for sustainable management of social-ecological systems [J]. Ecology and society, 22(4): 1-15.

ARNOLD J G, WILLIAMS J R, MAIDMENT D R, 1995. Continuous-time water and sediment-routing model for large basins[J]. Journal of hydraulic engineering, 121(2): 171-183.

ARNOLD J G, ALLEN P M, 1996. Estimating hydrologic budgets for three Illinois watersheds [J]. Journal of hydrology, 176(1-4): 57-77.

ARNOLD J G, WILLIAMS J R, SRINIVASAN R, et al. 1997. Model theory of SWAT[M]. USDA: Agricultural Research Service Grassland: 15-22.

ARNOLD J G, SRINIVASAN R, MUTTIAH R S, et al. 1998. Large area hydrologic modeling and assessment part I: model development 1[J]. Journal of the American water resources association, 34(1): 73-89.

ARNOLD J G, ALLEN P M, VOLK M, et al. 2010. Assessment of different representations of spatial variability on SWAT model performance [J]. Transactions of the ASABE, 53(5): 1433-1443.

ARNOLD J G, KINIRY J, SRINIVASAN R, et al. 2011. Soil and Water Assessment Tool input/output file documentation: Version 2011 [M]. College Station: Texas Water resources institute, 1-646.

ARNOLD J G, MORIASI D N, GASSMAN P W, et al. 2012. SWAT: model use, calibration, and validation [J]. Transactions of the ASABE, 55(4): 1491-1508.

ARORA V K, 2001. Streamflow simulations for continental-scale river basins in a global atmospheric general circulation model [J]. Advances in water resources, 24(7): 775-791.

ASADIEH B, KRAKAUER N Y, 2015. Global trends in extreme precipitation: climate models versus observations [J]. Hydrology and earth system sciences, 19(2): 877-891.

ASSELMAN N E M, 2000. Fitting and interpretation of sediment rating curves [J]. Journal of hydrology, 234(3-4): 228-248.

AZARNIVAND A, CAMPORESE M, ALAGHMAND S, et al. 2019. Simulated response of an intermittent stream to rainfall frequency patterns [J]. Hydrological processes, 34(3): 615-632.

BACHELET D, NEILSON R P, LENIHAN J M, et al. 2001. Climate change effects on vegetation distribution and carbon budget in the United States [J]. Ecosystems, 4(3): 164-185.

BAGROV N, 1953. Mean long-term evaporation from land surface[J]. Meteorologija i gidrologija, 10: 21-30.

BAI P, LIU X, 2018. Evaluation of five satellite-based precipitation products in two gauge-scarce basins on the Tibetan plateau[J]. Remote sensing, 10(8): 1316.

BEASLEY D B, HUGGINS L F, MONKE E J, 1980. ANSWERS: a model for watershed planning [J]. Transactions of the ASABE, 23(4): 938-944.

BEAUMONT N J, AUSTEN M C, ATKINS J P, et al. 2007. Identification, definition and quantification of goods and services provided by marine biodiversity: implications for the ecosystem approach [J]. Marine pollution bulletin, 54(3): 253-265.

BECK H E, VAN DIJK A I J M, LEVIZZANI V, et al. 2017. MSWEP: 3-hourly 0.25° global gridded precipitation (1979—2015) by merging gauge, satellite, and reanalysis data [J]. Hydrology and earth system sciences, 21(1): 589-615.

BEDIENT P B, HOLDER A, BENAVIDES J A, et al. 2003. Radar-based flood warning system applied to Tropical Storm Allison [J]. Journal of hydrologic engineering, 8(6): 308-318.

BEDIENT P B, HOBLIT B C, GLADWELL D C, et al. 2000. NEXRAD radar for flood prediction in Houston [J]. Journal of hydrologic engineering, 5(3): 269-277.

BORGA M, 2002. Accuracy of radar rainfall estimates for stream flow simulation [J]. Journal of hydrology, 267(1-2): 26-39.

BRONSTERT A, BARDOSSY A, 2003. Uncertainty of runoff modelling at the hillslope scale due to temporal variations of rainfall intensity [J]. Physics and chemistry of the earth, 28(6-7): 283-288.

BUDYKO M I, 1974. Climate and life [M], New York: Academic Press: 508.

CALDER I R,1993. Hydrologic effects of land-use change [M]. New York: McGraw-Hill: 50.

CAMMERAAT E L H,2004. Scale dependent thresholds in hydrological and erosion response of a semi-arid catchment in southeast Spain [J]. Agriculture ecosystems & environment,104(2): 317-332.

CHOUDHURY B J, 1999. Evaluation of an empirical equation for annual evaporation using field observations and results from a biophysical model [J]. Journal of hydrology,216(1-2): 99-110.

CLAUSEN J C,JOKELA W E,POTTER III F I,et al. 1996. Paired watershed comparison of tillage effects on runoff,sediment,and pesticide losses [J]. Journal of environmental quality,25(5): 1000-1007.

CORNELISSEN T,DIEKKRUGER B,BOGENA H R,2016. Using high-resolution data to test parameter sensitivity of the distributed hydrological model HydroGeoSphere[J]. Water,8(5): 202.

COSTANZA R,ARGE A,GROOT R,et al. 1997. The value of the world's ecosystem services and natural capital [J]. Nature,387(6630): 253-259.

CRAFT E M,CRUSE R M,MILLER G A,1992. Soil erosion effects on corn yields assessed by potential yield index model [J]. Soil science society of America journal,56(3): 878-883.

DE HIPT F O,DIEKKRÜGER B,STEUP G,et al. 2019. Modeling the effect of land use and climate change on water resources and soil erosion in a tropical West African catchment (Dano, Burkina Faso) using SHETRAN [J]. Science of the total environment,653: 431-445.

DI LUZIO M, ARNOLD J G, 2004. Formulation of a hybrid calibration approach for a physically based distributed model with NEXRAD data input [J]. Journal of hydrology,298(1-4): 136-154.

DING W R,ZHOU Y,LÜ X X,2007. Suspended sediment flux of river: wavelet analysis in the Panlong basin of the Upper Red River (Honghe River),China [J]. China science bulletin,52: 172-179.

DUAN J,LIU Y J,YANG J,et al. 2019. Role of groundcover management in controlling soil erosion under extreme rainfall in citrus orchards of southern China [J]. Journal of hydrology,582: 124290.

DUAN Z, LIU J, TUO Y, et al. 2016. Evaluation of eight high spatial resolution gridded precipitation products in Adige Basin (Italy) at multiple temporal and spatial scales [J]. Science of the total environment,573: 1536-1553.

EHTIAT M, MOUSAVI S J, SRINIVASAN R, 2019. Groundwater modeling under variable operating conditions using SWAT, MODFLOW and MT3DMS: a catchment scale approach to water resources management [J]. Water Resources Management,32(5): 1631-1649.

FAN X L,SHI C X,ZHOU Y Y,et al. 2012. Sediment rating curves in the Ningxia-Inner Mongolia reaches of the upper Yellow River and their implications [J]. Quaternary international,282: 152-162.

FENG S,HU Q,2008. How the North Atlantic Multidecadal Oscillation may have influenced the Indian summer monsoon during the past two millennia [J]. Geophysical research letters,35(1): 548-562.

FISCHER G,NACHTERGAELE F,PRIELER S,et al. 2008. Global agro-ecological zones assessment for agriculture (GAEZ 2008) [M]. Rome: Austria and FAO: 10.

FU C,JAMES A L,WACHOWIAK M P,2012. Analyzing the combined influence of solar activity and El Niño on streamflows across southern canada [J]. Water resources research,48(5): W05507.

FUNK C, PETERSON P, LANDSFELD M, et al. 2015. The climate hazards infrared precipitation with stations - a new environmental record for monitoring extremes [J]. Scientific data,2: 150066.

GAO F,ZHANG Y,REN X,et al. 2018. Evaluation of CHIRPS and its application for drought monitoring over the Haihe River Basin,China [J]. Natural hazards,92(1),155-172.

GAO Z,LONG D,TANG G,et al. 2017. Assessing the potential of satellite-based precipitation estimates for flood frequency analysis in ungauged or poorly gauged tributaries of China's Yangtze River basin [J]. Journal of Hydrology,550(11): 478-496.

GASSMAN P W,REYES M R,GREEN C H,et al. 2007. The soil and water assessment tool: historical development,applications,and future research directions [J]. Transactions of the ASABE,50(4): 1211-

1250.
GOODRICH D C,FAURES J M,WOOLHISER D A,et al. 1995. Measurement and analysis of small-scale convective storm rain-fall variability [J]. Journal of hydrology,173(1-4): 283-308.
GOVERS G,1992. Evaluation of transporting capacity formula for overland flow,in Parsons [J]. Transport capacity formulae: 243-274.
GRECU M,KRAJEWSKI W F,2000. A large-sample investigation of statistical procedures for radar-based short-term quantitative precipitation forecasting [J]. Journal of hydrology,239(1-4): 69-84.
GUPTA H V,SOROOSHIAN S,YAPO P O,1999. Status of automatic calibration for hydrologic models: comparison with multilevel expert calibration [J]. Journal of hydrologic engineering,4(2): 135-143.
GUY B T,DICKINSON W T,RUDRA R P,1987. The roles of rainfall and runoff in the sediment transport capacity of interrill flow [J]. Transactions of the ASABE,30(5): 1378-1386.
HAYASHI S,MURAKAMI S,XU K Q,et al. 2015. Simulation of the reduction of runoff and sediment load resulting from the Gain for Green Program in the Jialingjiang catchment,upper region of the Yangtze River,China [J]. Journal of environmental management,149: 126-137.
HERNANDES T A D,SCARPARE F V,SEABRA J E A,2018. Assessment of the recent land use change dynamics related to sugarcane expansion and the associated effects on water resources availability [J]. Journal of cleaner production,197(1): 1328-1341.
HEPPNER C S,RAN Q,VANDERKWAAK J E,et al. 2006. Adding sediment transport to the integrated hydrology model (InHM): development and testing [J]. Advances in water resources,29(6): 930-943.
HOSSAIN F,ANAGNOSTOU E N,DINKU T,et al. 2004. Hydrological model sensitivity to parameter and radar rainfall estimation uncertainty [J]. Hydrological processes,18(17): 3277-3291.
HU B Q,WANG H J,YANG Z S,et al. 2011. Temporal and spatial variations of sediment rating curves in the Changjiang (Yangtze River) basin and their implications [J]. Quaternary international,230(1-2): 34-43.
HU C H,2020. Implications of water-sediment co-varying trends in large rivers [J]. Science bulletin,65(1): 4-6.
HUANG S,HUANG Q,CHEN Y,et al. 2016. Spatial-temporal variation of precipitation concentration and structure in the Wei River Basin,China [J]. Theoretical and applied climatology,125(1-2): 67-77.
HUANG Y,HUANG J L,LIAO T J,et al. 2018. Simulating urban expansion and its impact on functional connectivity in the Three Gorges Reservoir Area [J]. Science of the total environment, 643(16): 1553-1561.
JAIN M K,KOTHYARI U C,RANGA K G,2005. GIS based distributed model for soil erosion and rate of sediment outflow from catchments [J]. Journal of hydraulic engineering,131(9): 755-769.
JAYAKRISHNAN R,SRINIVASAN R,SANTHI C,et al. 2005. Advances in the application of the SWAT model for water resources management [J]. Hydrological process,19(3): 749-762.
JIA X,FU B J,FENG X M,et al. 2014. The tradeoff and synergy between ecosystem services in the Grain-for-Green areas in Northern Shaanxi,China [J]. Ecological indicators,43: 103-113.
KALIN L, HANTUSH M M, 2006. Hydrologic modeling of an eastern Pennsylvania watershed with NEXRAD and rain gauge data [J]. Journal of hydrologic engineering,11(6): 555-569.
KALINGA O A, GAN T Y, 2006. Semi-distributed modeling of basin hydrology with radar and gauged precipitation [J]. Hydrological processes,20(17): 3725-3746.
KENDALL M G. 1975. Rank correlation measures [M]. London: Charles Griffin: 15.
KNISEL W G, 1980. CREAMS: a field scale model for chemicals, runoff, and erosion from agricultural management systems (USA) [M]. USA: Dept. of Agriculture, Science and Education Administration, 26: 643.

KRAJEWSKI W F, SMITH J A. 2002. Radar hydrology: rainfall estimation [J]. Advances in water resources, 25(8-12): 1387-1394.

KUNDU S, KHARE D, MONDAL A, 2017. Individual and combined impacts of future climate and land use changes on the water balance [J]. Ecological engineering, 105: 42-57.

KUMAR P, FOUFOULA-GEORGIOU E, et al. 1993. A multi-component decomposition of spatial rainfall fields: 1. segregation of large and small scale features using wavelet transforms [J]. Water resources research, 29(8): 2515-2532.

LEONARD R A, KNISEL W G, STILL D A, 1987. GLEAMS: groundwater loading effects of agricultural management systems [J]. Transactions of the ASABE, 30(5): 1403-1418.

LI M, MA Z, LV M, 2016. Variability of modeled runoff over China and its links to climate change [J]. Climatic change, 144(3): 433-445.

LI N, WANG L C, ZENG C F, et al. 2016. Variations of runoff and sediment load in the middle and lower reaches of the Yangtze River, China (1950-2013) [J]. Plos one, 11(8): 1-18.

LI Q Y, Yu X X, XIN Z B, et al. 2013. Modeling the effects of climate change and human activities on the hydrological processes in a semiarid watershed of loess plateau [J]. Journal of hydrologic engineering, 18(4): 401-412.

LI Z J, ZHANG K, 2008. Comparison of three GIS-based hydrological models [J]. Journal of hydrologic engineering, 13(5): 364-370.

LIANG X, LIU X, LI X, et al. 2018. Delineating multi-scenario urban growth boundaries with a CA-based FLUS model and morphological method [J]. Landscape and urban planning, 177(7): 47-63.

LIU J B, GAO G Y, WANG S, et al. 2018. The effects of vegetation on runoff and soil loss: multidimensional structure analysis and scale characteristics [J]. Journal of geographical sciences, 28(1): 59-78.

LIU X, LIANG X, LI X, et al. 2017. A future land use simulation model (FLUS) for simulating multiple land use scenarios by coupling human and natural effects [J]. Landscape and urban planning, 168: 94-116.

LIU Z, YAO Z, HUANG H, et al. 2014. Land use and climate changes and their impacts on runoff in the yarlung zangbo river basin, China [J]. Land degradation and development, 25(3): 203-215.

LOPES V L, 1996. On the effect of uncertainty in spatialdistribution of rain fall on catchment modeling [J]. Catena, 28(1-2): 107-119.

LOW H S, 1989. Effect of sediment density on bed-load transport [J]. Journal of hydraulic engineering, 115(1): 124-138.

MANN H B, 1945. Nonparametric tests against trend [J]. Journal of the econometric society, 13(3): 245-259.

MARHAENTO H, BOOIJ M J, RIENTJES T H M, et al. 2017. Attribution of changes in the water balance of a tropical catchment to land use change using the SWAT model [J]. Hydrological processes, 31(11): 2029-2040.

MARTIN-VIDE J, 2004. Spatial distribution of a daily precipitation concentration index in peninsular Spain [J]. International journal of climatology, 24(8): 959-971.

MEKONNEN D F, DUAN Z, RIENTJES T, 2018. Analysis of combined and isolated effects of land-use and land-cover changes and climate change on the upper Blue Nile River basin's streamflow [J]. Hydrology and earth system sciences, 22(12): 6187-6207.

MENG C C, ZHANG H L, WANG Y J, et al, 2019. Contribution analysis of the spatial-temporal changes in streamflow in a typical elevation transitional watershed of Southwest China over the past six decades [J]. Forests, 10(6): 495.

MEYER L D,1984. Evaluation of the universal soil loss equation [J]. Joumal of soil and water conservation, 39(2): 99-104.

MEZENTSEV V, 1955. More on the calculation of average total evaporation [J]. Meteorologiya i gidrologiya,5: 24-26.

MORGAN R P C,QUINTON J N,RICKSON R J,1992. EUROSEM Documentation Manual [M]. Silsoe College: Silsoe: 34.

MORGAN R P C,QUINTON J N,SMITH R E,et al. 1998. The European soil erosion model (EUROSEM): A dynamic approach for predicting sediment transport from fields and small catchments [J]. Earth surface processes and landforms,23(6): 527-544.

MORIASI D N,ARNOLD J G,VAN LIEW M W,et al. 2007. Model evaluation guidelines for systematic quantification of accuracy in watershed simulations [J]. Transactions of the ASABE,50(3): 885-900.

MUKHOPADHYAY B, CORNELIUS J. ZEHNER W, 2003. Application of kinematic wave theory for predicting flash hazards on coupled alluvial fan-Piedmont plain landforms [J]. Hydrological process, 17(4): 839-868.

MUSIE M,SEN S,SRIVASTAVA P,2019. Comparison and evaluation of gridded precipitation datasets for streamflow simulation in data scarce watersheds of Ethiopia [J]. Journal of hydrology,579: 124168.

NAPOLI M,MASSETTI L,ORLANDINI S,2017. Hydrological response to land use and climate changes in a rural hilly basin in Italy [J]. Catena,157: 1-11.

NEARING M A,FOSTER G R,LANE L J,et al. 1989. A process-based soil erosion model for USDA-water erosion prediction project technology [J]. Transaction of the ASAE,32(5): 1587-1593.

NEARY V S,HABIB E,FLEMING M,2004. Hydrologic modeling with NEXRAD precipitation in middle Tennessee [J]. Journal of hydrologic engineering,9(5): 339-349.

NICKS A D, 1974. Stochastic generation of the occurrence, pattern, and location of maximum amount of daily rainfall [M]. Editorial Board: Social Sciences Today: 519-529.

OEURNG C, SAUVAGE S, SÁNCHEZ-PÉREZ J M, 2011. Assessment of hydrology, sediment and particulate organic carbon yield in a large agricultural catchment using the SWAT model [J]. Journal of hydrology,401(3-4): 145-153.

OKI T,KANAE S,2006. Global hydrological cycles and world water resources [J]. Science,313(5790): 1068-1072.

PANG J Z,ZHANG H L,XU Q X,et al. 2020. Hydrological evaluation of open-access precipitation data using SWAT at multiple temporal and spatial scales [J]. Hydrology and earth system sciences,24(7): 3603-3626.

PARK S W,MITCHELL J K,SCARBOROUGH J N,1982. Soil erosion simulation on small watersheds: a modified ANSWERS model [J]. Transactions of the ASABE,(25): 1581-1588.

PETTITT A N,1979. A non-parametric approach to the change-point problem [J]. Journal of the royal statistical society,28(2): 126-135.

PIMENTAL D, HARVEY C, RESOSUDARM P, et al. 1995. Environmental and economic costs of soil erosion and conservation benefits [J]. Science,267(5201): 1117-1123.

POERBANDONO,JULIAN M M,WARD P J,2014. Assessment of the effects of climate and land cover changes on river discharge and sediment yield,and an adaptive spatial planning in the Jakarta region [J]. Natural hazards,73(2): 507-530.

QI Z D,KANG G L,CHU C L,2017. Comparison of SWAT and GWLF model simulation performance in humid south and semi-arid north of China [J]. Water,9(8): 567.

RAHMAN M S, ISIAM A R M T, 2019. Are precipitation concentration and intensity changing in Bangladesh overtimes? Analysis of the possible causes of changes in precipitation systems [J]. Science of the total environment,690: 370-387.

REDDING T, DEVITO K, 2010. Mechanisms and pathways of lateral flow on aspen-forested, Luvisolic soils, Western Boreal Plains, Alberta, Canada [J]. Hydrological processes, 24(21): 2995-3010.

REFSGAARD J C, 1996. Terminology, modeling protocol and classification of hydrological model codes [A]. Dordrecht: Distributed Hydrological Modeling: 17-39.

RENNE R R, SCHLAEPFER D R, PALMQUIST K A, 2019, et. al. Soil and stand structure explain shrub mortality patterns following global change-type drought and extreme precipitation [J]. Ecology, 100(12): e02889.

RHOTON F E, SMECK N E, WILDING L P, 1979. Preferential clay mineral erosion from watersheds in the Maumee River Basin [J]. Journal of environmental quality, 8(4): 547-550.

ROGERS P, 1994. Hydrology and water quality [M]. In: Meyer W B and Turner Bl Ⅱ (eds). Changes in land use and land cover: A global perspective. Cambridge: Cambridge University Press: 231-258.

ROTH V, LEMANN T, 2016. Comparing CFSR and conventional weather data for discharge and soil loss modelling with SWAT in small catchments in the Ethiopian Highlands [J]. Hydrology and earth system sciences, 20: 921-934.

RYAN M G, 1991. Effects of climate change on plant respiration [J]. Ecological applications, 1(2): 157-167.

SANNIGRAHI S, BHATT S, RAHMAT S, et al. 2018. Estimating global ecosystem service values and its response to land surface dynamics during 1995—2015 [J]. Journal of environmental management, 223: 115-131.

SCHAAKE J C, 1990. From climate to flow [J]. Climate change and US water resources: 177-206.

SCHREIBER P, 1904. Über die Beziehungen zwischen dem Niederschlag und der Wasserführung der Flüsse in Mitteleuropa [J]. Z. Meteorol, 21(10): 441-452.

SCHULTZ G A, ENGMAN E T, 2000. Remote sensing in hydrology and water management [M]. Spring-verlag Berlin Heidelberg.

SELLERS P J, RANDALL D A, COLLATZ G L, et al. 1996. A revised land surface parameterization (SiB2) for atmospheric GCMs (Part I): model formulation [J]. Journal of climate, 9(4): 676-705.

SEN P K, 1968. Estimates of the regression coefficient based on Kendall's tau [J]. Journal of the American statistical association, 63(324): 1379-1389.

SERPA D, NUNES J P, SANTOS J, et al. 2015. Impacts of climate and land use changes on the hydrological and erosion processes of two contrasting Mediterranean catchments [J]. Science of the total environment, 538: 64-77.

SHAO X, JING C, QI J, et al. 2017. Impacts of land use and planning on island ecosystem service values: a case study of Dinghai District on Zhoushan Archipelago, China [J]. Ecological processes, 6(1): 27.

SHEN Q, CONG Z, LEI H, 2017. Evaluating the impact of climate and underlying surface change on runoff within the Budyko framework: A study across 224 catchments in China [J]. Journal of hydrology, 554: 251-262.

SHI H, SHAO M G, 2000. Soil and water loss from the Loess Plateau in China [J]. Journal of arid environments, 45(1): 9-20.

SINGH V P, WOOLHISER D A, 2002. Mathematical modeling of watershed hydrology [J]. Journal of hydrological engineering, 7(4): 270-292.

SMITH R E, GOODRICH D, QUINTON J N, 1995. Dynamic distributed simulation of watershed erosion: the KINEROS2 and EUROSEM models [J]. Journal of soil and water conservation, 50(5): 517-520.

SOLANO-RIVERA V, GERIS J, GRANADOS-BOLAÑOS S, et al. 2019. Exploring extreme rainfall impacts on flow and turbidity dynamics in a steep, pristine and tropical volcanic catchment [J]. Catena,

182：104118.

SONG W,DENG X,2017. Land-use/land-cover change and ecosystem service provision in China [J]. Science of the total environment,576：705-719.

STEENHUIS T S,COLLICK A S,EASTON Z M,et al. 2009. Predicting discharge and sediment for the Abay (Blue Nile) with a simple model [J]. Hydrological processes,23(26)：3728-3737.

SU B,KAZAMA S,LU M,et al. 2003. Development of a distributed hydrological model and its application to soil erosion simulation in a forested catchment during storm period [J]. Hydrological processes, 17(4)：2811-2823.

SUN Q,MIAO C,DUAN Q,et al. 2018. A review of global precipitation data sets：data sources,estimation, and intercomparisons [J]. Reviews of geophysics,56(1)：79-107.

SYVITSKI J P,MOREHEAD M D,BAHR D B,et al. 2000. Estimating fluvial sediment transport：The rating parameters [J]. Water resources research,36(9)：2747-2760.

TAN Z,GUAN Q,LIN J,et al. 2020. The response and simulation of ecosystem services value to land use/ land cover in an oasis,Northwest China [J]. Ecological indicators,118：106711.

THEIL H,1992. A rank-invariant method of linear and polynomial regression analysis [J]. Nederl akad wetensch proc,12(2)：345-381.

TIAN Y,PETERS-LIDARD C D,ADLER R F,et al. 2010. Evaluation of GSMaP precipitation estimates over the contiguous United States [J]. Journal of hydrometeorology,11(2)：566-574.

TIAN Y,YU X X,SU D R,et al. 2007. Response of sediment discharge to ecohydrological factors in luergou catchment based on wavelet analysis [J]. International journal of sediment research,22(1)：70-77.

TUO Y,DUAN Z,DISSE M,et al. 2016. Evaluation of precipitation input for SWAT modeling in Alpine catchment：A case study in the Adige river basin (Italy)[J]. Science of the total environment,573：66-82.

TUO Y,MARCOLINI G,DISSE M,et al. 2018. A multi-objective approach to improve SWAT model calibration in alpine catchments [J]. Journal of hydrology,559：347-360.

VANDERKWAAK J E,LOAGUR K,2001. Hydrologic-response simulation for the R-5 catchment with a comprehensive physics-based model [J]. Water resource research,37(4)：999-1013.

VANDERKWAAK J E,1999. Numerical simulation of flow and chemical transport in integrated surface-subsurface hydrologic systems [D]. Department of Earth Sciences,University of Waterloo,Ontario, Canada.

WEN T,XIONG L,JIANG C,et al. 2019. Effects of climate variability and human activities on suspended sediment load in the Ganjiang River basin, China [J]. Journal of hydrologic engineering, 24(11)：05019029.

WICKS J M,BATHURST J C,SHESED A,1996. A physically based,distributed erosion and sediment yield component for the SHE hydrological modelling system [J]. Journal of hydrology,175：213-238.

WILLIAMS J R. 1995. The EPIC Model [M].

WILSON C G,PAPANICOLAOU A N,ABACI O,2007. A comparison of Watershed Models in the Clear Creek,IA,Watershed [C]. Florida：World Environmental and Water Resources Congress.

WINCHELL M,GUPTA H V,SOROOSHIAN S,1998. On the simulation of infiltration and saturation excess runoff using radar-based rainfall estimates：effects of algorithm uncertainty and pixel aggregation [J]. Water resources research,34(10)：2655-2670.

WISCHMEIER W H,SMITH D D,1978. Predicting rainfall erosion losses a guide to conservation planning [M]. USDA：Agriculture Handbook,537：58.

WU S,YAN X,ZHANG L,2014. The relationship between forest ecosystem emergy and forest ecosystem service value in China [J]. Acta geographica sinica,69：334-342.

WYSEURE G C,1991. SWRBB: a basin scale simulation model for soil and water resources management [J]. Agricultural water management,20(1): 82-83.

XIE H J, ZHOU B, ENRIQUE R V, et al. 2005. GIS-based NEXRAD stage III precipitation database: automated approaches for data processing and visualization [J]. Computers & geosciences, 31(1): 65-76.

XIE P, CHEN M, YANG S A, et al. 2007. Gauge-based analysis of daily precipitation over East Asia [J]. Journal of hydrometeorology, 8(3), 607-626.

XING L, ZHU Y, WANG J, 2021. Spatial spillover effects of urbanization on ecosystem services value in Chinese cities [J]. Ecological indicators, 121: 107028.

XIONG M, XU Q X, YUAN J, et al. 2009. Analysis of multi-factors affecting sediment load in the Three Gorges Reservoir [J]. Quanternary international, 208(1-2): 76-84.

XU J J, YANG D W, YI Y H, et al. 2008. Spatial and temporal variation of runoff in the Yangtze River basin during the past 40 years [J]. Quaternary international, 186(1): 32-42.

XU J H, CHEN Y N, LI W H, et al. 2008. Long-term trend and fractal of annual runoff process in mainstream of Tarim River [J]. Chinese geographical science, 18(1): 77-84.

YAN R, GAO J, HUANG J, 2011. WALRUS-paddy model for simulating the hydrological processes of lowland polders with paddy fields and pumping stations [J]. Agricultural water management, 169: 148-161.

YAN Y X, WANG S J, CHEN J F, 2011. Spatial patterns of scale effect on specific sediment yield in the Yangtze River basin [J]. Geomorphology, 130(1-2): 29-39.

YANG L, VILLARINI G, SMITH J A, et al. 2013. Changes in seasonal maximum daily precipitation in China over the period 1961-2006 [J]. International journal of climatology, 33(7): 1646-1657.

YANG C C, LEE K T, 2018. Analysis of flow-sediment rating curve hysteresis based on flow and sediment travel time estimations [J]. International journal of sediment research, 33(2): 171-182.

YANG H, YANG D, LEI Z, et al. 2008. New analytical derivation of the mean annual water-energy balance equation [J]. Water resources research, 44(3): 893-897.

YANG H, QI J, XU X, et al. 2014. The regional variation in climate elasticity and climate contribution to runoff across China [J]. Journal of hydrology, 517: 607-616.

YANG H, YANG D, HU Q, 2014. An error analysis of the Budyko hypothesis for assessing the contribution of climate change to runoff [J]. Water resources research, 50(12): 9620-9629.

YOUNG C B, BRADLEY A A, KRAJEWSKI W F, et al. 2000. Evaluating NEXRAD multisensory precipitation estimates for operational hydrologic forecasting [J]. Journal of hydrometeorology, 1(3): 241-254.

YOUNG R A, ONSTAD C A, BOSCH D D, et al. 1989. AGNPS: a nonpoint-source pollution model for evaluating agricultural watershed [J]. Journal of soil and water conservation, 44(2): 168-173.

ZENG X F, ZHAO N, SUN H W, et al. 2015. Changes and relationships of climatic and hydrological droughts in the Jialing River Basin, China [J]. PloS one, 10(11): e0141648.

ZHANG H L, MENG C C, WANG Y J, et al. 2020. Comprehensive evaluation of the effects of climate change and land use and land cover change variables on runoff and sediment discharge [J]. Science of the total environment, 702: 134401.

ZHANG K X, PAN S M, CAO L G, et al. 2014. Spatial distribution and temporal trends in precipitation extremes over the Hengduan Mountains region, China, from 1961 to 2012 [J]. Quaternary international, 349: 346-356.

ZHANG L J, QIAN Y F, 2003. Annual distribution features of precipitation in China and their interannual variations [J]. Acta meteorologica sinica, 17(2): 146-163.

ZHANG L,DAWES W R,WALKER G R,2001. Response of mean annual evapotranspiration to vegetation changes at catchment scale [J]. Water resources research,37(3): 701-708.

ZHANG Q,XU C Y,GEMMER M,et al. 2009. Changing properties of precipitation concentration in the Pearl River basin,China [J]. Stochastic environmental research and risk assessment,23(3): 377-385.

ZHANG Q,ZHANG X Y,LIU Y B,2019. The effects of precipitation concentration on drought/flood events in northeast China based on CI and SPI [J]. China rural water and hydropower,445(11): 151-154 +160.

ZHANG W C,XIAO Z N,ZHENG J M,et al. 2007. Characteristics of the Nu jiang River runoff for a long term and its response to climate change [J]. Chinese science bulletin,52: 156-163.

ZHANG X B,TANG Q,LONG Y,et al. 2015. Recent changes of suspended sediment yields in the Upper Yangtze River and its headwater tributaries [J]. Proceedings of the international association of hydrological sciences,367(2): 297-303.

ZHANG X,2005. Hydrologic modeling of a subcontinental scale mountainous river basin-case study of the head area of Yellow River [C]. AGU Fall Meeting Abstracts.

ZHAO F B, WU Y P, SIVAKUMAR B, et al. 2019. Climatic and hydrologic controls on net primary production in a semiarid loess watershed [J]. Journal of hydrology,568: 803-815.

ZHENG Y H,HE Y,CHEN X,2017. Spatiotemporal pattern of precipitation concentration and its possible causes in the Pearl River basin,China [J]. Journal of cleaner production,161: 1020-1031.

ZHOU B,XU Y,WU J,et al. 2016. Changes in temperature and precipitation extreme indices over China: analysis of a high resolution grid dataset [J]. International journal of climatology,36(3): 1051-1066.

ZHOU G,WEI X,CHEN X,et al. 2015. Global pattern for the effect of climate and land cover on water yield [J]. Nature communications,6: 5918.

ZHOU Z,OUYANG Y,LI Y,et al. 2017. Estimating impact of rainfall change on hydrological processes in Jianfengling rainforest watershed,China using BASINS-HSPF-CAT modeling system [J]. Ecological engineering,105: 87-94.

ZUO D P,XU Z X,YAO W Y,et al. 2016. Assessing the effects of changes in land use and climate on runoff and sediment yields from a watershed in the Loess Plateau of China [J]. Science of the total environment,544: 238-250.